科学出版社"十三五"普通高等教育研究生规划教材
创新型现代农林院校研究生系列教材

兽医影像诊断学

周振雷　主编

科学出版社

北　京

内 容 简 介

本书共 8 章，总体介绍了 X 线检查、超声检查、计算机体层成像、磁共振成像、放射性核素检查等的基本概念、成像原理、检查技术及适用范围，随后分章节讲解了中枢神经系统疾病、循环系统疾病、呼吸系统疾病、消化系统疾病、泌尿生殖系统疾病、头颈部疾病、骨和关节疾病的影像学检查方法、正常的影像解剖、常见病的临床特征、不同影像诊断方法的影像学表现等，较全面反映了兽医影像诊断学的新进展和新技术的临床应用。本书内容编排紧密，结合兽医临床实际，注重理论与实践的无缝对接，图文并茂、通俗易懂，力求体现先进性、系统性、实用性、创新性的有效融合，以充分满足课程教学和临床工作的需要。

本书是高等院校临床兽医学研究生的重要教学用书，还可作为动物医学专业本科生、宠物诊疗机构工作人员的参考用书。

图书在版编目（CIP）数据

兽医影像诊断学 / 周振雷主编. —北京：科学出版社，2023.8
科学出版社"十三五"普通高等教育研究生规划教材
创新型现代农林院校研究生系列教材
ISBN 978-7-03-075000-6

Ⅰ. ①兽… Ⅱ. ①周… Ⅲ. ①兽医学－影像诊断－高等学校－教材
Ⅳ. ① S854.4

中国国家版本馆 CIP 数据核字（2023）第 037055 号

责任编辑：刘　丹　韩书云 / 责任校对：严　娜
责任印制：张　伟 / 封面设计：无极书装

科 学 出 版 社 出版

北京东黄城根北街16号
邮政编码：100717
http://www.sciencep.com

北京九州迅驰传媒文化有限公司印刷
科学出版社发行　各地新华书店经销

*

2023年8月第　一　版　开本：787×1092　1/16
2025年7月第三次印刷　印张：21
字数：551 000
定价：88.00元
（如有印装质量问题，我社负责调换）

编委会名单

主　编　周振雷
副主编　邓干臻　姚大伟
编　者（按所在单位汉语拼音排序）

　　　　陈　武　李秋明（北京农学院）

　　　　张晓远（北京农业职业学院）

　　　　张子威（东北农业大学）

　　　　邓立新　董海聚（河南农业大学）

　　　　田　超（河南农业职业学院）

　　　　郑家三（黑龙江八一农垦大学）

　　　　杨凌宸（湖南农业大学）

　　　　陈义洲（华南农业大学）

　　　　邓干臻　邱昌伟（华中农业大学）

　　　　尹柏双（吉林农业科技学院）

　　　　周振雷　姚大伟　陈凯文　邓益锋（南京农业大学）

　　　　刘建柱（山东农业大学）

　　　　王金明（山西农业大学）

　　　　刘贤侠（石河子大学）

　　　　胡延春　钟志军（四川农业大学）

　　　　贺建忠（塔里木大学）

　　　　郭庆勇（新疆农业大学）

　　　　王　亨　崔璐莹（扬州大学）

　　　　李小兵　杨玉艾（云南农业大学）

前　言

随着人民生活水平的提高，养宠数量持续增长，宠物经济持续升温，促进了中国宠物诊疗行业的蓬勃发展。小动物临床工作理念也在发生深刻变化，动物福利日益受到重视，更加强调以动物为本，充分利用先进的医疗器械设备及新技术诊治动物疾病，拯救或延长动物的生命，恢复动物功能，减轻动物的痛苦。目前我国兽医影像技术的发展进入了快车道，宠物诊疗机构开始大量装配计算机体层成像、磁共振成像、彩超等高端影像诊疗设备，极大地提高了小动物临床诊疗水平，影像诊断技术的重要性及不可替代作用进一步得到强化和凸显。

在发达国家的兽医教育中，兽医影像学已成为兽医专业学生的必修课程。在国内，部分高等院校开设了兽医影像学课程，但目前仅出版发行了面向本科生的教材。这些教材缺乏计算机体层成像、磁共振成像诊断相关内容，深度和广度均不能满足当前研究生教育和兽医临床工作的需要。为适应新时代研究生教育和小动物临床工作快速发展的形势，中国畜牧兽医学会兽医影像技术学分会组织国内19所高校28名教师组成了编写组，以习近平新时代中国特色社会主义思想为指导，紧紧围绕立德树人根本任务，守正创新，凝心聚力，共同完成了本书的编写工作。在本书编写过程中，多家单位和个人提供了图片资料，南京农业大学陈凯文副教授、郭以哲博士与李帅博士对资料进行了整理和标注，谨此向他们表示衷心的感谢!

本书系统介绍了影像诊断的基本理论、基本知识和基本技术，对各系统疾病的影像诊断方法、影像变化进行了归纳总结，从而使读者对小动物临床影像诊断技术有全面系统的认识和理解。本书具有以下鲜明特点：①内容求新。本书编写注重科学性、先进性、启发性，反映了兽医影像诊断新理论、新技术、新成果、新知识的应用，并突出实用性特点。②重点突出。本书重点介绍小动物疾病的影像学诊断技术。由于各地情况差异，各院校可根据教学需要对本书章节进行取舍。③通俗易懂。本书穿插相应的图片资料，试图用科学而又通俗易懂的语言进行描述，从而满足各层次从业人员的需要。④规范化和标准化。本书内容按照动物系统疾病进行编排，既介绍影像学解剖，又介绍不同疾病的病因、病理改变与影像学变化之间的内在关联，同时介绍不同影像诊断方法的应用，从而使读者更容易掌握和应用影像诊断技术，提高从业能力和水平。

由于编者水平有限，本书虽经多次修改，不足之处仍然在所难免，恳请同行和读者批评指正，以便再版时更加臻于完善。

周振雷

2023年6月

目　　录

第一章　总　论

　　兽医影像学是通过各种成像技术，使机体内部组织结构和器官显像而进行视诊的一门科学。影像学诊断是兽医临床的一种特殊诊断方法，由多种影像技术组成，虽然各种成像技术的原理和方法不同，诊断价值与应用范围各异，但都能显示机体的解剖结构、生理功能状况及病理变化，从而达到诊断和治疗的目的。

　　1895年，伦琴发现了X线。伦琴的发现彻底改变了疾病的诊断与治疗，因此获得了1901年首届诺贝尔物理学奖。1896年，*Veterinary Journal*上发表了有关X线在兽医领域应用的报道。1923年，《兽医X线指南》问世。1926年，《兽医X线学教科书》出版。20世纪50年代以后，兽医放射学进入全面发展阶段，多个专著相继出版。美国成立了美国兽医放射学会，主办出版了专业期刊《兽医放射学》。经过100多年的发展，以X线为基础的影像诊断学逐渐发展成为影像诊断学科。20世纪70年代，超声成像（ultrasonography，USG）技术开始在兽医临床应用，如用A型和D型超声诊断仪进行动物的早期妊娠诊断，用M型超声诊断仪检查心脏。20世纪80年代，B型超声诊断仪在兽医领域被广泛应用。20世纪80年代开始了计算机体层成像（computed tomography，CT）和磁共振成像（magnetic resonance imaging，MRI）在兽医临床中的研究与应用。2010年后，CT和MRI等先进的影像诊断设备在国内动物医院开始装配，兽医影像学学科的发展也进入了新的发展阶段。

第一节　X线成像原理及技术

　　X线诊断技术在兽医临床上已经得到了广泛的应用，可以方便、准确地对疾病做出诊断，对疾病的预防、疗效观察及预后判断等都具有重要的价值。

一、X线的产生

　　X线是由高速运动的电子流被物质突然阻挡时产生的射线。X线的产生必须具备3个条件，即自由活动的电子群、电子群以高速度向同一方向运行和电子群运行过程中被突然阻止。X线管的阴极电子受阳极高电压的吸引而高速运动，撞击到阳极靶面而受阻时，其大部分能量（约99.8%）转化为热能，仅有约0.2%的能量转变为电磁波辐射，即X线。

　　X线机由X线管、变压器和控制器3个基本部分组成，此外，还有立柱、轨道、诊断床等附属机械和辅助装置。

　　1. X线管　　X线管是X线机最主要的元件。X线是由X线管产生的，它是一个高压真空管，由下面几个部分构成：①阴极，通常是一条长螺旋形钨制灯丝，双焦点X线管装有两条灯丝。它的用途是当通以低压电流使灯丝点燃加热时能发射电子，灯丝装置在阴极集射罩内，使电子成束地射向阳极靶面，因此改善了X线的焦点性能。②阳极，通常是一块钨靶，镶在铜制阳极体上，以阻挡高速运行的电子群撞击而产生X线和大量的热量。电子的撞击面称为焦点面，产生的热借铜柱传导出去。X线管内的阳极端，多连接一个防护的铜质阳极罩，其顶面有椭圆入射孔，使电子束能通过而入射于靶面，其侧面有圆孔，为X线的射出孔。另有特殊用途的X线管靶面由钼等金属制成。钼的原子序数低于钨，能产生较长波长的X线，即所谓的"软射线"，用于乳腺等组织的检查。③管壁，由特种硬质玻璃制成，用以固定阴极和阳极，并维持管内的真空。

2. 变压器　　变压器主要由一个铁芯、一组初级线圈和一组次级线圈构成，在初级线圈中通过交流电时，根据两组线圈的圈数比例关系，次级线圈的电压可以有一定的升高或降低。变压器也是X线机一个很重要的组成部分，一台X线机必定有一或两个X线管灯丝变压器和一个高压变压器，一般还有自耦变压器，有些还有整流管灯丝变压器等。

3. 控制器　　又称操纵器，是开动一台X线机的必备装置。控制器通常包括各种按钮或电磁开关、各种仪表、各种调节器、限时器、交换器、保险丝、指示灯等。其基本用途是调节管电流，以控制X线的量；调节管电压，以控制X线的质；调节限时器，以控制X线的照射时间，设置不同部位最佳投照条件，获得符合诊断要求的X线影像。

二、X线的特性

X线是一种电磁波，波长极短且以光速传播，其波长为0.0006～50nm。诊断用X线的波长为0.008～0.031nm（相当于40～150kV所产生的X线）。X线的波长介于γ射线与紫外线之间，比可见光的波长短，肉眼不可见。X线除了具有可见光的一般物理性质，如不带电荷，没有质量，以光速和直线进行传播，在磁场不发生偏转，对所有物体都有一定程度的穿透力等，还具有以下特性。

1. 穿透性　　X线的波长很短，光子的能量很大，对物质具有很强的穿透能力，能穿透一般可见光不能穿透的物质如动物体等。X线穿透的程度与被穿透物质的原子序数及厚度有关，原子序数高或厚度大的物质则穿透的程度弱，反之则穿透的程度强。穿透程度又与X线的波长有关，X线的波长愈短，则穿透力愈强，反之则弱。波长的长短由管电压决定，管电压愈高则波长愈短。X线的穿透性是X线成像的基础。

2. 荧光效应　　X线能激发荧光物质，如铂氰化钡、硫化锌镉和钨酸钙等，使之产生肉眼可见的荧光。这是X线进行透视检查的基础。

3. 感光效应　　X线能使涂有溴化银的胶片感光，产生潜影，经显影、定影剂处理后显影。感光的溴化银中的银离子被还原为金属银，沉淀于胶片的胶膜内，呈黑色；未感光部分的溴化银在胶片中被洗脱掉，显示出胶片的透明本色。依感光强弱不同，产生金属银沉淀的量也不同，便产生黑白对比的影像。感光效应是X线摄影的基础。

4. 电离效应　　物质受X线照射时，都会产生电离作用，分解为正、负离子。空气电离程度与空气所吸收的X线的量成正比，因而通过测量空气电离的程度可测出X线的量。X线的电离作用，又是引起生物学作用的开端。

5. 生物效应 X线照射到机体产生电离效应，可引起生物学方面的改变，即生物效应。这既与细胞内重要分子受到激发和电离的直接作用有关，也与细胞周围化学改变的间接作用有关。X线的生物效应使组织细胞受到一定程度的抑制、损害以至生理功能破坏。其被损害的程度，与X线量成正比，微量照射，可不产生明显影响，但达到一定剂量，将可引起明显改变，过量照射可导致不能恢复的损害。不同的组织细胞，对X线的敏感性也不同，分化程度低的细胞如生殖细胞、造血干细胞，对X线最为敏感；分化程度高的细胞如骨细胞等，则对X线的敏感性较差。生物效应是放射防护学和放射治疗学的基础。

三、X线成像原理

X线能使机体组织结构在荧光屏或胶片上形成影像，首先是由于X线具有穿透性、荧光效应和感光效应等特性。其次是由于动物组织本身存在密度和厚度的差别，当X线穿透各种不同的组织结构时，它被吸收的程度不同，到达荧光屏或胶片上的X线量有差异。这样，在荧光屏或X线片上就形成不同灰度的影像。在术语中，通常用密度的高与低来表达影像的黑与白。例如，用高密度、中等密度、低密度或不透明、半透明、透明等术语表示物质的密度。动物体组织密度发生改变时，则用影像的密度增高或密度降低来表达。由此可见，物质的密度和其影像密度是一致的。但是，X线片上的黑影和白影，还与被照器官和组织的厚度有关，即影像密度也受厚度的影响。

动物体组织结构的密度与厚度的差别是产生影像黑白对比的基础。动物体不同组织间天然存在的密度差别而形成的对比称为天然对比。动物体组织结构按其密度高低即比重大小，可概括分为骨骼、软组织（含液体）、脂肪和存在于体内的气体。骨密度高，X线吸收多，X线片上呈白影；肺组织含气体，密度低，X线吸收少，呈黑影；心脏大血管为软组织密度，但因厚度大，也呈白影。当有病理改变时，组织的密度发生变化，从而产生相应的病理X线影像。就厚度而言，动物体组织结构及器官形态不同，厚度也不一致，在X线片上则产生灰度差异的影像。

四、X线检查技术

1. 普通检查 主要应用于动物体组织结构中有较好的天然对比部位的检查，包括透视和摄影。

2. 透视检查 主要应用于：①观察组织器官的形态和运动情况，如膈肌的运动、心脏大血管的搏动、胃肠道的蠕动排空等。②帮助和指导外科手术，如骨折整复、异物定位或取出等。③寻找病变部位、范围，为摄影检查作先期定位。其优点是简单、方便，可多方位观察，直接观察器官的运动功能，并能立即得出结论；缺点是荧光屏上所显示阴影的亮度不够强，影像对比度及清晰度较差，早期病变或细致的结构不易显示，细微病变易漏诊，较厚或过于密实的部位也难以显示清楚。此外，对病变不能留有永久记录，不便于病变复查、对比等。透视检查时，应预先了解透视目的或临床初步意见，在被检动物确实保定后，将透视屏贴近被检部位，并与X线中心线相垂直，减小影像的放大和失真程度。透视检查时，先对被检部位作一全面观察，大体了解有无异常。当发现可疑病变时，则缩小光门进行重点深入观察，并与对称部位比较。透视用管电压为50～90kV，管电流为5mA左右。每个病例透视时间不超过5min，以间断曝光形式进行。透视检查必须十分注意防护设备的应用，必须遵守操作规定，如穿戴铅橡皮围裙与手套，使用防护椅等。在正确诊断的前提下，缩短透视时间，不作无必要的曝光观察。患病动物须作适当保定，以确保人员、动物和设备的安全。

3. 摄影检查　　为最广泛应用的检查方法，可用于检查动物体各部位，常需照正、侧位片。其优点是成像清晰，对比度及清晰度较好，可观察到较细小的变化；X线片可长期保存，作客观记录，便于复查时对比，以观察病情演变。其缺点是不能直接观察器官的运动功能，费时较长，成本也高。常用的摄影检查位置的名词术语见表1-1。

表1-1　常用的摄影检查位置的名词术语

常用英文缩写	名称	胶片放置位置
RL（right lateral）view	右侧卧位像	右侧
LL（left lateral）view	左侧卧位像	左侧
VD（ventrodorsal）view	腹背（仰卧位）像	背侧
DV（dorsoventral）view	背腹（伏卧位）像	腹侧
RoCd（rostocaudal）view	吻尾侧像	尾侧
CdRo（caudorostal）view	尾吻侧像	吻侧
CrCd（craniocaudal）view	头尾侧像	尾侧
CdCr（caudocranial）view	尾头侧像	头侧
ML（mediolateral）view	内外侧像	外侧
LM（lateromedial）view	外内侧像	内侧
*DP（dorsopalmar/dorsoplantar）view	背掌（跖）侧像	掌（跖）侧
*PD（palmarodorsal/plantodorsal）view	掌（跖）背侧像	背侧
skyline view	水平投照位（髌骨轴位）像	
oblique view	斜位像	
*AP（anteroposterior）view	前后位像	后侧
*PA（posteroanterior）view	后前位像	前侧

*DP（PD）像主要在前（后）肢远端部位检查时使用。AP（PA）表示法通常用于人的X线摄影检查，动物X线摄影检查时一般不使用

X线摄影检查时首先应确定检查部位和投照体位，X线编号登记、被检部测厚等。然后根据摄片曝光条件表选择并设定管电压（kV）、管电流（mA）、曝光时间（s）及焦点胶片距等。清理被检动物检查部位，尽可能去除覆盖的衣物、附着的药物和绷带等。选择大小合适的胶片并正确无误地准备暗盒上的铅号码，暗盒的放置要正确，X线中心线束要对准胶片中心，并调整缩光器使照射野不超过暗盒大小，并以恰好能覆盖被检部位为宜，以减少不必要的曝射。若投照动物狭长的部位，X线管长轴应与被检肢体或胶片长轴垂直；但投照长而宽的部位时，X线管的长轴应与胶片长轴平行，以减少阳极效应（X线

量的分布在阴极端较密集而在阳极端较稀少）带来的负面影响，使胶片曝光均匀。曝光时应在动物呼吸间歇或安静的瞬间进行，以免动物发生移动。

4. 造影检查 在动物体组织结构中，有相当一部分不具备良好的天然对比条件，普通检查不能很好地显示。这时需将对比剂引入器官内或其周围组织，产生密度差异，即用人工对比的方法使之显示。被引入的对比剂也称造影剂。对比剂可使动物体多数的结构和器官显影，从而大大地扩展了X线检查的范围。理想的对比剂应符合下列要求：①无毒性，不引起不良反应；②对比度强，显影清楚；③使用方便，价格低廉；④易于吸收和排泄；⑤理化性能稳定，久储不变质。但目前所用的对比剂不能完全满足上述要求。

造影前，患病动物禁食12～24h，使胃肠道排空，必要时进行灌肠。轻泻剂和灌肠常会使胃肠道产生气体。为了减少造影中胃肠道气体量，应在造影前4～12h给缓泻药。灌肠后1h内不应进行X线造影检查。使用温水和生理盐水灌肠。不使用肥皂水灌肠，因其对大肠黏膜有刺激性。许多X线造影检查需要对动物进行镇静或麻醉。麻醉应慎用，以免影响检查结果。胃肠道X线造影时禁忌全身麻醉，因为麻醉会引起胃肠道蠕动变慢。必须镇静时，使用吩噻嗪类镇静药。吩噻嗪类药物对胃肠道运动的影响较小。

（1）对比剂

1）高密度对比剂：不易透过X线，也称阳性对比剂。常用的有钡剂和碘剂。钡剂为医用硫酸钡粉末，加水和胶（常用羟甲基纤维素）配制成钡糊和混悬液。通常以质量/体积（m/V）来表示浓度。钡糊（稠钡剂）的黏稠度高，含硫酸钡约70%（m/V），用于食道与胃的黏膜造影。硫酸钡混悬液（稀钡剂）含硫酸钡约50%（m/V），用于胃肠道造影（包括钡灌肠检查）。钡剂也可与产气剂、消沫剂共用，进行胃肠道双重对比造影，以提高诊断质量。当怀疑有食道穿孔、食道瘘、胃肠道穿孔、急性胃及小肠出血、肠梗阻等时，应禁用钡剂造影，改用刺激性较小的水溶性碘制剂。硫酸钡通过消化道破裂孔进入胸腔和腹腔时，不能被吸收和清除，易形成肉芽肿。

碘剂种类繁多、应用广泛，分为有机碘和无机碘。有机碘水剂类对比剂主要被用于血管造影、泌尿系造影、胆道系统造影等。早期应用的离子型对比剂，以泛影葡胺为代表。20世纪70年代以后开发出了非离子型对比剂，其具有低渗透性、低黏度、低毒性等优点，降低了毒副作用，得到较广泛的应用。常用的有碘普罗胺、碘帕醇、碘海醇、碘曲仑、碘克沙醇等。无机碘制剂，如碘化油，被用于支气管、瘘管、子宫输卵管、阴道造影。

2）低密度对比剂：X线易透过，也称阴性对比剂。常用的有二氧化碳、氧气、空气、笑气等。在动物体内，空气被吸收得最慢，便于追随观察，但引起的反应也较大。空气与氧气不能注入正在出血或有破损出血的器官，以免发生气栓。二氧化碳反应小，溶解度大，即使进入血液循环，也不致产生气栓，但因吸收快，必须尽快完成检查。气体造影剂可用于蛛网膜下腔、关节囊、腹腔、胸腔及软组织间隙的造影检查等。

（2）造影方法

1）直接引入：①口服法，用于食道及胃肠道钡餐检查，即上消化道（upper gastrointestinal tract）造影检查。通常使用的硫酸钡剂量为4～8mL/kg，首先拍摄平片，口服钡剂后，立即拍摄背腹位、腹背位、右侧位、左侧位X线片，间隔15min、30min、60min、90min拍摄右侧位、腹背位或背腹位X线片，直到造影剂到达大肠。②灌注法，包括下消化道（lower gastrointestinal tract）造影（钡剂灌肠造影）、支气管造影、逆行泌尿道造影、瘘管与窦道造影、囊腔造影、子宫输卵管造影等。钡剂灌肠需要使用巴德克斯（Bardex）或福莱（Foley）球囊导管。将动物侧卧保定，首先拍摄平片，再将润滑导管插入直肠，充盈球囊，使其恰好位于肛门内括约肌处。连接注射器，缓慢注入造影剂，硫酸钡剂量为10～15mL/kg。夹住导管，拍摄侧位片，评价大肠充盈状况，必要时注入更多的造影剂。拍摄腹背位、左侧位、右侧位X线片，必要时拍摄斜位片。③穿刺注入法，可直接或经导管注入器官或组织内，如心血管造影、淋巴管造影、关节造影（用气体、有机碘或两者并用）、脊髓造影、唾液腺造影等。

2）间接引入：将对比剂口服或从血管注入后，经体内生理吸收与代谢，选择性地从某一个器官排泄，或暂时生理性积聚于实质或通道内而显影，如排泄性尿路造影（excretory urography）、静脉胆道造影、口服胆囊造影等。排泄性尿路造影时，将动物仰卧保定，在头静脉埋置留置针，腹部装置压迫带，使造影剂在肾盂充盈后，不进入膀胱。注入碘造影剂，建议造影剂碘浓度为300～400mg/mL，剂量为3mL/kg（最多90mL），快速推注（整个过程持续1～3min）。注射后立即拍摄腹背位X线片，然后间隔5min、10min、20min拍摄侧位和腹背位X线片，以显示肾盂和部分输尿管影像。解除压迫带，立即拍摄腹背位、侧位及腹背斜位X线片，显示下段输尿管。压迫带解除5～10min后，再拍摄腹背位、侧位X线片，以显示膀胱影像。

五、X线的防护

X线的生物效应对人体可产生一定程度的损害，具有累积性，长时期后仍可产生影响，故必须增强防护意识和采取有效的防护措施。

1. X线对人体的损害　当人体接受了一定数量的X线，或长时间微量累积到一定数量之后，损害的反应就会出现。但人体不同的组织器官对X线的敏感性存在差异，造血系统、生殖器官和眼球等对X线敏感，而皮肤、肌肉、骨骼、结缔组织等较迟钝。造血系统的损害尤为常见，可表现为白细胞与淋巴细胞减少、凝血酶降低、贫血，甚者可发生出血性综合征。生殖器官被损害可引起不孕或功能上的变化。眼球被损害可引起干涩感、视力疲乏和衰退，严重者可致晶状体混浊、白内障。皮肤损害可见毛发脱落、红斑、皮肤干硬、弹性降低、角质增生、色素沉着，甚者溃疡或癌变。全身也可出现反应，如倦怠、睡眠不佳、头痛、健忘、食欲不振或呕吐等。

2. 安全剂量　人体受X线的直接或间接照射后，最敏感的组织细胞检查不到任何反应，身体观察不出任何损害，则所接受的照射量属于安全剂量。国家标准《电离辐射防护与辐射源安全基本标准》（GB 18871—2002）及国家职业卫生标准《放射诊断放射防护要求》（GBZ 130—2020）要求对任何照射剂量可能大于0.5雷姆（rem）[①]的工作人员，均应进行个人检测，用人单位必须为每一位工作人员都保存职业照射记录。该标准规定了职业直射剂量的上限值。

3. 防护措施　X线的防护包括从X线管发射出来的放射线（原发射线或一次射线）和照射到其他物质后的继发射线（散射线或二次射线）的防护。防护的主要办法是采用

---

① 1雷姆=10^{-2}Sv

屏蔽，缩短照射时间，增加与X线源的距离等。在屏蔽方面，铅则是制造防护设备最好的材料，一定厚度的铅板可以防护一定千伏电压的X线。

具体的防护措施：①除了操作者和必需的保定人员，检查前应将无关人员清理出检查室，禁止未满18周岁者或孕妇进入或停留在检查室。检查室门外应设警示标识。②在符合检查要求的情况下，可对动物进行镇静与麻醉，利用各种辅助器材进行保定与摆位，尽量减少人工保定。③从放射窗发出的X线放射量最大，效应最强，工作人员应避免其直接照射并尽可能缩小和控制其照射范围。④参加X线检查的工作人员应穿戴防护用具，如铅橡皮围裙、铅橡皮手套，透视时还应戴铅眼镜。利用室内的活动铅屏风遮挡散射线。⑤提高和熟练透视技术，缩短透视观察时间，不作非必要的延长观察。为减少X线的用量，应尽量使用高速增感屏、高速感光胶片和高千伏摄影技术。正确应用投照技术条件表，提高投照成功率，减少重复拍摄。⑥X线检查室应有适当的面积和高度，以减少散射线强度。X线室四壁与天花板的建筑结构，要根据X线机的千伏数考虑防护材料的铅当量。⑦执行轮流值班制度，以尽量减少个人在工作中的辐射暴露。日常防护检查应当坚持，如检查防护制度执行情况，防护条件是否合格，工作人员均应佩戴X线个人剂量计，每年或半年进行全面体检，发现问题应及时处理。

六、X线诊断的原则与程序

1. X线诊断的原则　鉴于X线影像的非特异性，在X线诊断时，必须密切结合临床表现及实验室检查的结果，确定检查部位、检查方法，全面、客观地分析X线征象，并须遵循下列原则：①依据正常解剖、生理的基础知识，认识动物体器官和组织X线影像的正常表现。②根据病理学的基础知识，认识动物体病理改变所产生的影像，推断解剖生理的异常表现所代表的病理性质。③结合临床资料（包括病史、症状、体征、治疗经过及其他临床检查材料等）进行综合分析，提出诊断意见。

2. X线诊断的程序

（1）全面系统地观察　首先对全片作一概观，要明了照片的部位和位置，照片技术和质量是否符合要求；是否有明显的病变存在，并注意勿将技术和质量造成的阴影误认为病变阴影。在概观所得的初步印象的基础上，再进一步系统地细阅照片。侧位影像的观看定位，应将动物的头侧放置在观察者的左侧，脊柱位于上方。头部、颈部或躯干的腹背位或背腹位影像，应将动物的头侧朝上，且动物的左侧即观察者的右侧。观察四肢的外内侧或内外侧影像，肋骨的近端应朝上，肋骨的头侧或背侧应放置在观察者的左侧。四肢的尾头位或者头尾位影像，四肢近端的末端应在最上方。按习惯不同，可自上而下、从左到右或由外至内，有规则地细看每个区域范围，注意避免遗漏，也可按解剖系统逐项观察，并注意两侧比较，要注意其外形、大小、位置、结构和能见度，力求通过有系统的寻找从而不遗漏地发现病变。

（2）病变观察的要点

1）病变的位置与分布：某些病变常常容易发生在动物体的一定部位，它们的分布有一定的规律性。

2）病变的形状与数目：病变的形状与数目常可反映出病变的性质。例如，肺内表现的圆形块状密影，可能是肿瘤或囊肿；三角形的密影有可能是肺不张或血管梗塞；形状不规则的阴影，则可能是炎性的病变。只有单独一个病灶，则可能为单发或原发；若病变数目较多，则可能为多发性或转移性病灶。

3）病变的边缘与轮廓：病变的边缘与轮廓可表示其与周围组织的分界状况，边缘明锐、光滑而轮廓清楚的病变，可能表示慢性和良性；反之，边缘模糊、轮廓不清者，常表示急性、恶性或病情进展。若原来的病变边缘模糊不清，但后来转变为清楚明锐者，常表示病变好转。

4）病变的密度：病变的密度可以比周围部位增高或降低。例如，骨骼的密度增高，则表示骨质增生硬化；骨骼的密度降低，则表示骨质破坏或疏松。在肺内高度致密的病变阴影，是钙化的表现；密度降低乃是肺气肿或肺空洞的表现。

5）病变的周围组织与结构：观察病变时，对其周围组织的观察有助于正确诊断。例如，一侧胸部发生广泛性密度增高的阴影，此阴影的病理性质如何，往往需要注意其周围组织与结构，若发生患侧胸廓扩大、膈肌后移、纵隔向健侧移位，则应考虑为胸腔积液；相反，如纵隔向患侧移位、胸廓下陷、肋间隙变窄等，则是一侧性肺不张或胸膜增厚、粘连收缩的表现。

（3）结合临床资料做出诊断　　X线诊断过程中，应对患病动物资料进行详细的分析，获得大量的信息后，再对X线影像变化进行认真思考，科学分析，综合研究，方有可能得出正确或较正确的X线诊断结论。在兽医临床上，虽然某些疾病有其特征性X线征象，但许多疾病在X线片上并无特异性表现。例如，一些疾病的早期或很小的病变，X线检查不能做出诊断，需辅助其他诊断加以弥补。通常情况下，除非诊断依据十分肯定，结论或印象应以考虑到某几种可能为宜，并指出哪一个可能性最大，以便临床参考与进一步处理。动物X线影像诊断报告单见表1-2。

表1-2　动物X线影像诊断报告单

主人姓名　　　　家庭住址　　　　职业　　　　联系方式 动物种属　犬○　猫○　其他○　　　品种　　　　爱称 性别　雄○（去势○）雌（绝育○）　年龄　年　月　日　岁　体重　　　kg 毛色　　用途　　饲养环境（室内○室外○室内外○）　　饲料及饲养　　次／日 最近接种疫苗状况　　（　年　月）（　年　月） 入诊日期：　年　月　日
既往病史： 现病史：
现症检查：体温　℃ 脉搏　次／分　呼吸　次／分 临床症状及初步诊断：
检查部位及方位：检查部位　　　摄片位置 曝光参数：管电压　　管电流　　焦点胶片距　　曝光时间 影像描述：

诊断：
图片黏附：
兽医师签名：　　　年　月　日

（周振雷）

第二节　计算机X线摄影成像系统

　　1974年，开始构架计算机X线摄影（computed radiography，CR），并进行基础研究工作。1981年，成像板（imaging plate，IP）被研制成功，并推向市场。1981年6月，在比利时首都布鲁塞尔召开的国际放射学会年会上，因CR系统和数字减影血管造影（digital subtraction angiography，DSA）系统的问世，1981年被誉为"放射学新的起步年"。CR的应用突破了常规X线摄影技术的固有局限性，实现了常规X线摄影信息数字化，使常规X线摄影的模拟信息直接转换为数字信息。然而，CR也存在不足之处，如时间分辨率较差，不能动态显示器官和结构，间接转换中易引起信息的丢失，其空间分辨率仍不足，难以显示细微的组织结构。成像板为易耗品，图像质量会因成像板使用次数过多而下降，也未能改变传统X线摄影检查的工作流程。为了直接把X线影像信息转化为数字信息，研究人员开始研制数字X射线摄影（digital radiography，DR）系统，并于20世纪90年代后期取得了突破性进展，出现了多种类型的平板探测器（flat panel detector，FPD）。目前国内动物医院均开始大量装备DR系统。DR系统可利用现有的X线设备进行X线信息的采集来获取图像。它主要由X线机、探测器、影像处理工作站、影像存储系统和打印机组成。

　　DR较CR具有更高的空间分辨率、更高的动态范围和量子检出效率、更低的X线照射量，图像层次更丰富，在曝光后几秒内即可显示图像，大大改善了工作流程，提高了工作效率。根据DR成像技术的不同，可将其分为直接数字X线摄影（非晶硒平板探测器、多丝正比电离室探测器）和间接数字X线摄影〔非晶硅平板探测器、电荷耦合器件（charge coupled device，CCD）探测器〕。DR系统改善和优化了X线摄影检查的工作流程，容许一定范围内的曝光误差，并可在后处理中调节、修正成像。后处理功能包括对比度、亮度、边缘处理、增强、黑白反转、放大、缩小、测量等，通过这些功能的调节可以改善图像的质量。数字化图像便于在计算机中存储、传输和调阅，节省了传统X线摄影中的照片存储空间及胶片和冲片液的支出，可带来更高的效益。数字化方式能直接和影像存储与传输系统（picture archiving and communication system，PACS）网络系统连接，实现了远程会诊。

（周振雷）

第三节　超声成像原理和技术

超声诊断（ultrasonic diagnosis）是利用超声诊断仪对动物进行扫查，通过对获得的声像图等临床资料进行分析，对疾病做出诊断的专门技术。对声像图的深入分析需要有良好的超声诊断基础知识，因而，兽医除需要了解动物体内部结构和功能情况及其病理变化外，还应了解超声的物理学特性、超声成像原理和超声诊断仪的构造、显示方法、操作技术、记录方式，以及对回声或者透声信号的分析与判断等知识。超声检查不需使用电磁辐射，对兽医和动物无损伤，临床上常与X线诊断、计算机体层成像、磁共振成像等互为补充，共同构成兽医影像诊断技术。

一、超声成像原理

1. 声波　　声波依据频率大小分为低于20Hz的次声、处于20Hz～20kHz的声和超过20kHz的超声（ultrasound）3类。超声和次声都在人耳听阈之外，不能被人耳听见。波分为机械波和电磁波，声波是机械波。振动产生波动，并通过波动传播，波动产生声波，即产生声。物体在平衡位置附近来回往复运动称为机械振动，机械振动在介质中传播称为机械波。在波动中，质点的振动方向与波的传播方向相互垂直，这种波称为横波；质点的振动方向与波的传播方向相互平行，这种波称为纵波。兽医超声诊断仪换能器发出的超声波都是纵波。

不同于光波和无线电波，声波需要通过介质传播，通常用频率（frequence）、波长（wave length）和速度（velocity）等参数描述声波特性。波动中的某一振动相位在介质中的传播速度称为声速（m/s）。波在介质中的传播速度是由介质的声阻抗决定的，而介质的声阻抗又是由密度决定的，等于介质的密度与介质中声速的乘积，密度越高，声阻抗越大则波速越快，反之则越慢，以水密度（g/cm^3）/声阻抗［g·10^5（cm^2·s）］/声速（m/s）为基准，分别为1.000/1.500/1500，则空气分别为0.001 29/0.004 39/340，肌肉分别为1.07/1.498/1400，脂肪分别为0.95/1.501/1580，其他软组织分别为1.06/1.59/1500，骨骼分别为1.80/6.184/3380。

波因介质质点的运动而传播，传播时原来静止的质点在运动，具有动能；质点离开原来的平衡位置，具有回复到原来位置的势能。动能和势能构成了波的质点的总能量。波在传播时通过介质由近及远一层层地振动，将能量逐层传播出去。单位时间内通过单位面积介质的波的能量称为能流；通过垂直于波动传播方向单位面积的平均能流称为平均能流密度，或称能流密度或波的强度（声强）。

2. 超声的发生与接收

（1）压电效应　　法国物理学家居里兄弟于1880年发现了压电效应（piezoelectric effect），故又称居里效应。压电效应可简单解释为声能的机械压力和电能通过压电晶片（piezoelectric wafer）（电介质）介导而相互发生能量转换。压电晶片在一定方向上受声能作用而变形时，其内部会产生极化现象，同时在两个相对外表面上出现正负相反的电荷；去掉声能压力后，压电晶片恢复到原来的形状且表面电荷消失，这种现象称为正压电效应（positive piezoelectric effect）。正压电效应的极性因声能压力方向的改变而改变。相反，当在压电晶片的极化方向上施加电场时，压电晶片也会发生拉伸变形、产生声能，去掉电场后，压电晶片的变形消失，这种现象称为逆压电效应或负压电效应（negative piezoelectric effect）。依据压电效应研制的压电晶片称为压电传感器。

压电晶片是由具有良好压电性质的晶体物质构成的，如石英、钛酸钡、锆钛酸铅、硫酸锂等，最常见的是锆钛酸铅。

（2）超声波的发生　超声波的发生和接收是根据压电效应的原理，由超声诊断仪的换能器（transducer）或探头（probe）来完成的。探头就是超声诊断仪的波源，内含压电晶片。超声诊断仪发出与压电晶片电轴方向一致的变频交变电场时，压电晶片就会在交变电场中因电振荡沿一定方向发生强烈的拉伸和压缩（机械振动），产生超声，即电能通过电振荡转变为机械能，继而转变为声能，即负压电效应。如果交变电场频率大于20kHz，所产生的声波即超声波。

（3）超声波的接收　超声波在介质中传播，遇到声阻抗相差较大的界面时即发生反射。反射波作用于超声探头内的压电晶片，使压电晶片发生压缩和拉伸的同时改变了压电晶片两端的表面电荷（异名电荷），超声波转变为电信号，即声能转变为电能，称为正压电效应。超声诊断仪主机将这种高频变化的微弱电信号进行处理、放大，以波形、光点、声音等形式显示出来，产生影像（图1-1）。

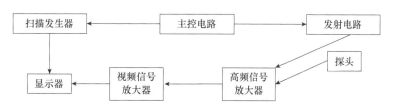

图1-1　脉冲回波式超声诊断仪基本结构流程图

（4）超声波的传播和衰减　超声波属于声波的一类，具有声波的一切特性，在介质中传播时也发生透射、反射、绕射、散射、干涉及衰减等现象。

1）透射：超声波穿过某一介质或通过两种介质的界面而进入第二种介质内称为超声波的透射（transmission）。除介质外，决定超声波透射能力的主要因素是超声波的频率和波长。超声波的频率越大，波长越短，透射能力（穿透力）越弱，探测的深度越浅；超声波的频率越小，波长越长，穿透力越强，探测的深度越深。

2）反射与折射：超声波在传播过程中，如遇到两种不同声阻抗介质所构成的声学界面时，一部分超声波会返回到前一种介质中，称为反射（reflection）；超声波在进入第二种介质时发生传播方向的改变，称为折射（refraction）。

超声波反射的强弱主要取决于形成声学界面的两种介质的声阻抗差值，声阻抗差值越大，反射强度越大，反之越小。当两种介质的声阻抗差值达到0.1%，即两种物质的密度差值只要达到0.1%时，超声波就可在其界面上形成反射，反射回来的超声波称为回声（echo）。反射强度通常用反射系数表示：

反射系数＝反射的超声能量/入射的超声能量

空气的声阻抗为0.000 428，软组织的声阻抗为1.5，二者声阻抗相差约3500倍，故其界面反射能力特别强。临床上在进行超声探测时，探头与动物体表之间一定不要留有空隙，以防声能在动物体表大量反射而没有足够的声能到达被探测的部位。这就是超声探测时必须使用耦合剂（coupling medium）的原因。超声诊断的基本依据就是被探测部位的回声状况。

3）绕射：超声波遇到小于其波长一半的物体时，会绕过障碍物的边缘继续向前传播，称为绕射或衍射（diffraction）。根据超声波绕射规律，在临床检查时，应根据被探查目标的大小选择适当频率的探头，使超声波的波长比探查目标小得多，以便超声波遇到探查目标时发生反射而不是绕射，就可以检查出比较小的病灶，提高分辨力和显现力。

4）散射与衰减：散射（scatter）是超声波在传播过程中遇到物体或界面时沿不规则方向反射或折射（图1-2）。由于反射、折射和散射，超声波在声束上的数量随传播距离

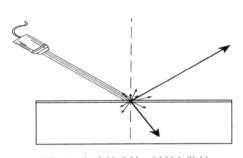

图1-2　超声的透射、折射和散射

的增加而越来越少；同时，传播路径上不同介质的黏滞性（内摩擦力）、导热系数和温度等也使声束上的声能被部分吸收。除传播介质因素外，声能的衰减还与超声频率和传播距离有关，频率越高或传播距离越远，声能的衰减越大；反之，声能的衰减越小。超声声能随着传播距离的增加而减弱，这种现象称为超声衰减（ultrasonic attenuation）。动物体内血液对声能的吸收最小，其次是肌肉组织、纤维组织、软骨和骨骼。

5）多普勒效应：声源与反射物体之间出现相对运动时，反射物体所接收到的频率与声源所发出的频率不一致的现象称为多普勒效应（Doppler effect）。当反射物体与声源相向运动时，接收的声音频率升高，反之降低。频率改变的大小称为频移。反射物体与声源间相对运动速度越大，频移越大，相向运动时频移为正，声音增强；反向运动时，频移为负，声音减弱。D型超声诊断仪就是利用多普勒效应把超声频移大小转变为不同的声响或色彩以检查动物体内组织器官的活动状况，如对心血管、胎儿等运动的检查。

6）超声波的方向性：超声波因其极高的频率和短的波长与一般声波不同，声场宽度与探头的压电晶片大小接近，远远小于探头的直径，呈狭窄的圆柱状（声束）向一个方向传播，称为超声的束射性或方向性。

7）超声波的分辨性能：超声波的分辨性能包括显现力（discoverable ability）和分辨力（resolution）。

显现力：是指超声波能够探测出最小物体大小的能力。显现力大小以能被检出的最小物体的直径来衡量，与能被检出的最小物体直径成反比，以mm表示。直径越大，显现力越小；直径越小，显现力越大。超声波显现力的物理基础是超声波的绕射，理论值为波长的一半，如2.25MHz超声波的波长为6.7mm，其显现力为3.36mm；5.0MHz超声波的波长为3.0mm，其显现力为1.5mm；7.0MHz超声波的波长为2.1mm，其显现力为1.05mm；10MHz超声波的波长为1.5mm，其显现力为0.75mm。但是，超声诊断仪实际的显现力要小很多，只有波长比病灶直径小数倍时才能明显地显现病灶。临床上为了提高

超声波的显现力，常选择高频探头。超声波的频率越高，波长越短，显现力越大；频率越低，波长越长，显现力越小。

分辨力：是超声波能够区分两个物体间的最小距离，根据方向不同分为横向分辨力（lateral resolution）和纵向分辨力（depth resolution）。

横向分辨力：是指超声波能分辨的与声束相垂直的界面上平行两物体（或病灶）间的最小距离，以mm计。决定超声波横向分辨力的因素是声束直径，单一声束直径小于两点间的距离时，其就能在两点间穿行而不产生反射，也就能区分这两个点。声束直径大于两点间的距离时，两物体共同形成一个声学界面，产生反射，两个点在屏幕上就会变为一个点（图1-3）。决定声束直径的主要因素是探头中的压电晶片界面的大小和超声波发射的距离。

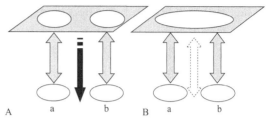

图1-3 超声波横向分辨力示意图

A. 声束（黑色实心箭头所示）直径小于a、b两物体间距，超声波在两物体间穿过时不产生回声，但分别在物体a、b上产生回声并形成可区分的影像；B. 声束（虚箭头所示）直径大于两物体间的距离，超声波除在a、b两物体上产生回声外，在两物体间也产生回声，所有回声连成一体，在声像图上表现为融合影像

纵向分辨力：是指声束能够分辨位于超声波轴线上前后两物体（或病灶）间的最小距离，以mm计。决定超声波纵向分辨力的因素是超声波的脉冲宽度，脉冲宽度越小，分辨力越高；脉冲宽度越大，分辨力越低。超声波的纵向分辨力约为脉冲宽度的一半。

脉冲宽度是超声波在一个脉冲时间内所传播的距离，即脉冲宽度＝脉冲时间×超声波速度。超声波在动物体组织内的传播速度约为$1.5 \times 10^6 mm/s = 1.5mm/\mu s$，假设3种频率探头脉冲持续时间分别为$1\mu s$、$3.5\mu s$、$5\mu s$，其脉冲宽度则分别为1.5mm、5.25mm、7.5mm，故其纵向分辨率分别为0.75mm、2.625mm、3.75mm。决定脉冲时间的一个因素是超声波频率，频率越高，脉冲时间越短，脉冲宽度越小，超声的纵向分辨力越大；反之，则越小（图1-4）。

脉冲宽度不仅决定纵向分辨力，也决定了超声波能检测的最小深度。脉冲从某一组织或病灶反射后被探头所接收，超声波这一往返时间等于二倍的深度除以超声波速度，即脉冲往返时间＝2×深度÷声速。当探测的组织或病灶与探头的距离大于1/2脉冲宽度时，才能被检出，小于1/2脉冲宽度的近场称为盲区。实际上，盲区深度比脉冲宽度的1/2要大数倍。盲区内的

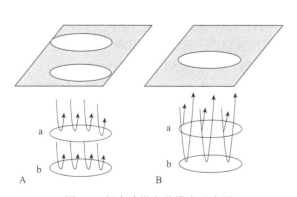

图1-4 超声波纵向分辨力示意图

A. 超声波脉冲宽度小于声束轴上物体a、b间距的两倍，超声波在物体a、b界面上分别回声，且同一脉冲超声波的不同声束在两个界面上产生的回声不会全部重叠，因而在显示器上分别显示了物体a、b的影像；B. 超声波脉冲宽度大于物体a、b间距的两倍，同一超声波不同声束分别在物体a、b产生回声，但两物体回声重叠，因而a、b两物体声像图融合或叠加，表现为一个物体的影像

组织或病灶不能被检出。解决这一问题的主要方法有：①加大探头的频率；②在体表与探头之间增加垫块。

超声波的穿透力（penetration）：是指超声波在物体内能够传播的最长距离，以cm计。超声波频率越高，其显现力和分辨力越强，显示的组织或病理结构越清晰；但频率越高，其衰减也越显著，透入的深度就越小。也就是说，频率越高，穿透力越低；频率越低，穿透力越高。因而，探测浅表部位的组织或病灶时，应尽可能选用高频探头，探测较深部位的组织或病灶时应在保证探测深度的情况下尽可能选用高频探头。

根据超声波的显现力、分辨力和穿透力特点，兽医临床选择探头的依据是探查深度和被检结构的大小。

二、动物体组织结构的回声性质与声图像特征

回声形态描述：回声形态是指声像图上的影像形状。如前所述，回声转变为电信号，经由超声诊断仪主机将微弱的电信号进行处理、放大，以光点、光斑等形式展现出来，形成影像，即声像图。声图像是由许多大小不同、灰度不一的像素组成的。像素的大小反映了回声界面的大小，灰度的高低反映了回声的强弱。图像上从亮到暗（从白到灰再到黑）的变化程度称为灰度（gray），不同的灰度等级称为灰阶（gray scale），B型（B-mode）超声诊断仪的命名依据就是其为灰度调制型（brightness model）超声诊断仪。

（1）光点或光斑（echogenic spot）　细而圆的点状回声（spot echo），由微小的组织或病灶结构产生的回声形成，如肝硬化、尿酸盐结晶等的回声。

（2）光团（echogenic mass）　回声光点以团块状出现，由较大的组织或结构产生的回声形成，如肿瘤结节等的回声。

（3）光条或光带（echogenic band）　回声呈条带状，由大的组织或病灶回声界面产生的回声形成。

（4）光环（echogenic ring）　回声呈环状，光环中间较暗或为暗区，是周边回声的表现，如胎儿头部回声。有些器官或病灶内部出现回声，称为内部回声。

（5）光晕（halation）　光团周围形成的暗区，如癌症结节周边回声。

（6）网状回声（dicyto-echo）　多个环状回声聚集在一起构成筛状网，如脑包虫，犬的子宫脓肿、腹腔脓肿等的回声。

（7）云雾状回声（cloudiness echo）　多见于声学造影。

（8）声影（acoustic shadow）　由于声能在强的声学界面大量衰竭、反射、折射等而丧失，声束不能到达的区域（暗区）没有或稀有回声，即特强回声下方的无回声区，称为声影，如各类较大的结石（图1-5）、骨骼、气体远场的影像。有些脏器或肿块底边无回声，称为底边缺如（bottom margin absence）；如侧边无回声，则称为侧边失落（lateral absence），如胆囊、膀胱的侧面回声。

（9）声尾　又称蝌蚪尾征（tadpole tail sign）（图1-6），是指强回声后方的类似彗星尾样回声，如囊肿后方的声尾。超声波在特强声学界面上，如在肺泡壁上反复反射，声能很快衰减，称为多次重复回声（3次以上）或多次回声（multiple echoes），多次回声远场往往无回声或少有回声。

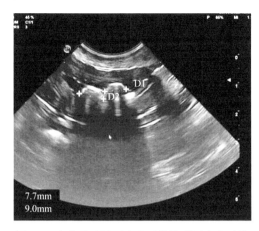
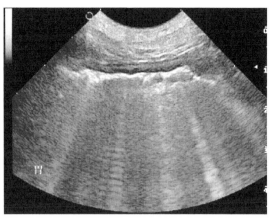

图1-5 多个膀胱结石造成了其特强回声之后的
无回声区（南京农业大学教学动物医院供图）

图1-6 蝌蚪尾征（南京农业大学教学动物
医院供图）

D1、D2是测量线的名称；"＋"是测量线的两个端点；
下同。数据是测量的结石直径

（10）靶环征（target sign） 以强回声为中心形成的圆环状低回声带，如肝病灶组织的回声，肠套叠、子宫疝的声像图征。

超声扫查可作为疾病的一种辅助诊断手段。许多疾病的波形或声像图都没有特异性，且波形或光点密度、亮度和大小往往与所选择的仪器的增益（灵敏度）有关。因此，临床探查时必须校正仪器灵敏度，并密切结合临床实际进行判断，才能提高诊断的准确率，减少误诊和漏诊。

三、动物组织结构和病灶的声学分型

动物体复杂的结构因其声阻抗不同而具有不同的声学特征，疾病下的病灶又使得其声学特征发生改变，再加上病灶本身的结构特点，在声像图上表现为不同的回声特征，动物组织器官及病灶可分为以下几种声学类型。

1. 无回声型 液体是最均一的声学介质，内部无明显的声阻抗差异，不存在声学界面。超声波通过动物体内的液体时在液体内部不产生回声，在图像上表现为无回声暗区，又称液性暗区或液性无回声（fluidity anecho），如尿液、胆汁、血液、羊水等。一些病理性积液如胸腔积液、腹腔积液、脑积水、淋巴外渗、血肿、脓肿等，如内部不形成凝聚也表现为液性暗区；如含有炎性物质、脱落的组织凝聚、结石或凝血块等，则在液性暗区内会有大小不等、强度不一的回声。

2. 弱回声型 一些内部结构均一的实质性器官如肾锥体、淋巴结、肾上腺皮质等，具有较好的透声性能，仅存在弱而小的声学界面，在声像图上表现为弱回声（weak echo）或暗区，又称实质性弱回声或实质性暗区（parenchymatous anecho）。实质性暗区是相对的暗区，加大增益后仍然有弱回声出现。

3. 低回声型 一些组织如肾皮质因结构不十分均一而具有少量弱回声界面，在声像图上表现为灰暗的回声，称为低回声（low echo）。

4. 等回声型　　实质性组织器官因实质与间质相间而形成中等的声学界面,声像图上表现为中等灰阶的回声,称为等回声(equal echo),如健康肝、脾、子宫壁、肌肉(包括心肌)等的内部回声。

5. 高回声型　　组织内存在的声学界面声阻抗差值往往大于20%,其回声明亮但后方不存在声影,称为高回声(high-level echo),如肾窦、纤维组织、乳腺,以及结构复杂、排列无序的实质性病变如肝硬化、肝癌等的回声。

6. 强回声型　　与周围软组织的声阻抗差值大于50%,在声像图上灰度明亮、后方常伴有声影的回声,称为强回声(strong echo 或 dense echo),如结石、钙化灶、骨骼等的回声。

7. 含气型　　气体与周边软组织的声阻抗相差3000倍以上,超声波不能透射而几乎全部被反射,并且会出现多次回声,声像图上回声界面灰度特高,后方组织不能显示,又称特强回声,如内含气体的胃肠道、肺部、皮下气肿或气性坏疽等的回声。

四、超声诊断

超声扫查应记载扫查部位、角度方向等信息,影像资料上应显示相关参数信息。动物超声影像诊断病历见表1-3。超声诊断是兽医临床诊断的重要方法之一,针对病变的超声诊断应明确病变发生部位、病理性质,并在数量、大小尺寸、功能指标、动态变化等方面进行考量。

表1-3　动物超声影像诊断病历

主人姓名　　　　家庭住址　　　　职业　　　　联系方式 动物种属　犬○　猫○　其他○　　　品种　　　　爱称 性别　雄○(去势○)雌(绝育○)　年龄　年　月　日　岁　体重　　kg 毛色　　用途　　饲养环境(室内○室外○室内外○)　　饲料及饲养　　次/日 最近接种疫苗状况　　(　年　月)　(　年　月) 入诊日期:　　年　　月　　日
既往病史: 现病史:
现症检查: 体温　　℃　脉搏　　次/分　呼吸　　次/分 影像诊断要求:
超声检查: 检查目的　　　检查部位　　　探查方向 仪器类型: 超声类型　探头类型　探头频率　片数 图像描述: 诊断: 图片黏附: 兽医师签名:　　　　年　　月　　日

1. 定位诊断 根据扫查位置、断面方向及图像显示内容和特征，确定病变的解剖部位，包括组织器官上的具体位置等。如肝脓肿，其位置在哪一叶或哪一段、对哪些肝组织有压迫等，描述为"位于内侧叶外侧中部"；再如二尖瓣脱垂，可描述为前尖瓣/大瓣脱垂、后尖瓣/小瓣脱垂，或前、后二尖瓣脱垂，需要明确具体。

2. 定性诊断 定性诊断包括病变的物理性状、病理性质和功能性改变等。

（1）物理性状 结合组织或病理结构的回声类型，根据病变的声像图特点判定病变的物理性状。例如，病变内部无回声属于液性，内部低回声或强回声属于实质性，内部无回声兼有点状强回声可考虑为混合性肿块、囊性或实质性病变等。

（2）病理性质 动物各组织器官的解剖结构复杂，但均有自身的声学特点，当机体发生病变时，这种正常的回声特点就发生了改变，其内部病理结构的改变在声像图上可表现为回声界面增多、减少或消失，散射点大小和均匀度改变，回声强度改变，反射振幅改变，局部声衰减系数改变，病灶周边和后方的声学特性改变等。

（3）功能性改变 对功能性改变的声像图也应客观描述，如二尖瓣反流、胎儿心动迟缓、异常血管征、液性暗区中强回声光点重力性下沉、十二指肠蠕动加快、胆囊排空不完全、膀胱排空不全等。

3. 定量诊断 通过对组织器官及病灶声像图直径、角度、管腔内外径和壁厚、区域面积和周长及体积等进行测量分析，判断脏器大小是否异常、管腔是否狭窄或扩张、病变大小和范围及其数量等，达到量化诊断的目的。心血管超声诊断，特别是心脏彩色多普勒超声诊断更有其特定的功能参数，通过这些参数的比较，量化诊断心脏功能，如评价左心收缩功能的参数 SV（肺静脉收缩期血流峰值速度）、CI（心脏指数）、V_{max}（主动脉血流峰值速度）、PEP（左心室射血前时间）、LVET（左心室射血时间）、PEP/LVET 等，评价左心舒张功能的参数 Ar（肺静脉逆向血流峰值速度）、e'（二尖瓣环基部组织室壁侧舒张早期峰值速度）、a'（二尖瓣环基部组织室壁侧舒张末期峰值速度）、e'/a'、S（肺静脉收缩期血流峰值速度）、D（肺静脉收缩期血流峰值速度）、S/D 等。

五、超声诊断的类型

超声成像因为具有以下3个特点：①超声波为非电离辐射，在诊断用功率范围内对人体无伤害，可经常性地反复使用；②超声波对软组织的鉴别力较高，在诊断软组织疾患时具有优势；③超声成像仪器使用方便、价格便宜，具有强大的生命力和发展前途，是其他成像技术所无法替代的现代诊断技术。因而，一些具有新功能的超声诊断仪不断进入市场。

虽然超声检查的种类很多，分类复杂，但按回声显示方式分类，其可分为 A 型超声诊断、B 型超声诊断、M 型超声诊断和 D 型超声诊断等基本类型。

1. A 型超声诊断 A 型超声示波诊断又称幅度调制型（amplitude modulated mode）超声诊断或示波超声诊断，是将超声回声信号以波形显示，通过对波的幅度、大小、形状和疏密等的分析，对动物体组织器官或病变进行诊断的一种诊断形式，简称 A 型超声诊断或 A 超（图1-7）。y 轴是波幅，表示回声信号的强弱；x 轴是距离，表示扫描深度。其中，对于高回波，波宽表示声学界面厚度，波间距表示相对均一的组织器官厚度；对

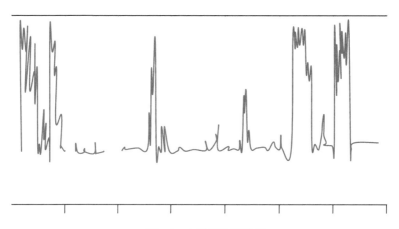

图 1-7　A 型超声示波图

于位于两中高回波间的中低回波，波宽表示被扫描组织器官的厚度。

A 超是超声技术应用于医学和兽医学诊断中最早、最基本的方式，主要通过测量分析回波线度特征，用于检查肝、胆、脾、眼及脑等简单解剖结构。由于 B 型超声诊断仪的出现，A 型超声诊断仪目前主要用于动物背膘和眼肌测量、妊娠诊断、眼科疾病诊断等方面。现用于妊娠诊断的 A 型超声主要是警报型 A 超，用于背膘和眼肌测量及眼科疾病诊断的主要是数显式 A 超。

2. B 型超声诊断　　将回声信号以光点明暗，即灰阶的形式显示出来。B 型超声诊断是以不同灰度的光点、光线和光面构成被探测部位二维断层图像或切面图像，即声像图（sonography），并通过分析声像图来对动物组织器官的病理变化做出诊断。声像图中灰阶的强弱反映回声界面反射和衰减超声的强弱，光点的大小反映回声界面的大小。所以，B 型超声诊断又称灰度调制型（brightness modulation mode）超声诊断法、超声切面显像（ultrasonotomography）或二维超声成像（two-dimensional ultrasonography），是超声检查的主体部分，也是超声成像最基本的类型，超声诊断仪同时具有的 M 型超声心电图、彩色血流成像和频谱多普勒装置等均是加载在 B 超基础之上的功能，三维和四维超声成像也是以二维超声成像为基础的。

B 型超声诊断仪又简称 B 型（B-mode）超声仪或 B 超。探头因激励脉冲而发射超声波，并受聚焦延迟电路控制使声波聚焦；经过一段时间延迟后，探头接收的回声信号经波束形成处理再转换为电信号；电信号经由数字扫描转换器（DSC）电路转换成数字信号，在中央处理器（CPU）控制下进一步处理并合成视频信号而在显示器上形成 B 超图像，即二维黑白超声图像（图 1-8）。

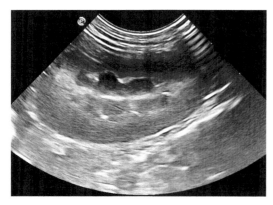

图 1-8　犬肾 B 超声像图

B 超声像图为组织器官的切面影像，与动物体的解剖结构极其相似，直观显示脏器及其病变的大小、形态、内部结构等，并可将实质性、液性或含气性组织区分开；超声的传播速度和成像速度快，每波超声均产生一幅图像，快速重复扫描所产生的图像组合起来便构成了实时动态图像，因而声像图属于实时动态图像，能够实时地观察心动、胎动及胃肠蠕动等；动物体内相邻两组织的声阻抗差值达千分之一时，超声便会在两组织界面产生回声反射，从而将两组织区分开，因而对软组织的分辨力高。超声对软组织的这种分辨力是X线的100倍以上。

为了满足人们对X线片图像观察的习惯，将超声诊断仪的延迟电路控制的距离选通门的开启时刻设定为可调常数，其成像画面就与超声束垂直，因而可形成与B型扫描面相差90°的声像图，即与X线透视相似的二维图像，这就是C型超声诊断的图像。C型超声检查在肿瘤组织的范围监测上意义重大。C型超声诊断在探查时将探头呈"Z"形移动进行同步扫描，可进行慢速或快速成像。

另外，将距离选通门开启时间设置为随位置变化的函数，则成像画面就不是平面，而是一个由位置函数决定的曲面，这就是F型超声。

C型和F型超声成像均可进行三维重建成像，从立体角度观察体内组织及病变情况。

3. M型超声诊断　　在B超扫描图像上有一根法线，因在水平偏正板上施加了慢扫描电压，当探头固定在一定位置和角度进行扫描时，法线所经过的所有位点的回声信息被时间扫描分离并随慢扫描的进行而横向展开，形成了一条位移-时间曲线（position-time recording），即位点运动的声像图。如果位点是固定不动的，则是一条连续的水平线，如果是运动的，则显示为一条连续的动态曲线，所以M型（motion mode）超声诊断又称光点扫描法或时间-运动型（time-motion mode）超声诊断法，简称M型（motion type）超声或M超。M超是B型超声中的一种特殊的显示方式，也属于实时灰度调制诊断法。

M型超声诊断的主要特点是能测量运动器官，多与B型或D型同时显示和应用于探测心血管各部分大小、厚度和心脏瓣膜运动状况的测量等，用于心脏的称为M型心动图。许多超声诊断仪还具有心电图、心音图功能，可用于研究心脏搏动和脉搏之间的相互关系，还可用于研究其他各运动面的活动情况。

4. D型超声诊断　　D型（Doppler mode）超声诊断是应用多普勒效应原理，通过探测频移分析运动组织器官功能状态的临床辅助诊断方法，又称超声频移诊断法，通称多普勒超声诊断法，简称D型超声或D超（Doppler ultrasound）。利用D超可检测运动中的脏器和血流所反射回波的频移信号并进行处理，将其转换成声音、波形、色彩和辉度等信号，从而显示出动物体内部器官的运动状态，主要用于心脏、血管、血流和胎儿心率等诊断。

超声多普勒诊断最先使用的是连续波多普勒信号音和多普勒曲线图。20世纪80年代在B型超声图像的基础上，将不同血流方向和强度造成的频移以不同色彩显示，实现双功超声诊断，彩色多普勒超声诊断自此兴起。随着现代科技的发展，D型超声诊断方法在不断地优化、融合和革新，现种类繁多。

（1）多普勒超声听诊法　　由发射单元发射连续超声，由接收单元接收连续回声，通过小型多普勒仪检测连续超声的频移，采用多普勒信号音的形式显示，可用于血流、胎心、胎动的听取，故又称多普勒听诊器，现被广泛应用于畜牧场妊娠检查。

（2）多普勒超声频谱诊断法　　属于脉冲多普勒类型，多在二维声像图上固定取样线、取样点，提取多普勒信号，显示出多普勒频谱图，用于探测心脏、血管内血液的流向、流速及流量，并可同时听取多普勒信号音。

（3）彩色多普勒血流成像法　　采用伪彩编码技术，以红、蓝色代表血流的向背方向，以不同的颜色及其深浅代表血流的方向和速度，在二维声像图上叠加彩色信号，形成彩色多普勒血流图（color Doppler flow imaging，CDFI）。在二维超声切面图内，红色代表近流，蓝色代表远流，绿色代表湍流。彩色多普勒血流成像技术是目前兽医临床最广泛使用的彩超类型，被广泛应用于心血管疾病的诊断和肿瘤的排查（图1-9）。

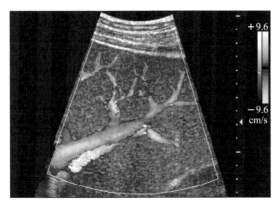

图1-9　彩色多普勒血流成像技术（南京农业大学教学动物医院供图）

基于以上4种基本类型，一台超声诊断仪可实现双重显示或多重显示，即同时显示两种或以上类型，如在同一监视器上分别显示B型、M型、A型，或B型、D型、M型、A型；也可实现同一声像图的复合显示（叠影），如同时显示B型和D型、B型和A型等。现今发展的技术可在B型和D型超声的基础上不断推出新的或者专用的超声诊断方法，如三维乃至四维超声诊断法、经颅多普勒超声诊断法、超声显微镜诊断法、超声组织定征诊断法、组织谐波成像技术、多普勒组织成像（组织多普勒超声心动图）、多普勒能量图法等。

（邓干臻）

第四节　计算机体层成像

普通X线影像是把具有三维立体解剖组织的结构和密度，借助某种介质（胶片、荧光屏）以二维影像的方式表现出来，但影像相互重叠，相邻器官或组织之间的厚度和密度差别较小时，则不能形成对比良好、有诊断意义的图像。使用人工对比剂进行造影检查可使普通X线检查不能显示的组织器官显影，但存在一定的局限性。计算机体层成像（computed tomography，CT）装置的出现使影像诊断实现了一次飞跃。CT是将X线束透过机体断层扫描后的衰减系数，通过计算机处理重建图像的一种现代医学成像技术。它是X线检查技术与计算机技术相结合的产物。

1972年，英国工程师豪恩斯菲尔德（Hounsfield）在英国放射学年会上首次做电子和电声公司（Electrical and Musical Industry，EMI）头部CT机应用于医学的报告，并于1973年在英国放射学杂志上报道。Hounsfield因此获得1979年诺贝尔生理学或医学奖。此后，CT发展迅速，现已出现第五代CT和螺旋CT。第一代CT仅有1或2个探测器，扫描时间较长（5min）。第二代CT的探测器增加至30个，扫描时间缩短至15～20s。第三、四代CT探测器分别增加至800个、1200个，扫描时间缩短至2～5s。第五代CT是利用电子束透过机体，能量衰减后，被探测器所探测，经转换等处理形成图像。第五代CT没有球管和探测器的机械转动，最快扫描速度为每层0.05s。螺旋CT扫描则是指当检查床上的机体以匀速进入CT机架时，X线球管同时作连续螺旋式扫描。螺旋CT扫描具有扫描速度快、病灶检出率较高、多功能显示病灶等优点。

一、CT成像的基本原理

计算机体层成像是将X线经准直器形成狭窄线束，作动物体层面扫描。X线束被机体吸收而衰减。位于对侧的灵敏、高效探测器，收集衰减后的X线信号，并借模/数转换器将其转换成数字信号，输入计算机。计算机将输入的原始数据进行处理，得出扫描断层面各点处的X线吸收值，并将各点的数值排列成数字矩阵。数字矩阵经数/模转换器被转换成不同灰暗度的光点，形成断层图像。断层图像可以胶片、磁盘、光盘等形式永久保存。

二、CT的基本设备

1. X线管 可分为固定阳极球管和旋转阳极球管，但球管的热容远远大于普通X线机的球管。固定阳极X线球管的热容小，不能耐受阳极所产生的高热，仅用于第一、二代CT，目前已经被淘汰。旋转阳极球管的热容较大，被目前CT采用。现代CT装置的X线管为了适应多层螺旋扫描，提高热容，采用多种技术加快散热和增加球管效率，同时减少噪声与振动。例如，部分设备采用了"飞焦点"设计的球管和零兆球管，目前球管最大的热容已经达到8.5MHu。

2. 准直器 准直器位于X线管和探测器的前方，可以减少散射线的干扰，决定扫描的层厚，提高图像的质量。受X线管焦点几何投影的伴影影响，焦点越大，伴影越大，所以在球管前常采用多层准直器。探测器侧的准直器用于减少散射线并限制层厚。

3. 探测器 用于探测透过动物体的X线信号，并将其转换成电信号。探测器作为换能器件应满足下列基本要求：①工作性能稳定，有良好的再现性。如果探测器的稳定性差，则CT机必须频频地校准来保证信号输出的稳定。②具有良好的线性转换特性，即探测器将X线光子捕获、吸收和转换成电信号的能力较强。③大的动态范围。动态范围是指在线性范围内接收到的最大信号与能探测到的最小信号的比值，即对较大范围的X线强度具有良好的反应能力及均匀性。④具有高的检测效率。⑤体积小，灵敏度高，在较少X线辐射时能够获得足够大的信息强度。⑥残光少，而且恢复常态的时间快。

探测器的种类很多，根据X线通过一定物质所产生的效应分为两种探测器：一种是收集电离电荷的探测器，分为气体探测器和固体探测器。气体探测器的稳定性好、响应时间快、无余晖产生，但由于其具有检出效率低、空间分辨率较差、需要定期充气等缺点，目前CT装置已经很少采用。固体探测器主要是指半导体探测器，由闪烁晶体和光电二极管组成。光电二极管具有结构简单、光电变换的线性较好等优点，容易实现微型化，可以做成体积较小的探测器。其缺点是容易受外界环境的温度、电场、磁场等干扰，应用时需要进行适当的屏蔽或电子电路补偿。另一种是收集荧光的射线探测器，称为闪烁探测器。闪烁探测器由闪烁晶体、光导及光电倍增管组成，检出效率高，无余晖，不潮解。第四代CT装置常应用它。目前已出现多排探测器及平板探测器，分别被应用到螺旋CT、直接数字X射线摄影及数字减影血管造影中。

4. 模/数转换器　　用于将探测器收集的电信号转换成数字信号，供计算机重建图像。

5. 高压发生器　　为X线球管提供高压，保证X线球管发射能量稳定的X线。

6. 扫描机架与检查床　　扫描机架装有X线球管、准直器、探测器、旋转机械和控制电路等。检查床可上下、前后移动，将动物体送入扫描孔。

7. 电子计算机系统　　CT有主计算机和阵列处理器。主计算机控制机架与检查床的移动、X线的产生、数据的产生与收集、各部件间的信息交换等整个系统的运行。阵列处理器作图像重建。CT图像可以胶片记录，或存储在磁盘、光盘、影像存储与传输系统中。

三、CT的基本概念

1. CT值　　CT图像的形成如同对被检体某一选定层面分成若干体积相同的体素进行扫描，根据被检体不同组织对X线衰减（吸收）系数不同，经过计算机以一定方式进行计算获得每个体素的X线衰减系数（μ值），排列成数字矩阵，经过数/模转换器把数字矩阵中的每个数字转换成由黑到白不同灰阶的小方块，即像素显示在显示器上，构成CT图像。CT扫描可以通过图像形式进行诊断，也可以通过测量μ值来区分组织的密度进行诊断。但是由于用μ值来直接表示不同组织的密度十分不方便，记忆十分困难，所以Hounsfield重新定义了一个CT值来表达该物理量，以作为表达组织密度的单位。某物质的CT值等于该物质的衰减系数（μ_m）与水的衰减系数（μ_w）之差，再与水的衰减系数相比之后乘以1000。单位为Hu（Hounsfield unit）。

$$某物质的 CT 值 = \frac{(\mu_m - \mu_w)}{\mu_w} \times 1000$$

水、骨、空气的衰减系数分别为1.0、2.0、0，则其CT值分别为0Hu、1000Hu、−1000Hu。机体组织CT值的范围可以骨的CT值（1000Hu）为上界，以空气的CT值（−1000Hu）为下界，即可包括由骨组织至含气器官的CT值。其中，软组织的CT值为35Hu，脂肪的CT值为−50Hu。不同的组织有不同的组织密度，CT图像上就有不同的CT值，这是区别正常组织和病理组织的重要基础。此外，CT值不是绝对不变的数值，与X线管电压、CT设备、扫描层厚等因素有关。

传统的X线片是三维生物立体的二维平面图，相邻组织器官影像相互重叠。而断层摄影虽可消除影像重叠，但其分辨率不高。相比之下，CT图像是真正的断面图像，是组织断面密度分布图。CT图像清晰，密度分辨率高，无断面以外组织结构的干扰等。

2. 窗位与窗宽　　窗位是指检出某一组织时所选择的CT值范围的中间值；窗宽则是指该组织显示图像所选择的CT值范围。在观察某一组织结构时，通常以其CT值为窗位。提高窗位可使图像变黑，降低窗位则图像变白。加大窗宽可使图像层次增多、组织对比减小、细节显示差；缩短窗宽则图像层次减少（表1-4）。

表1-4　正常比格犬CT扫描的常用窗位与窗宽

扫描部位	窗位（WL）	窗宽（WW）	扫描部位	窗位（WL）	窗宽（WW）
鼻中部	+21	200	主动脉弓	+22	200
眼眶部	+21	200	气管杈	−178	400
眼眶后部	+53	400		+22	200
额部	+39	200	心脏中部	−196	400
颧弓中部	+28	75	第6胸椎	−182	400
顶颞部	+24	400	心脏后部	−164	400
脑部	+32	100	肝膈面	+7	400
	+35	400	胆囊部	+20	100
延髓部	+87	400	食道终端	+21	400
第1颈椎	+76	400	胃与十二指肠	+20	200
第2颈椎	+56	400	右肾前端	+20	200
第3颈椎	+61	400	右肾中部	+20	200
第1胸椎	+61	200	左肾中部	+20	200
纵隔	+61	400	荐部	−3	200
	−107	400	耻骨联合	+35	400

3. 像素　　像素是组成CT图像的基本单元。像素越小、越多，越能分辨图像的细节，即图像的分辨率越高。现在的CT像素已由早期CT的160×160像素，经256×256像素过渡到512×512像素。

4. 空间分辨率　　空间分辨率是指某一物体与其周围介质的X线吸收差异较大时，CT装置对该物体结构微小细节影像的识别能力。常以每厘米内的线对数或以可分辨最小物体的直径（mm）来表示。

5. 密度分辨率　　密度分辨率是指某一物体与其周围介质的X线吸收差异较小时，CT装置对该物体密度微小差别的识别能力，常用百分数表示。例如，某设备的密度分辨率为0.35%，即表示两物质的密度差大于0.35%时，该设备能够将它们分辨出来。CT的密度分辨率是普通X线的10～20倍。CT可以分辨X线片所无法分辨的组织，虽然两个相邻的软组织密度差别不大，但仍可以形成密度对比而形成影像。

6. 时间分辨率　　时间分辨率是指单位时间内可采集影像最多的帧数，反映为单一层面的成像时间及可连续采集影像的能力。由于多排螺旋CT的出现，旋转一周的时间缩短到300～500ms，重建算法相应改变，计算机的重建速度加快和容量加大，时间分辨率已经调高到几十毫秒。随着时间分辨率的不断提高，CT装置可以扫描心脏、大血管等动态器官，得到高质量的图像。

7. *Z*轴分辨率及*Z*轴覆盖率　　*Z*轴分辨率即纵向分辨率，是指扫描床移动方向或动物体长轴方向的图像分辨细节的能力，它表示了CT机多平面和三维成像的能力。扫描的最薄层厚决定了*Z*轴方向的分辨能力，目前最薄的采集层厚已经达到0.4mm。选择最薄层厚扫描的目的在于真正实现各向同性体素采集，从而达到最佳的各类重建效果。*Z*轴覆盖率可以理解为球管旋转一周在*Z*轴方向上所覆盖的扫描范围，由于螺旋CT的出现，*Z*轴方向探测器的排数增加，使得Z轴覆盖宽度最大已经达到400mm，明显缩短了扫描时间，加快了扫描的速度。

8. 部分容积效应　　部分容积效应是指当同一扫描层面内有两种以上不同密度的物质时，所测CT值不是其中一种物质的CT值，而是这些物质的平均CT值。相邻两个不同密度组织的交界部分如处于同一层面内，即同一层厚内垂直方向同时包含这两种组织，CT图像上显示的这两种组织的交界处CT值会失真，同时交界处这两种组织变得模糊不清，这种由射线衰减吸收差引起的图像失真和CT值改变，称为周围间隙现象。由于扫描线束在两种组织交界处相互重叠，交界处的边缘分辨不清，密度高的，其边缘CT值比本身组织的CT值小；反之，密度低的，其边缘CT值比本身组织的CT值大。周围间隙现象实质上也是一种部分容积效应。

CT扫查技术种类繁多，临床上应根据需要合理选择。常见的扫查技术有平扫、增强扫描和造影扫描。此外尚有薄层扫描、重叠扫描、靶区CT扫描、高分辨率CT扫描、延迟扫描、动态扫描、CT三维图像重建、CT多平面重组、CT血管造影、CT仿真内镜技术、CT灌注成像等特殊扫描技术。

9. CT伪影　　CT图像是扫描被检体后由计算机处理而得到的图像。有时各种因素的影响会产生被检体本身不存在的假象，这种在被检体中不存在而出现在重建的CT图像上的所有不同类型的图像干扰和其他非随机干扰影像统称为伪影。在图像上多表现为不同条纹或干扰痕迹。伪影产生的原因可分为以下几种：①物理原因，主要由X线质量引起，如量子噪声、散射线、X线硬化效应等。②被检体原因，如运动伪影，图像上呈条纹状伪影；体内高密度异物伪影，如人工关节、金属异物等可造成放射状、带状、线状伪影。③CT装置原因，由CT装置本身的原因所引起，其产生的伪影常为环状伪影，多数由探测器灵敏度的不一致性或探测器损坏导致。临床上，要针对不同形态的伪影，具体分析影响因素，采取有效措施加以改善，以克服伪影，提高图像质量。

四、CT检查方法

1. CT平扫（plain CT scan）　　即非增强扫描。这种扫描适用于观察自然对比度较高的器官与组织，如肺、骨骼等。CT平扫也是肿瘤CT检查的基础方法，部分肿瘤通过CT平扫即可得到诊断。CT平扫在扫描方式上分为轴位扫描（axial scan）和螺旋扫描（spiral scan）两种选择。轴位扫描是在扫描时，检查床固定，机架旋转，X线曝光，同时采集原始数据，计算机将图像重建并传输给显示器，在重建的过程中移动床位，准备下一层面的扫描。螺旋扫描则是扫描时，球管旋转同时检查床移动。两种扫描方式各有优缺点。轴位扫描是非连续扫描，图像质量较高，但扫描速度较慢，多用于小范围观察或需要较高分辨率组织器官的扫查，如胸部的高分辨率扫描等。螺旋扫描的速度快，可以直接提取数据进行三维重建，多用于需要三维重建观察的器官或者组织的扫查，如心脏、消化道的扫描等。

2. 高分辨率CT（high resolution CT，HRCT）扫描　　是指采用薄层CT扫描，层厚为1.5mm以下，以减少部分容积效应，显示检查组织的细微结构。HRCT通常用于肺部弥漫性病变、肺部结节或肿块及内耳、颅底骨质的扫描。当常规扫描发现脏器病变时，在局部加扫HRCT，并采用靶技术局部放大，靶技术可以使像素缩小，空间分辨率提高，更清晰地显示病变内部及周围结构。

3. CT增强扫描（CT contrast scan） 在CT扫描前或扫描中向动物体内引入造影剂。因为CT平扫仅能反映病灶的密度与正常组织之间有无差别，有些疾病的病灶的密度与正常组织非常接近，CT平扫时往往容易漏诊，所以绝大部分的疾病都需要进行CT增强扫描来明确病变的性质。CT增强扫描是利用造影剂在通过各种正常组织结构和病变组织时，它的分布、浓集和扩散的规律不同而产生不同的增强效果，以对病变部位进行诊断。正常脑组织因为有血-脑脊液屏障，造影剂无法通过，不能进行增强扫描。没有血-脑脊液屏障的组织结构如垂体、脉络膜丛、鼻黏膜等是可以增强的。当有病灶破坏了血-脑脊液屏障时，造影剂就可通过破坏的血-脑脊液屏障进入病灶，结果就有了病灶的增强。进入的造影剂越多，强化就越明显。病灶的增强除了与造影剂进入的多少有关，还与血流的循环规律有关。开始增强后不同时相扫描，得到的结果是不一样的。因此在增强的不同时相连续进行扫描就可了解病灶的循环规律，这种扫描方法称为CT动态增强扫描。CT动态增强扫描比CT普通增强扫描提供的诊断信息量要大得多，它除了反映造影剂进入病灶内的数量，还反映造影剂在病灶内的浓集和消退的过程，可以更加深入地反映病灶的病理本质。CT动态增强扫描对鉴别病灶的性质、了解病变的良恶性程度和血供情况都有很大的帮助。

4. CT灌注成像（CT perfusion imaging） CT灌注成像与CT动态增强扫描虽然都是在造影剂增强后进行不同时相的扫描，但两者的侧重点不同。CT动态增强扫描主要反映造影剂在病灶内的浓集和消退过程，它对时间分辨率的要求不高。CT灌注成像反映了造影剂从进入组织或病灶的瞬间开始一直到大部分造影剂离开组织或病灶为止。它反映的是组织或病灶内造影剂的灌注规律，也即在这些组织或病灶内的血流微循环规律。CT灌注成像对时间分辨率的要求很高，每次扫描之间的间隔不能大于0.5～1s。造影剂的注射速度也要比CT动态增强扫描快，以保证造影剂在短时间内集体通过需检查的靶器官，避免后处理时的分析错误。CT灌注成像可以更直接地反映病变组织的循环规律，更加精确计算组织的灌注量和描绘灌注曲线。对鉴别良恶性肿瘤和了解脑缺血病灶的血供情况有很大的帮助。

5. CT血管造影（CT angiography，CTA） CT血管造影是一种利用计算机三维重建方法合成的非创伤性血管造影术。它利用螺旋CT的快速扫描技术，在短时间内，即造影剂仍浓集于血管内时完成一定范围内的横断面扫描。将采集的图像资料发送到图像工作站或CT机的图像重建功能区进行图像重建。重建技术一般采用最大密度投影（MIP）法或容积重建（VR）法，通过图像显示阈值的调整即可实现只有连续清晰的血管影而无周围的组织结构影。如果选择合适的重建方法和显示阈值还可同时获得显示血管和组织结构的三维图像，并可利用计算机软件对其进行任意角度的观察和任意方向的切割。

该扫描技术的优点是非创伤性的血管造影术，虽然CTA需要注射造影剂，但它不需要穿刺和血管插管技术，危险性极小，除造影剂的不良反应外，几乎无其他的并发症。CTA在了解血管情况的同时，还可了解血管和周围组织或病灶的关系，这是普通血管造影所无法实现的。但是CTA也有它的不足，如小血管的显示仍不清楚，有时会出现图像重建的伪影和不能实现动静脉的连续动态显示等。

近年来，多层螺旋CT的出现和图像工作站的性能改善，使CTA的质量水平不断提高。虚拟现实技术（virtual reality technology）也已被用到图像重建的工作中。利用虚拟现实技术和导航技术，我们可以在CTA的基础上进行模拟血管内镜的图像重建工作。模拟血管内镜使我们能沿着血管腔做一番"旅行"，可以发现血管腔内的粥样硬化斑块和动脉瘤内的血栓等。

五、CT 三维重建技术

CT三维重建的目的是在二维平面图像的基础上进一步详细地显示组织结构或病灶的三维空间分布情况。三维重建一般都在图像工作站中进行。目前CT常用的三维重建方法包括多平面重组重建（multi-plane reformation，MPR）、最大（最小）密度投影重建（maximum/minimum intensity projection，MIP/MinIP）、表面遮盖重建（surface shading display，SSD）、容积重建（volume rendering，VR）、仿真内镜（virtual endoscopy，VE）等。

1. 多平面重组重建 是将多个连续的平面断层图像组成三维模型，再将模型沿冠状面、矢状面及任意斜面，甚至曲面断开，形成新的断层图像。MPR可以多角度、多方向观察病灶，从而比单纯横断面图像获得更多的信息。国内外学者经研究认为通过MPR可以发现更多的病灶，可以连续、多角度、多层面地显示器官与组织的结构征象、解剖关系，而且保留了像素的CT值信息，可以进行密度测量。

2. 最大（最小）密度投影重建 它是在三维的数据库中，根据密度变化的比率，提取与周围密度对比最大（最小）的部分构建实体的三维模型。因为造影剂和骨组织密度明显高于周围组织，使用最大密度投影可以自动提取上述目标加以显示。同样，如果要观察气体或脂肪组织等比周围组织密度低的目标，则使用最小密度投影重建方法。该方法主要被应用于增强CT的血管、富血供肿瘤和含气结构的显示。通过CT增强扫描，采用MIP技术，可以显示肿瘤的供血动脉、瘤内血管分布及肿瘤与周围血管的关系，对肿瘤的诊断、治疗方案的确定具有重要的价值。

3. 表面遮盖重建 是预先确定感兴趣区内组织结构的最高和最低CT值，所有此阈值范围内的CT值被保留下来进行标定兴趣区内的组织结构重建，经计算机处理得到以灰阶编码描绘而成的表面图像。此技术的优势在于目标的三维关系明确清晰，不易混淆。各组织器官都有确切的边界，容易进行三维关系的测量。其缺点是只能显示组织的表面结构，不能观察内部情况。

4. 容积重建 又称容积再现。该方法收集全部体素，并给特定CT值体素赋予相应的颜色、亮度、对比度与透明度，突出目标的形态。此技术通过不同颜色可以更好地区分不同的组织器官。通过改变透明度可以更形象地显示不同组织和器官的三维相互关系，从而可以清晰地显示病变的形态及其与周围组织的解剖关系，并可以不同色彩显示病变或组织的内部结构。

5. 仿真内镜 此技术并不是一种三维重建的方法，而是一种三维显示技术，是利用仿真技术与CT相结合，将CT扫描获得的图像数据，利用特殊的计算机软件进行后处理，重建出空腔脏器内表面具有相同像素值部分的立体图像，加上伪彩色，再利用计算机模拟导航技术进行腔内观察，以电影形式连续回放，获得类似纤维内镜在空腔脏器内行进和转向的动态图像。VE技术主要被应用于胃肠道、呼吸道、大血管、椎管及泌尿系输尿管、膀胱等内表面的检查。该技术较常规腔镜检查的优点为检查无痛苦、不需麻醉、无创，检查时间短，一次扫描所得到的数据可用多种方法、从多方位观察病变。

（周振雷）

第五节　磁共振成像

核磁共振（nuclear magnetic resonance，NMR）是由美国斯坦福大学布洛克（Bloch）和哈佛大学珀塞尔（Purcell）于1946年分别在两地同时发现的，因此两人获得了1952年诺贝尔物理学奖。20世纪50年代，NMR已成为研究物质分子结构的一项重要的化学分析技术。例如，在目前的药物研究中，NMR波谱分析是重要的内容之一。20世纪60年代，人们开始用它进行生物组织化学分析，检测动物体内氢、磷和氮等的NMR信号。自20世纪80年代初NMR成像用于临床以来，为了与放射性核素检查相区别，改称为磁共振成像（magnetic resonance imaging，MRI）。在此期间，MRI得到了迅速发展，由于硬件及软件设备的改进，扫描时间已从原先的以分钟计发展到目前以毫秒计；图像质量也大大提高；检查项目从原先的MRI发展到磁共振血管造影、磁共振波谱成像等，成为临床一个重要的检查手段。

一、MRI设备

MRI装置主要由四大部分构成，即磁体、谱仪系统、计算机重建系统和图像显示系统。

1. 磁体　　磁体由主磁体、磁场梯度系统和射频线圈组成，是磁共振发生和产生信号的主体部分。

（1）主磁体　　主磁体即产生磁场的磁体。MRI对磁场的强度、均匀度和稳定度有严格要求，一般认为质子成像的磁场场强为$0.1 \sim 2.0T$，对动物体健康无影响，并能得到较好的图像。磁场均匀度要求在一个较大范围的空间内产生高度均匀的磁场，均匀度需达到$10^{-6} \sim 10^{-4}$，即在几个百万分之一（parts per million，ppm）之间。磁场稳定度是指单位时间磁场的变化率，短期稳定度要在几个ppm/h，长期稳定度要在10ppm/h。

磁体有3种类型。永磁体主要由铝镍钴、铁氧体和稀土钴等制成，其特点是造价低，维护简便，但由于磁性材料的用量与磁场强度的平方成正比，故强度不宜过大，一般在0.3T左右。常导磁体由铜或铝导线制成，制造简单，但对电源的要求高，耗电量大。

超导磁体是用铌-钛合金制成的，特点是磁场强度高且稳定，但技术复杂，费用高，在运行中要消耗液氮。

（2）磁场梯度系统　　磁场梯度系统包括梯度线圈和梯度放大器。梯度线圈可产生梯度磁场，该磁场与主磁体的静磁场叠加在扫描野内产生稳定的磁场梯度，使扫描野内任意两点的磁场强度略有不同，这样被扫描的生物体内的质子在不同的空间位置上具有不同的频率或相位，从而获得成像区域不同位置的信息。梯度磁场被用于扫描层面的选择和磁共振信号的空间定位。

（3）射频线圈　　射频线圈产生的射频场与主磁场垂直，用来发射射频脉冲，以激发体内的氢原子核，产生并接收磁共振信号。

2. 谱仪系统　　谱仪系统是产生磁共振现象并采集磁共振信号的装置，主要由梯度场发生和控制系统、磁共振信号接收和控制系统等组成。谱仪系统在整个成像装置中起着"承上启下"的关键作用，它所采集的信号通过适当接口传送给计算机处理。

3. 计算机重建系统　　该系统要求配备大容量计算机和高分辨率的模/数转换器，以保证在最短时间内完成数据采集、累加、傅里叶变换、数据处理和图像重建。由射频接收器送来的信号经模/数转换器，把模拟信号转变为数字信号，得出层面图像数据，再经过数/模转换，用不同灰度或者颜色显示图像。

4. 图像显示系统　　现在临床常用的工作站的彩色显示器可根据需求分别对三维重建、三维透射重建和仿真内镜进行器官、相同结构或区域的彩色显示；但对于常规MRI图像大多采用黑白灰阶图像显示。

二、MRI成像原理

某些质子数与中子数之和为奇数的原子，如 ^1H、^{31}P、^{23}Na、^{13}C、^{19}F 等，不仅具有一定的质量，带一定的正电荷，还具有两个彼此相关的特性，即自旋和磁矩。在上述原子核中，氢核结构最为简单，磁矩较大，是构成水、脂肪和碳水化合物等有机物质的基本成分。动物体内氢核含量高，在各器官、组织中分布广，临床上主要利用质子进行MRI成像。我们可以将质子看作具有固定质量、带单位正电荷、绕自身轴不停旋转的小磁针。动物体内存在大量质子，在自然状态下，其磁矩指向各个方向，杂乱无章地分布，磁性互相抵消，因此宏观上动物体不显磁性。

将动物体置于一个外加的强磁场中时，原来杂乱无章排列的质子磁矩受外加磁场的影响，除绕自身轴自旋外，还围绕外磁场的磁矩转动，呈陀螺样运动，称为进动。质子进动时，各质子磁矩的方向与外磁场磁矩方向的夹角各不相同。夹角小于90°的质子磁矩与外磁场磁矩方向大致相同，处于低位能状态，数量较多；夹角大于90°的质子磁矩方向与外磁场磁矩相反，质子处于高位能状态，数量较少；夹角等于90°的质子磁矩指向水平方向，在宏观上纵向无磁矩。将全部质子磁矩叠加起来，由于顺外磁场方向的质子比逆外磁场方向的质子多，故产生一个沿外磁场磁矩方向的宏观磁矩。换言之，将动物体置于外磁场中，质子磁矩受外磁场磁矩的影响而呈有序化排列，使动物体产生了磁性。此时，在与外磁场磁矩垂直方向上加入射频脉冲，即高频无线电波，当其频率与质子进动频率一致时，即产生核磁共振现象：质子吸收射频脉冲的能量，磁矩发生偏转，整个自旋系统偏离平衡状态。当射频脉冲去除后，自旋系统自发地恢复到平衡状态，并将所吸收的能量仍以射频脉冲的方式释放。此脉冲即NMR信号。用线圈接收此信号，经计算机处理后，就得到了MRI图像。

射频脉冲激发磁场内的氢原子，使一些低能量质子吸收能量跃进到高能量状态，称为能级变化。但当激发停止后，有关质子的相位变化和能级变化又恢复到激发前的状态，这一过程称为"弛豫"，产生的信号可被周围接收器测得。处于不同物理、化学状态下的质子在射频脉冲激发和激发停止后所发生的相位变化、能量传递与复原的时间各不相同，这段时间称为弛豫时间，有T1和T2两种。

纵向弛豫时间（longitudinal relaxation time）是指射频停止后质子发生的变化在纵轴方向（即主磁场方向）上恢复至初始状态所需的时间，简称T1。水的T1长，脂肪的T1短。T1短的组织，纵向磁化恢复得快，信号就强；反之，信号就弱。主要利用组织T1的差别形成的图像，称为T1加权成像（T1 weighted imaging，T1WI）。横向弛豫时间（transverse relaxation time）是指质子发生的变化在横轴方向恢复至初始状态所需的时间，简称T2。水的T2长，脂肪的T2也长。T2长的组织，横向磁化衰减得慢，信号就强；反之，信号就弱。主要利用组织T2的差别形成的图像，称为T2加权成像（T2 weighted imaging，T2WI）。

质子密度或称自旋密度也影响组织对比。无质子的部位无信号，质子多的部位则信号强。长重复时间（time of repetition，TR），组织间的T1不影响对比，但组织间有质子密度上的差别。所以，是否用长TR信号主要由质子密度来决定。由质子密度差别形成的图像称为质子密度加权成像（proton density weighted imaging，PdWI）。

核磁共振质子数量与MRI信号强度成正比。某器官或组织含质子数量越多，则发出的MRI信号强度就越强。由于动物体各器官及不同组织的质子含量有一定差别，所发出的MRI信号强度便不相同，构成了MRI图像的基础对比度。但动物体各组织、器官的T1和T2长短的差别远大于质子含量的差别，病变组织与正常组织之间更是如此，故临床应用MRI时常突出T1和T2的差别，有利于显示病变组织。加权成像是指突出某种成分的成像，使其所占的分量多，比例多。T1WI、T2WI和PdWI是指分别突出T1、T2和Pd成分的成像。这些成像方法可通过调节重复时间和回波时间（time to echo，TE）而取得。重复时间是指从一个脉冲序列到下一个脉冲序列所间隔的时间，即脉冲序列执行一次所需的时间。回波时间也称为回波延迟时间，是指产生宏观横向磁化矢量的脉冲中点至回波中点的时间间隔。由于MRI的扫描参数有很多，对某一个参数进行不同的调整将得到不同的成像效果，改变TR、TE时间参数可以改变组织质子密度、T1弛豫时间、T2弛豫时间对图像亮度的影响及组织间的信号对比。

三、MRI检查技术

1. 自旋回波序列（spin echo，SE）　MRI检查最基本、最常用的序列。可获取3种性质不同的图像：T1WI、T2WI和PdWI。在应用SE技术时，组织间的信号对比取决于所选用的参数，即TR、TE，以及组织的T1、T2弛豫时间。质子密度对信号强度及组织间信号的对比也有影响。多数患畜进行MRI检查时，都会利用T1加权和T2加权的脉冲序列，这样可以在相同时间内获取较多的信号和同时完成定位，加速取像的效率。SE被用于颅脑、头颈部、骨关节、软组织、脊柱、脊髓等部位的组织结构及病变显示。

2. 快速自旋回波序列（fast spin echo，FSE）　MRI最基本的快速成像技术，具有成像速度快、组织对比度优异等优点，在常规的临床检查中被广泛用于头部、脊柱、腹部和四肢等部位的检查。FSE有着优异的T2WI对比度，适合于神经系统成像。FSE的扫描速度快，在很短的时间内完成扫描，没有明显的呼吸运动伪影。FSE可以进行胰胆管造影和泌尿系造影，可很好地显示胆道系统或泌尿系统与周围的组织结构，对比度清晰；FSE被用于心脏成像时，通过施加磁化准备脉冲，抑制流动的血液信号，使得血液在图像中显示为黑色（黑血），可以清楚地显示心脏结构。此外，人们还将FSE与半傅里叶采样技术相结合，从而创造了半傅里叶采样的单次激发FSE（half-Fourier acquisition single-shot turbo spin-echo，HASTE）。

3. 反转恢复序列（inversion recovery sequence，IR sequence） 该序列用来使某些特定的组织信号变为无信号，从而帮助确认或改善与邻近组织相近的特性，常用于大脑的检查。该序列的T1WI图像对比最佳，被应用于增加灰白质之间的对比研究。IR序列的扫描时间长，目前多应用快速反转恢复序列。其中的短反转时间反转恢复序列（short TI inversion recovery sequence，STIR sequence）用于T2WI脂肪抑制，可以显示病变特别是肿块的边界、侵袭范围和内部细节结构，对于临床治疗方式选择和疗效评估具有重要意义。因为脑室中液体的信号被抑制，脑室周围白质的病灶则容易被观察到，液体抑制反转恢复序列（fluid attenuated inversion recovery sequence，FLAIR sequence）可以帮助区分大脑实质病灶与脑脊液（CSF）。FLAIR序列也被用于确认囊肿的组成成分和液体的性质。

4. 梯度回波序列（gradient echo sequence） 梯度回波序列就是通过有关梯度场方向的翻转而产生的回波信号。梯度回波又称为场回波（field echo）。该序列是目前MRI快速扫描序列中最为成熟的序列，不仅可缩短扫描时间，以减少移动产生的伪影，而且图像的空间分辨率和信噪比均无明显下降。梯度回波序列包括基本梯度回波序列、快速小角度激发（fast low angle shot，FLASH）、稳态进动梯度回波序列〔稳态进动快速成像（fast imaging with stead-state precession，FISP）〕和稳态自由进动（steady-state free procession，SSFP）等序列。在梯度回波序列成像时，血管呈高信号。如果选择较大翻转角（flip angle，>45°），而且TE短，则图像倾向为T1加权图像；较小的翻转角（<20°），则为T2加权成像；翻转角介于两者之间，则为质子密度加权成像。真稳态进动梯度回波序列（true FISP）可以从脑脊液或缓慢流动的血液获得很强的信号，因而更适用于脊髓及胆道造影等水成像，对内耳和脑神经成像也很有价值。FISP对尿液、脑脊液等长T2的组织图像为高信号，用该序列进行血管造影，也有良好的效果。

5. 磁共振血管成像（magnetic resonance angiography，MRA） MRI检查常规技术之一，是一种无创性血管成像技术。利用血管内血液流动或经外周血管注入磁共振对比剂可以显示血管结构，还可提供血流方向、流速、流量等信息。目前，MRA至少可以显示大血管及各主要脏器的一、二级分支血管。MRA最先用于血管性病变的诊断，如血管的栓塞、血栓形成、血管硬化的分期等。与MRI造影剂如钆喷酸葡甲胺盐（Gd-DTPA）联合使用，MRA可显示与肿瘤相关的血管和肿瘤对一些血管结构的侵犯情况。常用的MRA技术包括时间飞跃法（time of flight，TOF）、相位对比法（phase contrast，PC）和对比增强MRA（contrast enhanced MRA，CE-MRA）。

TOF是临床上应用最广泛的MRA方法，该技术基于血流的流入增强效应，采用快速扫描技术，选择适当的TR与翻转角使静止组织处于稳定状态，几乎不产生MRI信号。刚进入成像容积的血流尚未达到稳定状态，因而吸收射频脉冲能量发出很强的MRI信号。如果血流速度足够快，在整个成像容积内会显示血管的高信号影。常用形式有二维TOF

（2D-TOF）和三维 TOF（3D-TOF）。2D-TOF 对单一层面一层接一层地激励和采集数据，然后将整个扫描区域以连续多层方式进行图像数据处理。它对流动高度敏感，可通过设置射频脉冲对不需显示的血管进行预饱和处理，同时可以达到仅显示动脉或静脉的目的。2D-TOF 可以获取更快的扫描速度，扫描时间短，对颅内小血管和矢状窦显示比 3D-TOF 好。2D-TOF 也常用于颈部动脉和下肢血管的检查。3D-TOF 是将整个容积分成几个层块进行激励和采集数据，具有较高的信噪比，信号丢失少，空间分辨率更高，多用于脑部动脉的检查。

PC 也是采用快速扫描技术，用双极流动编码梯度脉冲使流体与静止组织的横向磁化矢量发生相位改变，而获得反转极性的相位信息。PC 的优点包括有非常好的背景抑制，对体素内的失相位和饱和效应不敏感。该方法的缺点是需要较长的时间，对湍流产生的信号丢失和血管走行方向改变产生的失相位非常敏感。PC 也分为 2D-PC 和 3D-PC。3D-PC 是直接对三维空间采集图像数据，其优点是仅血流呈高信号，空间分辨率高，对很宽的流速敏感，可显示动脉或静脉，并能定量与定性分析。而 2D-PC 的成像速度快，但空间分辨率较差。PC 主要被用于静脉性病变的检查和心脏及大血管血流分析。

CE-MRA 是经外周静脉团注对比剂，利用对比剂使血液的 T1 值明显缩短，然后利用 T1WI 序列进行成像。此技术非常依赖于所团注对比剂到达兴趣血管的精确时间的选择。该技术对其他技术所常见的失相位伪影不敏感，具有较好的信噪比。CE-MRA 对于血管腔的显示比其他 MRA 技术更可靠，出现血管狭窄的假象明显减少，对血管狭窄程度的反映比较真实，一次注射对比剂可完成动脉和静脉的显示。其缺点是易受时间的影响而可能产生静脉的干扰，同时不能提供血流方向的信息。

6. 弥散加权成像（diffusion weighted imaging，DWI） 该成像是目前在活体上进行水分子扩散测量与成像的唯一方法，它主要依赖于水分子的弥散运动成像。DWI 首先用于中枢神经系统缺血性脑梗死的早期诊断，鉴别急性和亚急性脑梗死，评价脑梗死的发展进程。除脑缺血外，DWI 在中枢神经系统也用于脑肿瘤、感染、脱髓鞘病变、外伤等疾病的诊断。腹部应用主要集中在肝，用于肝占位性病变的诊断和鉴别诊断、肝纤维化和肝硬化的评价等。

7. 磁共振脑功能成像（functional MRI，fMRI） 该技术被用于脑活动生理过程中，脑血流、脑血流容积、血液氧含量等微弱的能量代谢过程来成像。脑功能成像方法主要有对比剂团注法和血氧水平依赖法。脑组织的活跃可引起局部血流量的增加，通过检测相应区域的血流量、血流速度及血氧水平变化，进行脑功能定位。fMRI 能为疾病机制的研究、治疗方案的评估及疾病恢复和预后功能的评估提供有价值的信息。fMRI 在神经科学领域的应用愈趋广泛，已从对感觉和运动等低级脑功能的研究发展到对高级思维和心理活动等高级脑功能的研究。

8. 磁共振波谱成像（magnetic resonance spectroscopy，MRS） 磁共振波谱成像是目前唯一能活体观察组织代谢及生化变化的技术，利用不同化学环境下的原子核共振频率的微小差异来区分不同的化学位移，从而鉴别不同的化学物质及其含量。MRS 由不同共振频率原子核产生的多个共振峰组成，每一波谱可反映原子核的化学位移、波峰高度或面积、波峰半高全宽、pH、温度等。由于代谢物质的种类丰富，磁共振波谱成像技术的应用非常广泛，如 ^1H 谱、^{31}P 谱等。^1H-MRS 是敏感性最高的检测方法，它可检测与脂肪代谢、氨基酸代谢及神经递质有关的化合物，如肌酸、胆碱、肌醇、乳酸和 N-乙酰天冬氨酸等。^{31}P-MRS被用于研究组织能量代谢和生化改变，检测参与细胞能量代谢的与生物膜有关的磷脂代谢产物，如磷酸单酯、磷酸二酯、磷酸肌酸、无机磷等。

9. MRI分子影像学　　MRI被广泛应用于分子影像学研究，包括清楚地显示解剖结构、药物作用或其他功能活动组织血流改变、代谢产物浓度定量检测、组织氢质子分布图、血容量和血管渗透性的研究、药物动力学研究、基因表达、特异性分子探针显像、肿瘤血管生成显像等。MRI靶向对比剂可分为三大类：转铁蛋白受体显像对比剂、顺磁性金属卟啉合成物和标记单克隆抗体对比剂。转铁蛋白受体显像对比剂的主要功能是实现铁自细胞外向细胞内的转运，另外还与细胞的生长和增殖有关。顺磁性金属卟啉合成物可缩短质子弛豫时间，具有稳定性和肿瘤定向的特性，能快速地从血液中清出并累积于肝、肾和肿瘤组织中。标记单克隆抗体对比剂可特异性地导向肿瘤等抗原结构，使肿瘤局部信号发生改变，特异性增强，从而达到诊断目的。

四、MRI影像特点

（一）正常组织的MRI影像特点

了解动物体正常组织MRI信号的特征是MRI诊断的基础。

1. 脂肪、骨髓　　组织脂肪的T1短，T2长，自旋质子密度（Pd）高，故在T1WI、T2WI和PdWI图像上均呈高信号（白色）；但随着TR的延长，在T2WI图像上脂肪信号有逐渐衰减降低趋势，这是脂肪抑制技术的基础。

骨髓内因含有较多的脂肪成分，在MRI扫描图像上也呈高信号，和脂肪组织信号有相似的特征。MRI骨髓成像技术对于骨髓疾病尤其是早期的骨髓转移或骨髓瘤特别敏感，故临床上有广泛的用途。

2. 肌肉、肌腱、韧带　　肌肉组织的T1较长，T2较短，故在T1WI、T2WI和PdWI上均呈中等强度信号（黑灰或灰色）。肌腱和韧带组织含纤维成分较多，其信号强度较肌肉组织略低。

3. 骨骼　　骨骼含有大量的钙质，水分甚少，故其T1很长，T2很短，Pd很低，在T1WI、T2WI和PdWI上均呈信号缺如的无（低）信号区，故在MRI扫描图像上不易显示出早期的骨质破坏及较小的钙化灶。

4. 气体　　气体的T1很长，T2很短，Pd很低，故肺组织在各种成像图像上均呈较低信号。

5. 水　　水的T1较长，T2明显延长，故在T1WI图像上呈较低信号，在T2WI图像上信号明显增加，呈鲜明的高信号。

6. 血流　　快速流动的血液因其"流空效应"，在各种成像上均呈低（无）信号血管影。而缓慢或不规则的血流，如涡流、旋流，血管内信号增加且不均匀。

（二）异常病变的MRI影像特点

1. 水肿　　无论任何类型的水肿，细胞内或组织间隙内的含水量增加，均使T1、T2

延长，Pd降低，故水肿区在T1WI和PdWI图像上呈较低信号，而在T2WI图像上则呈明显的高信号，对比鲜明。

2. 出血 血肿的信号强度随血肿期龄而发生变化，一般出血3d内为急性血肿，4～14d为亚急性血肿，14d以上为慢性血肿。血肿MRI信号变化规律见表1-5。

表1-5 血肿期龄与MRI信号变化规律

图像类型	急性期（3d内）	亚急性期			慢性期（14d以上）
		4～5d	6～8d	9～14d	
T1WI	等信号	外周可稍增高	向中心扩展	整体增高	逐渐下降
T2WI	等信号，中心区可稍低	中心区信号降低	外周信号增高	整体增高，周围低信号环	逐渐下降

3. 变性 变性病变因为含水量增加，MRI信号呈长T1和T2信号特征，在T1WI图像上呈低信号，在T2WI图像上呈明显的高信号。

4. 坏死 坏死病变早期和修复期MRI信号呈长T1和T2信号特征。晚期纤维化治愈后，则呈长T1和短T2信号特征，在T1WI与T2WI图像上均呈低信号。

5. 囊变 含液囊肿MRI图像上呈边缘光滑的长T1和T2信号特征。囊肿内含丰富的蛋白质或脂类物质时，则呈短T1和长T2信号特征，故MRI图像有助于分辨囊腔内容物的性质。

6. 肿瘤 MRI图像上的信号特征与肿瘤的组织结构类型相关。含脂类肿瘤如脂肪瘤、畸胎瘤等，呈短T1和长T2的高信号特征；钙化和骨化性肿瘤呈长T1和短T2的低信号特征；一般性肿瘤呈长T1和长T2信号特征。

（周振雷）

第六节 放射性核素检查

一、核素成像技术

核素成像（radio nuclide imaging）技术是利用放射性核素或其标记物在体内各器官分布的特殊规律，用闪烁扫描仪或γ照相机，从体外显示出内脏器官或病变组织的形态、位置、大小结构变化及放射性分布，从而进行疾病诊断的一种成像技术。1950年，卡桑（Cassen）研制成功了闪烁扫描仪，奠定了放射性核素脏器显像的基础。1956年，安格尔（Anger）发明了闪烁照相机，对获得的影像信息进行处理，使影像更清晰，分辨率更高，并可快速进行摄影，自动获取、存储、处理临床所需要的资料。CT技术问世后，将放射性核素扫描与CT技术结合起来，开发出发射计算机断层成像（emission computed tomography，ECT），显示放射性核素显像药物的三维分布，在图片质量上有更好的灵敏度和分辨率。目前，机体的大部分器官如甲状腺、肝、胆、脑、肺、骨骼及某些肿瘤等，均可作核素成像检查。该技术安全、可靠、迅速、灵敏度高、特异性强，可作动态及定量观察。它不但能显示体内病变组织的形态，而且能反映其功能的动态变化，对疗效进行评估，是其他许多检查技术无法代替的。

二、核素成像原理

利用器官、组织对放射性制剂摄取或浓缩能力的差异而使组织成像。方法为将合适的放射性核素标记物经静脉、口服、吸入等方法引入体内，这些放射性标记物可以聚集在特定的组织、脏器和病变部位，并且发出具有一定穿透能力的γ射线。用探测器在体表探测正常和病变组织中放射核素的分布、清除、浓缩程度及分布变化，经过光电转化，在显示器上显示出正常或病变组织与脏器的影像。

三、核素成像设备

核素成像设备有同位素闪烁扫描仪和γ照相机两种。同位素闪烁扫描仪是一种应用较早的核素成像设备，由一套机械传动机械带动核子探测器移动进行逐行逐点扫描，并记录下体内各部位辐射的γ射线的强度，由此形成闪烁图。这种核素扫描机的最大缺点是无法动态观察，而且成像时间较长（数分钟至数小时），故不宜作快速成像，目前在临床上已很少使用。γ照相机可以摄下所感兴趣区域中放射性药物浓度的分布图且形成一幅完整图像的时间不到1s。如果在一定时间间隔中摄取一系列的药物分布图，就可以对脏器的功能进行动态分析。核素发射计算机断层成像在兽医临床常用的有单光子发射计算机断层成像（single photon emission computerized tomography，SPECT）和正电子发射计算机断层成像（positron emission computerized tomography，PECT）。SPECT是将放射性核素标记物注入动物体内，动物各器官对标记物的摄取量不同，探测器测出不同的γ光子而进行结构功能成像。其灵敏度通常为$5 \times 10^3 \sim 7 \times 10^7$计数/分，横向分辨率为15mm，纵向分辨率为15～18mm。在脑功能、心功能评估，肿瘤诊断上有重要的诊断价值。与SPECT不同，PECT利用的是释放出正电子的核素。PECT在动物肿瘤诊断与分期，以及动物病理、生理和各种代谢研究中有极高的应用价值。PECT机通常有18～32环的环状探测器，一环晶体形成一个层面的图像，相邻环间形成间接层面图像。PECT图像的分辨率高，但设备价格昂贵。PECT扫描前，动物需要禁食8～12h，使用镇静剂或者其他麻醉前用药，全身麻醉，正确摆位。被检动物血糖正常，否则将干扰组织摄取放射性药物，导致扫描结果出现偏差。

四、放射性核素显像药物

进入体内并用于诊断与治疗的放射性核素及其标记物，统称放射性药物。其中，放射性核素显像药物不仅用于一般脏器显像，同时也可用于功能测定。放射性核素显像药物一般由两部分组成：一是具有某种特殊功能的化合物。例如，六甲基丙烯胺肟能通过血-脑屏障被大脑摄取。二是将上述化合物结合在一起的放射性核素。放射性核素显像药物对核素有特别要求：①应能发射γ射线，能量适当，不发射α射线与β射线。γ射线可以穿出机体外被探测器记录。α射线与β射线不但对诊断无任何帮助，而且会使机体受到不必要的损伤。②应有合适的半衰期，半衰期尽可能小，以降低机体所受的辐射剂量。③毒性较小。PECT扫查常用 ^{18}F 标记的放射性核素显像药物。^{18}F-脱氧葡萄糖（^{18}F-fluorodeoxyglucose，^{18}F-FDG）常被用于肿瘤诊断和肿瘤分期；^{18}F-胸苷（^{18}F-fluorothymidine，^{18}F-FLT）是细胞增殖的示踪剂，常被用于肿瘤分期的诊断及肿瘤疗效的评估；^{18}F-氟化钠常被用于骨骼系统疾病的诊断；^{18}F-噻烷酸（^{18}F-fluorothiaheptadecanoic acid，^{18}F-FTHA）常被用于心、肝、肾功能的评估。SPECT扫查常用的放射性核素显像药物有 ^{123}I-间碘苄胍（^{123}I-metaiodobenzylguanidine，^{123}I-MIBG），被用于评估肺血管化状态和内皮完整性的变化及嗜铬细胞瘤的诊断等。锝-99m（technetium，^{99m}Tc）的半衰期为6.02h，几乎100%衰变，发射能量为140keV的γ射线，^{99m}Tc 标记的核素显像药物是目前临床用量最大的诊断显像用放射性药品。^{99m}Tc-六甲基丙胺肟（^{99m}Tc-hexamethylpropyleneamine oxime）和 ^{99m}Tc-半胱氨酸二乙酯（^{99m}Tc-ethyl cysteinate dimer，^{99m}Tc-ECD）被用于脑显像，以诊断脑肿瘤、囊肿、出血、脓肿和颅脑外伤。^{99m}Tc-亚甲基二膦酸（^{99m}Tc-methylene diphosphonate，^{99m}Tc-MDP）被用于骨显像，以检测和评估骨骼及周围软组织的炎症、骨折、肿瘤等。高锝酸钠（^{99m}Tc sodium pertechnetate，Na^{99m}TcO$_4$）被用于甲状腺显像，以评估甲状腺功能和诊断甲状腺癌。锝-99m甲氧基异丁基异腈（^{99m}Tc methoxy-isobutyl-isonitrile，^{99m}Tc MIBI）和锝-99m-焦磷酸盐（^{99m}Tc pyrophosphate，^{99m}Tc PYP）可被用于评估左心室功能和右心室功能，包括射血分数、射血率、充盈率，并评估化疗药物对心肌功能的影响。放射性核素血管造影可确诊先天性心脏病。^{99m}Tc 标记的胶体（如硫胶体、血清白蛋白）和亚氨基二乙酸衍生物（derivatives of iminodiacetic acid）可被用于肝胆显像，以评估肝胆功能和肿块性质。^{99m}Tc 标记的二乙烯三胺五乙酸（^{99m}Tc diethylenetriaminepentaacetic acid，^{99m}Tc DTPA）气溶胶和静注人聚合血清白蛋白（^{99m}Tc human macroaggregated serum albumin，^{99m}Tc MAA）可被用于肺显像，以进行肺血栓栓塞、慢性阻塞性肺病、肺出血等的诊断。

五、核素成像临床应用

1. 脑显像 脑疾病导致血-脑屏障被破坏，放射性核素显像剂为血-脑屏障破坏处脑组织所摄取，病变显影。小动物取仰卧位、侧位显像。脑创伤，因受多种因素影响，动脉血流灌注相表现为创伤区周边放射性减少，而延迟显像表现为周边较创伤区放射性高（"新月征"），通常放射性随时间的延长而增加，延迟显像对诊断有帮助。脑脓肿在延迟显像中表现为反射性增加，可出现"炸面圈"征。该征象无特异性，可见于其他病变，如肿瘤等。

2. 骨与关节显像 主要用于探查潜在性损伤、骨髓炎、关节炎、退行性关节病等疾病，观察病程进展，评价骨活力，可比X线更早地检出病变。小动物取仰卧位做头骨、脊柱、骨盆显像，四肢取侧位显像。全身骨骼放射性浓集的程度与骨骼结构、血供情况和代谢水平有关。正常长骨两端的放射性比骨干高。骨干含矿物质较多，血供不丰富，聚集放射性较少。各种原因的病变使骨组织损坏和新骨形成，骨代谢活跃，骨显像中可出现异常放射性浓集区。发展迅速的恶性肿瘤、股骨头缺血性坏死早期及多发性骨髓瘤病灶区，以局部溶骨为主，骨组织血供减少，可出现异常放射性稀疏区。

3. 甲状腺显像　　主要用于甲状腺功能评估及甲状腺癌诊断。小动物腹背位仰卧保定，头颈前伸，使甲状腺体表变平扫描。静注 $^{99m}TcO_4^-$ 20～30min 后，开始显像。可以定量分析甲状腺 $^{99m}TcO_4^-$ 时间-活性曲线，甲状腺和唾液腺 $^{99m}TcO_4^-$ 放射性比值，以及甲状腺 $^{99m}TcO_4^-$ 摄取量，从而评估甲状腺的功能。正常甲状腺组织的放射性分布均匀，甲状腺与唾液腺摄取的放射性比值为 1∶1。甲亢时，甲状腺肿大，甲状腺放射性核素的摄取增加，甲状腺影像放射性强度显著高于唾液腺。受累的组织放射性的分布可能是均匀的或不均匀的。甲减时，可见甲状腺放射性强度显著降低。甲状腺癌可见甲状腺多个区域出现放射性浓聚，甚至从颈部延伸进入胸腔，提示肿瘤的淋巴扩散或异位组织受累。甲状腺影像的放射性强度显著高于唾液腺。甲状腺显像可用于估算功能亢进的甲状腺组织体积，以确定 ^{131}I 的治疗剂量。

4. 肺显像　　小动物常采用肺灌注显像。小动物俯卧位，使放射性核素显像药物在左右肺区分布均匀。注射后 30min 开始扫描，至 4h 达到较好效果。正常肺的放射性分布均匀，边缘放射性分布虽较稀疏，但轮廓完整。阻塞性血栓，致局部肺灌注受阻，出现放射性缺损区，甚至不能显影。

5. 肝显像　　小动物仰卧位、侧位扫描。注射放射性核素显像药物后约 60min 可以显示整个肝影像。可在注射后第 2、10、15、20、25、30、45 和 60min 动态观察肝胆显像。正常情况下，放射性核素显像药物在 2min 内进入肝实质，2～20min 在胆囊，然后被排泄到小肠中。放射性核素显像药物为网状内皮细胞所吞噬而聚集于肝，因此正常肝组织的放射性强，且持续升高，心脏有微弱的放射性，明显低于肝，也随时间逐步上升，肺、脾的放射性极低，且增长极为缓慢。当肝病变破坏了正常肝吞噬细胞，其吞噬能力减弱时，病变部位失去摄取放射性核素显像药物的能力，图像上呈现放射性缺损区。门静脉分流时，注射放射性核素显像药物 3～5min 后，心脏显影，然后放射性核素显像药物才通过门静脉入肝，显示肝影，肝明显缩小。可以通过计算出分流分数来量化分流流量，并通过计算术后的分流分数来评估手术干预或减弱门体分流的效果。

（周振雷）

第二章 中枢神经系统疾病

中枢神经系统疾病主要涉及脑和脊髓先天性发育异常、感染性疾病、肿瘤性疾病、退行性病变及创伤性疾病等。临床上主要表现为昏睡、转圈、癫痫、共济失调、瘫痪等神经症状。在进行影像诊断之前首先要进行详细的神经学检查，包括精神状态、行为、步态、姿势、姿势反应、脊髓反射和肌肉张力、脑神经、痛觉等，对病变进行初步的定位，然后进行影像学检查确定病变的性质。头颅X线诊断价值有限，较少用于颅内疾病的诊断，可用于颅骨和脊椎病变的检查。CT是中枢神经系统疾病重要的诊断方法，平扫可用于颅内疾病的筛查和初步诊断，增强扫描可对颅内占位进行初步的评估和定性诊断。MRI是中枢神经系统疾病最重要的诊断方法，具有多种扫描序列和不同方向的扫描，MRI所提供的信息远较CT更为丰富和全面，被广泛地应用于颅脑和脊髓疾病的诊断。

第一节 颅脑检查方法

一、X线检查

颅脑X线检查操作简单，对颅脑外伤、先天性畸形等颅骨疾病的诊断较为合适，对颅内疾病也有一定的诊断价值。但在没有颅骨改变和颅内可观察到的异常密度时，颅脑X线检查的诊断价值不高。检查时一般采用头部正、侧位，以显示颅骨和颅腔全景。

拍头部侧位片时使动物侧卧保定，下颌支上垫楔形泡沫垫，使鼻中隔与诊断床平行，颈部垫泡沫垫，两前肢向后牵引。X线束中心位于外眼角位置。投照范围包括鼻端到颅底。拍头部正位片（背腹位）时使动物俯卧保定，下颌紧贴诊断床，两前肢置于投照范围外，X线束中心位于两外眼角连线的中点。

二、CT检查

CT检查成像速度快，对颅骨病变、超急性期出血的显示优于MRI，为急性颅内损伤的首选检查方法，但是对软组织的分辨率不及MRI高。CT能显示不同密度的肿瘤，对于钙化、脂肪成分敏感，增强扫描能反映肿瘤的供血特点及血-脑屏障的完整性。血管造影可以显示脑动脉瘤和脑血管的畸形。对于颅内感染性疾病，CT显示钙化敏感，对脑多头蚴病的诊断有很高的诊断价值，对于其他颅内感染性病变诊断的敏感性不及MRI高。临床上可根据病情检查的需要，选择合适的CT检查方法，以获得理想的检查结果。

1. CT平扫　　　动物俯卧于扫描床，头颅左右对称，横断面扫查，扫查范围从筛骨迷路到枕骨后方。骨窗窗宽2000Hu，窗位600Hu，软组织窗窗宽200Hu，窗位30Hu，脑窗窗宽80Hu，窗位40Hu，层厚3～5mm。CT平扫的速度快，主要进行急症患病动物的病情诊断，如脑外伤、颅骨骨折、脑梗死和脑出血的诊断等。CT平扫可为进一步的增强扫描提供准确的定位。

2. CT增强扫描　　　正常脑组织因为存在血-脑屏障，造影剂无法通过，不会有增强的效果。无血-脑屏障的组织，如垂体、脉络膜丛、鼻黏膜等可以增强。如果病灶破坏了血-脑屏障，造影剂就可通过破坏的血-脑屏障进入病灶，则可增强。CT普通增强扫描在静脉注射造影剂后对所选定的区域进行扫描，反映病变的强化效果和血-脑屏障是否破坏。CT动态增强扫描是快速向静脉内注入造影剂后，在不同的时相对所选定的区域进行连续扫描，相对于CT普通增强扫描，CT动态增强扫描除了反映造影剂进入病灶内的数量，还反映造影剂在病灶内浓集和消退的过程，更加深入地反映病灶的病理本质，对了解病变的良恶性程度和血供的情况有很大的帮助。

CT灌注成像是静脉注入造影剂后，在选定层面动态扫描，获得该层面不同部位的时间-密度曲线，反映造影剂在脑组织内的浓度和变化过程，利用数学模型计算各部位脑血流量、脑血容量、达峰时间等参数，定量反映脑组织血流动力学变化，对鉴别良恶性肿瘤和了解脑缺血病灶的血供情况有很大的帮助。

CT血管造影是高速率注射造影剂后进行连续快速的容积扫描，将采集到的图像重建，一般采用MIP或VR，得到清晰的血管影像而无周围的组织结构影。CT血管造影除了可以了解脑血管的情况，还可了解血管和周围组织或病灶的关系。

三、MRI检查

MRI是中枢神经系统疾病最重要的影像诊断方法。其优点是无辐射、软组织分辨率高，可采用多种成像序列，进行横断面、冠状面、矢状面等不同方向的扫查。MRI所提供的信息远比CT更为丰富和全面，对颅内占位的定位和定性诊断的价值更大。但是扫描时间较CT长，对运动和金属等产生的伪影非常敏感。MRI被广泛用于脑部外伤、脑血管疾病、颅内占位性病变、颅脑先天性发育异常、颅内感染性疾病、脑白质病、中毒/代谢性疾病的诊断。

脑常规磁共振成像将麻醉后的动物俯卧保定，保证左右对称，将头部置于线圈内，中心位置（两外眼角连线与正中线相交，交点与枕骨隆凸连线的中点）对准线圈"十"字定位线。常规进行T2WI成像、T1WI成像、T2WI-FLAIR，必要时进行增强扫描。

功能磁共振成像（functional magnetic resonance imaging，FMRI）是近年来MRI硬件和软件技术迅速发展后出现的一项新的检查技术。FMRI技术能反映脑功能状态，包括弥散加权成像（diffusion weighted imaging，DWI）、灌注成像（perfusion weighted imaging，PWI）、扩散张量成像（diffusion tensor imaging，DTI）、磁共振波谱成像（magnetic resonance spectroscopy，MRS）和磁共振血管造影（magnetic resonance angiography，MRA）等。DWI可提供组织弥散信息，有助于脑脓肿和肿瘤坏死囊变的鉴别，在临床上主要被用于早期脑梗死诊断；PWI可反映肿瘤的血供情况；DTI可显示肿瘤和白质纤维束的关系，有助于医生了解肿瘤浸润的范围，制订合理的手术方案；MRS可以无创地反映神经系统生化与代谢的情况，对于不同类型、不同级别的肿瘤有重要的参考价值；MRA可反映肿瘤与血管的关系。

（姚大伟）

第二节　颅脑正常影像解剖

一、CT影像解剖结构

（一）颅骨

左、右两边的额骨及顶骨形成颅骨的背侧面或称颅顶。顶骨前端与额骨相接，内侧与对侧的顶骨相接，后侧则与枕骨相接，而枕骨形成颅骨的后侧。顶骨的腹侧缘与颞骨鳞部及基蝶骨相接。额骨在顶骨的前方，形成眼眶的背内侧。颅骨两边为颞窝，颞窝往前延续为眼眶。颅骨的腹侧面由基枕骨、颞骨的鼓室部及岩部、基蝶骨及前蝶骨组成。颞骨包括鳞部、鼓室部与岩部。颞骨的鳞部形成颞窝的腹侧部，并且存在颧突，此突起形成颧弓的后侧部。鳞部背侧接顶骨，前侧接基蝶骨翼，后侧则接枕骨。鳞部的前面，颅骨的前腹侧由基蝶骨翼与前蝶骨翼构成。基蝶骨翼后侧接颞骨的鳞部，背侧接顶骨及额骨，前侧则接前蝶骨翼。枕骨的外侧缘形成项嵴，是枕骨与顶骨和颞骨的鳞部交汇之处。后端两侧枕髁之间的大孔为枕骨大孔，脊髓由此出颅腔。颅骨各组成骨的形态结构可通过CT横断面骨窗进行观察，骨组织CT值一般＞250Hu，颅骨结构如图2-1～图2-4所示。

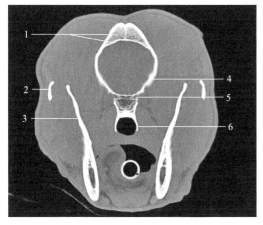

图2-1　视神经管层面CT影像（横断面，骨窗）

1. 额骨（外、内层骨板）；2. 颧骨；3. 下颌骨（支）；
4. 前蝶骨；5. 视神经管；6. 翼骨

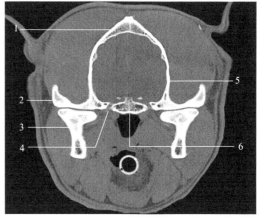

图2-2　颞下颌关节层面CT影像
（横断面，骨窗）

1. 顶骨；2. 颞骨颧突；3. 下颌骨（髁突）；
4. 卵圆孔；5. 颞骨鳞部；6. 基蝶骨

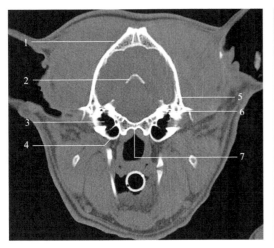 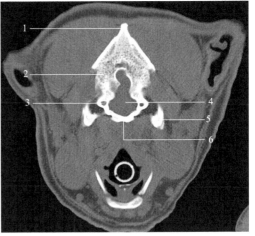

图2-3　鼓室层面CT影像（横断面，骨窗）　　　图2-4　枕骨层面CT影像（横断面，骨窗）

1. 顶骨；2. 骨性幕；3. 鼓室；4. 鼓泡；5. 颞骨鳞部；　　　　1. 顶间骨；2. 枕骨；3. 髁管；4. 枕骨大孔；
6. 颞骨岩部；7. 基枕骨　　　　　　　　　　　　　　　　5. 枕髁；6. 基枕骨

（二）脑

犬脑由脑干、大脑（端脑）和小脑组成，脑干包括延髓（末脑）、脑桥、中脑和间脑（上丘脑、丘脑和下丘脑），各脑组织的形态结构可通过CT横断面脑窗进行观察，如图2-5～图2-7所示。脑白质的CT值为28～32Hu，脑灰质的CT值为32～40Hu，由于CT显示脑实质的分辨率较MRI低，故临床上多采用MRI对脑实质病变进行诊断。

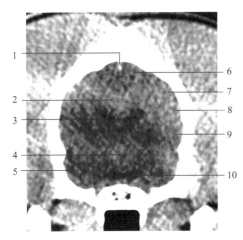 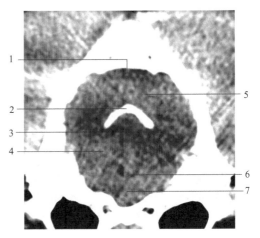

图2-5　丘脑间黏合层面CT影像　　　　　　图2-6　第四脑室层面CT影像（横断面，脑窗）
（横断面，脑窗）

1. 大脑纵裂；2. 扣带回；3. 侧脑室；4. 丘脑间黏　　　　1. 大脑纵裂；2. 骨性幕；3. 小脑蚓部；
合；5. 杏仁核；6. 缘回；7. 薛氏上回；8. 薛氏外　　　　4. 小脑半球；5. 枕回；6. 第四脑室；7. 脑桥
回；9. 薛氏回；10. 第三脑室

1. 大脑　　纵裂将大脑分为两个半球。每个大脑半球有向外突出的称为脑回的褶和向内陷入的称为脑沟的褶。大脑沟、回主要包括外侧嗅沟前部和后部，伪薛氏裂，薛氏前、后回，薛氏外沟和回，薛氏上沟和回，十字沟，十字前、后回，冠状沟，缘回和沟，外缘回。额叶是每个大脑半球在十字沟前方的那一部分，十字回属于额叶部分，为运动皮质的一部分。顶叶位于十字沟的后方、薛氏沟的背侧、大脑半球的后1/3，十字后回和前薛氏上回位于顶叶内，为运动皮质的一部分和躯体感觉皮质。枕叶包括大脑半球的后1/3，其后部的内外侧面

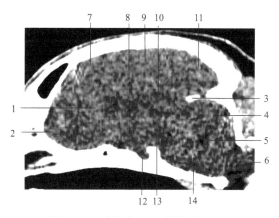

图2-7　正中矢状面CT影像（脑窗）

1. 胼胝体膝部；2. 嗅球；3. 骨性幕；4. 小脑半球；5. 第四脑室；6. 延髓；7. 额叶；8. 扣带回；9. 顶叶；10. 第三脑室；11. 枕叶；12. 垂体窝；13. 丘脑间黏合；14. 脑桥

为视觉皮质。颞叶由位于大脑半球腹外侧面的脑沟和脑回组成，薛氏回部分位于颞叶内，为听觉皮质。嗅球位于筛板上，嗅脚连接嗅球和大脑半球，向后延伸至梨状叶。

有3条连合通路横行于两大脑半球之间，分别为胼胝体、前连合、海马连合。前连合在前方连接两侧嗅脚，在后方连接两侧梨状叶。海马连合连接两侧大脑的海马。胼胝体由前部的嘴、中部的体和后部的压组成。胼胝体腹侧的薄层垂直组织板为透明隔，在前方更发达，从胼胝体膝伸达前连合。在前连合的背侧和前方，透明隔增厚为隔核。在前连合的后方，透明隔连接胼胝体与一纤维柱，此柱向前行，随后在前连合后方弯向前腹侧，这些纤维为穹窿的一部分，联系海马与间脑和大脑前部。穹窿在后方起始于聚集在海马外侧面的纤维，此等纤维形成穹窿脚。在海马前方和丘脑背侧，两侧的穹窿脚连合，形成穹窿体。穹窿体先行向前方，尔后弯曲向前腹侧，称为穹窿柱。

大脑半球的侧脑室底，前方增大的隆起为尾状核，是端脑的一个皮质下核，属于纹状体的一部分，其前端为头，在此之后，尾状核体迅速变狭，体之后为小的尾状核尾，在侧脑室底延伸于内囊纤维的上方。在尾状核背外侧，内囊形成侧脑室的外侧角。在侧脑室的背外侧角处，内囊纤维与胼胝体纤维相汇。这些纤维彼此交错对插，称为放射冠，向各个方向辐射，伸至大脑皮质的灰质。

2. 脑干　　间脑由丘脑、下丘脑和上丘脑组成。丘脑大，位于中央。下丘脑较小，位于下方。上丘脑很小，位于背侧中线。丘脑是两个卵圆形的灰质团块，中央形成丘脑间黏合。丘脑后部背外侧小隆起为内侧膝状体和外侧膝状体。上丘脑位于第三脑室顶部周围，包括缰三角、缰连合和松果体。下丘脑位于整个间脑的腹侧，构成第三脑室的底壁和侧壁，视神经汇合形成视交叉，视交叉的后方为灰结节，向腹侧移行为漏斗，漏斗腹侧连接垂体，灰结节后方的圆形结构为乳头体。环绕丘脑间黏合的环状空隙为第三脑室，借助室间孔与侧脑室相通，后方通中脑导水管。

中脑腹侧面有两条伸向前外方的纵行隆起，为大脑脚，背侧为中脑顶盖。四叠体为中脑背侧面的4个隆突，清晰可见。前方的一对为前丘，与视觉有关。后方的一对为后丘，与听觉有关。中脑深部有中脑导水管穿行。

脑桥位于小脑的腹侧面，其腹侧面为桥横纤维，伸向外侧，进入小脑中脚。大脑脚内的下行纤维在桥横纤维背侧进入脑桥，在此称为脑桥纵行纤维。前髓帆形成第四脑室前部的顶壁，位于前方的中脑后丘和后方的小脑中部腹侧面之间。脑桥的两侧有粗大的三叉神经根发出。

延髓从桥横纤维后缘延伸至第1颈神经腹侧根平面。斜方体为延髓前方的横行纤维带，锥体为延髓腹正中裂两侧的一对纵行纤维束。展神经在每一侧锥体的外侧缘穿出斜方体。面神经和前庭蜗神经位于延髓的外侧面。面神经较小，在三叉神经后方、前庭蜗神经的前腹侧穿过斜方体。前庭蜗神经在脑桥之后的斜方体最外侧。舌咽神经和迷走神经在前庭蜗神经后方和副神经前方离开末脑外侧面。舌下神经在斜方体后、延髓的腹侧面发出。

3. 小脑　　小脑位于大脑的后方、第四脑室的背侧，大脑横裂将小脑与大脑分开，小脑幕位于此裂内。小脑以3对小脑脚及部分第四脑室顶与脑干相连。小脑前脚位于内侧，向前进入中脑；小脑中脚位于外侧，始于脑桥外侧面的横行纤维。小脑后脚位于中间，主要由来自脊髓和延髓的传入纤维组成。小脑分为两侧的小脑半球和中间的蚓部，蚓部位于第四脑室正上方。小脑外侧有一部分位于颞骨岩部的小脑窝内。

（三）脑室系统与脑脊液

脑室系统包括侧脑室、第三脑室、中脑导水管和第四脑室。脑室内为脑脊液，CT平扫脑脊液为低密度影，CT值为3～8Hu。暴露于透明隔外侧和胼胝体腹侧的为侧脑室，经室间孔与第三脑室相通。室间孔在前连合附近的穹窿柱后方，此孔的后背侧壁为第三脑室顶板和脉络丛。第三脑室在后方与中脑导水管相通，中脑导水管背侧为中脑顶盖，中脑导水管为短的狭管，后方与第四脑室相通，第四脑室顶由前髓帆、小脑和后髓帆组成。第四脑室在闩部延续为脊髓中央管。脑脊液循环途径：左右侧脑室脉络丛产生脑脊液，经左右侧室间孔流入第三脑室，与第三脑室脉络丛产生的脑脊液一起，经中脑导水管流入第四脑室，然后与第四脑室脉络丛产生的脑脊液一起，经正中孔和外侧孔进入蛛网膜下腔，流向大脑背侧，经蛛网膜粒渗透到矢状窦，再回到血液循环。

（四）脑膜

犬脑被脑膜包被，脑膜分为3层，即硬膜、蛛网膜和软膜。软膜紧贴于脑的表面，深入脑室、中脑、沟回等结构之间，在侧脑室、第三脑室、第四脑室的软脑膜含有大量的血管丛，为脉络丛，能产生脑脊液。蛛网膜包裹于软膜外面，以纤维与软膜相连，蛛网膜和软膜之间的腔称为蛛网膜下腔，内含脑脊液，经第四脑室脉络丛上的孔与蛛网膜下腔相通。硬膜较厚，包围于蛛网膜外，与蛛网膜之间的腔隙称为硬膜下腔。颅腔内的硬脑膜和骨膜融合，其间没有腔隙存在。硬膜形成大脑镰、小脑幕和鞍膈，大脑镰位于两大脑半球之间，小脑幕位于大脑和小脑之间，鞍膈位于垂体背侧。这些脑膜结构在CT上不显影。

（五）脑血管

脑的血液来自颈内动脉、枕动脉和椎动脉，这些动脉在脑底汇合成动脉环，从动脉环分出侧支分布于脑。椎动脉经寰椎外侧孔进入椎管底部，向后延续为脊髓腹侧动脉、基底动脉。颈内动脉穿过颈动脉管进入颅中窝，向前延伸到垂体和视交叉之间，穿过海绵窦上方的硬膜分为大脑中动脉、大脑前动脉和后交通动脉。这些动脉共同形成脑腹侧面的动脉环。脑静脉汇入硬脑膜中的静脉窦，回流至上颌静脉、颈内静脉和椎静脉及腹侧椎内静脉丛，主要有背侧矢状窦、横窦、乙状窦、海绵窦、腹侧椎内静脉丛。

二、MRI影像解剖结构

颅脑MRI影像解剖结构如图2-8～图2-11所示，不同脑组织的信号强度不同。脑灰质的脂肪含量较白质高，灰质在T2WI图像上信号较高。脑脊液在T2WI上呈高信号，在

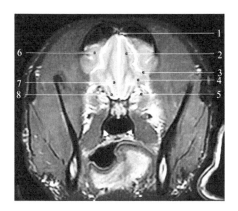

图2-8　视神经层面MRI影像
（T2WI，横断面）

1. 大脑纵隔；2. 额回；3. 薛氏前沟；4. 前端回；
5. 视神经；6. 中央前回；7. 直回；8. 嗅脚

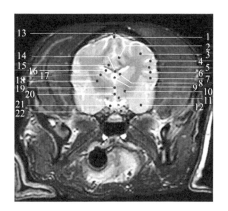

图2-9　丘脑间黏合层面MRI影像（T2WI，横断面）

1. 大脑纵裂；2. 扣带沟；3. 薛氏上回；4. 薛氏上沟；
5. 薛氏外回；6. 薛氏外沟；7. 薛氏回；8. 穹窿柱；
9. 第三脑室；10. 丘脑；11. 下丘脑；12. 杏仁核；
13. 背侧矢状静脉窦；14. 胼胝体；15. 扣带回；16. 侧脑
室；17. 尾状核；18. 内囊；19. 丘脑间黏合；20. 第三脑
室；21. 海绵静脉窦；22. 垂体

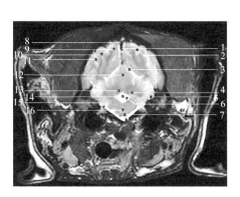

图2-10　第四脑室层面MRI影像
（T2WI，横断面）

1. 大脑纵裂；2. 缘沟；3. 大脑横裂；4. 小脑脚；
5. 小脑旁绒球；6. 第四脑室；7. 锥体；8. 背侧矢状
静脉窦；9. 缘回；10. 缘外回；11. 缘外沟；12. 小脑
蚓部；13. 顶核；14. 小脑舌；15. 前庭蜗神经；
16. 延髓

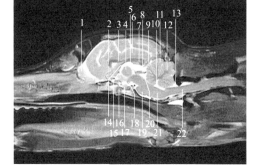

图2-11　正中矢状面MRI影像（T2WI）

1. 嗅球；2. 胼胝体膝部；3. 胼胝体体部；4. 丘脑间
黏合；5. 第三脑室；6. 扣带回；7. 胼胝体压部；
8. 嘴胝丘；9. 小脑幕；10. 第四脑室；11. 小脑皮质；
12. 小脑白质；13. 小脑延髓池；14. 穹窿；15. 嘴侧
连合；16. 视交叉；17. 垂体；18. 乳头体；19. 脑桥；
20. 中脑导水管；21. 延髓；22. 脊髓

T1WI 上呈低信号，故各脑室、脑沟和脑裂内由于脑脊液的存在，在 T2WI 上呈高信号，MRI 上所见的脑沟、脑回、脑裂等结构较 CT 清晰。颅骨可见内外板为低信号，板障为稍高信号，硬膜为低信号。脑实质影像两侧结构对称，在中线结构上可见大脑纵裂、大脑镰、透明隔、第三脑室、垂体、松果体、中脑导水管、第四脑室、小脑蚓部等结构。

（姚大伟）

第三节　颅脑肿瘤

一、胶质瘤

1. 病理与临床表现　　胶质瘤（glioma）是犬常见的原发性脑部肿瘤，发病率约为 35%，主要发生于 5 岁以上的犬，诊断出胶质瘤时的平均年龄为 8 岁。根据组织病理学特征，新的组织学分级方案将胶质瘤分为 3 种：少突胶质瘤（oligodendroglioma）、星形细胞瘤（astrocytoma）和未定义的胶质瘤（undefined glioma）。其同时还会进一步分为低级别和高级别的肿瘤。高级别肿瘤表现为以下其中一种情况：微血管增生，瘤内有坏死灶，肿瘤细胞呈假栅栏样围绕坏死区，核分裂能力增强，明显的恶性指征。浸润的程度不是肿瘤高、低级别的区分标准，但是在诊断时需要注意浸润的程度（未浸润、局灶性浸润、弥漫性浸润）。

星形细胞瘤是具有星形胶质细胞分化微观特征的肿瘤，占犬原发性颅内肿瘤的 17%～28%。拳师犬、波士顿梗犬及其他一些短头品种犬的发病率较高，主要发生于老龄犬，诊断出星形细胞瘤时的平均年龄为 8.6 岁，但星形细胞瘤也可见于幼龄动物。性别与星形细胞瘤发病之间没有明显的联系。虽然星形细胞瘤可以起源于白质或灰质，但发生在颅内的星形细胞瘤似乎主要来自白质，其中额叶、梨状叶和颞叶是最常见的部位。其临床表现多种多样，与病变在颅脑中的解剖定位有关。通常星形细胞瘤会导致进行性的神经功能缺失，即精神状态改变、癫痫发作、前庭紊乱和视力丧失等。高级别星形细胞瘤比低级别星形细胞瘤更具侵袭性，瘤细胞通常有大量的嗜酸性胞质，细胞核长形到卵圆形，具有开放的染色质模式。可以观察到微囊肿和矿化，虽然可以发现罕见的黏蛋白沉积，但不像少突胶质瘤那样丰富。

少突胶质瘤来源于少突胶质细胞群，其发病率与星形细胞瘤相似。与星形细胞瘤一样，主要发生于老年犬，特别是拳师犬和其他一些短头品种犬。少突胶质瘤最常见于大脑的额叶、梨状叶和颞叶，不常见于尾叶。少突胶质瘤通常内含黏液，有助于在水敏感的 MRI 图像中显现出明显的高信号。少突胶质瘤由圆形到多边形细胞排列成片或条索状，可见神经元卫星现象、软脑膜播散和血管周围增生。低级别的肿瘤通常有纤细的网状血管结构，外周有高度分化的细胞群，与邻近的脑实质界限清楚。高级别肿瘤有明显的肾小球样外观的血管增生，伴有坏死。

未定义的胶质瘤具有上述少突胶质瘤和星形细胞瘤的任何组织学特征，含有相同比例的少突胶质瘤和星形细胞瘤的成分。

2. 影像学表现　　胶质瘤起源于脑实质，可能浸润或引起脑实质的移位，可能表现为边界不清或边界清晰。增强扫描强化的模式和程度多变。胶质瘤通常表现为"环形"强化模式，即一个圆形的对比增强环包围着未增强的异常组织。然而，环形强化是一种非特异性的表现，与多种肿瘤、血管和炎症性脑部疾病相关。常规的MRI序列无法区分胶质瘤的类型及预测肿瘤的分级。然而，与低级别胶质瘤相比，高级别胶质瘤更常见造影后增强。少突胶质瘤比星形细胞瘤更容易压迫脑室，使脑室变形，更接近脑的表面。胶质瘤、脑血管意外和炎性病变的影像学特征存在明显的重叠，导致这些脑实质病变的频繁误诊。在常规MRI序列中加入DWI、MRS和MRA成像序列，可提高MRI区分肿瘤和非肿瘤病变的能力，以及对肿瘤分级的预测。未定义的胶质瘤具有类似于星形细胞瘤和少突胶质瘤的CT、MRI成像特征。

CT检查：星形细胞瘤平扫多为均匀低或等密度病灶，少数为低等密度混合病灶，多呈球形或不规则形，大小不等，边缘清楚或部分清楚。瘤体周围水肿是可变的，占位效应多较轻。可见钙化、坏死，出血少见。增强扫描后多数呈无或轻度强化。少突胶质瘤平扫多数呈略低密度，少数呈略高密度。其内常出现钙化灶，典型者表现为弯曲条状钙化灶。囊变、出血少见，多呈圆形或不规则形状，边界较清楚。瘤周水肿轻或无，肿瘤占位效应较轻。增强扫描后多数无强化，少数呈轻度强化。

MRI检查：星形细胞瘤MRI成像外观具有异质性，呈球形或不规则形状。在T1WI上呈轻度至中度低信号，在T2WI上呈中度高信号。瘤体周围水肿是可变的，呈T2WI高信号。瘤内出血在高级别肿瘤中很明显。MRI造影后低级别星形细胞瘤通常不增强或轻度增强，而高级别的星形细胞瘤更有可能显示中度或高度、不均匀或外周强化。少突胶质瘤可能呈球状或不规则形状，T1WI图像中呈低信号，T2WI中当有明显黏液时有明显的高信号。瘤周水肿通常为最小到中度。造影后为从无到高度增强及均匀或不均匀强化。瘤内出血也可能是明显的（图2-12）。

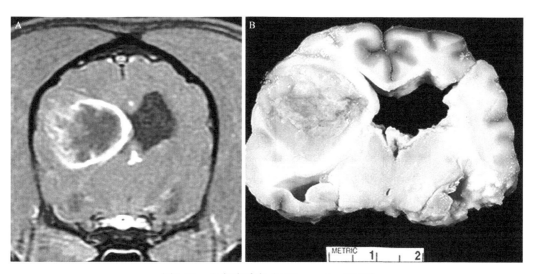

图2-12　少突胶质瘤（Miller et al., 2019）

A. T1WI造影增强，横断面，右侧大脑颞叶可见肿块，造影后T1WI呈混杂的低信号强度，周边脑实质环形强化，肿块压迫右侧侧脑室；B. 高级别少突胶质瘤，肿瘤边界清晰，丘脑受压，左侧侧脑室扩张

二、脉络丛肿瘤

1. 病理与临床表现　　脉络丛肿瘤（choroid plexus tumor）起源于侧脑室（29%）、第三脑室（22%）和第四脑室及外侧孔内（49%）的脉络丛上皮，约占犬原发性中枢神经系统肿瘤的10%。确诊的犬平均年龄为6岁（1～13岁），未见明显的品种易患性的报道。临床症状包括共济失调、四肢轻瘫、失明、精神沉郁、行为异常、头颈歪斜等。肿瘤眼观呈实性肿块，具有典型的鹅卵石外观，切面为灰色到棕褐色，有不同的周围组织的侵犯，常继发脑室系统梗阻，造成脑积水。世界卫生组织（WHO）将脉络丛肿瘤分为3种，即脉络丛乳头状瘤、不典型脉络丛乳头状瘤和脉络丛癌，犬脉络丛肿瘤主要为脉络丛乳头状瘤和脉络丛癌。

2. 影像学表现　　CT检查：平扫大多数呈等或略高密度，少数为低密度或低等混合密度。形态不规则，边缘多呈分叶状，轮廓较清。位于脑室内者，瘤周水肿无或轻度，占位效应多数较严重；位于脑实质内者多伴轻度到中度的瘤周水肿和一定程度的占位效应。少数可见点状或小片状钙化，偶尔可见囊变区。增强扫描后可见明显强化。

MRI检查：肿瘤在T1WI上通常呈高信号，也可能为低信号、等信号，在T2WI上呈等信号或混杂信号。45%的脉络丛乳头状瘤可能出现瘤周水肿，70%的脉络丛癌伴有瘤周水肿。造影后表现为明显、均匀的强化，反映了这些肿瘤具有潜在的乳头状血管结构。脉络丛乳头状瘤可见瘤体呈乳头状结构，而脉络丛癌不明显，脑室内或蛛网膜下腔的转移可用来鉴别脉络丛癌和脉络丛乳头状瘤（图2-13）。

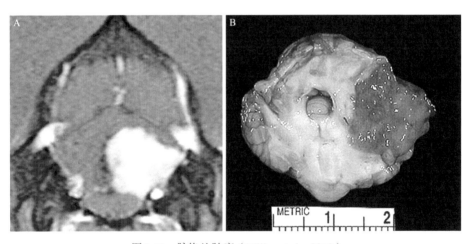

图2-13　脉络丛肿瘤（Miller et al., 2019）

A. T1WI造影增强，横断面，第四脑室外侧孔可见造影后明显均匀强化、边界清晰的肿块，肿块压迫小脑；B. 脉络丛肿瘤，黄褐色，肉质，微粒状肿瘤，肿瘤位于第四脑室侧孔位置

三、脑膜瘤

1. 病理与临床表现　　脑膜瘤（meningiomas）是犬、猫原发性颅内、轴外肿瘤中最常见的类型，起源于帽细胞，覆盖于蛛网膜上。犬、猫脑膜瘤的发病率分别占颅内肿

瘤的22.3%和59%。脑膜瘤生长在硬膜内，但在脑实质外，可能发生实质的侵袭。犬脑膜瘤多发生于颅脑的顶部、嗅区、额叶、颅底、视交叉、鞍上和鞍旁区好发。其他不常见的部位包括小脑延髓区、眼球后方、中耳等。猫常发于第三脑室脉络膜末端、幕上脑膜，小脑脑膜不常见。猫常见多发性脑膜瘤，约占猫脑膜瘤的17%。

通常脑膜瘤多发于长头品种犬，如德国牧羊犬、金毛巡回猎犬和拉布拉多巡回猎犬，没有明显的性别差异。拳师犬的发病率越来越高，家养短毛猫易发且没有性别易感倾向。犬脑膜瘤诊断的年龄在7岁以上，猫在9岁以上，偶见小于6岁的犬和小于3岁的猫发病。犬、猫脑膜瘤常见的临床症状包括意识丧失、癫痫、前庭功能障碍等，与神经解剖定位有关。脑膜瘤发生在大脑皮层和间脑，主要表现为癫痫。上行网状结构激动系统的受压和（或）损伤可能导致意识的改变。间脑的损伤可能导致前庭症状。

大多数脑膜瘤生长边界清楚，呈分叶状，质地坚硬，与脑膜由宽基底部或蒂相连。有些犬的脑膜瘤内由于缺血、坏死产生大的囊腔。WHO将人的脑膜瘤分为脑膜瘤（良性）、非典型性脑膜瘤和间变性脑膜瘤。动物的脑膜瘤分为良性生长缓慢的脑膜瘤和间变性脑膜瘤。

2. 影像学表现　　CT检查：CT诊断犬脑膜瘤的准确性约为80%，多数肿瘤有明确的边界，少数肿瘤没有，平扫时为均匀略高密度或等密度病灶。增强扫描肿瘤的实质部分往往呈中等或显著的均匀性增强，可见硬膜尾征。肿瘤可发生囊变和（或）坏死，可见不同程度的瘤周水肿和占位征象。

MRI检查：MRI诊断犬脑膜瘤的准确性为66%～100%，诊断猫脑膜瘤的准确性为96%。在T1WI上通常是均匀等信号，但偶尔呈低信号或高信号。在T2WI上大约70%的脑膜瘤是高信号，其余为等信号。约95%的脑膜瘤伴有水肿，可能是瘤周水肿（40%）或弥漫性水肿（50%）。在T2WI或FLAIR序列上水肿通常可清楚地勾画出脑膜瘤的内缘，并有助于识别其轴外起源。增强扫描后有60%～70%的脑膜瘤表现出明显的均匀强化，其余不均匀强化。对比增强通常可以明确显示肿瘤边缘，为球状、斑块状或不规则形状（图2-14）。邻近肿瘤的脑膜增厚（硬膜尾征）常与脑膜瘤有关。

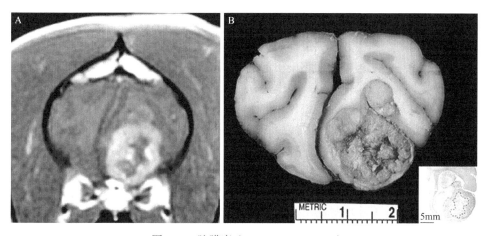

图2-14　脑膜瘤（Miller et al.，2019）

A. T1WI造影增强，横断面，左侧大脑额叶腹侧轴外肿块，造影后肿块边界清晰，环形强化，占位效应导致中线结构右移；B. 脑膜瘤，白色到黄褐色的多小叶肿块，侵袭脑实质

四、室管膜瘤

1. 病理与临床表现　　　室管膜瘤（ependymoma）是一种相对罕见的肿瘤，起源于脑室系统的室管膜衬里细胞，因此主要发生在大脑和脊髓的脑室系统内。室管膜瘤通常影响年龄较大的犬和猫，没有品种的倾向。肿瘤主要是脑室内肿瘤，有些肿瘤可侵入邻近的脑实质，导致脑室扭曲和梗阻性脑积水。室管膜瘤可能分化良好（WHO Ⅱ级）或具有间变性和侵袭性（WHO Ⅲ级）。大体上，肿瘤可质地柔软、分叶状（乳头型）或实性（细胞亚型），并可能含有囊肿和（或）出血。瘤周水肿不明显或轻微，除非肿瘤侵犯周围脑实质或积水引起脑室周围间质水肿。

2. 影像学表现　　　CT检查：平扫肿瘤常呈略高密度或等密度病灶。常见散在分布的斑点状钙化，还可见小囊变区。肿瘤常呈分叶状，边界清楚。位于脑室内者一般不伴有瘤周水肿，位于脑实质者常伴轻度水肿，肿瘤部位不同，其占位效应及邻近结构的改变有所不同。增强扫描后多数肿瘤呈轻度到中度均匀强化，囊变区不强化。

MRI检查：室管膜瘤在T1WI上呈轻度低信号到轻微高信号，在T2WI上呈中度到明显的高信号，在FLAIR序列上呈高信号。造影后可能强化不均匀，可见肿瘤实质的粗糙纹理。当出现囊肿或出血时，信号异质性可能更明显。

（姚大伟，钟志军）

第四节　颅内感染

一、病毒性脑炎（viral encephalitis）

1. 犬瘟热脑炎（canine distemper encephalitis）

（1）病理与临床表现　　　犬瘟热病毒可引起犬科、鼬科等多种动物发病，其侵袭中枢神经系统后可引起急性和慢性炎症。急性脑脊髓炎的特点是弥漫性轻度单核炎症和脱髓鞘。慢性脑炎可能是病毒长期感染引起的，其特征主要是脑干和大脑半球的非化脓性炎症与脱髓鞘。

（2）影像学表现　　　急性犬瘟热脑炎的MRI影像表现包括局部或区域性T1WI低信号和T2WI高信号，前脑病变伴随少量或无占位性病变。颞叶可能易感，病变以皮质灰质和灰质白质界面为中心。脑干和小脑也有类似病变的报道。对比增强表现是不一致或轻微的强化。

慢性犬瘟热脑炎的MRI影像表现为T2WI信号增强、大脑和大脑皮层灰白质界面清晰度丧失，同时脑桥也有不明显的T2WI信号增强。与T1WI信号增强图像相比，额叶和顶叶硬膜T2WI信号明显增强。由脱髓鞘引起的灰质白质清晰度的丧失也同样可能是质子密度加权图像的一个主要特征。

2. 猫传染性腹膜炎脑膜脑炎（feline infectious peritonitis meningoencephalitis）

（1）病理与临床表现　　猫传染性腹膜炎病毒感染，可引起猫全身性疾病，中枢神经系统是被感染的重要部位，在干性传腹和化脓性肉芽肿病例中尤为严重。猫传染性腹膜炎病毒感染会引起免疫复合物化脓性肉芽肿性血管炎，在中枢神经系统，主要引起软脑膜、脉络膜神经丛、室管膜细胞、脑实质和眼睛的病变。脉络膜神经丛、室管膜炎症可引起广泛性或局部梗阻性脑积水。

（2）影像学表现　　脑室系统扩张，依据细胞和大分子物质含量变化，脑脊液T1WI和FLAIR序列信号增强。脑实质病灶或多病灶区域在T2WI上呈高信号，脑膜增厚。脉络膜、室管膜和脑膜造影后T1WI信号增强，脑实质造影后T1WI信号增强不明显（图2-15）。

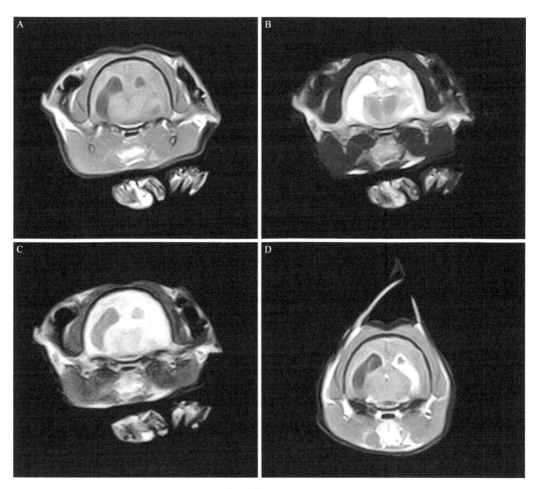

图2-15　猫传染性腹膜炎脑膜脑炎

A. T1WI，横断面，右侧脑室明显扩张，左侧脑皮质稍低信号影；B. T2WI，横断面，右侧脑室明显扩张，左侧皮质高信号；C. FLAIR序列，横断面，脑脊液信号未完全抑制；D. 造影增强T1WI，横断面，左、右侧脑室室管膜和脑室周围强化，左侧脑室内疑似有造影增强的占位性病灶

二、细菌性脑膜脑炎（bacterial meningoencephalitis）

1. 病理与临床表现 细菌性脑膜脑炎通常是由进入蛛网膜下腔的化脓性细菌引起的。各年龄段的犬、猫均可发生感染。临床表现常为颈部疼痛、全身感觉过敏、发热等，癫痫共济失调等神经症状偶有发生。主要是由穿透性损伤直接感染、耳鼻感染蔓延和细菌经过血液传播引起的。颅内细菌感染表现为弥漫性或局限性脑膜脑炎，随后形成脑脓肿。由于炎症病变常伴有明显的占位效应，病变周围血管源性水肿比较明显。硬膜外或硬膜下出现积液，尤其在穿透伤引起的脓肿时。随着脓肿位置的不同，可能发生梗阻性脑积水。

2. 影像学表现 CT检查：早期CT平扫影像表现不明显或无特征，增强后可见脑膜异常强化、明显增厚。可见水肿引起的局限或弥漫性实质低密度。硬膜下或蛛网膜下腔脓肿时，可在脑病变区域附近看到新月形低密度阴影。脓肿形成后通常表现为大小不等的独立的囊性低密度灶。造影后脓肿壁明显强化，中心不强化。

MRI检查：早期MRI平扫可无异常表现，随着病程的发展，可见脑沟、脑裂、脑池内脓性分泌物，T1WI和FLAIR序列信号高于正常脑脊液信号。增强扫描可见脑膜明显强化，是化脓性脑膜脑炎最重要的诊断依据。硬膜下或蛛网膜下腔脓肿时可见梭形或新月形T1WI低信号和T2WI高信号。脓肿形成后，脓肿中心呈T1WI低信号（但信号强度高于正常的脑脊液）和T2WI高信号，FLAIR序列呈高信号，DWI呈高信号，提示水扩散受限。由于血管源性水肿，脓肿周围组织也呈现T1WI低信号和T2WI高信号。增强扫描脓肿壁呈明显的环形强化，脓肿周围信号增强（图2-16）。

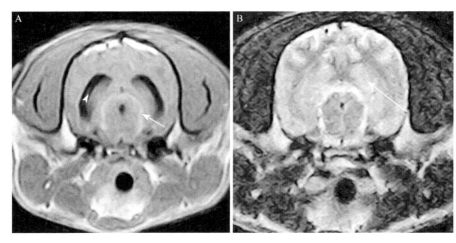

图2-16 细菌性脑膜脑炎

A. T1WI造影增强，横断面，造影后脑干周围软脑膜明显强化，脑膜增厚（箭号），脑室轻度扩张（箭头）；
B. FLAIR序列，横断面，可见脑室内液体为稍高信号（箭号），提示脑脊液中含有蛋白质成分

三、真菌性脑膜脑炎（mycotic meningoencephalitis）

多种真菌可引起中枢神经系统疾病。尽管报道较少，但有曲霉菌、隐球菌等多种

病原体感染的图像被报道。也有原壁菌属、蓝绿藻引起脑膜脑炎的报道。在许多病例中，脑、脊髓和脑膜是多器官的一部分。年轻雌性德国牧羊犬更容易被曲霉菌感染。多数真菌性中枢神经系统感染是通过血液感染的，因此它们多表现为弥漫性、散在性和不对称性。感染可累及脑实质和脑膜，实质病变可表现为脓肿、实性肉芽肿或弥漫性浸润性病变。尽管实质性复合肉芽肿对比信号更加复杂多样，真菌性脑膜脑炎的CT和MRI整体影像特征与细菌性脓肿和脑膜脑炎相似。弥漫性浸润病灶信号对比增强且不清晰。

四、脑多头蚴病（brain echinococcosis）

1. 病理与临床表现　　脑多头蚴病是多头带绦虫的中绦期幼虫多头蚴寄生于牛和羊脑、脊髓内引起的一种寄生虫病，多头蚴会在脑组织和脊髓内形成大的充满液体和头节的囊泡。脑多头蚴病可分为急性期、休眠期和慢性期。患病动物会表现为精神沉郁、离群独立、头抵物体呆立不动、行走姿势异常和转圈等症状，病情迅速发展，出现后肢瘫痪，无法站立。剖检发现病脑组织内存在白色透明的囊泡，囊泡内充满液体。囊壁上分布有白色的小米粒大小的原头节。

2. 影像学表现　　CT检查：脑实质内可见圆形或类圆形均匀低密度影，边界清楚，并伴有占位效应，有时可发现包囊边缘存在高密度结构，为内嵌入囊壁的原头节。囊内CT值与脑脊液接近，囊壁薄，囊壁在CT上表现为等密度或高密度影。通常不存在病灶周围脑实质水肿，如果存在水肿，增强扫描时会出现环状增强。有时可观察到脑室扩张及四叠体池囊肿，周围颅骨受到侵袭，骨质变薄（图2-17）。

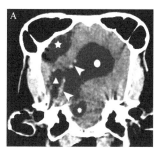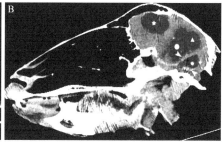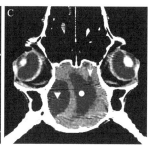

图2-17　羊脑包虫CT平扫影像（脑窗）

A. 横断面；B. 矢状面；C. 冠状面。五角星、三角形. 囊状低密度影；圆形. 右侧侧脑室；箭号. 受压迫的左侧侧脑
室；箭头. 点状中等到高密度影；星形. 大脑与小脑之间的囊性病灶

MRI检查：包虫囊液在T1WI上呈现为低信号，在T2WI上呈现为高信号，与脑脊液性信号相似或略高，在FLAIR序列上，囊液和脑脊液一样可被抑制呈低信号。病灶内的点状T2WI低信号为寄生虫包囊内的原头节，病灶周围未见水肿或出血。占位效应明显时可见脑沟回消失，脑室大量积水扩张并且存在四叠体池囊肿，其他脑组织受压变形、移位（图2-18）。

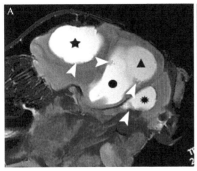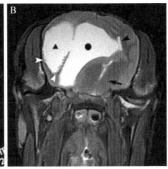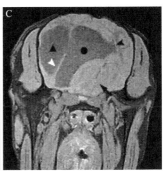

图2-18 羊脑包虫MRI影像

A. T2WI矢状面；B. T2WI横断面；C. T1WI横断面。五角星、三角形. T1WI低信号、T2WI高信号的囊性病变；圆形. 右侧侧脑室；黑色箭头. 受压迫的左侧侧脑室；黑色箭号. 向左移位的脑干；星形. 大脑与小脑之间的囊性病变；白色箭头. T1WI等信号、T2WI低信号的点状影

（邓益锋，姚大伟）

第五节　脑血管疾病

1. 病理与临床表现　　原发性颅内血管疾病在犬、猫中很罕见。医学上，卒中常发生于脑的血流被阻断，引发脑缺血，最终导致脑细胞死亡。卒中既可以由自发性血管破裂导致的血肿引起，也可以由血管阻塞导致的出血或非出血性的脑梗死引起。血管阻塞（局灶性缺血）可能是该处有血栓形成或来源于其他部位的栓子阻塞。出血性局灶性缺血性脑梗死发生于阻塞部位血管壁破裂，继发脑出血。出血性局灶性缺血性脑梗死和血管破裂导致的脑血肿由于具有极其相似的影像学特征，故很难区分。绝大多数的脑梗死都是动脉源性的，尽管在人医中有关于静脉血栓引发卒中的报道，但在兽医上却无相关的比较研究。大脑前动脉、大脑中动脉、纹状体动脉、小脑前动脉最常发生梗塞，梗死部位包括大脑、丘脑/中脑及小脑。当颅内主要血管梗阻时表现为区域性脑梗死，小穿通动脉梗阻时称为腔隙性脑梗死。卒中的潜在发病原因包括动脉粥样硬化、高血压、糖尿病，但在兽医中尚无研究印证。

2. 影像学表现　　阻塞性脑梗死的CT影像特征为局灶性或区域性水肿性低密度影，有很小的占位效应。MRI平扫时，灰质和白质表现为轻微的T1低信号和T2高信号，同时伴有不同程度的占位效应。由于水分扩散受到抑制，脑缺血区在弥漫加权图像上表现为高信号，在相应的表观弥散系数（ADC）图上为低信号。根据灌注图像可以确定灌注缺损区域，磁共振血管造影（MRA）可以显示灌流绝对或相对不足的血管。梯度回波T2* 影像显示相对少或没有磁敏感效应。

血管破裂引起的脑血肿可能是由血管损伤、自发性出血或颅内血管畸形所致。图像特征取决于血肿的大小、位置和发展快慢程度。CT平扫时，图像表现为高衰减团块；造影增强后可以确定是活动性出血（急性期）或新血管形成（慢性期）。MRI影像特征遵循表2-1，但重复出血后，磁共振分期不明确。占位效应的次要特征包括周围组织水肿、中线偏倚、脑室压迫和移位、脑沟脑回消失（图2-19）。

表2-1　脑血肿分期

分期	时间	分隔	血红蛋白产物	T1	T2
超急性期	<24h	胞内	氧合血红蛋白	等信号	高信号
急性期	1～3d	胞内	脱氧血红蛋白	等信号至低信号	低信号
亚急性早期	>3d	胞内	高铁血红蛋白	高信号	低信号
亚急性晚期	>7d	胞外	高铁血红蛋白	高信号	高信号
慢性期	>14d	胞外	含血铁黄素	低信号	低信号

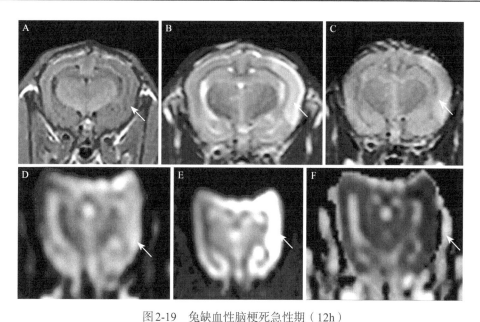

图2-19　兔缺血性脑梗死急性期（12h）

A. T1WI；B. T2WI；C. FLAIR序列；D. DWI-b0；E. DWI-b800；F. DWI-ADC。缺血性
梗死灶在T2WI、FLAIR序列和DWI图像上呈高信号，在T1WI和ADC图像上呈低信号（箭号）

出血性脑梗死最常与高血压、血小板减少症及其他凝血功能障碍有关。其影像与血管破裂引起的脑血肿极其相似，门诊上很难鉴别诊断。上述脑血肿的影像学特征同样适用于出血性脑梗死。

（邓益锋）

第六节　非感染性炎性脑病

一、肉芽肿性脑膜脑炎

1. 病理与临床表现　　肉芽肿性脑膜脑炎（granulomatous meningoencephalitis）是中枢神经系统的特发性炎性疾病，其特征为血管周围单核细胞浸润。该病在青年至中年（4～5岁）、雌性、小型和玩具犬多发，大型犬不常发生，猫几乎不发生。病变以局灶性和弥漫性居多。病变主要发生部位是白质，但也常波及灰质和脑膜。该病最常发生在前脑、脑干和脊髓，小脑和视神经较少发生。

2. 影像学表现 根据水肿程度的不同，病灶的CT平扫图像表现为低密度影，造影后有不同程度的对比增强。有时可能不增强，或不均匀强化，或有边界明显的肿块。MRI检查可见典型的T1WI等信号到低信号和T2WI的高信号，与CT具有相似造影后强化的特点。许多肉芽肿性脑膜脑炎有脑膜受累的情况，有时可见明显的脑膜强化。

二、坏死性脑膜脑炎

1. 病理与临床表现 坏死性脑膜脑炎（necrotizing meningoencephalitis）是一种非化脓性、坏死性、炎性脑病。小型和玩具品种犬易发，八哥犬、马尔济斯犬、吉娃娃等品种发病较多。发病平均年龄为1.5～3岁，雌性动物较雄性更易发病。病变可局部发生或呈不均匀散在，其范围包括大脑灰质和白质及脑膜。尽管不常见，但小脑和脑干也有发病的报道。总的来说，病变往往形成空腔，并伴有炎症和水肿而引起明显的肿胀。

2. 影像学表现 当形成空腔或严重水肿时，CT平扫可见病灶密度降低。水肿也可以引起中线移位、脑疝形成和其他占位效应。造影后病灶可能不明显强化或中等强化，强化的病灶密度不均匀且边缘不清。MRI扫查可见脑灰质和白质中的病灶在T1WI上呈等或低信号，在T2WI上呈高信号，且有典型的不清晰边缘。大概有1/2～2/3的病灶出现对比增强，多表现为轻度到中度强化，且病灶强化不均匀。有50%的病例表现为脑膜的对比增强。

（邓益锋）

第七节 颅 脑 外 伤

犬头部急性创伤的常见原因包括车祸、钝器猛烈击打、中弹、被其他动物袭击、咬伤和高处坠落。头部受伤后可能发生非移位或移位性颅骨骨折，创伤后颅内出血、脑皮质挫伤等脑病发病率常与移位性头部骨折有关。颅内出血可发生在以下部位：硬膜外、硬膜下、蛛网膜下腔、脑实质及脑室系统。脑实质内的轴性血肿，蛛网膜下腔、硬膜下和硬膜外间隙的轴外血肿可能会导致脑受压和严重的神经功能障碍。部分头部受到冲击的犬通过X线检查可能发现颅骨骨折线，但多数受到轻度或中度冲击的犬头部通过X线检查不易发现异常征。由于CT扫描可以快速、准确地检测颅骨骨折和颅内出血，因此颅脑损伤初步评估首选成像方式为CT检查。当CT检查不能发现明显病变及在亚急性、慢性颅脑外伤动物中，可以进一步采用MRI进行检查。

一、硬脑膜外血肿（epidural hematoma）

1. 病理与临床表现 犬硬脑膜外血肿常继发于头部创伤，血肿发生在颅骨和硬脑膜之间的间隙。硬脑膜外血肿通常来源于脑膜动脉、静脉窦，当血管破裂后，硬脑膜外血肿迅速形成，血肿会引起继发于炎症反应的弥漫性疼痛。根据影像学检查，血肿的分期可分为超急性期、急性期、亚急性期或慢性期。

急性硬脑膜外血肿的犬可能表现为不同程度的运动功能障碍，如不能站立、步态异常、偏瘫。神经学检查可能发现单侧姿势反射异常、意识障碍。外伤引起的并发损伤还包括气胸、血胸、肋骨骨折和肺挫伤等。

2. 影像学表现　　CT检查：急性硬脑膜外血肿的特征性CT影像为双凸形或透镜状的边界清晰、高密度且密度均匀的脑外占位影像。病变常位于额区、顶区、颞区或这些区域的组合，不会越过颅缝。如果血肿较大，可能导致大脑中线移位。

MRI检查：颅内血肿的平扫T1WI和T2WI信号表现与发病时间长短有关。在出血72h内，T1WI表现低信号或等信号，T2WI表现高信号；在出血72h后，T1WI和T2WI均表现高信号。病变周围应用造影剂后显示出环状增强。脑浅静脉内侧移位是脑外积液的确凿指征。

二、硬脑膜下血肿（subdural hematoma）

1. 病理与临床表现　　犬硬脑膜下血肿常继发于头部创伤，血肿发生在硬脑膜和蛛网膜之间的间隙。硬脑膜下血肿通常来源于硬脑膜下腔内的小静脉或静脉窦出血，1/3～1/2为双侧性血肿。创伤造成的硬脑膜下血肿常伴有脑实质挫裂伤。硬脑膜下血肿可分为急性期、亚急性期、慢性期。

创伤造成的急性硬脑膜下血肿常在72h内出现临床症状。发生创伤至出现颅内功能障碍症状的时间越短，受伤时脑血管损伤的严重程度越高。硬脑膜下血肿的临床症状在很大程度上与颅内压升高有关，可能表现出进行性前脑疾病的非特异性临床症状。患病动物可表现不同程度的运动功能障碍，如不能站立、步态异常、偏瘫。神经学检查可能发现单侧或双侧姿势反射异常、意识障碍、偏侧性散瞳、斜视。

2. 影像学表现　　CT检查：急性硬脑膜下血肿的特征性CT影像为与脑凸面一致的外周新月形、高密度且密度均匀的血液聚集影像。病变常位于额区、顶区，可能越过颅缝，血肿密度会随时间推移逐渐降低，使用造影剂增强周围的脑膜，如果血肿较大，可能有侧脑室塌陷和中线结构移位的肿块效应。

MRI检查：根据血肿发生时间的不同，平扫T1WI和T2WI信号的MRI图像不同，颅内血肿的平扫T1WI和T2WI信号表现与发病时间长短有关。在出血72h内，T1WI表现低信号或等信号，T2WI表现高信号；在出血72h后，T1WI和T2WI均表现高信号。硬脑膜在MRI图像上呈低信号，有利于确定血肿在硬脑膜下或是硬膜外，此外在显示较小硬脑膜下血肿和确定血肿范围方面，MRI检查更具优势。MRI检查还可能发现由血肿块引起的水肿和与颅内压升高有关的脑损伤。在FLAIR序列，硬脑膜下血肿表现为新月形高信号，与脑回、脑沟分界清楚。

三、脑皮质挫伤（cerebral cortex contusion）和脑室内出血（intraventricular hemorrhage）

1. 病理与临床表现　　脑皮质损伤而软脑膜仍保持完整称为脑皮质挫伤，是最常见的颅脑损伤之一。当发生脑皮质挫伤时，会伴发一定程度的脑室内出血、脑组织水肿。脑皮质挫伤常伴有脑组织浅层有点状出血及脑组织水肿；脑皮质挫伤的临床症状、预后与其发生部位、范围和损伤程度有关；脑皮质挫伤并发中线移位的犬预后较差。犬脑皮质挫伤和脑室内出血的临床表现没有比较具体的描述。

2. 影像学表现　　CT检查：脑皮质挫伤的影像学表现取决于受损脑实质水肿和出血的程度。通常水肿区在平扫CT上表现为低密度，出血灶区表现为高密度。

MRI检查：脑组织水肿区在MRI图像上表现为T1WI低信号和T2WI高信号，实质内出血表现为大小不一、信号强度不一的肿块病变。FLAIR序列对确定病变范围、评估脑皮质挫伤程度、发现较小病灶及是否并发蛛网膜下腔出血有一定作用。水肿和出血会增加脑实质体积，可能导致中线移位、脑室压迫、脑沟和脑回消失及脑疝。随着时间的推移，由于病变周围脑组织中新生血管的发展，应用造影剂后显示病变周围环状增强。采用磁共振血管造影和加权成像可进一步显示损伤的程度（图2-20）。

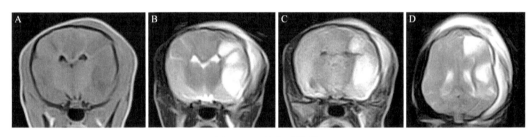

图2-20　脑皮质挫伤

A. T1WI，横断面；B. T2WI，横断面；C. FLAIR序列，横断面；D. T2WI，冠状面。左侧大脑顶叶和颞叶大面积片状
　T1WI低信号，T2WI高信号，FLAIR序列高信号病灶。左侧头部皮下组织和肌肉肿胀，呈T2WI和FLAIR序列高信号

（王　亨）

第八节　脑先天畸形、发育障碍

一、脑积水

1. 病理与临床表现　　脑积水（hydrocephalus）是伴有脑脊液增多的全部或部分脑室系统的异常扩张。脑室扩张通常是由持续或间歇性升高的流体静水压造成的。脑积水可以是发育性的或获得性的，可由脑脊液流动受阻，脑脊液吸收减少，或脑脊液过度产生所致。后两种形式被认为是交通性或非阻塞性脑积水。

先天性脑积水主要发生在短头品种和玩具品种的宠物上。在某些情况下，实质器官的机械性阻塞，如中脑导管管腔狭窄或Chiari样畸形等，可以解释脑积水的发生。

阻塞性脑积水是由可以减慢脑脊液在脑室系统中流速的腔内或腔外肿块或者其他损伤所导致的。造成阻塞性脑积水的原因非常多，根据造成阻塞的原因和阻塞部位的不同，脑积水可以是均一性的或局域性的。发生在第四脑室头侧或尾侧的阻塞趋于产生均一性的脑室扩张，而发生在第三脑室、侧脑室或室间孔中的阻塞则可以产生不对称的、局域性的或局灶性的脑室扩张。

脑脊液吸收受损是当蛛网膜绒毛吸收能力减少时发生的。可能的原因包括脑室内出血和脑室炎，此时细胞或碎片可造成蛛网膜绒毛的瓣膜流动结构受阻。慢性脑积水也减少了绒毛的再吸收能力。

脑脊液分泌过量导致的脑积水偶见于患有功能性脉络丛肿瘤的病患，此时脑脊液产生的速度超过其吸收的速度。

2. 影像学表现　　CT检查：可见脑室不同程度地扩张，脑实质受压，变薄，中线结构移位。脑脊液的CT值为6～8Hu。

MRI检查：可见脑室扩张，脑皮质变薄，中线结构移位。脑脊液呈现T1WI低信号，T2WI高信号，并且在FLAIR序列上没有信号或呈现低信号。出血、炎症或肿瘤导致脑脊液异常的病患，其T1WI和FLAIR序列信号强度可能显著增高，这是由脑脊液中的细胞和大分子含量所决定的（图2-21）。

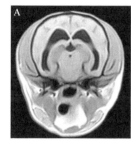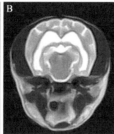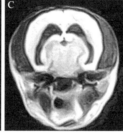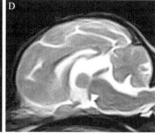

图2-21　脑积水MRI影像

A. T1WI，横断面；B. T2WI，横断面；C. FLAIR序列，横断面；D. T2WI，矢状面。侧脑室、第三脑室、中脑导水管、第四脑室均有不同程度的扩张，FLAIR序列低信号，表明没有炎症、出血

二、Chiari样畸形

1. 病理与临床表现　　Chiari样畸形（Chiari-like malformation），又称枕骨畸形，是枕骨发育不良，导致颅后腔容积小，出现小脑或延脑疝，脑脊液流出受阻，进而引发脑积水或脊髓空洞症的一种综合征。研究人员发现，该病最常发于查理士王小猎犬，此外也有发生于短头犬品种的报道。该病的临床症状不一。颅后窝体积减小导致小脑空间拥挤，重新定位，有时会侵犯枕骨孔或导致疝出。此外，小脑挤压还可引起第四脑室和中央导水管的壁外压迫，从而导致阻塞性脑积水和髓鞘水肿。临床症状可发生于任何年龄阶段，临床症状包括疼痛、体位疼痛、感觉过敏、脊柱侧弯和神经功能障碍等，但研究人员发现临床症状的严重程度与影像学表现的相关性并不一致。

2. 影像学表现　　CT检查：矢状面可见颅后腔相对小，小脑进入椎管，形成小脑疝。三维重建可以帮助评估枕骨的异常形态，脑窗或软组织窗可见脑积水和脊髓空洞。

MRI检查：颅后腔相对狭小，枕骨压迫小脑尾侧缘，形成压迹，在枕骨大孔的位置，小脑后蛛网膜下腔T2WI信号缺失。注意，除查理士王小猎犬以外的其他品种犬MRI检查时有37%～51%出现小脑压迹，有16%～28%出现小脑部分嵌顿，但其没有Chiari样畸形的临床症状，故影像学的检查需要结合临床症状。部分犬会继发脊髓空洞症，脊髓中央T2WI呈高信号。

三、颅内蛛网膜囊肿

1. 病理与临床表现 颅内蛛网膜囊肿（intracranial arachnoid cyst）起源于脑周围的蛛网膜，不与脑室系统相连，目前的研究表明其与发育异常有关。研究人员发现，该病多发于幼龄小型短头品种犬，偶见于其他品种的犬和猫。颅内蛛网膜囊肿大多源于四叠体，偶尔也发生于其他部位。单纯的蛛网膜囊肿具有独立薄的包膜，含有脑脊液，与邻近结构的边缘相一致。部分四叠体的蛛网膜囊肿在临床上并无症状，但当大的囊肿压迫小脑和枕叶时，会引发渐进性的神经症状。此外有报道表明，颅内蛛网膜囊肿存在囊内血肿，故该疾病的发生也可能与创伤有关。

2. 影像学表现 CT平扫时，颅内蛛网膜囊肿边缘清晰，含有类似脑脊液的低密度液体。MRI检查显示，囊肿明显位于髓外，含有与脑脊液等信号的液体，呈T1WI低信号、T2WI高信号。同时应注意含有血液或者机化的血肿，在CT检查上呈高于脑脊液的稍高密度液体，而在MRI检查中，T1WI和T2WI的信号不一，FLAIR序列呈不同程度的高信号。

（王 亨）

第九节 其他脑病

一、溶酶体贮积症

1. 病理与临床表现 溶酶体贮积症（lysosomal storage disease）是一类超过50种罕见遗传病的总称，其特点是溶酶体不能代谢脂质或糖蛋白，导致一个或多个中断的代谢途径的产物在细胞内积累。溶酶体贮积症大多数是常染色体隐性遗传性疾病，导致单一酶缺乏。虽然与该类疾病相关的临床表现因具体缺陷而异，但大多数会表现中枢神经系统病变和神经症状。根据细胞内积累产物的性质，主要的亚群是糖蛋白、寡糖、鞘脂糖、黏多糖和蛋白质。该疾病的发生没有性别和年龄的倾向，除了表现神经症状，有时也会出现眼和肌肉、骨骼的病变。发病时，动物的临床症状往往不明显，呈渐进性，表现出多种神经体征，包括行为改变、服从性丧失、共济失调、本体感受缺陷、视力障碍、听力下降和癫痫等。同时，当动物出现小脑和小脑前庭症状如震颤、共济失调、辨距不良和眼球震颤等，常发展为轻瘫和瘫痪。目前报道发现的溶酶体贮积症包括糖蛋白贮积症（岩藻糖苷贮积症、α-甘露糖苷贮积症）、神经鞘脂贮积症、黏多糖贮积症、神经元蜡样脂褐质沉积症等。

2. 影像学表现 CT检查：在该疾病中常与病程长短或发病时间有关，从正常到明显病变均可见。典型的病变可见丘脑和脑灰质呈双侧对称性低密度灶，无占位性团块，增强造影无强化。脑萎缩，脑室、大脑和小脑沟扩大。

MRI检查：因不同原因不尽相同。

（1）岩藻糖苷贮积症　　MRI检查显示，T2WI呈脑白质广泛弥漫性高信号，大脑和小脑的白质和灰质不易区分，脑沟的清晰度低。双侧对称尾状核、丘脑前侧和内囊腹侧T2WI高信号。内囊、丘脑前侧和基底核T1WI高信号。造影后无强化。

（2）α-甘露糖苷贮积症　　虽然常见MRI形态学或信号强度变化尚未报道，但已在此类动物中使用了定量MRI，结果包括：DWI显示白质和灰质弥散系数降低，T2WI显示白质T2值升高，神经元肿胀、髓鞘异常、星形胶质增生。与正常猫相比，患猫白质磁化转移率降低。患猫和健康猫枕叶皮层和小脑蚓部的MRI波谱有显著差异。

（3）神经鞘脂贮积症　　目前报道有球状细胞脑白质营养不良、神经节苷脂贮积病（有GM1和GM2两种类型）。①球状细胞脑白质营养不良的MRI检查可见T1WI上胼胝体信号增强。胼胝体、半卵球形体、内囊、放射冠和小脑白质对称性T2WI高信号。丘脑和尾状核T2WI信号强度降低。轻微的脑积水。胼胝体、内包膜和放射冠对称增强。②GM1神经节苷脂贮积病的MRI检查可见脑部灰质相对增多，白质变薄。大脑及小脑白质T2WI信号异常。脑白质弥漫性T2WI高信号及脑萎缩。胼胝体和前连合缺失、部分消失或者变小。③GM2神经节苷脂贮积病的MRI检查可见脑白质弥漫性T2WI高信号、T1WI低信号。尾状核两侧对称T2WI高信号、T1WI低信号，造影无增强，且大脑和小脑出现不同程度的萎缩。胼胝体和前连合缺失、部分消失或者变小。

（4）神经元蜡样脂褐质沉积症　　MRI检查可见脑沟和小脑裂变宽，脑室增大，脑萎缩，胼胝体异常小。偶见脑膜增厚，信号增强，硬脑膜下血肿，部分报道称在T2WI上灰质和白质不易区分。

二、甲硝唑毒性

1. 病理与临床表现　　甲硝唑毒性（metronidazole toxicity）是指服用甲硝唑而引发的相关毒副作用，如神经毒性等。据文献报道，甲硝唑能引起犬、猫的神经毒性。犬的临床症状主要与小脑有关，但猫的神经症状尚不确定。

2. 影像学表现　　据报道，犬、猫甲硝唑神经毒性的MRI检查与人类相似，影像特征包括病灶的T2WI和FLAIR序列呈高信号，主要表现在齿状核和其他小脑核，部分报道称在大脑的其他区域也有类似的病变。增强扫描信号不强化，而且停止用药后消退。

（王　亨）

第十节　脊髓疾病

神经影像诊断原则上不是全身性的诊断方法。首先应通过临床症状和神经学检查判断病变部位。然后结合主诉、病情、动物年龄、品种等信息，列出鉴别诊断清单，再选择适当的影像检查方法，对疑似病变部位进行检查。

一、大体解剖结构

1. 脊柱 脊柱由一系列不成对的椎骨组成，每个椎骨的椎孔前后相连形成椎管，前接枕骨大孔，向后终止于荐椎管，容纳脊髓、脊膜、脊神经、血管、韧带、脂肪等组织。相邻椎骨之间有椎间孔，供脊神经通过。椎体为椎骨的腹侧部。每一椎体两端均覆被有一层透明软骨，形成终板。相邻的椎骨间有椎间盘。椎体的背侧有明显的纵沟和滋养孔，以及供韧带附着的中间嵴。椎管的直径在C1、C2处最大，其宽度随着颈椎向后逐渐减小，到达前段胸椎又增大，而后在后段胸椎变窄，在腰椎处又增大，到S1处又减小。大部分椎弓在背侧连接紧密，但有些部位的相邻椎弓间形成椎弓间隙。这具有临床意义，可以作为椎管注射或获取脑脊液的途径，包括寰枕间隙、寰枢间隙和腰荐间隙。

每一椎骨有许多突起，供肌肉和韧带附着，并与相邻椎骨形成关节。椎骨包括下列突起：1个棘突、2个横突、4个关节突（位于棘突根部的前、后缘）、2个乳突（位于胸椎和腰椎的横突和前关节突之间）、2个副突（位于最后一个胸椎和腰椎的横突与后关节突之间）。

2. 椎间盘 椎间盘由中央的髓核和外围的纤维环组成。椎间盘的前、后与相邻的椎骨终板紧密相连。纤维环与髓核内胶原蛋白和基质的含量不同。与髓核相比，纤维环具有较多的胶原蛋白和较少的基质。基质由玻尿酸和氨基多糖组成，此两种物质的强大负电荷有助于保留水分。正常髓核呈均质的凝胶状，与大分子蛋白多糖结合的水是髓核的主要成分（80%～88%）。髓核位于脊柱轴的功能中心，处于受压状态，并将压力传到大部分椎骨让脊柱承受，这将使周围纤维环及腹侧和背侧纵韧带处于紧张状态。

椎间盘的背侧由背侧纵韧带和肋头间韧带支持，腹侧由腹侧纵韧带支持。背侧纵韧带沿着椎管底自枢椎齿突延伸至荐骨，并附着于每一椎骨的椎间盘；肋头间韧带是连接双侧肋骨头的横向短韧带，存在于T2和T11之间，位于背侧纵韧带下方。

随着年龄的增长，椎间盘表现为退行性变化，增加了椎间盘疝的风险，造成脊髓或神经根压迫。背侧纵韧带在颈椎处宽、较厚，在胸腰椎较薄且更居中，这就解释了为什么颈椎易出现椎间盘外侧脱出和神经根压迫，而胸腰部易发生背侧椎间盘突出和脊髓压迫。位于T2～T11胸椎的肋头间韧带有助于防止这些部位的椎间盘疝。

3. 脊髓 脊髓位于椎管内，通过外面的椎骨和脑脊液的减震作用受到保护。脊髓与脑没有明显的解剖学分界，将最后一对脑神经和第一对颈神经之间作为脑和脊髓的界限。脊髓的形状和直径存在部位性变化。颈膨大位于颈后部和胸前部，此处发出的脊神经形成臂神经丛，分布于前肢。腰膨大发出的脊神经分布于骨盆腔和后肢。腰膨大之后的脊髓逐渐变细形成圆锥状，成为脊髓圆锥，最后形成终丝。

脊髓由背正中沟和腹正中裂分成左右对称的两半。在每侧的背外侧部，神经纤维进入脊髓形成脊神经背根。在腹外侧面，神经纤维离开脊髓形成脊髓神经腹根。背根和腹根在椎间孔处合并成脊神经。尽管脊髓本身并不分节，但可根据其发出的脊神经分成许多节段：颈段脊髓（C1～C8）、胸段脊髓（T1～T13）、腰段脊髓（L1～L7）、荐段脊髓（S1～S3）和尾段脊髓（Cd，数目不定）。哺乳动物虽然有7个颈椎，但颈髓有8个节段。第一颈椎头侧穿出的外周神经为第一颈神经，从第七颈椎尾侧穿出的外周神经为第八颈神经。胸椎以下部分的脊神经从各自对应的椎骨尾侧穿出，与椎骨数量相同（表2-2）。

表2-2　犬脊髓各段的解剖结构区和神经功能区

解剖结构区	脊柱节段	神经功能区及其支配部位	脊髓节段
颈段脊髓	C1～C8	颈区：颈部	C1～C5
胸段脊髓	T1～T13	颈膨大区：前肢	C6～T2
腰段脊髓	L1～L7	胸腰区：胸、腹部	T3～L3
荐段脊髓	S1～S3	腰膨大区：盆腔、后肢、会阴部	L4～S3
尾段脊髓	Cd1～Cd5	尾区：尾部	Cd1～Cd5

在发育过程中，脊柱比脊髓的生长速度快，因此脊神经并不从与其发出部位最近的椎间孔穿出椎管，而是在椎管内向后行走一段才从相应的椎间孔穿出椎管。荐神经和尾神经在椎管内沿着脊髓圆锥向后延伸一段，再由相应的椎间孔穿出椎管。这些脊神经根和脊髓圆锥在椎管内共同形成马尾。理解脊柱与脊髓节段的相对关系非常重要。部分脊髓节段与对应的脊柱节段在同一位置，另一些脊髓节段却与对应的脊柱节段位置不同。需要注意的是，神经病理学定位是指脊髓节段，而非脊柱节段。动物存在个体差异，通常颈膨大和腰膨大的位置分别为C6～T1和L5～S3（分别对应C6～C7和L4～L5椎骨），但也有个体差异，这些"特殊情况"应在神经病理学定位过程中考虑在内。

4. 脑脊膜与脑脊液　　中枢神经系统被覆柔软的组织膜，称为脑膜或脊膜。脊膜可分为3层，由外到内依次是硬脊膜、蛛网膜和软脊膜。硬脊膜在枕骨大孔处与硬脑膜相延续，但硬脑膜与颅骨内骨膜相融合，这与硬脊膜不同。硬脊膜与椎管的骨膜之间存在硬膜外腔。硬膜外腔充满脂肪，含有一个大静脉丛。脊神经穿过椎管时被包裹了一层脊膜鞘。在蛛网膜与软膜之间，有许多小梁和细丝组成腔室相通的网状结构。这个间隙就是蛛网膜下腔，充满脑脊液。蛛网膜下腔的深度是可变的。一些部位的蛛网膜下腔增大，称为"池"，最重要的是小脑延髓池，位于小脑和延髓背侧面相汇处，是获取脑脊液的常用部位，其他部位还包括腰荐间隙或荐尾间隙。

脑脊液是中枢神经系统的减震装置，并充当化学缓冲液。它还有输送营养和排出代谢产物的作用，因而替代了在大脑中所缺少的淋巴管功能。脑脊液由脑室脉络丛中的血浆生成，正常情况下为无色透明液体。脑脊液在脑室中流动，并流入中央管和蛛网膜下腔。脑脊液向后的流动方向具有一定的临床意义：在病灶后方采集脑脊液，可能获得更多的诊断信息。

5. 脊髓功能解剖　　脊髓横切面的中央部是灰质。灰质由神经元的胞体和突起，以及神经胶质细胞构成，在横切面，灰质呈蝴蝶状或H形。在三维结构上，灰质由双侧的脊髓背侧柱、腹侧柱和外侧柱构成；白质位于脊髓表面，包围着灰质，主要由上行和下行的有髓神经纤维组成。每半侧脊髓的白质被分成若干索，由起点、止点和功能相同的神经纤维束组成，包括背侧索、外侧索和腹侧索。由于脊髓有分节的特性，临床症状能提供有关脊髓损伤部位的信息（表2-3）。

表2-3　脊髓灰、白质的不同功能区域

灰质		白质	
结构	功能	结构	功能
背角	感觉	背侧索	向头侧投射感觉信息（本体感受、触觉、痛觉） 双向性、脊髓节段间联系
外侧角	自主神经调控	外侧索	向头侧投射感觉信息（本体感受、触觉、痛觉、温觉） 向尾侧投射运动信息维持屈肌的活性 双向性、脊髓节段间联系
腹角	运动	腹侧索	向尾侧投射运动信息，维持伸肌的活性 部分向头侧投射感觉信息（痛觉） 双向性、脊髓节段间联系

二、影像解剖结构

1. X线影像解剖　　正位片上椎体边缘密度较高而均匀，轮廓光滑。椎体前后缘的致密线影为终板，其间的透明间隙为椎间隙，是椎间盘的投影。椎体两侧可见横突影。椎弓与椎体连接处呈环状致密影。椎弓根的上下方分别为上关节突和下关节突。棘突表现为椎体中央偏下方呈尖端向上类三角形的致密影。在侧位片上，椎体呈长方形，上下缘与后缘之间呈直角。侧位片可更好地观察椎间隙的大小。椎体上方纵行的半透亮区为椎管影像。相邻的椎弓根、椎体、关节突和椎间盘之间为椎间孔。

在侧位片上，造影剂将脊髓的背侧和腹侧缘"勾勒"出来，呈边缘锐利的两根平行"线"，称为造影柱。造影柱在小脑延髓池处最"宽"。脊髓在颈后部到胸前部及腰椎中段两个部位最宽。在腹背位，有时颈后部区域的造影柱变细甚至消失。临床上明显的蛛网膜下腔充盈缺损应伴随对侧的造影剂变薄，表明脊髓受到压迫。

2. CT影像解剖　　椎管内不同组织的CT值如表2-4所示。CT影像上的皮质骨薄，边缘平滑清晰。松质骨具有花边状或蜂窝状外观。椎骨的所有组成（椎体、椎弓、突起、锥孔、椎体静脉等）均可用CT清晰呈现。椎体中部可见透明的"Y"字形椎体静脉，椎体背侧可见小型突起（中间嵴）。可动关节的背侧关节突具有薄而平滑的软骨下骨，关节突被滑膜液和关节软骨形成的低密度间隙隔开。在椎间盘水平，椎间盘纤维环的背侧和背侧纵韧带、腹侧和腹侧纵韧带的相连部位呈椭圆形的软组织密度结构。有时黄韧带呈一条不透明曲线，横跨背侧椎板并与关节突关节相连。腹侧、背侧、棘突间和横突间的韧带无法与周围结构区分。与椎管的软组织结构相比，硬膜外脂肪密度较低。脊髓、血管、含CSF的蛛网膜下腔及脑脊膜，共同构成了位于椎管中间的、圆形至卵圆形的低密度结构，该结构被更低

表2-4　椎管内不同组织的CT值

组织	密度/Hu
脂肪*	−100
脊髓	+40
韧带	+50
血肿	+100
椎体的骨皮质	+1000

*灰质与白质的CT值（密度）无差别

密度的硬膜外脂肪所围绕。神经根可呈环状或线状的软组织密度结构，具体形状取决于神经根相对于扫描平面的走向。

　　CT脊髓造影中，硬膜囊是高密度结构，可使脊髓内、硬膜内和硬膜外疾病的区别更加准确。CT脊髓造影可使脊髓更加明显，有助于辨识脊髓压迫或萎缩。

　　3. MRI影像解剖　　　　MRI能完整地显示椎管内的脊髓、蛛网膜下腔、硬膜外结构等。

脊髓在T1WI上呈表面光滑的带状高信号，在T2WI上则呈较低信号。蛛网膜下腔内含脑脊液，呈T2WI高信号线条状影像。硬膜外有较多的脂肪组织，在T1WI上呈高信号。椎体、椎板、棘突、横突、关节突等骨密质呈低信号，骨松质在T1WI上为高信号，在T2WI上为等信号。正常椎间盘在T2WI中最明显。髓核含水量高，信号强度最高；内侧纤维环含水量相对丰富，信号强度较高。在T1WI横切面上，椎间盘呈中等信号强度，纤维环呈低信号强度。颈椎、胸腰椎、腰荐椎矢状面MRI解剖结构如图2-22～图2-24所示。脊髓-椎管内径比与犬体型大小呈负相关，脊髓病变有时大小发生改变，可通过MRI评估，表2-5是正常犬胸腰椎的脊髓-椎管内径比。

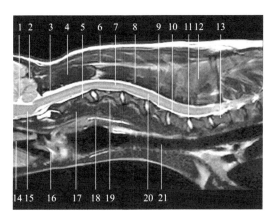

图2-22　颈椎矢状面（T2WI）

1. 第四脑室；2. 小脑；3. 脊髓背侧蛛网膜下腔；4. 头背侧直肌；5. 枢椎；6. 项韧带；7. 脊髓中央管；8. 硬膜外脂肪；9. 椎底血管丛；10. 背侧纵韧带；11. 椎间盘；12. 棘间韧带；13. 第1胸椎；14. 舌体；15. 延髓；16. 会厌；17. 头腹侧直肌；18. 食道；19. 腹侧纵韧带；20. 脊髓；21. 气管

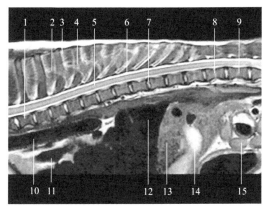

图2-23　胸腰椎矢状面（T2WI）

1. 第1胸椎；2. 棘突；3. 棘上韧带；4. 棘间韧带；5. 脊髓；6. 硬膜外脂肪；7. 椎间盘；8. 椎底血管丛；9. 第13胸椎；10. 气管；11. 前腔静脉；12. 肺叶；13. 肝；14. 胆囊；15. 小肠

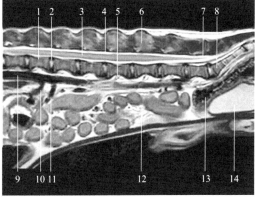

图2-24　腰荐椎矢状面（T2WI）

1. 第1腰椎；2. 椎间盘；3. 脊髓；4. 脑脊液；5. 腰动脉；6. 棘突；7. 马尾；8. 第1荐椎；9. 主动脉；10. 腹腔动脉；11. 肠系膜动脉；12. 肠系膜脂肪；13. 直肠；14. 膀胱

表2-5　不同体重犬在T4、T9和L3椎骨水平的脊髓-椎管内径比（从T2WI影像中测得）[*]

体重	T4	T9	L3
1～10kg	0.78（0.69～0.80）	0.74±0.09	0.76±0.09
11～20kg	0.67（0.617～0.76）	0.74±0.06	0.68±0.08
21～30kg	0.56（0.53～0.57）	0.60±0.11	0.58±0.08
>30kg	0.55（0.53～0.59）	0.49±0.05	0.51±0.08

[*]因摘自不同参考文献，数据呈现方式不同（中位数及其范围；均值±标准误）

三、检查方法

中枢神经系统多被骨骼包围，因此超声通常不适用于中枢神经系统的疾病诊断。X线通常用于先天骨性畸形等骨骼形态异常的检查。X线片无法显影脊髓，脊髓造影只能够对脊髓整体进行检查。CT和MRI常规用于犬、猫脊髓疾病的诊查，其中MRI的敏感性优于CT。

1. X线检查　　尽管CT和MRI技术已经取代X线来评估多种犬、猫脊髓疾病，但由于犬、猫背痛和轻瘫的发生率高，X线仍有不少适应证，且市场应用范围广。因此，犬、猫脊椎X线拍摄属于常规例行检查。拍摄犬、猫脊柱X线片需进行镇静或全身麻醉。脊椎的解剖结构复杂，因此标准摆位十分重要。摆位不佳，则X线片毫无意义。对于多数犬、猫，侧位和腹背位足以评估脊椎。X线束的锥形投影性质会影响椎骨的判读和椎间盘间隙的评估，造成形态失真，投照部位越远离X线束中心，形态失真程度越大。脊椎X线的拍摄中心应始终与神经学检查的结果对应，根据神经学检查和其他临床症状定位损伤部位。例如，根据神经学检查结果，可以仅将投照部位局限在颈椎、T2～T3或腰荐部。

2. X线脊髓造影　　脊髓造影是在蛛网膜下腔注入阳性造影剂，常用于：确认X线片所见的或怀疑的脊髓病灶；界定病灶范围；寻找X线片未观察到的病灶；术前评估脊髓的压迫情况。但随着影像技术的发展，CT和MRI在许多方面已逐渐替代脊髓造影。

碘帕醇和碘海醇等非离子型碘造影剂均能安全用于小动物脊髓造影。常用浓度为每毫升200～300mg碘（200～300mg I/mL），注射剂量为0.30mL/kg，但这是基础剂量，给予足够的造影剂以填满目标部位的蛛网膜下腔才是重点。通常动物体型越小，每千克体重的注射剂量相对越大（表2-6）。脊髓造影不清晰有可能与造影剂注射量不足有关。造影剂注射前，需预热至体温，注射时要缓慢，持续推注2～3min。

表2-6　动物体型与造影剂注射量

体型	注射量
小型犬和猫（1～5kg）	0.5～2mL
中型犬（5～15kg）	1.5～3mL
大型犬（15～35kg）	3～5mL
巨型犬（>45kg）	8～9mL

脊髓造影必须在无菌操作下进行。造影前应进行一次精确的X线片拍摄作为参照。脊髓造影使用22G脊髓穿刺针，该针头的斜面短，有助于针头充分置入蛛网膜下腔。穿刺时套管内的针需固定于原位，以免脊髓被意外刺穿，以及组织塞住针内的空间。颈椎的脊髓造影可将造影剂经由寰枕间隙注入小脑延髓池。经由腰椎间隙的脊髓造影，经L5～L6穿刺至蛛网膜下腔较理想，但若L5～L6或L6～L7无法成功穿刺时，可在L4～L5

进行。除非必要，否则应避免在L4～L5穿刺，因为此处很容易损伤脊髓。不论操作路径如何，定位后应测试性地注入少量造影剂（0.5～1mL），再根据透视或X线片确定针的位置是否正确。以下情况禁止脊髓造影：①颅内压升高；②动物患有或疑似脑脊膜炎；③穿刺时发现CSF混浊不清亮。麻醉期间禁止使用吩噻嗪类药物。

3. CT检查 脊柱CT扫查和CT脊髓造影规程如表2-7和表2-8所示，对于不存在颅内压问题的动物，短时间内的CT扫查（数分钟）通常只在镇静下完成。但对于颅内压可能升高的病例，即使是短时间检查，也应在能够调节换气的全身麻醉下进行。无创性高级影像扫查不需使用镇痛药，此时可使用具有良好镇静作用又不会引起呼吸抑制的布托啡诺。特别是对于可能发生颅内压升高的病例最为理想。

表2-7 脊柱CT平扫的操作规程

类型	软组织	骨
基本摆位	仰卧*	
具体摆位细节	颈椎：垫高头部，保持伸展；胶带将四肢向后固定	
	胸腰椎：胶带将四肢向前固定；根据C3～C4或L3～L4椎间盘倾斜机架	
	腰荐椎：根据L7～S1椎间盘倾斜机架	
电压/kV	120；100	
电流/mAs	200	
X线管旋转时间/s	1	
层厚/mm	1～2	
连续层间距/mm	1	
窗位/Hu	+100	+500
窗宽/Hu	300	3000

*仰卧位有助于减少运动伪影

表2-8 CT脊髓造影操作要点

项目	操作要点
造影剂注射部位	颈部（小脑延髓池）：寰枕间隙
	腰部：L5～L6，或L4～L5（大型犬）
扫查范围	包括目标区域头侧和尾侧的各两个椎骨，可优化多平面重组重建（MPR）
造影剂类型	只能用非离子型、单体碘造影剂
造影剂剂量	通常60mg I/kg（例如，当浓度为300mg I/mL时，剂量为0.2mL/kg）
	最大剂量：135mg I/kg（例如，当浓度为300mg I/mL时，剂量为0.45mL/kg）或20mL碘海醇
造影剂注射方式	手动推注
拍摄时间	注入后越快越好
副作用	小脑延髓池注射、大体积注射、医源性脑干损伤时，会增加脊髓造影后癫痫发作的风险
注意事项	注入硬膜外腔，可见造影剂在椎间孔区域沿神经根分布
其他	脑脊液在小脑延髓池更容易采取。CSF的采取必须在脊髓造影之前完成，注入造影剂24h内会改变CSF的细胞分类计数和细菌培养结果

4. MRI检查 脊椎MRI可实现脊髓、脂肪、CSF、椎内静脉和韧带的可视化。在MRI影像中椎间盘很清晰，椎间盘病变可直接判断，无须借助椎间隙变化或脊髓造影等间接证据。虽然有些疾病（如退行性脊髓病）在MRI上无法显示，但仍有助于排除其他疾病进行鉴别诊断。因此，MRI被看作脊髓影像诊断的"金标准"。脊椎MRI的适应证包括脊柱或脊柱旁疼痛、脊柱畸形、单个/双侧/偏侧或四肢的麻痹或瘫痪、脊髓性共济失调、脊髓肿物、肿胀或窦道、脊椎手术的术前计划、可能与脊髓疾病相关的虚弱或晕厥发作，以及特殊疾病的筛查（如继发于Chiari样畸形的脊髓空洞症）。

脊椎MRI检查须在全身麻醉下进行。犬、猫脊柱MRI检查通常采取仰卧保定，并使用脊柱表面线圈降低脊椎由呼吸导致的移动。常规扫描矢状面、横断面，必要时可增加冠状面的扫查。矢状面是脊椎MRI扫查必需的切面，范围必须包括整个椎骨，若仅获取正中矢状面影像则会忽略很多外侧病灶。横断面通常在矢状面之后获取，可根据矢状面扫查结果选择性扫查部分脊柱横断面。冠状面较少使用，但冠状面也有很多优势：能够指导动物摆位，获得更精确的矢状面影像；可呈现双侧脊髓结构，便于评估对称性；对于腰段、胸段和颈中段脊髓节段最有意义，而对于存在生理弯曲的部分（寰枕部、颈胸部和胸腰部）则意义不大。常规的扫描序列包括T2WI、造影前后的T1WI、脂肪抑制序列及水抑制序列。

高场强系统的T2WI快速自旋回波序列是脊椎MRI检查的"中坚力量"，通常所有椎间盘疾病和缺血性脊髓病的诊断都需要该序列。脊髓实质内出现信号强度增加的病灶包括水肿、脊髓炎、胶质增生、脊髓软化、脱髓鞘、坏死和脊髓空洞，以及发展至一定阶段的肿瘤和出血。脊髓T2WI高信号强度病灶及其范围被认为是评估犬椎间盘脱出和缺血性脊髓病预后的重要指标。T1WI分辨率低于T2WI，但能显示最佳解剖外观。T1WI呈现骨骼细节较好，因此椎间隙宽度和椎骨硬化在T1WI评估更准确。但T1WI对脊髓病变不敏感，只有病变很严重时才能显示出。T1WI造影的优势包括：通过区分血管化组织和周围水肿组织，清晰地显示肿物病灶的边界；显示脑脊膜炎症；区分脊髓与脱出的椎间盘物质。脊髓外的造影增强包括脊膜炎、硬膜内髓外和硬膜外肿物，椎间盘脊柱炎的炎性成分及椎骨旁炎症、脓肿和窦道。

四、椎管内肿瘤

椎管内肿瘤根据其位置可分为硬膜外、硬膜内-髓外、髓内肿瘤，此外，有些肿瘤在椎管内的分布不定。多数硬膜外肿瘤是源于脊柱的恶性肿瘤；多数硬膜内-髓外肿瘤为外周神经鞘瘤和脊膜瘤；髓内肿瘤通常来源于胶质细胞，如星形细胞瘤、室管膜瘤。也有可能是非神经肿瘤或肿瘤转移。尽管X线片能够对某些骨性肿瘤提供线索，但多数椎管内肿瘤在X线片上无法诊断。脊髓造影通过"勾勒"脊髓的轮廓，帮助辨识脊髓压迫和位置偏移，并提供了相对于蛛网膜下腔的位置信息。但该技术具有侵入性，对于肿瘤类型也缺乏诊断特异性。CT和MRI常用于椎管内肿瘤的诊断。CT能呈现清晰的骨性病灶，但即使是增强CT也难以辨识软组织病灶；CT脊髓造影在一定程度上有助于辨识硬膜外与硬膜内肿瘤；MRI具有优秀的软组织分辨率，是当前椎管内肿瘤的最佳影像诊断工具。

1. 硬膜外肿瘤

（1）病理与临床表现 犬最常见的硬膜外肿瘤包括骨肉瘤和软骨肉瘤。猫常见硬膜外淋巴瘤。其他硬膜外肿瘤包括组织细胞瘤、多发性骨髓瘤、前列腺癌和移行上皮细胞癌等肿瘤转移，以及软组织肉瘤、浸润性脂肪瘤等脊柱旁软组织或硬膜外软组织肿瘤。

（2）影像学表现 CT可见脊椎肿瘤引起的不同程度的骨溶解或骨增生。MRI可见病灶部位的脊椎形状改变，以及正常低信号强度的椎骨皮质中断。在MRI，脊椎内病灶周围的骨膜反应呈低信号强度。病灶的信号强度因肿瘤类型而异。采用脂肪抑制技术有助于鉴别骨髓内脂肪和病变：病灶呈T1WI和T2WI高信号强度，但脂肪抑制会使脂肪信号强度下降，而肿瘤保持原有的信号强度。脊椎旁软组织肿瘤常采用CT和MRI观察，以便评估能够手术切除的可行性和放疗方案。椎旁的浸润性脂肪瘤可侵袭椎管、造成神经症状。CT可见浸润性脂肪瘤病灶密度偏低，与正常脂肪相似。MRI可见T1WI与T2WI高信号强度，采取脂肪抑制技术后可确认肿瘤的脂肪成分。

2. 硬膜内-髓外肿瘤

（1）病理与临床表现 有1/3的脊椎肿瘤是硬膜内-髓外肿瘤，犬常见脊膜瘤和神经鞘瘤，罕见肿瘤包括肾母细胞瘤。猫最常见淋巴瘤，但多数猫的淋巴瘤也具有硬膜外成分。

外周神经鞘瘤是源于施万细胞、外周神经细胞或成纤维细胞的梭形细胞肿瘤。根据形态特征和生物学行为可分为良性和恶性。多数犬的外周神经鞘瘤为恶性。外周神经鞘瘤可以位于神经系统的任意部位，椎管内的外周神经鞘瘤通常位于硬膜内-髓外或硬膜外。肿瘤浸润脊椎时可能有硬膜内成分，且可能难以与其他硬膜内病变区分。

脊膜瘤是犬最常见的椎管内原发性中枢神经系统肿瘤，是猫除淋巴瘤外最常见的椎管内肿瘤。患犬发病年龄通常为8～9岁。脊膜瘤一般生长缓慢，主要引起脊髓压迫并造成神经功能缺损。患病动物最初可表现为慢性、渐进性的脊柱疼痛。虽然脊膜瘤偶尔位于硬膜外腔，但多数犬、猫的脊膜瘤都是硬膜内-髓外病灶，颈椎段脊髓常发，腰椎段脊髓次之，胸椎段脊髓少见。多数脊膜瘤为单灶性，偶尔可见多灶性病变。

（2）影像学表现 外周神经鞘瘤CT检查：单侧肌肉萎缩、出现软组织肿块且与周围肌肉密度接近。造影后肿物可呈均质性、斑驳状或环状造影增强。MRI检查：病灶可呈局灶性肿块或者仅是病变神经弥漫性增厚。无论肿瘤外观如何，病灶近端都有可能延伸入椎间孔和椎管，这点十分重要，有助于判定肿瘤能否完全切除。与周围骨骼肌相比，肿瘤呈T2WI高信号强度，但也可能为混合信号强度。STIR序列有助于"凸显"病灶。造影前肿瘤通常呈T1WI等信号强度，但也可能是高信号或混合信号强度，造影后肿瘤会有不同程度的信号增强。其他影像特征包括同侧肌肉萎缩且信号强度异常，呈T1WI和T2WI高信号强度与微弱的造影增强。

脊膜瘤CT检查：CT脊髓造影呈造影柱充盈缺损的硬膜内-髓外特征。当造影剂在蛛网膜下腔分散并围绕肿物时，会出现与传统脊髓造影相似的"高尔夫球钉"征，是硬膜内-髓外影像的标志，增强CT中可见病灶强化。MRI检查：脊膜瘤呈T2WI高信号强度、造影前T1WI等信号至低信号强度的局部肿物，造影后病灶信号显著增强。有助于确定硬膜内-髓外位置的影像特征包括：①至少一个切面可见基部增宽的硬膜边缘；②T2WI影像（尤其是冠状面）中，病灶头侧和尾侧的蛛网膜下腔逐渐扩张，形成与传统脊髓造影或CT脊髓造影相似的"高尔夫球钉"征。采用重度T2加权序列（SS-FSE，又名"T2-脊髓造影"）有助于辨识该征象。与脊膜瘤有关的MRI特征是"硬膜尾"征，可见肿瘤边缘与邻近脊膜融合后，有强烈的线性增强。若脊膜瘤位于椎间孔内或离开椎间孔，就有可能会与外周神经鞘瘤相混淆。

3. 髓内肿瘤

（1）病理与临床表现　　髓内肿瘤在犬、猫少见，可分为原发性或转移性肿瘤。近期研究表明，最常见的髓内原发性肿瘤是室管膜瘤，星形细胞瘤次之，肾母细胞瘤、软骨瘤、少突胶质瘤和畸胎瘤少见。最常见的转移瘤是移行上皮细胞癌和血管肉瘤，较少见的转移瘤包括嗜铬细胞瘤、乳腺癌、胰腺癌、前列腺癌和病因不明的肉瘤。猫的髓内肿瘤更少见，以胶质瘤为主（星形细胞瘤＞室管膜瘤＞少突胶质瘤）。这些肿瘤似乎更多见于颈段脊髓。

（2）影像学表现　　通常因水肿和神经胶质增生，髓内肿瘤为T1WI等信号强度、T2WI高信号强度，但仍有各种信号强度的变化，这与肿瘤类型和个体有关。通常造影后肿瘤信号增强。

五、椎管狭窄

1. 颈椎脊髓病

（1）病理与临床表现　　颈椎脊髓病（cervical spondylomyelopathy，CSM）是大型和巨型犬后段颈椎疾病的总称。大丹犬和杜宾犬易感，且占所有病例的60%～70%，同时也代表了CSM两种类型：椎间盘型CSM以杜宾犬等大型犬为代表，通常为中年犬多发；骨型CSM以大丹犬等巨型犬为代表，通常为青年犬多发。CSM以颈髓和（或）神经根的动态或静态压迫为特征，导致颈部疼痛和不同程度的神经学异常（从感觉过敏到四肢瘫痪），其中最常见的症状是步态不稳，因此又名"摇摆病"（wobbler syndrome）。CSM相关的病理学变化包括：①颈椎排列异常或椎体畸形、关节突肥大等造成椎管狭窄。②单纯椎间盘突出，可能伴有背侧纵韧带肥大，造成脊髓腹侧压迫。③黄韧带和关节突肥大，造成脊髓背侧和背外侧压迫。④关节突骨关节病引起软组织过度增生、滑膜囊增厚，造成脊髓背外侧压迫。

（2）影像学表现　　CT平扫能评估骨性异常，如关节突肥大、椎骨排列异常、脊椎病等，但无法评估脊髓压迫。CT脊髓造影有助于脊髓压迫的定位和压迫程度的评估，但CSM患犬脊髓造影后的癫痫发作风险比其他脊椎疾病患犬更高。

MRI能够清晰地呈现病灶位置、脊髓压迫程度和压迫性质，是诊断CSM的最佳技术。CSM患病动物脊髓存在动态和静态压迫，当压迫性病变在动物颈部屈曲、伸展或牵引时缓解或加剧，该病灶就具有动态性，反之就是静态性病灶（图2-25）。脊髓MRI动态评估的意义在于辨识潜在病灶。

椎间盘型CSM的MRI影像特征包括：①脊髓压迫通常位于C5～C6和C6～C7。有时在矢状面可见C2～C3存在轻度压迫，但在横断面不明显。②脊髓形状改变，脊髓与蛛网膜下腔向背侧移位，在椎间隙处可见突出的椎间盘压迫脊髓。③压迫物质呈T1WI和T2WI低信号强度。④椎间盘存在退行性变化，即正常的T2WI高信号强度消失。⑤可能存在背侧椎板畸形和（或）黄韧带肥厚，导致脊髓背侧压迫。⑥椎间盘型CSM患犬通常存在一定程度的椎管狭窄，但若不进行量化评估，很难主观判断。⑦半数以上椎间盘型CSM病例的脊髓信号改变，呈T2WI高信号强度，位于压迫物质上方。⑧常见颈椎后部的椎间孔狭窄。

骨型CSM的MRI影像特征包括：①通常为多灶性脊髓压迫，常见于C4～C5和C6～C7之间。偶尔椎管狭窄也可见于C2～C3、C3～C4及胸椎处。②关节突、椎板和（或）椎弓根出现T1WI和T2WI低信号强度的骨性增生，引起不同程度的椎间孔狭窄，在横断面和冠状面上较容易观察。③骨性增生造成椎孔的绝对狭窄，并继发额外的脊髓压迫，这些压迫部位呈单侧或双侧性，主要朝外侧、背侧和（或）背外侧方向。④由于背外侧和外侧压迫，横断面上脊髓的形状可能发生改变，呈三角形、四边形或方形，同时正常的硬膜外脂肪/CSF的T2WI高信号强度消失。⑤受压迫的脊髓出现局灶性T2WI高信号强度。⑥T1WI造影后脊髓通常不出现造影增强。⑦旁矢状面、冠状面和横断面影像有助于评估脊髓压迫范围。

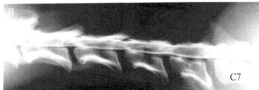
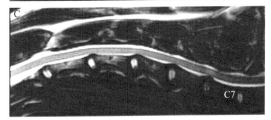
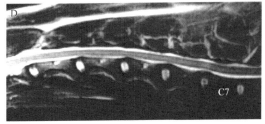

图2-25 颈椎性脊髓病（动态）（Costa et al., 2006）
A. 颈椎未牵引下脊髓造影，显示C5～C6、C6～C7处硬膜受压；B. 颈椎牵引后脊髓造影，显示C5～C6、C6～C7处硬膜受压的情况有所改善；C. 颈椎未牵引下T2WI正中矢状面，显示C3～C7处硬膜受压，C5～C6、C6～C7椎间盘T2WI信号降低；D. 颈椎牵引后T2WI正中矢状面，硬膜受压的情况有所改善

2. 腰荐部狭窄（马尾综合征）

（1）病理与临床表现　腰荐部狭窄（lumbosacral stenosis）是L5～S3椎管或椎间孔的异常狭窄，造成犬、猫腰荐部疼痛、神经功能障碍和运动限制。由于这些情况多涉及马尾，因此又名马尾综合征（cauda equina syndrome）。造成腰荐部狭窄的因素很多，通常与压迫、炎症、局部缺血和马尾损伤有关。犬的退行性病变，如椎间盘疾病、变形性脊椎病、关节突关节炎等，以及腰荐部骨折、椎间盘脊椎炎和多种肿瘤均可能造成腰荐部狭窄。患病动物可能出现腰荐部触诊疼痛，单侧或双侧后肢跛行或麻痹，尾巴姿势改变，尾部、会阴或肢端感觉异常（反复舔舐或啃咬），以及排尿或排便失禁等症状。

（2）影像学表现　患病动物的CT影像变化包括硬膜外脂肪消失，椎间孔处的软组织密度增加、脊椎病、硬膜囊移位、椎间孔变窄、椎管变窄、关节突增厚、关节突半脱位及关节突新骨形成。矢状面影像可见L7和S1椎孔底部间存在高低差异。增强CT可见软组织压迫性物质。神经周围软组织物质增加且硬膜外脂肪消失的部位，应怀疑是否有压迫。MRI影像特征与CT相似。需要注意的是，MRI和CT诊断腰荐部狭窄时，均有一定的局限性：①动物摆位和后肢的伸展/屈曲程度可影响腰荐部的影像判读。②有些动物存在影像学变化，但没有相应症状，此时影像不具有临床意义，应谨慎判读腰荐部的影像变化并将之与临床症状综合分析。③腰荐部的CT和MRI影像与手术直视下的外观存在不一致，这可能与动物摆位有关。

六、脊椎外伤

急性脊椎创伤可造成脊椎不稳定，严重者可使脊椎丧失保护脊髓和脊神经的能力。脊髓和神经根病变可导致短暂或永久的瘫痪。因此，对脊椎损伤的动物操作一定要小心，哪怕暂时牺牲影像质量，也要确保不引起进一步损伤。获取影像期间，动物通常用背板支持，采取侧卧保定。快速且精确地评估脊椎和脊髓的状态有助于指导治疗和优化预后。X线不足以判定急性脊椎骨折和半脱位，不足以评估椎骨骨折的稳定性，也无法评估脊髓压迫。CT在临床上适用于高度怀疑急性椎骨骨折的病患。CT扫查时间短的优势，有助于防止麻醉或镇静的动物发生进一步损伤。尽管MRI对骨折和脱位并不敏感，但它为脊椎周围软组织的损伤位置和范围及脊髓损伤的评估提供了宝贵信息。

1. 椎骨骨折与脱位　　椎骨骨折与脱位（vertebral fracture and luxation）的影像表现详见"第八章骨和关节疾病"的"骨与关节的创伤"部分。

2. 创伤性椎间盘脱出　　压缩性或非压缩性外伤均可直接引起创伤性椎间盘脱出（traumatic intervertebral disc extrusion）。即使不伴有椎骨骨折或（半）脱位，动物也可能发生创伤性椎间盘脱出。正常或髓核存在退行性变化的椎间盘都有脱出风险，但退变的椎间盘更易引起脊髓压迫。继发于创伤的压迫性椎间盘脱出通常位于颈前、胸腰部和腰椎前段。关于椎间盘脱出的影像学表现，详见本章"椎间盘疾病"部分。

3. 脊髓挫伤

（1）病理与临床表现　　脊髓挫伤（spinal cord contusion）是脊髓实质血管受损所致，此时通常但并不总伴有明显的脊椎创伤。脊髓挫伤时的神经异常范围较广，从无临床症状到脊髓完全横断的截瘫。需要注意的是创伤导致的原发性脊髓损伤会伴有多种病理生理过程，如血管损伤、局部细胞毒性生化反应、炎性反应等，这些都会引起继发性脊髓损伤。与髓外出血相比，脊髓挫伤的神经病变程度更严重、预后更差，动物在发生创伤24~48h后有病情恶化的风险。脊髓创伤犬、猫的死后剖检表明，胸腰脊髓节段坏死与椎骨损伤所引起的静态压迫程度有关。颈髓损伤通常表现为病灶中心出血性坏死，符合瞬时性冲击创，而非脊髓静态压迫。

（2）影像学表现　　脊髓挫伤的MRI影像特征包括局灶性T2WI信号增强、造影后信号强度不变或略增加。$T2^*$可见磁敏感效应导致的信号缺失，提示存在出血灶。脊髓空洞症是脊髓创伤的终末阶段，呈局灶或区域性、中心或离心性T2WI信号增强。

4. 髓外出血

（1）病理与临床表现　　髓外出血（extra-axial hemorrhage）是指脊髓周围支持结构的血管破裂导致血液积聚和血肿形成。硬膜下或硬膜外血液积聚可导致脊髓压迫和神经症状，并引起脊髓内血供不良。继发于外伤的硬膜外和硬膜下血肿罕见，目前报道得很少。

（2）影像学表现　　创伤性椎骨半脱位引起的犬硬膜外出血灶呈T2*信号缺失，并围绕脊髓勾勒出脊髓轮廓，在T1WI和T2WI信号强度不定。硬膜外腔出血（血肿）也可形成局灶性硬膜外肿物，信号强度不一，取决于病灶存在持续时间，但很少会造影增强。这些硬膜外病灶会继发不同程度的脊髓压迫。

5. 脊髓软化

（1）病理与临床表现　　脊髓软化（myelomalacia）是由出血性坏死导致的脊髓整体变软。它发生于急性脊髓损伤之后，由脊髓内血管广泛性损伤引起。坏死中心通常位于背侧束基部，可自脊髓损伤处向前或向后延伸。少部分急性椎间盘脱出的犬会发生弥散性脊髓软化，通常称为上行或下行性脊髓软化。患有急性椎间盘脱出并表现为后肢瘫痪和深部痛觉丧失的犬，有10%的可能发生脊髓软化。脊髓软化患犬预后不良。

（2）影像学表现　　CT检查：脊髓密度升高，且通常伴有其他病变（如外伤、椎间盘脱出）。在CT脊髓造影常表现典型的蛛网膜下腔中断，如果脊髓完整的话，在椎管中间会增强。

MRI检查：脊髓的弥散性肿胀，周围T2WI高信号强度的CSF和脂肪影像缺失。病变脊髓呈斑驳状的T2WI高信号强度，其长度超过数段椎骨。与正常脊髓相比，病变脊髓实质呈T1WI等信号强度。T2*低信号区域提示存在脊髓出血灶。除了T2WI高信号强度区域，某些脊髓出血灶存在去氧血红蛋白，可呈T2WI低信号强度。

七、脊椎退行性病变

1. 变形性脊椎病

（1）病理与临床表现　　变形性脊椎病（spondylosis deformans）是一种非炎性疾病，以病变椎骨腹外侧的新骨逐渐形成并桥接相邻椎骨为特征。这些新骨形成于滑膜关节的骨与软骨交界处，称为骨赘。它们通常向腹侧和外侧生长，但不向背侧生长。骨赘大小为椎间盘间隙的小骨刺到骨桥大小。变形性脊椎病可分为：0级，无骨赘；1级，在骨骺边缘的小骨赘，不超过终板；2级，骨赘延伸至终板之外，但不与相邻椎体上的骨赘相连；3级，在相邻椎体上相互连接的骨赘，且在两者之间形成放射状骨桥。

变形性脊椎病常见于犬，该病在2岁以下的犬身上并不常见，在2岁以后，脊椎病的患病率和等级会随着年龄的增长而增加。到9岁时，有25%～70%的犬受到影响。常见于拳师犬和大型犬，常发生于胸腰部和腰荐部。变形性脊椎病通常是偶然发现的，变形性脊椎病的存在与脊柱疾病的临床症状之间没有明显的相关性。尽管变形性脊椎病的临床意义不重要，但椎骨融合将使周围的椎间盘承受更大的压力与张力，易引发椎间盘疾病。

（2）影像学表现　　X线征象表现为单个或多个椎体的椎间隙处骨质增生。新骨多位于椎体的腹侧和外侧，甚至已形成骨桥。CT影像特征包括相邻两病变椎骨的腹侧缘出现高密度的新骨。新骨通常包含清晰的骨皮质和骨髓成分。相关椎间隙可能变窄，椎间盘可能矿化。MRI影像特征与CT相似。新骨的T1WI和T2WI信号强度不定，取决于骨密度。若椎间盘出现退行性变化，则可见椎间隙变窄、椎间盘T2WI信号强度下降（图2-26）。

2. 关节突关节炎

（1）病理与临床表现　　脊椎关节突（椎骨关节突）关节是成对的、真正的滑膜关节，

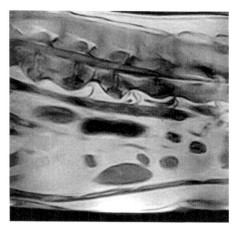

图2-26　变形性脊椎病MRI影像

它们组成了相邻椎体之间的背外侧关节。与其他滑膜关节一样，都容易受到骨关节炎的影响。关节突关节炎可继发于先天性关节突畸形所致的负荷异常、潜在的发育异常或退行性病变。关节突关节不对称最常见于德国牧羊犬腰椎。这种不对称构型加剧了异常的负荷、加速了骨关节炎的发展。骨关节炎的特征包括新骨形成、软骨下骨硬化、骨赘形成和滑膜肥大。这些增生性病变可导致脊髓的背外侧压迫。关节突关节囊中含有丰富的痛觉神经纤维，这可能是脊椎疼痛的根源。

（2）影像学表现　　　X线片会显示关节突增大和骨赘形成。CT影像表现为关节突不对称，关节突关节变窄，关节突肥厚或硬化，新骨形成、有时形成骨桥，关节软骨磨损和（或）软骨下囊肿。

八、脊椎炎（spondylitis）和相关的脊髓感染（spinal cord infection）

1. 脊椎炎

（1）病理与临床表现　　　犬、猫脊柱感染可能包括椎体、椎体干骺端、椎间盘、硬膜外间隙或椎旁软组织感染。椎体干骺端感染是以椎体干骺端为中心的感染，最开始不涉及椎间隙，通常发现于2岁以下的犬，且常见于腰椎。脊椎炎或椎体骨髓炎是指椎骨感染，最常见的病因是病原体感染。椎间盘炎指的是感染仅涉及椎间盘。椎间盘脊柱炎是指软骨终板感染，继发影响到椎间盘。脊髓硬膜外积脓（脓肿）是椎管硬膜外腔内的化脓性、脓毒性过程，伴有化脓性、脓毒性物质的积累。椎旁感染是指脊柱周围肌肉（颈长肌、髂腰肌和轴上肌）感染，可能由骨髓炎、椎间盘脊柱炎或直接接种引起。

脊柱感染的来源可能是自发性的或医源性的。大多数病例被认为是由远处感染经血液传播所致。感染可在血管丰富、流动缓慢的干骺端和骨骺端毛细血管床中形成，并迅速向椎间盘扩张。脊柱感染也可能发生于异物转移或寄生虫异常移行后。

犬脊柱感染的临床症状包括脊柱疼痛、发热、跛行、厌食、体重减轻、腹痛，以及神经功能缺失，神经功能缺失包括轻度共济失调、轻瘫到深痛缺失的非运动性截瘫。只有大约一半的病例会出现神经功能缺失。在外源性脊柱感染（如异物）的情况下，可能出现瘘管。虽然触诊患病脊柱时常会有疼痛，但在忍痛很强的犬上可能不会发现。虽然疾病表现可能是急性期的，但临床症状可能有起伏，病史不明，发病也可能跨越数年。有报道的猫的脊柱感染比犬的要少得多。症状可能包括跛行、不愿走动、脊柱疼痛、轻瘫或瘫痪。可能有外伤史，特别是脊柱附近的咬伤。

（2）影像学表现　　　X线检查：椎体干骺端炎症的最初影像学变化为椎体尾端透明区域增宽，伴有椎体干骺端和骨骺边缘模糊不清。随着尾端终板的保留和椎间隙狭窄的消失，周围松质骨渐渐地硬化、椎体塌陷，受影响的椎体尾端腹侧面重建。椎间盘脊柱炎的首要特征是患病椎间隙的椎骨终板对称性丢失，软骨下骨板逐渐透明并有骨丢失，最初也可能只看到椎间隙塌陷。随着时间的推移，终板和椎体逐渐溶解和硬化，导致椎间隙广泛性重建和部分塌陷，伴有椎间隙腹侧椎关节强硬，并最终成为椎管强直。椎体骨髓炎在犬中被描述为骨溶解性和骨增殖性改变，包括椎体强烈的骨膜反应。

脊髓造影：脊髓造影可与X线片结合，用于诊断占位性硬膜外病变，确定脊髓受压程度，评估与脊柱感染相关的椎体不稳。

CT检查：CT和脊髓造影结合已被用于诊断犬的硬膜外脓肿。再额外使用静脉造影剂，有助于发现硬膜外腔和周围软组织的强化病变。影响椎间隙的椎间盘脊柱炎，其软骨终板周围可能有多个点状骨溶解。

MRI检查：椎间盘脊柱炎表现为椎旁组织呈STIR序列高信号或造影增强，终板T2WI和STIR序列高信号、T1WI低信号，终板造影增强，造影后椎间隙可能增强，终板侵蚀，以及椎间隙塌陷。MRI也有助于识别胸腰椎椎旁感染。据报道，感染后MRI特征为T2WI高信号的软组织、脓肿，肌肉轻度T1WI高信号，以及造影后增强。

超声表现：超声在椎旁感染监测治疗反应方面都是有用的辅助手段。超声检查可发现肌肉直径较正常增大，也可鉴别脓肿，脓肿呈非结构性低回声，伴有可能与异物相关的高回声区，某些情况下，周围有无回声区环绕。此外，超声引导下的病灶抽吸可以为培养提供原料，也可以用于引流。

2. 脊膜炎和脊髓炎

（1）病理与临床表现　　脊膜炎（meningitis）和脊髓炎（myelitis）的病因包括传染性和非传染性两种。在犬，传染性因素包括病毒（如犬瘟热）、细菌（如葡萄球菌、巴氏杆菌、放线菌和诺卡氏菌等）、真菌（隐球菌、芽生菌、组织胞浆菌和球孢子菌等）、立克次体、原虫（如刚地弓形虫、犬新孢子虫）、寄生虫（如犬心丝虫、圆管线虫）及罕见的藻类（如魏氏原壁菌、左氏原壁菌）。在猫，脊髓脊膜炎与传染性腹膜炎和弓形虫有关。非感染性因素包括犬肉芽肿性脑膜脑炎、化脓性肉芽肿性脑膜脑炎和类固醇反应性脑膜炎动脉炎。

（2）影像学表现　　CT影像表现包括：脊髓肿胀、脊髓密度下降，偶尔可见髓内或脊膜造影增强。MRI影像表现包括：髓内不规则的T2WI高信号强度，T1WI造影前病灶相对于脊髓呈等信号或低信号强度，且存在不同程度的造影增强。这些影像特征并非脊膜脊髓炎特有，其他疾病如脊髓软化或缺血性脊髓病，以及猫淋巴瘤也能产生类似的影像变化。因此，必须结合临床症状和实验室检验进行诊断。

九、椎间盘疾病（intervertebral disc disease，IVDD）

1. 椎间盘的退行性变化　　退行性椎间盘疾病是犬的常见脊椎疾病，但猫少见。胞外基质的退化引起椎间盘的退行性变化（简称退变），该过程中椎间盘逐渐脱水，导致椎间隙变窄，其中髓核脱水更显著。此时非生理性的负荷作用于椎间盘，也可造成纤维环破裂和软骨终板裂隙。这些结构性变化最终导致椎间盘突出或脱出。对于软骨发育不良和非软骨发育不良的品种，椎间盘退变的过程不同。软骨发育不良品种的椎间盘发生软骨化生，导致水和液体弹性的丧失。该过程出现于整个脊椎，最终导致矿化。非软骨发育不良品种的椎间盘倾向于发生纤维化生，以髓核纤维胶原化和纤维环退变为特征。椎间盘退变在软骨发育不良品种出现得较早（3～7岁），多见于颈椎和胸腰部；非软骨发育不良品种发生得较晚（6～8岁），多见于后段颈椎和腰荐部，胸腰部也可见。

2. 椎间盘疾病分类　　多数椎间盘疾病都会经历椎间盘退变，但也有例外。某些创伤可导致正常椎间盘（水合的、未退变的椎间盘）急性脱出。随着MRI技术在IVDD诊断中的应用，当前的IVDD分类主要基于MRI影像特征。

（1）椎间盘膨出　　椎间盘向周围延伸，超过椎体终板的边界。

（2）椎间盘突出　　外侧纤维环未完全断裂时，髓核和内纤维环经由断裂部分向外延伸，造成椎间盘突出。单个或多个部分退变的椎间盘在中线位置的突出，比脱出更常见。

（3）椎间盘脱出　　椎间盘脱出是指部分髓核和纤维内环穿过破裂的外侧纤维环，形成局部硬膜外肿物，使硬膜外脂肪，甚至蛛网膜下腔与脊髓发生偏移。脱出的椎间盘物质完全脱离原始位置，形成游离的硬膜外肿块，且分散程度不同。单个完全退变的椎间盘在外侧脱出的情况，比椎间盘突出更多见。

（4）非退行性创伤性椎间盘脱出　　当髓核含水量正常的椎间盘处于极端的应力下时，背侧纤维环可发生破裂，导致部分正常凝胶状的髓核进入椎管，造成脊髓挫伤或硬膜撕裂。此时髓核物质未发生退变，且通常充满水分，这更利于髓核物质在硬膜外脂肪中散布，即使没有任何脊髓压迫征象的情况下，也会"埋下"继发性脊髓挫伤的"隐患"。在有些病例中，这些椎间盘物质甚至可以贯穿脊髓实质。

3. 退行性椎间盘疾病的影像特征

（1）CT影像特征　　CT对于识别软骨发育不良品种的IVDD非常有用，能提供脱出的位置与方向、脊髓压迫程度等信息。对于软骨发育不全品种的急性椎间盘脱出，CT可显示局部大而显著的高密度椎间盘内容物（约200Hu）压迫脊髓，或弥散性低密度内容物（约60Hu）轻度压迫脊髓。在慢性椎间盘疝出时，椎间盘密度更高（约700Hu）。CT影像判读也存在局限性，有时横切面影像的椎体背侧偶见矿化的圆柱形结构，这可能是背侧纵韧带的矿化或椎体背侧中间嵴，但也可能被误认为是椎间盘物质。但如果CT平扫未发现异常、动物因硬膜外压迫和脊髓肿胀出现瘫痪，或动物属于非软骨发育不良的品种时，就需要借助CT脊髓造影。

（2）MRI影像特征　　MRI能够准确判定椎间盘脱出的位置和前后长度。T2WI可准确提供压迫物质的范围。加重的T2WI序列［如单次激发FSE序列（single shot FSE，SSFSE）］可提供脊髓造影的效果，更有助于迅速发现脊髓压迫区域。当出现以下MRI影像特征时，可诊断为IVDD：①椎间盘水平的横切面上硬膜外脂肪信号缺失、脊髓形状改变，以及正常椎间盘的椭圆形状改变。②椎间盘的T2WI高信号强度丧失。③矢状面上椎间隙变窄。少数（约5%）胸腰部或腰荐部椎间盘脱出的病例伴有硬膜外出血和炎症，相对于脊髓呈T2WI高信号或不均质信号，T1WI呈高、低或等信号。这些信号强度的变化反映了出血时间和炎症程度。T2*影像表现为局灶性低信号强度，提示出血或水肿。需要注意的是，有时这些继发病变可掩盖脱出的椎间盘物质。不论有无硬膜外出血或炎症，约50%病例的压迫性硬膜外椎间盘物质造影增强；不到40%病例的脱出椎间盘物质附近的脊膜造影增强（图2-27）。患病动物是否出现硬膜外出血或炎症，对其临床结果的影响无差异。

4. 非退行性椎间盘脱出的影像特征　　非压迫性急性水化髓核脱出的MRI影像特征包括：①病灶椎间盘的正背侧，有时在椎间隙前侧或后侧可见局灶性髓内T2WI高信号强

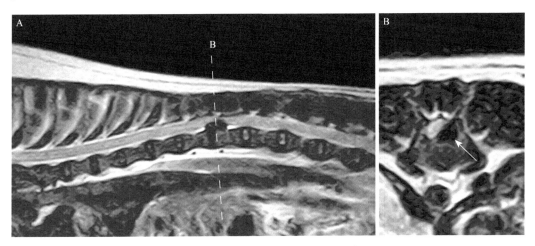

图2-27　犬椎间盘脱出的T2WI影像

A. 矢状面；B. 矢状面虚线水平的横断面；箭头指示椎间盘脱出物质

度覆盖。②髓核体积和T2WI信号强度都下降。③矢状面可见椎间隙变窄。④病变椎间隙背侧的硬膜外腔存在异物或信号改变，且脊髓没有或仅有轻度压迫。⑤有时可见T2WI高信号束穿越纤维环背侧出现在残余的髓核和椎管之间。

　　压迫性急性水化髓核脱出的MRI影像特征包括：①占位性物质呈T2WI高信号强度，位于脊髓腹侧，刚好位于略微变窄的椎间隙背侧正中线的中点，引起椎间隙中点处的脊髓腹侧压迫和背侧移位。②在T2WI矢状面上，该脱出物质呈长条形高信号强度，难以与周围的CSF和硬膜外脂肪区分。在以病变椎间隙为中心的T2WI横断面上，脱出物质呈两侧对称的"海鸥状"位于脊髓腹侧中线上。③FLAIR序列可见脱出物质通常呈高信号强度，但有时信号可被抑制。④病变椎间盘呈T1WI等信号强度，造影后信号强度不变。椎间盘背侧呈局灶性髓内T2WI高信号强度。⑤该局灶性髓内T2WI高信号强度区域，在T2*呈等信号至高信号强度，与脊髓挫伤征象一致（图2-28）。

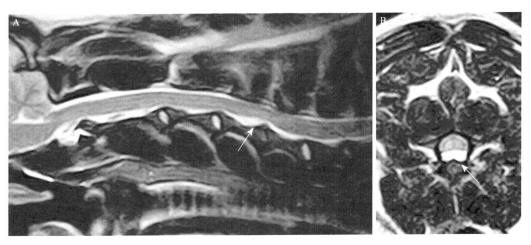

图2-28　犬急性水化髓核脱出的T2WI磁共振影像

A. 矢状面；B. C4/5椎间盘水平的横断面；箭头指示急性水化髓核脱出物质

　　CT造影中可见病变椎间隙变窄，这在矢状面和冠状面重建影像上较易分辨，同时可见该椎间隙水平有少量硬膜外物质轻度压迫脊髓，以及邻近区域的脊髓肿胀。当脱出的椎间盘物质引起硬膜破裂时，少量造影剂会从蛛网膜下腔漏入硬膜外腔。患有椎间盘相关的硬膜破裂的动物，泄漏入椎间盘的造影剂可在传统脊髓造影时通过脊髓牵引观察。在脊髓造影后进行CT扫查也可见到髓内的造影剂。

十、缺血性脊髓病

　　1. 病理与临床表现　　缺血性脊髓病（ischemic myelopathy）是脊髓实质内小的动脉栓塞导致的脊髓的缺血性损伤。目前认为，引起犬、猫缺血性脊髓病和栓塞的主要原因是椎间盘髓核的纤维软骨栓塞（fibrocartilaginous embolism，FCE），但发病机制尚不明确。其他潜在病因包括血栓栓塞、高凝血状态，以及细菌、寄生虫、肿瘤或脂肪栓子等。犬的发病率高于猫，中年（4～6岁）动物易感。动物典型的临床表现为运动或轻伤后突发的、无痛的、单侧或双侧的运动功能丧失。疾病在前2h内可能有变化，但之后通常不会发展。颈胸段（C5～T2）和腰荐段（L3～S3）脊髓倾向于易感。神经学异常较严重的犬，更有可能发现MRI影像学变化。而对疑似缺血性脊髓病但MRI影像无异常的犬，则通常会有较好的临床结果。

　　2. 影像学表现　　CT影像仅可见非压迫性的局灶性脊髓直径增大，提示髓内病变。MRI影像表现包括病变脊髓节段内的T1WI等信号至低信号、T2WI高信号强度病灶。病灶主要位于灰质，可呈对称性或非对称性。脊髓直径可能局灶性增大，但无压迫迹象。与其他邻近椎间盘相比，病灶附近的椎间盘通常呈T2WI信号强度下降。一般认为，T2WI高信号强度的脊髓病灶在矢状面长度超过椎骨长度2倍或在横切面占比超过67%时，临床结果不佳。

（崔璐莹）

第三章 循环系统疾病

影像学检查是循环系统疾病诊断最重要的方法之一。它不仅可以提供全心情况和各腔室外形（如X线影像），还可以通过超声、超高速CT和MRI等观察心内状态和血流情况。

第一节 检 查 方 法

在兽医临床中，心脏和大血管的影像学检查主要采用X线和超声检查。随着技术的不断发展，心内导管检查与血管造影、CT、MRI、核医学技术等逐步在兽医临床中开始应用。

一、X线检查

胸部X线检查对于心脏整体形态、肺血管、肺实质及相邻组织的评估非常重要。在临床中，X线影像主要用于区分原发性呼吸系统疾病和心源性呼吸系统疾病，同时还可以显示是否存在左心或者右心的增大、肺血管和体循环灌注改变，评估充血性心力衰竭治疗后效果等。

（一）常规X线检查

常规的X线检查至少包括两个体位，即侧位与背腹位。

由于肺右前叶的动脉和静脉常用作评价肺循环的基准，而右前叶的血管在左侧位比右侧位更加明显，因此心脏的X线影像通常选择左侧位，即动物左侧卧，摄影范围从第1肋骨至第1腰椎，摄影中心对准第4～5肋间。侧位影像中，各肋骨应该平行，而不宜向脊柱突出而遮挡脊柱（图3-1）。

肺后叶血管背腹位影像较腹背位更加清晰，因此心血管检查通常选择背腹位。动物俯卧，摄影范围从第1肋骨至第1腰椎，摄影中心对准肩胛骨后缘连线中心，

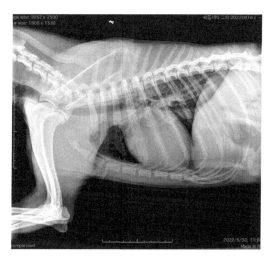

图3-1 胸腔左侧位X线影像（南京农业大学教学动物医院供图）

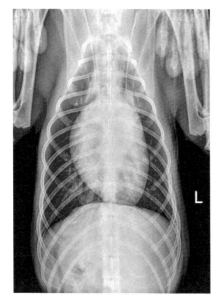

图3-2　胸腔背腹位X线影像（南京农
业大学教学动物医院供图）

L. 左侧标志。下同

脊柱棘突遮挡胸骨节，避免倾斜扭转（图3-2）。需要注意的是，胸腔背腹位影像中心脏偏圆、偏向左侧，可能被误诊为左心增大。

由于胸腔天然对比度良好，一般选择高千伏、低毫安秒摄影检查。同时为了降低胸腔运动产生的干扰，曝光时间一般控制在0.02s以下。由于呼气时，肺部影像变小，心影相对较大，可能会被误诊为心脏增大，因此选择动物在吸气状态时摄影。

心血管X线影像诊断需要遵循一定的流程，首先进行影像质量评估，主要包括摄影技术、动物摆位、呼吸相等；然后根据动物种类、年龄、胸廓形态等，进行心脏大小和形态评估，如深胸犬心脏更加直立、桶状胸犬心脏偏圆、猫心脏比例较小、幼年动物心脏在胸腔内所占比例更大等；最后进行循环状态评估，如评估肺血管、是否存在肺水肿等。

（二）心血管造影检查

更精细的心脏和大血管评估可以通过心血管造影检查进行。造影剂直接或间接地引入心脏，随后进行快速连续拍摄X线影像或通过C臂实时显示，以显示造影剂通过心脏、大血管时的状况。

造影剂通常使用有机碘制剂，按照0.5～1.0mL/kg剂量使用，最大碘制剂浓度不超过1200mg I/kg。大多数情况下，选择侧位影像进行检查。

非选择性心血管造影是将造影剂快速注射到颈静脉中，主要用于显示肺动脉树的影像。由于造影剂稀释、心脏结构重叠等原因，诊断信息有限。

选择性心血管造影是指将心导管头端置入心脏某一腔室或大血管内进行造影，使用高压注射器和血管内导管在1s内完成注射，在C臂下进行侧位实时观察。这种造影方法可以使缺损部位呈现更高的对比度，同时隐去其他心脏结构。在临床中，主要用于先天性心脏病需要进行介入手术治疗时。

二、超声检查

随着超声技术的发展，心脏超声检查技术已成为小动物心血管医学领域最常规的诊断手段。超声检查不仅可以显示心脏形态、内部结构，还可以实时显示瓣膜运动、心内血流信息及邻近大血管情况等。目前，心脏超声检查主要用于疾病诊断、追踪检查、治疗评估、先天性心脏病筛查等。

经胸壁超声检查是兽医临床最常用的检查方法，通常使用相控阵探头，频率为2.5～7.5MHz。检查技术主要包括二维超声、M型超声、多普勒超声。此外，还可以进行组织多普勒超声（tissue Doppler imaging，TDI）、心肌应变成像、三维超声、经食管超声心动图检查等。

（一）二维超声检查

二维超声检查可以实时显示心脏在自然速度下的运动情况，主要用于评价心脏运动过程、显示心肌与瓣膜形态、鉴别心内肿物/心包积液等。二维超声检查是超声检查的基础，其他检查技术均需在二维超声检查切面的基础上进行。

在心脏超声检查时，由于探头旋转、倾斜等会产生各种不同的切面，根据声像图上心脏左侧（尤其是左心室和升主动脉）的走向来命名不同的切面。横切左心室，从心尖到心基与长轴平行，为长轴观（纵切面），犬右侧胸骨旁长轴心脏纵切面如图3-3所示。横切左心室或主动脉，垂直于左心室长轴，为短轴观（横切面），犬右侧胸骨旁短轴心脏横切面如图3-4所示。

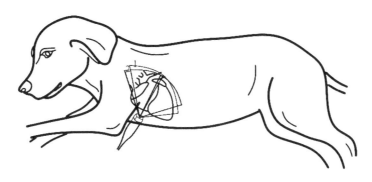

图3-3　犬右侧胸骨旁长轴心脏纵切面示意图

（南京农业大学教学动物医院供图）

1. 长轴四腔心切面；2. 长轴五腔心切面

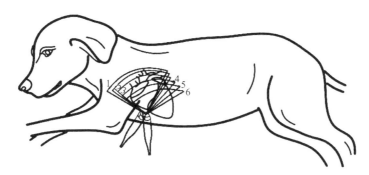

图3-4　犬右侧胸骨旁短轴心脏横切面示意图

（南京农业大学教学动物医院供图）

1. 短轴肺动脉干水平切面；2. 短轴主动脉瓣水平切面；3. 短轴二尖瓣水平切面；
4. 短轴腱索水平切面；5. 短轴乳头肌水平切面；6. 短轴心尖水平切面

1984年，托马（Thoma）对这些切面进行了标准化定义，使其逐渐在世界范围内推广并沿用至今。在这些切面中，常用的切面包括右侧胸骨旁长轴四腔心切面、右侧胸骨旁长轴五腔心切面、右侧胸骨旁短轴切面、左侧心尖四腔心切面、左侧心尖五腔心切面、

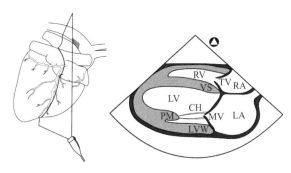

图3-5　右侧胸骨旁长轴四腔心切面（南京农业大学教学动物医院供图）

RV. 右心室；RA. 右心房；LV. 左心室；LA. 左心房；
TV. 三尖瓣；MV. 二尖瓣；VS. 室间隔；PM. 乳头肌；
CH. 腱索；LVW. 左室游离壁；⬤. 超声设备中光标的位置。
下同

左侧颅侧切面等。

右侧胸骨旁长轴四腔心切面（图3-5）：声束面从垂直于体长轴的方向略微顺时针旋转，使声束面平行于心脏长轴，探头指示灯定位朝向心基部，心尖（心室）显示在左，心基（心房）显示在右。

右侧胸骨旁长轴五腔心切面（图3-6）：从四腔观的位置通过探头略微地顺时针旋转（从探头的近端观察旋转方向），转变到轻微的更颅背侧至尾内侧的方向，显示左室流出道、主动脉瓣、主动脉根部、近端升主动脉。

右侧胸骨旁短轴切面（图3-7）：从四腔观的位置顺时针旋转探头约90°，使声束平面方向垂直于心脏长轴，探头指示灯指向颅侧（或颅腹侧），可获得一系列短轴观。适当的短轴定位可通过左心室或主动脉根部环状结构的对称来鉴定。通过从心尖（腹侧）到心基部（背侧）改变声束的角度，在左室心尖、乳头肌、腱索、二尖瓣和主动脉瓣的水平上，通常可以获得短轴切面观。在许多动物中，

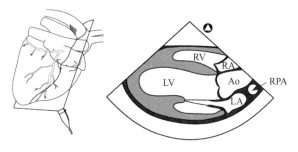

图3-6　右侧胸骨旁长轴五腔心切面（南京农业大学教学动物医院供图）

RV. 右心室；RA. 右心房；LV. 左心室；LA. 左心房；
Ao. 主动脉；RPA. 右肺动脉

进一步向背侧成角并轻微旋转，可显示出基部升主动脉、右心房和肺动脉分支。

左侧心尖四腔心切面（图3-8A）：声束面位于左尾侧至右颅的方向，然后朝着心基部指向背侧，探头指示灯朝向尾侧和左侧。可能获得一个心脏的四腔观。依靠尾侧（心尖）声窗的精确位置，动物之间这个扫查面外观的不同比其他扫查面更大。这个扫查面在紧挨探头的近场可显示心室，主动脉位于远场，心脏定向垂直。心脏的左边（左心室、二尖瓣和左心房）位于显示屏的右侧，心脏的右边位于显示屏的左侧。许多动物，尤其是猫，可用的声窗允许通过外侧左心室壁成像，而不是真实的心尖，导致声像水平倾斜（心尖在上左侧，心基部在下右侧）。

左侧心尖五腔心切面（图3-8B）：四腔观的声束略微向颅侧倾斜，可使左心室流出区域进入扫查显示区域。许多动物可能同时显示所有4个心腔、二尖瓣、三尖瓣、主动脉瓣和近端主动脉（有时称为五腔观）。

左侧心尖二腔心切面（图3-8C）：声束平面几乎垂直于体长轴，平行于心脏长轴，探头指示灯朝向心基部。可获得心脏左侧的二腔观，包括左心房、二尖瓣和左心室。探头略微旋转，声束面更向颅背侧至尾腹侧进入，产生左室流出道、主动脉瓣和主动脉根部

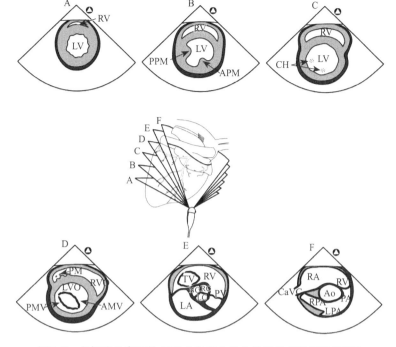

图3-7　右侧胸骨旁短轴切面（南京农业大学教学动物医院供图）

RV. 右心室；RA. 右心房；LV. 左心室；PPM. 二尖瓣前乳头肌；APM. 二尖瓣后乳头肌；LA. 左心房；
TV. 三尖瓣；PM. 乳头肌；CH. 腱索；AMV. 二尖瓣前叶；PMV. 二尖瓣后叶；Ao. 主动脉；PA. 肺动脉干；
LPA. 左肺动脉；RPA. 右肺动脉；CaVC. 前腔静脉；PV. 肺动脉；NC. 无冠瓣；LC. 左冠瓣；RC. 右冠瓣；
RVO. 右室流出道；LVO. 左室流出道

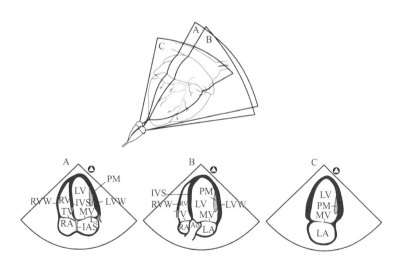

图3-8　左侧心尖切面（南京农业大学教学动物医院供图）

A. 左侧心尖四腔心切面；B. 左侧心尖五腔心切面；C. 左侧心尖二腔心切面；RVW. 右室游离壁；
LVW. 左室游离壁；IVS. 室间隔；PM. 乳头肌；RV. 右心室；RA. 右心房；LV. 左心室；
LA. 左心房；TV. 三尖瓣；MV. 二尖瓣；IAS. 房间隔；Ao. 主动脉

的长轴观。

　　左侧颅侧流出道长轴切面（图3-9C）：声束面朝向背侧，平行于体长轴和心脏长轴之间，指示灯方向朝向颅侧，可显示左室流出道、主动脉瓣和升主动脉。声像图中左心室位于左侧，主动脉位于右侧，该面与左尾侧心尖扫查的二腔流出道观非常相似，该面显示左室流出道、主动脉瓣和升主动脉要优于相应的左尾侧心尖扫查。

　　左侧颅侧右心室长轴切面和右心耳长轴切面（图3-9A和B）：在流出道长轴切面声束方向基础上，略微改变声束方向到主动脉的腹侧，产生一个左心室和右心房的斜面及右心房、三尖瓣和右室流入道区域，形成右心室长轴切面（图3-9A）和右心耳长轴切面（图3-9B）。这个面上左心室位于左侧，右心房位于右侧。

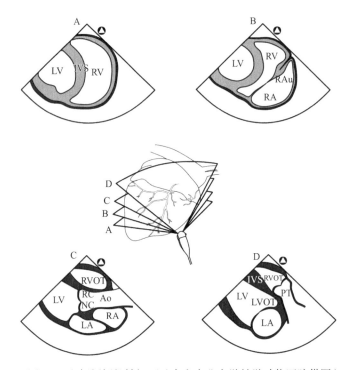

图3-9　左侧颅侧长轴切面（南京农业大学教学动物医院供图）

A. 右心室长轴切面；B. 右心耳长轴切面；C. 流出道长轴切面；D. 肺动脉干长轴切面；LV. 左心室；RV. 右心室；IVS. 室间隔；RA. 右心房；RAu. 右心耳；RVOT. 右室流出道；Ao. 主动脉；NC. 无冠瓣；RC. 右冠瓣；LA. 左心房；RA. 右心房；LVOT. 左室流出道；PT. 肺动脉干

　　左侧颅侧肺动脉干长轴切面（图3-10D）：在流出道长轴切面声束方向基础上，改变探头和声束面的角度到主动脉的背侧，出现右心室流出道、肺动脉瓣和肺动脉主干，肺动脉血流速度通常在该面来测量，因为在该位置上，肺动脉血流平行于声束方向。

　　左侧颅侧短轴切面（图3-10）：声束平面方向垂直于体长轴和心脏长轴之间，探头指示灯朝向背侧，长轴观的探头方向90°顺时针旋转可得到短轴观的探头扫查方向，可显示被心脏右侧环绕的主动脉根部一系列短轴观。该图与右侧胸骨旁扫查获得的主动脉瓣水平短轴观相似，该系列图像显示心脏的右侧边界顺时针环绕主动脉，右室流入道位于左侧，右室流出道和肺动脉位于右侧。

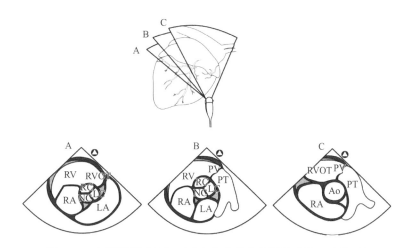

图3-10　左侧颅侧短轴切面（南京农业大学教学动物医院供图）

A. 右室流出道短轴切面；B. 流入道-流出道短轴切面；C. 肺动脉干短轴切面；RV. 右心室；
RVOT. 右室流出道；LA. 左心房；NC. 无冠瓣；RC. 右冠瓣；LC. 左冠瓣；PV. 肺动脉瓣；
PT. 肺动脉干；RA. 右心房；Ao. 主动脉

（二）M型超声检查

M型超声检查常通过右侧胸壁完成，通过在长轴或短轴的二维超声切面，将探头固定对着某个组织，随着时间改变显示该组织的运动曲线。

M型超声检查最常用的3个切面为心肌切面、二尖瓣切面和主动脉瓣切面。

心肌切面一般选择右侧胸骨旁长轴切面、右侧胸骨旁短轴切面的乳头肌水平或腱索水平，取样线位于二尖瓣叶下方（右侧胸骨旁长轴切面时，如图3-11所示）、乳头肌上方（短轴切面腱索水平时，如图3-12所示）或与乳头肌平齐（短轴切面乳头肌水平时）。心肌切面可以观察右心室、室间隔、左心室及左室游离壁随时间的厚度变化、运动曲线等。

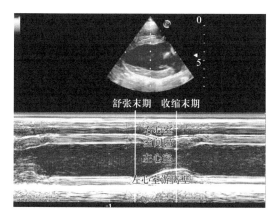

图3-11　犬右侧胸骨旁长轴四腔心切面左室M型超声检查（南京农业大学教学动物医院供图）

点状白虚线为取样线

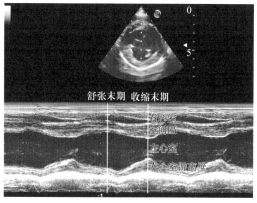

图3-12　犬右侧胸骨旁短轴切面（腱索水平）四腔心切面左室M型超声检查（南京农业大学教学动物医院供图）

点状白虚线为取样线

　　二尖瓣切面通常选择右侧胸骨旁长轴五腔心切面，取样线直接穿过二尖瓣叶下1/3，如图3-13所示。该图像可观察二尖瓣前叶呈现"M"形运动曲线，后叶呈现"W"形运动曲线，同时还可以显示右室游离壁、右心室、室间隔等结构。

　　主动脉瓣切面通常选择右侧胸骨旁长轴五腔心切面，取样线穿过主动脉球水平（图3-14），测量主动脉瓣的运动情况。图像显示主动脉瓣呈箱式运动曲线，还可以显示右室游离壁、右室、主动脉壁、主动脉根部、左心房及左心房壁等情况。

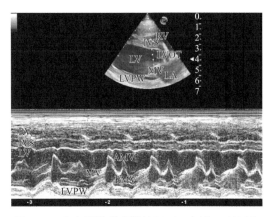

图3-13　犬右侧胸骨旁长轴切面二尖瓣M型超声检查（南京农业大学教学动物医院供图）

点状白虚线为取样线。RV. 右心室；IVS. 室间隔；LV. 左心室；LVPW. 左室后壁；LA. 左心房；LVOT. 左室流出道；MV. 二尖瓣；AMV. 二尖瓣前叶；PMV. 二尖瓣后叶

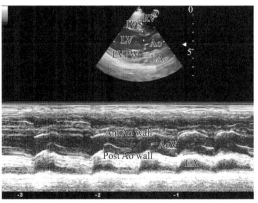

图3-14　犬右侧胸骨旁长轴五腔心切面主动脉瓣M型超声检查（南京农业大学教学动物医院供图）

点状白虚线为取样线。RV. 右心室；IVS. 室间隔；LV. 左心室；LVPW. 左室后壁；LA. 左心房；Ao. 主动脉；AoV. 主动脉瓣；Ant Ao Wall. 主动脉前壁；Post Ao Wall. 主动脉后壁

（三）多普勒超声检查

　　心脏多普勒超声检查是在二维实时超声基础上，利用多普勒效应，显示血流方向、血流速度等信息，最常用的模式包括彩色多普勒血流显像、脉冲波多普勒检查和连续波多普勒检查。

　　彩色多普勒血流成像（color Doppler flow imaging，CDFI）是将血流信号经过彩色编码实时叠加在二维图像上，形成彩色血流图像（图3-15），用于显示快速血流方向可视图像、了解是否存在心内结构缺损、追踪血流进出瓣膜口情况等。

　　脉冲波多普勒（pulse wave Doppler，PWD）检查将取样容积置于心脏、大血管不同部位，获得该部位的血流频谱曲线。取样容积的位置、大小及角度可以随意变化，以求获得最大的血流速度。但是受奈奎斯特波效应的影响，脉冲波多普勒可测量的最大速度受到限制，通常不超过1.5～2.0m/s。因此，脉冲波多普勒主要用于检查正常瓣膜口的血流（图3-16）及外周血管血流，如门静脉（图3-17）。

　　由于发射声波和接收声波是连续的，连续波多普勒（continuous wave Doppler，CWD）检查通常不受速度限制，但是没有距离或深度分辨力，多为整个声束的混合频谱，主要用于检测快速血流，如瓣膜口的反流（图3-18）、狭窄后的快速血流等。

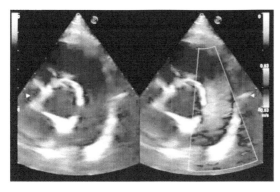

图3-15　犬右侧胸骨旁短轴切面（肺动脉干水平）彩色多普勒血流显像（南京农业大学教学动物医院供图）

蓝色代表远离探头声束方向的血流，红色代表朝向探头声束方向的血流

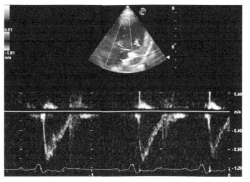

图3-16　犬左侧心尖五腔心切面主动脉瓣口脉冲波多普勒检查（南京农业大学教学动物医院供图）

取样容积（双横线）位于主动脉瓣开口处近心端，血流频谱呈现负向、刀锋状

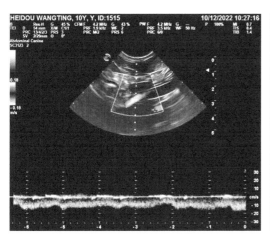

图3-17　犬腹中部门静脉切面（南京农业大学教学动物医院供图）

取样容积置于门静脉，显示门静脉频谱呈现负向血流

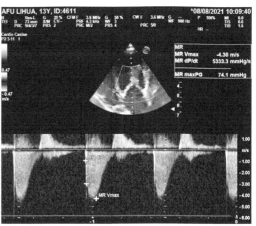

图3-18　犬二尖瓣口连续波多普勒检查（南京农业大学教学动物医院供图）

显示二尖瓣反流血流频谱

（四）组织多普勒超声检查

组织多普勒成像（tissue Doppler imaging，TDI）是一种新的检查技术，主要用于显示心肌的运动。TDI技术是将彩色多普勒系统中的高通滤波器关闭，去除高速血流信号，实时显示低速的室壁心肌运动信号，经过彩色编码加以显示。

TDI检查一般选择右侧胸骨旁长轴切面或短轴切面评价心肌收缩运动和室壁厚度改变，或选择左侧心尖四腔心切面或二腔心切面评价室壁长度缩短情况。

TDI可以以彩色二维模式显示（图3-19），也可以将脉冲波多普勒取样容积置于心肌的某一区域，即可显示该区域心肌运动速度波形，从而评估该区域心肌运动情况，如图3-20所示。

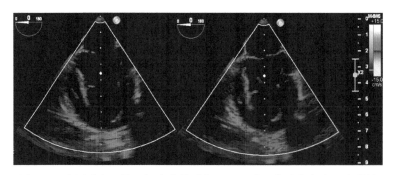

图3-19　应用彩色二维组织多普勒进行心肌运动观察（南京农业大学教学动物医院供图）

左右图片显示食道中段左心室长轴切面不同时间点心肌运动状态。红色代表心肌正朝向
探头运动，蓝色代表心肌正远离探头运动

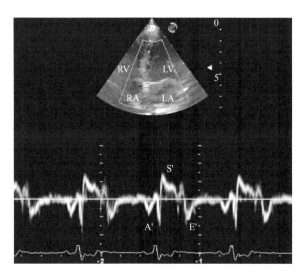

图3-20　应用频谱多普勒实施二尖瓣环部组织多普勒检查（南京农业大学教学动物医院供图）

LV. 左心室；RV. 右心室；RA. 右心房；LA. 左心房。在左侧心尖四腔心切面上，将取样容积置于二尖瓣环水平壁。收缩开始于短暂的等容收缩期（IVCT），随后是收缩射血阶段，在此期间心肌移近探头。因此，在S'点达到最大值的速度为正。舒张由4个阶段组成：第一阶段对应于短等容弛豫期（IVRT）；然后填充阶段开始，在此期间心肌以高速（负速度，在E'点达到最大值）远离探头；然后出现以低速为特征的分离相；舒张完成于第二个充盈期，在此期间，心肌再次以比舒张期更高的速度离开探头，但没有舒张期开始时高（速度仍然为负值，在A'点达到最大值）

（五）心肌应变成像检查

心肌应变成像是通过TDI显示心肌长度的相对形变（图3-21），通过单位时间的改变（即应变率的变化）反映局部心肌异常及其导致的室壁运动障碍，主要用于限制型心肌病、肥厚型心肌病的诊断。由于受设备限制，心肌应变成像更多地处于研究层面，尚未广泛进行临床推广。

在心肌应变成像检查的基础上，通过自动追踪连续两帧图像中的相似图形，可以确定心肌任一点的二维位移，即产生斑点追踪技术（speckle tracking echocardiography，STE），如图3-22所示。目前该项技术尚未应用于兽医临床，还在研究阶段。

（六）三维超声检查

在人医学，三维心脏超声自2003年以后被逐渐应用于医学诊断中，而兽医领域尚处于初始阶段。获得心脏立体结构的三维超声主要有两种形式：三维重建和实时三维。

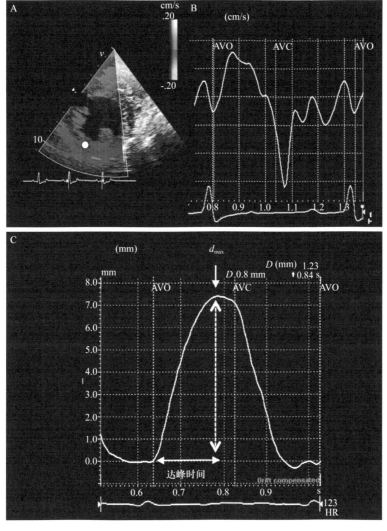

图3-21 心肌应变率示意图（Madron et al., 2015）

图中选择右侧胸骨旁短轴面，利用组织多普勒记录黄色点处（左图）心肌运动速度（中间图）和位移
（右图），然后利用这些数据计算出该点处心肌收缩前后长度变化率。AVO. 主动脉开放；AVC. 主动脉
关闭；d_{max}. 最大收缩运动；D. 距离

　　三维重建是指在二维超声心动图基础上通过计算机处理后叠加形成的立体图像，通常由经食管超声完成。使用5.0MHz和7.5MHz高分辨率腔内探头置于食道内，经过180°旋转，获得60~90幅不同图像，然后再进行空间叠加，如图3-23所示。由于检查过程中受到呼吸运动、心动周期等影响，很难获得标准图像，从而阻碍了三维重建的完成。

　　随着技术的进步，通过由多个多行阵元排列的矩阵式探头可以实现在进行扫查时直接形成三维立体图像，即实现了实时三维超声检查或称为四维超声检查。四维超声的出现可以从任意切面、任意层面进行观察，实时显示锥形容积内的扫描内容，但是通常显示角度较小，如图3-24所示。尽管四维超声显示不够精细、截面相对较小，依然逐渐成为犬、猫心脏影像诊断的研究热点。

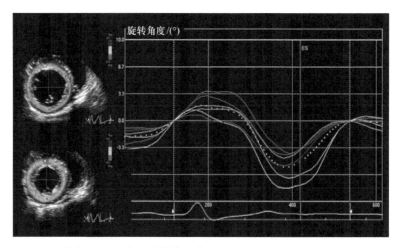

图3-22　斑点追踪技术示意图（Madron et al.，2015）

通过斑点跟踪成像对健康犬的左心室心尖旋转进行分析的示例。从右胸骨旁经心尖短轴切面分析室间隔和左心室游离壁的6个等距段的心尖旋转。右边的图显示了作为时间函数的6条相应的旋转曲线，橙色虚线对应于作为时间的函数的6个分段的平均旋转曲线。从心尖看，从顺时针旋转开始，6个心肌节段经历均匀的收缩扭转（负旋转），然后是更明显的逆时针旋转（正旋转）。这种双重运动通过实时叠加在二维（2D）图像（左）上的旋转的颜色编码来确认，二维图像显示了收缩开始时的顺时针旋转（红色）和收缩结束时的逆时针旋转（蓝色）

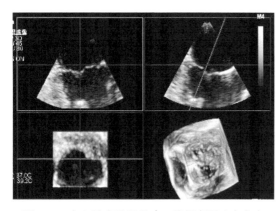

图3-23　犬心脏多平面重建三维超声图（南京农业大学教学动物医院供图）

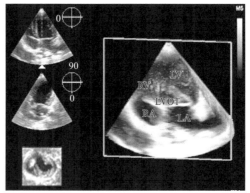

图3-24　犬心脏实时三维超声图像（南京农业大学教学动物医院供图）

包括左心室（LV）、右心室（RV）、左心房（LA）、右心房（RA）和左室流出道（LVOT）的一部分

　　在这张图像中，可以通过调节不同颜色直线角度获取不同的切面二维图像。在每个选定的平面上，其他平面以彩色线条的形式可见，并且在三维-重建（右下角）中可见，以便与所研究的结构对齐。

（七）经食管超声心动图检查

　　经食管超声心动图检查（TEE）所使用的探头包括一个可完全屈曲的内镜，其与胃

窥镜相似，尾段带有一个5MHz或7.5MHz的探头。除此之外，一维和二维成像、彩色多普勒、脉冲波多普勒和连续波多普勒成像技术也是可以实现的。许多犬的经食管超声心动图检查可使用人医所用的探头进行检查。

猫需要直径小于10mm的更细的内镜，该内镜可被应用于儿科心脏病学研究。

　　动物镇静侧卧保定进行检查。使用楔形开口器或牵引器撑开动物的上下颚，打开口腔，缓慢地将探头插入胃内然后再回撤。通过来回滑动探头、左右旋转及弯曲探头尖端来获得良好的超声心动切面图像。使用双平面探头和多维探头，扫查面能被旋转90°和360°。使用该方法，可进行横断面和纵切面或多重切面观察。在心脏的颅侧段（图3-25）、中段（图3-26）和尾侧段（图3-27）食道内扫查时，心脏所有重要的区域能或多或少地扫查到。

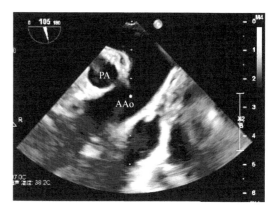

图3-25　犬经食管超声颅侧升主动脉纵切面
（南京农业大学教学动物医院供图）

PA. 肺动脉；AAo. 升主动脉

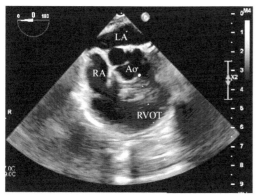

图3-26　犬经食管中部横切面（南京农业大学
教学动物医院供图）

RVOT. 右室流出道；Ao. 主动脉；
RA. 右心房；LA. 左心房

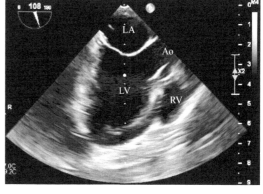

图3-27　犬经食管尾侧切面（南京农业大学教学
动物医院供图）

LA. 左心房；Ao. 主动脉；LV. 左心室；RV. 右心室

　　TEE的适应证包括由肺水肿或支气管肺病所导致的过度肺充气所引起的心脏显示较差。胸廓变形或创伤之后的肋骨损伤也能使经皮肤的超声心动成像更加困难，为了获得准确的诊断，需要进行经食管的超声成像。在吸入麻醉过程中，使用TEE探头能更好地进行心脏成像。虽然使用经皮肤的超声检查能获得很好的图像，但是经食管超声心动图检查能更好地对心脏的某些区域进行成像。这些结构包括房间隔和带有前后腔静脉的右心房、右心耳，以及左心房和左心耳。患有肥大性心肌病的猫怀疑动脉血栓时，使用经食管超声心动图检查对常规超声心动难以显示的心脏结构评价是非常重要的。

三、其他检查方法

（一）心导管检查

心导管检查一般是为介入治疗而进行的一种血管造影检查。该项检查需要在动物全身麻醉状态下进行。在C臂引导下，通过无菌手术方式将直径1.3～2.3mm、长度50～100cm的细长导管经外周血管插入所需要检查的腔室或血管内，同时记录血管内压力和介入治疗后的压力变化，以评估疗效。经置入的导管快速注射造影剂，通过从C臂显示心血管活动情况（图3-28），还可通过数字减影技术突出显示重点区域和血管（图3-29）。心导管检查术后可能出现出血、感染、空气栓塞、室上性或室性心律失常等并发症，临床应用存在一定风险。

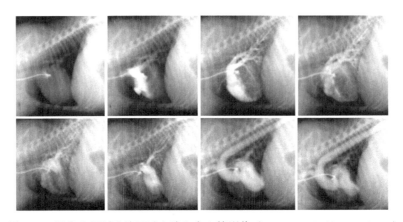

图3-28　侧位造影剂连续通过心脏和大血管影像（Weisse and Allyson，2015）

导管位于前腔静脉和右心房的交界处，造影剂依次进入右心房和心室、右室流出道和肺动脉系统、远端肺动脉和肺、左心房、主动脉和全身动脉系统

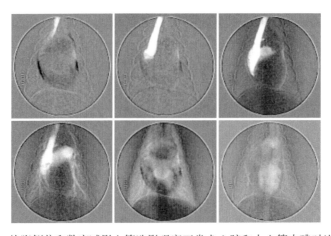

图3-29　从腹侧位和数字减影血管造影观察正常犬心脏和大血管内碘对比剂的连续通过（Weisse and Allyson，2015）

导管位于前腔静脉内，注射造影剂首先突出显示前腔静脉；然后是右心房，右心室和右室流出道；再是主肺动脉和肺动脉系统的远端，肺、肺静脉系统和左心房；最后是左心室和主动脉

（二）CT检查

CT检查可将胸腔结构切割成2mm厚度的层面图像，通过对比增强使血管和心室显示更加清晰（图3-30），并可以进行三维重建，是所有胸腔、心脏、心包和血管占位性病变检查的最佳选择。

目前心脏的CT检查还存在运动干扰，未来可以通过更高排数（256排以上）CT设备、心电门控技术、实时CT检查等逐步解决。

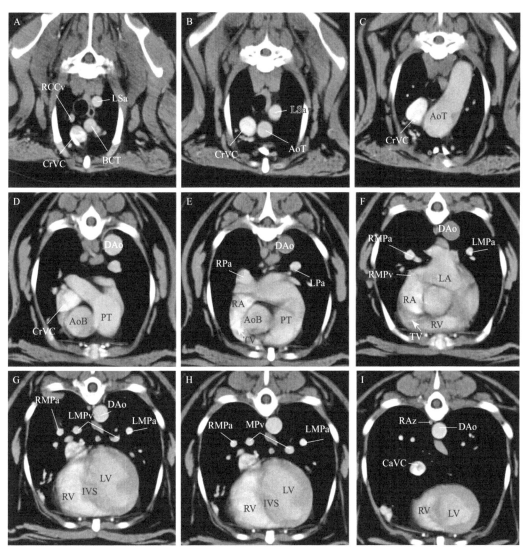

图3-30　心脏和大血管的正常CT血管造影图像（南京农业大学教学动物医院供图）

A～I. 为从胸腔入口至横膈不同位置CT扫描面切面。AoB. 主动脉球；AoT. 主动脉干；BCT. 头臂干；CaVC. 尾腔静脉；CrVC. 颅腔静脉；DAo. 降主动脉；IVS. 室间隔；LA. 左心房；LMPa. 左主肺动脉；LPa. 左肺动脉；LSa. 左锁骨下动脉；LV. 左心室；MPv. 主肺静脉；PT. 肺动脉干；RA. 右心房；RAz. 右奇静脉；RCCv. 右肋颈静脉；RPa. 右肺动脉；RMPa. 右主肺动脉；RMPv. 右肺中静脉；RV. 右心室；TV. 三尖瓣；LMPv. 左肺中叶动脉

（三）MRI检查

心肌和血液中存在大量的氢质子，可以较好地进行磁共振成像（MRI），不需要进行造影增强。通过心电门控技术，心脏的MRI可以完成一系列的心脏影像（图3-31和图3-32），可以显示心脏内部腔室、心肌和各种功能指数。

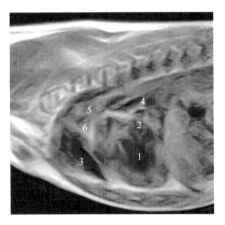

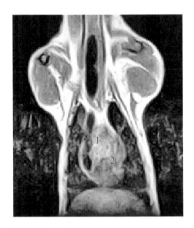

图3-31　犬胸腔T1WI矢状面图像（南京农业
大学教学动物医院供图）

1. 左心室；2. 左心房；3. 右心室；
4. 气管和主干支气管；5. 肺动脉；6. 右心房

图3-32　犬胸腔T2WI冠状面图像
（南京农业大学教学动物医院供图）

1. 右心室；2. 左心室

但是在兽医临床中，心脏的MRI检查动物需要经历较长时间的麻醉，目前在国内应用较少。

（四）核医学技术

将能够发射γ射线的放射性药物注入静脉内，这些放射性物质会被浓缩在心肌或血液池中。通过γ照相机记录射线的分布情况，可以被用于先天性心内分流的测量，也可以观察心肌血液灌注区域的分布情况。

有学者研究通过平衡放射素造影进行心室功能评估。注入 ^{99}Tc 标记的红细胞或人血白蛋白，经均匀分布后，各层血管的放射性含量对应血管的容量。通过心电门控可以测量收缩期和舒张期血管容量、射血分数及其他功能学指标。

（张晓远）

第二节　正常影像解剖

一、X线正常影像解剖

侧位的心脏影像呈卵圆形，其前缘为右心房和右心室，上为心房，下为心室，在近背侧处加入前腔静脉和主动脉弓的影像，见图3-33。心脏的后缘由左心房和左心室的影像构成，与膈顶靠近，其间的距离因呼吸动作的变化而不同。心脏后缘靠近背侧处加入肺静脉的影像，从后缘房室沟的腹侧走出后腔静脉。心脏的背侧由于有肺动脉、肺静脉、淋巴结和纵隔影像的重叠而模糊不清。主动脉与气管交叉清晰可见，其边缘整齐，沿胸椎下方向后行。

背腹位或腹背位X线片上，心脏形如歪蛋（图3-34），11～1点钟处是主动脉弓，1～2点钟处是肺动脉段，2～3点钟处是左心耳，3～5点钟处是左心室，5点钟处是心尖，5～9点钟处是右心室，9～11点钟处是右心房，4点钟和8点钟处走出左、右肺后叶的肺动脉，后腔静脉自心脏右缘尾侧近背中线处走出，正常时左心房不参与组成心脏边界。

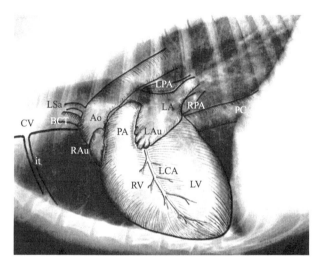

图3-33　犬心脏右侧位X线影像解剖示意图（Thrall，2018）

CV. 前腔静脉；PC. 后腔静脉；BCT. 头臂干；LSa. 左锁骨下动脉；Ao. 主动脉；RAu. 右心耳；PA. 肺动脉干；LPA. 左肺动脉；RPA. 右肺动脉；LA. 左心房；LAu. 左心耳；RV. 右心室；LV. 左心室；LCA. 左冠状动脉；it. 肺叶间裂隙

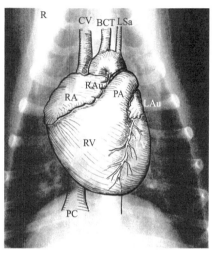

图3-34　犬心脏腹背位X线影像解剖示意图（Thrall，2018）

CV. 前腔静脉；BCT. 头臂干；LSa. 左锁骨下动脉；Ao. 主动脉；RAu. 右心耳；RA. 右心房；PA. 肺动脉干；LAu. 左心耳；RV. 右心室；LV. 左心室；PC. 后腔静脉

正常心脏影像的差异与体型、品种、年龄、呼吸周期、心动周期和摆位等有关，但首要的影响因素是摆位和不同体型犬的胸廓形态。不同品种犬胸廓形态的差异对心脏大小和轮廓的影响非常大。侧位胸片上，宽浅胸犬（图3-35A）心脏长轴较为倾斜，在外形上更圆，不如窄深胸犬的心脏直立，而且心脏前缘与胸骨接触更大。背腹位或腹背位胸片上，深胸犬心脏较圆、较小，心尖不明显，其长轴基本平行于身体的正中矢状面，而浅胸犬心脏较长，心尖更偏向左侧，如图3-35B所示。

患犬在清醒状态下，确实的摆位很难获得，特别是背腹位，偏向一侧常不可避免，读片时一定要注意偏差。摆位良好时，左侧位和右侧位、背腹位和腹背位也有差别。左侧位时，心尖向左侧轻微移位，使得右侧位时心尖更接近胸骨，心影看起来前后径较短而心尖至心基部的距离较大。窄胸犬的心脏前后径大约为2.5个肋间隙，而宽胸犬的为3～3.5个肋间隙。背腹位和腹背位的影像存在明显差异。腹背位时，心脏长轴看起来更

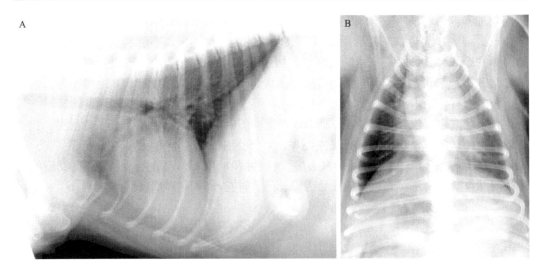

图3-35　斗牛犬胸部X线片（Thrall，2018）

A. 右侧位片；B. 腹背位片。斗牛犬属于典型的前胸犬，心脏更圆，心尖更偏向左侧

长，和胸椎更平行，肺的中间叶清晰可见，后腔静脉更长；而背腹位时，肺后叶的肺动脉更清晰，这种差异随着犬体型的增大而更加明显。

相对于成年犬而言，幼年犬的隆凸不明显，心脏看起来大，其心脏轮廓比成年犬相对更圆，在胸腔内占据较大的位置。利用椎体测量系统研究犬的心脏变化发现，3月龄后犬的心脏大小与椎体长度的比值并无显著变化，长短轴基本一致。

呼吸周期对胸内组织的大小、形状、密度和位置的影响显著，其变化的程度与胸廓形态、呼吸运动的性质和曝光瞬间的选择有关。吸气时，肺野密度降低，心影较小。呼气时，肺野密度增高，支气管和肺血管纹理不清，心胸比率增大，心影前缘与胸骨接触范围加大，气管向背侧抬高，易被误认为右心增大。

在心脏收缩期，心影稍微变小，但很难在X线片上表现出来。一般曝光时间低于0.05s时，可认为是心脏收缩期的影像。对猫的研究表明，心脏的大小和形状随心脏收缩或舒张发生变化，但这种变化轻微，不影响心脏病时的影像变化。

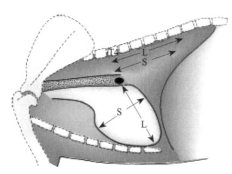

图3-36　心脏椎体评分（VHS）测量示意图（Thrall，2018）

T4. 第4胸椎；S. 短轴；L. 长轴

在犬，可使用较为客观的心脏椎体评分（vertebral heart sum，VHS）评估心脏的大小。在侧位X线影像上，如图3-36所示，由左侧支气管干腹侧向左心室心尖引直线即长轴（L），做该长轴的最大垂线为短轴（S），然后分别将长轴（L）和短轴（S）由第4胸椎前缘向后延伸计算所达到的椎体数量（精确到小数点后一位），两者相加记为VHS。犬的平均VHS为

9.7v①（8.5～10.5v），但需注意某些特殊品种的变化，如斗牛犬。目前，猫的VHS也已被研究，正常猫的平均VHS为7.4v（7.1～8.0v）。

二、超声正常影像解剖

右侧胸骨旁长轴四腔心切面时，声像图（图3-37）可显示右心室、右心房、三尖瓣、左心室、左心房、二尖瓣。房间隔、室间隔比较直，二尖瓣正常。右心室壁的厚度约为左心室壁厚度的一半。

右侧胸骨旁长轴五腔心切面时，声像图（图3-38）可显示部分右心结构、左心室、二尖瓣、左心房、主动脉根部、主动脉瓣。室间隔比较直，主动脉和左心房尺寸相当。二尖瓣比较薄，从瓣叶的基部到尖端厚度相同，无脱垂向后进入左心房。室间隔没有向下突出到主动脉前方。右心室腔的尺寸约为左心室腔尺寸的1/3。右心室壁的厚度约为左心室壁厚度的1/2。

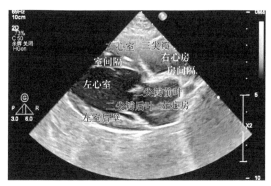

图3-37 右侧胸骨旁长轴四腔心切面（南京农业大学教学动物医院供图）

二尖瓣比较薄，从瓣叶的基部到尖端厚度相同，无脱垂向后进入左心房

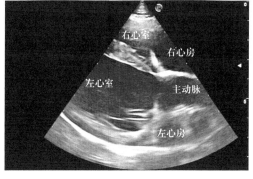

图3-38 右侧胸骨旁长轴五腔心切面（南京农业大学教学动物医院供图）

右侧胸骨旁短轴切面（左室乳头肌水平）（图3-39）显示，左心室腔呈现匀称的圆形，乳头肌大小相当。室间隔不扁平。右心室壁的厚度约为左心室壁厚度的一半。室间隔右侧面不规则属于正常现象，这些代表右心的肉柱和乳头肌。

右侧胸骨旁短轴切面（左室腱索水平）（图3-40）显示，左心室腔呈匀称的圆形，亮线代替了乳头肌的肌束。

右侧胸骨旁短轴切面（二尖瓣水平）（图3-41）显示瓣叶正常，无增厚区。该面很容易出现二尖瓣损伤的伪像。瓣叶运动良好。

右侧胸骨旁短轴切面（心基部——主动脉和左心房）（图3-42）：通过在主动脉的中央和左心房的主体部作假想线来比较，主动脉的尺寸与左心房尺寸相当，房间隔较直。

---

① v. 椎体个数

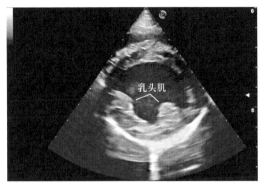

图 3-39　右侧胸骨旁短轴切面（左室乳头肌水平）
（南京农业大学教学动物医院供图）

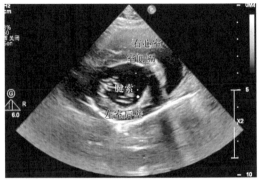

图 3-40　右侧胸骨旁短轴切面（左室腱索水平）
（南京农业大学教学动物医院供图）

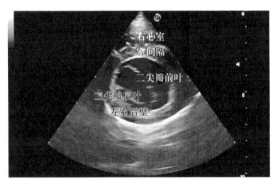

图 3-41　右侧胸骨旁短轴切面（二尖瓣水平）
（南京农业大学教学动物医院供图）

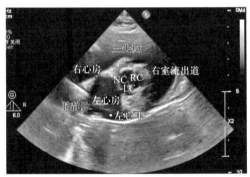

图 3-42　右侧胸骨旁短轴切面（心基部——主动
脉和左心房）（南京农业大学教学动物医院供图）

主动脉瓣分为 3 个瓣膜，分别是左冠瓣（LC）、右冠瓣
（RC）和无冠瓣（NC）

左心房壁有一个平滑的过渡，连接到左心耳。

右侧胸骨旁短轴切面（心基部——主动脉和肺动脉）（图 3-43）显示主动脉和肺动脉的内径相当。从肺动脉瓣水平向下到左、右肺动脉分支处之前，肺动脉的宽度相同。左肺动脉主干很难显示。肺动脉瓣朝向肺动脉壁运动良好。通常使用动态回放来观察瓣的运动。

左侧胸骨旁心尖四腔心切面（图 3-44）：对瓣膜的形态和运动进行评价，检查瓣膜脱垂和腱索断裂，此为多普勒评价必需的切面。

左侧胸骨旁心尖五腔心切面（图 3-45）：对瓣膜的形态和运动进行评价，检查瓣膜脱垂、腱索断裂和主动脉狭窄后扩张，此为多普勒评价必需的切面。

左颅侧胸骨旁左室流出道切面（图 3-46）：左室流出道应当没有阻塞物，主动脉瓣没有损伤。整个主动脉的内径相同。左颅侧胸骨旁右心房和右心耳切面（图 3-47）显示，心耳为无软组织密度回声。左颅侧胸骨旁肺动脉切面（图 3-48）显示，肺动脉瓣正常，朝向肺动脉壁的运动良好，不存在狭窄后扩张。

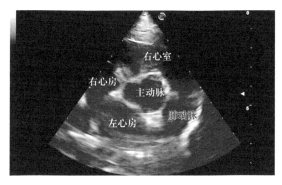

图3-43　右侧胸骨旁短轴切面（心基部——主动脉和肺动脉）（南京农业大学教学动物医院供图）

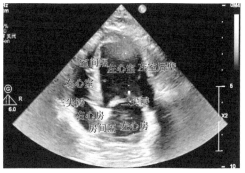

图3-44　左侧胸骨旁心尖四腔心切面（南京农业大学教学动物医院供图）

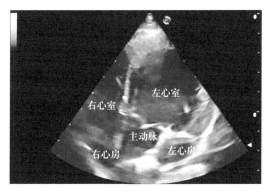

图3-45　左侧胸骨旁心尖五腔心切面（南京农业大学教学动物医院供图）

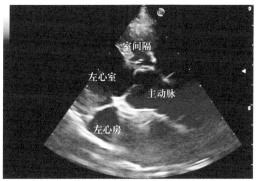

图3-46　犬左颅侧胸骨旁左室流出道切面（南京农业大学教学动物医院供图）

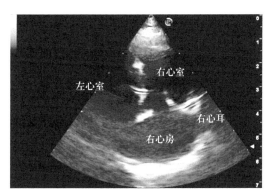

图3-47　犬左颅侧胸骨旁右心房和右心耳切面（南京农业大学教学动物医院供图）

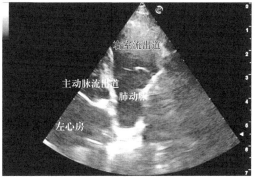

图3-48　犬左颅侧胸骨旁肺动脉切面（南京农业大学教学动物医院供图）

　　左颅侧胸骨旁心基部短轴切面（图3-49）显示：三尖瓣应当运动良好，较薄。左颅侧胸骨旁心基部短轴切面（肺动脉）如图3-50所示，应当有正常的构象以及运动正常。

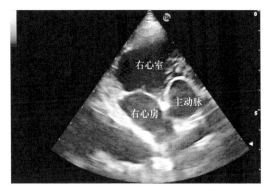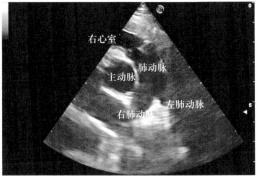

图3-49　犬左颅侧胸骨旁心基部短轴切面（三尖瓣）（南京农业大学教学动物医院供图）　　图3-50　犬左颅侧胸骨旁心基部短轴切面（肺动脉）（南京农业大学教学动物医院供图）

三、CT正常影像解剖

正常的心脏和大血管CT扫描通常在纵隔声窗下，选择层厚为2mm。参照人医标准，心脏的CT扫描选择主动脉弓前切面、主动脉弓切面、肺动脉干切面、左心房切面、四腔心切面、心室切面等。

由于心脏各腔室之间存在少量脂肪，心脏面平扫可大致区分心脏内部各腔室。通过增强扫描，在心室切面可以很好地区分左、右心室和室间隔及各个大的血管，如图3-30所示。

心脏是一个复杂的肌肉结构，由4个腔室组成，当填充碘造影剂时可以很容易地分辨出来。心房由一个薄的间隔隔开，CT可能不能很好地分辨，而心室由一个较厚的室间隔隔开，并由密度均匀一致的壁勾勒而成。房室瓣相对垂直于横切面，在大多数情况下，特别是当层厚小于3mm时，可以辨认出来。心包腔可充满低密度脂肪，特别是肥胖患者，在这种情况下，心包（光滑，厚1～2mm）变得不同于下伏心肌。心脏的心尖通常朝向中线的左边，尽管在一些动物中它可能朝向中央或右侧。

肺动脉主干和主动脉根部宽度相似。肺动脉瓣和主动脉瓣可以通过薄层采集，特别是通过多平面重建来识别。增强CT可以评估心室流出道、主动脉弓及其分支的管腔和肺动脉。外周静脉注射造影剂后，肺动脉迅速增强，而主动脉在全身血液稀释后（±10s）灌注。颅、尾腔静脉强化的时间和强度取决于注射部位和注射速度。通过大导管经颅腔静脉可快速大剂量注射，但也会产生束流硬化条纹伪影，影响邻近结构的可见性。注入外周静脉使造影更均匀，可减少伪影的出现。降低造影剂浓度也有帮助，尤其是使用中心静脉导管用压力注射器进行注射时。

犬左、右冠状动脉分支有5种不同的解剖模式。多层螺旋CT血管造影提供了一种微创、快速、有效的方法来评估犬冠状动脉的分支模式（图3-51），以便进行诊断和治疗计划。

心脏和大血管的大小与形状取决于心脏和呼吸循环的阶段及外部压力的变化。在某种程度上，这在CT检查中是可见的，在评估心血管结构时应予以考虑。

在接受CT检查的大多数犬和猫的胸部、肩部和脊椎系统的静脉中可以看到许多气泡（图3-52），在手术过程中或之后没有任何相关的临床症状。在应用造影剂之前就经常出现这种情况，这是血管插管的一种正常现象。气体位置取决于静脉导管的位置和动物的卧位，因为气体积聚在最高位置。

主动脉壁或其他心脏血管的矿化可以被偶然发现（图3-53）。它主要影响年龄较大的大型犬（特别是罗威犬和爱尔兰猎狼犬）。降主动脉的矿化也可能与动脉粥样硬化、螺旋体病或肾上腺皮质亢进有关。

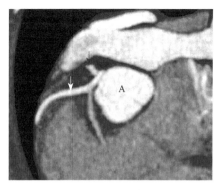

图3-51　正常犬冠状动脉造影CT检查
（Schwarz and Saunders，2011）

CT横断面显示主动脉（A）和以下左冠状动脉分支：环主动脉（黑色箭号所示）、室间隔圆锥旁（白色箭号所示）和间隔支（箭头所示）

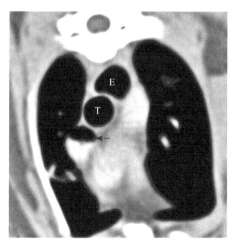

图3-52　猫心脏前部CT横切面（Schwarz and Saunders，2011）

前腔静脉（箭号所示）、气管腹侧（T）和食道（E）有一个小气泡。这是血管导管术后的一种正常现象，通常在给药造影剂之前就已经存在

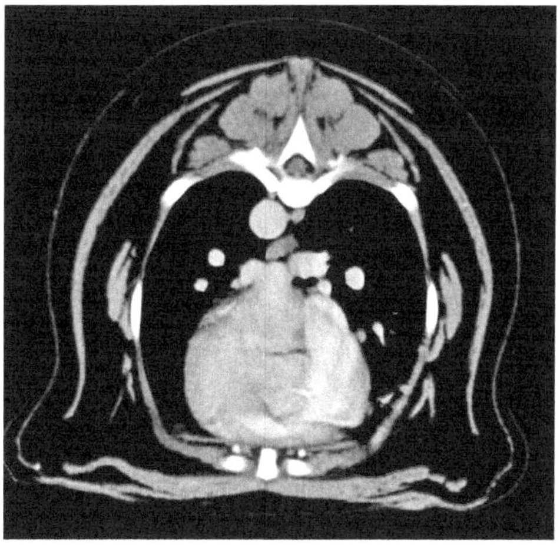

图3-53　犬心基部CT横切面（南京农业大学教学动物医院供图）

犬主动脉球部偶发矿化，不规则、高密度的部分边缘累及主动脉壁

（张晓远）

第三节　先天性心脏病

一、房间隔缺损

房间隔缺损即心脏两个心房的隔膜上出现了缺口，多数是原始心房间隔发育、融合、

吸收等异常所致。房间隔缺损分为4种类型：①原发孔型房间隔缺损也称为孔型房间隔缺损，缺损位于心内膜垫与房间隔交界处。可能合并二尖瓣或三尖瓣裂缺，因此又称为部分型房室间隔缺损。②继发孔型房间隔缺损。缺损位于房间隔中心卵圆窝部位，也称为中央型。③静脉窦型房间隔缺损，有前腔型和后腔型。④冠状静脉窦型房间隔缺损。

1. 病因　　某些特定品种动物的房间隔缺损的原因为先天性基因缺失，导致心脏在胚胎发育时期的构建过程中出现结构异常。如果怀孕母犬在妊娠期暴露于某种毒物、传染源或药物，也可能发生房间隔缺损。

2. 病理　　由于右心室壁较左心室壁薄，右心室充盈阻力也较左心室低，因此房间隔缺损的血流动力学改变是在心房水平存在左向右分流（图3-54）。分流量大小主要取决于房间隔缺损的大小和左、右心房之间的压力阶差。由于右心血流量增加，舒张期负荷加重，故右心房和右心室增大。随着分流时间延长，肺小动脉逐渐产生内膜增厚和中层肥厚，肺动脉压力逐渐升高，右心室负荷加重。有些病例病变进一步发展，肺小动脉发生闭塞性病理改变，肺动脉压越来越高，右心负担不断加重，最终导致心房水平经房间隔缺损变为右向左分流。此阶段后，动物的临床症状明显且逐渐加重，包括心率增加、呼吸费力、咳嗽、运动不耐受等。猫的房间隔缺损病例多数同时有其他先天性缺陷，故更可能出现心力衰竭症状。

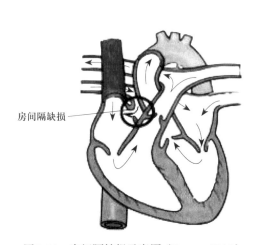

图3-54　房间隔缺损示意图（Boon，2016）
箭号方向为血流方向

3. 影像学表现　　如动物心杂音提示有房间隔缺损，可进行胸部X线、超声（含多普勒）检查。心脏超声通常可确诊，并可测量房间隔缺损的大小。

（1）X线检查　　对分流量较大的房间隔缺损具有诊断价值。心脏轮廓轻至中度增大，以右心房及右心室为主。侧位X线检查可见右心室和胸骨接触面积增大，右心房上抬并压迫气管，有时会出现气管上抬情况。肺区可出现明显的血管增多影像。

（2）超声检查　　M型超声心动图可以显示右心房、右心室增大及室间隔的反常运动。二维超声可以显示房间隔缺损的位置及大小，结合彩色多普勒超声可以提高诊断的可靠性，并能判断分流的方向（图3-55），多普勒超声可以估测分流量的大小，测出右心室收缩压及肺动脉压。动态三维超声心动图可以从左心房侧或右心房侧直接观察到缺损的整体形态，观察缺损与毗邻结构的立体关系及其随心动周期的动态变化，有助于精准诊断房间隔缺损。

二、室间隔缺损

室间隔是分隔心脏两个心室之间的隔膜。室间隔缺损（VSD）是指由胚胎期室间隔发育不良而引起的左、右心室之间存在交通，可导致血液在左、右心室间水平分流。犬、猫室间隔缺损的缺口多数较小，且常位于主动脉瓣下。

1. 病因与病理　室间隔缺损的致病机制不详。多数犬、猫病例无家族病史。有报道称英国史宾格犬会因显性常染色体不完全的外显或者多基因特性而出现遗传病。室间隔缺损也伴随严重的结构和功能异常，比如法洛四联症。

由于左心室内压力大于右心室，室间隔缺损（图3-56）通常会造成左向右的血液分流，导致肺循环过量，并出现左心房及左心室容量增大。然而，室间隔缺损的病理生理过程是多变的，

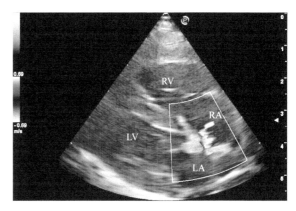

图3-55　右侧胸骨旁长轴四腔心切面（南京农业大学教学动物医院供图）

6岁贵宾犬，房间隔缺损，可见经左心房到右心房的彩色血流信号。LV. 左心室；LA. 左心房；RV. 右心室；RA. 右心房

它会基于缺损的尺寸、位置和肺血管床的阻力来决定。大多数室间隔缺损被归类为膜周部的，意味着缺损涉及室间隔膜和一部分周围肌肉组织的区域。位于室间隔膜高位的缺损称为膜周小梁缺损。在左心室边，这些缺损位于右侧和非冠状主动脉瓣尖的接合处下方。在右心室边，它们最接近室上脊肌，就在三尖瓣的头侧或者在三尖瓣室间隔小叶头侧部分的下方。膜周入口缺损位于右心三尖瓣室间隔小叶的头侧和左心主动脉瓣下方。脊上缺损位于左心主动脉瓣下方，但是在右心的肺动脉瓣下方开口。缺损也可以发生在室间隔肌肉部分，但这在犬、猫中少见。小的缺损会在一岁内自行闭合，但是在动物中并没有这种记载。多数轻度室间隔缺损患犬、患猫终生无临床症状。

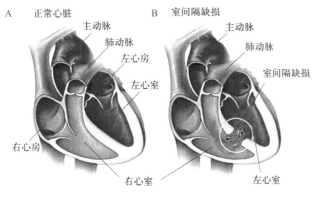

图3-56　正常心脏和室间隔缺损示意图（Boon, 2016）

在大多数典型的小或中型室间隔缺损病例中，右心室腔体接受了极少量的过载左向右分流血流而不会变大，因为大多数分流发生在收缩期，血液可以迅速地射入肺动脉。然而，大的缺口会引起包括左心室、左心房以及右心室的扩大。在有主动脉下室间隔缺损的动物中常见轻度到中度的主动脉瓣反流，这是由于瓣膜环状支撑被破坏，而且在舒张期使右侧冠状瓣尖下垂到右心室。小的室间隔缺损中，由于两心室间存在极大的收缩

压差，因此分流的级别由缺口本身的阻力来限定。而在大的室间隔缺损中，分流级别更多地由肺血管阻力水平来控制。骑跨型室间隔缺损靠近主动脉，平均了右心室、左心室、肺动脉和主动脉收缩压，分流方向和分流级别取决于系统性肺血管阻力的比率。即使是中度大小的缺口，通常也会导致大量的左向右分流和左心衰竭，一个长期的肺血流灌注增加会引起肺血管损伤，增加血管阻力、肺动脉高压和双向或者显著的右向左分流。

2. 影像学表现

（1）X线检查　　室间隔缺损大的缺口会引起包括左心室、左心房以及右心室的扩大。因此在侧位X线片上可以看到整个心脏变大、VHS指数增加、心脏覆盖的肋间隙数增加、心脏抬高、肺静脉（可能动静脉同时）增加等。正位可以看到左心室圆钝、心脏中部的软组织不透明度增强、3点钟方向左心耳扩张、后背侧心缘变直或膨出、心脏背侧移位、压迫支气管/气管的主干（图3-57）。

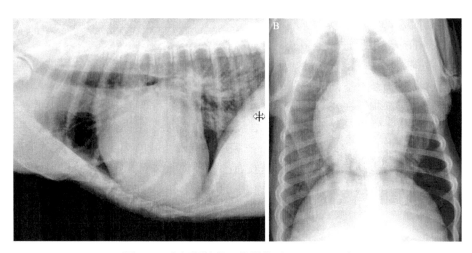

图3-57　室间隔缺损X线影像（Boon，2016）

A. 可见左心房增大，气管抬高；B. 整个心呈球形，左心房增大

（2）超声检查　　二维超声可以显示室间隔缺损的位置及大小，结合彩色多普勒超声可以提高诊断的可靠性并能判断分流的方向，应用多普勒超声可以估测分流量的大小，估测右心室收缩压及肺动脉压。而动态三维超声心动图可以从左心室侧或右心室侧直接观察到缺损的整体形态，观察缺损与毗邻结构的立体关系及其随心动周期的动态变化，有助于提高诊断的准确率。心脏超声检查室间隔缺损的特征为：①二维超声显示室间隔回声脱失（图3-58A）；②彩色多普勒显示收缩期左向右彩色分流声束；③连续波多普勒显示左向右高速分流信号（图3-58B）；④中度以上病例有左心增大。

三、动脉导管未闭

动脉导管未闭（PDA）是一种先天缺陷，是犬常见的先天性心脏病。

1. 病因　　动脉导管是主动脉与肺动脉之间的一根管道，为胎儿时期血液循环的重要通路。动物出生后，动脉导管即在功能上关闭，并在解剖上逐渐闭合成为动脉韧带，

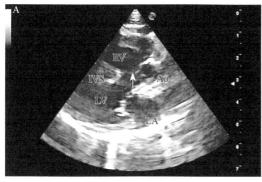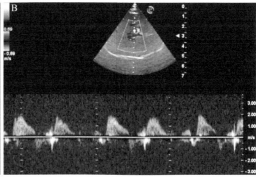

图3-58　右侧胸骨旁长轴四腔观显示室间隔缺损（南京农业大学教学动物医院供图）

10月龄布偶猫，法洛四联症。A. 二维超声显示除室间隔缺损外还可观察到主动脉骑跨、右心室肥厚。箭号所示为室间隔缺损处。LA. 左心房；LV. 左心室；IVS. 室间隔；RV. 右心室；Ao. 主动脉。B. 连续波多普勒，室间隔缺损处血流频谱显示左向右高速分流信号

若不闭合即称动脉导管未闭。胎儿时期肺基本不具有呼吸功能，来自右心室的肺动脉血流经导管进入降主动脉，从而进入体循环，故动脉导管为胚胎时期特殊循环方式所必需的。当动脉导管在出生后保持开放或未闭时，由于左心及主动脉压力大于肺动脉，此导管会导致主动脉血流进入肺循环，将额外的血量输送到肺中（图3-59），因此会增加肺循环压力和负担，并导致左心回心血量增加。

　　动脉导管的粗细会影响动物的临床症状。导管较细的幼年犬、猫可能无明显临床症状，甚至终生不出现症状。导管较粗大的动物可能有运动不耐受、咳嗽、呼吸困难等症状。左心回心血量增大，会使得左心扩张，常继发二尖瓣反流。严重的左心回心血量增加及二尖瓣反流会出现左心

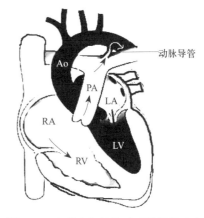

图3-59　心脏内部结构及动脉导管示意图（Boon，2016）

可见肺动脉和主动脉之间的动脉导管。Ao. 主动脉；PA. 肺动脉；LA. 左心房；LV. 左心室；RA. 右心房；RV. 右心室

衰竭，从而引起肺水肿。若进一步发展会发生肺动脉高压，右心压力升高，血液会从右向左分流，称为反向动脉导管未闭。

2. 影像学表现

（1）X线检查　　由于部分血流从主动脉进入肺动脉，导致肺循环增加、左心压力增大；常见X线影像为：①侧位（右侧位）（图3-60A）：10～12点钟气管杈处前方不透明度增加，肺动脉扩张；2点钟位置，左心房扩张、左心耳外移；3点钟位置，左心室显著增大。②正位（背腹位）（图3-60B）：主动脉在12至1点钟位置向左突起。整个心脏轮廓中-重度增大，肺血管直径增大，后腔静脉直径通常正常，肺的不透明度升高；由血管和血流增多、心力衰竭、肺水肿等引起。以上征象的严重程度取决于病情严重程度和动物年龄。

（2）超声检查　　超声检查尤其适用于PDA的诊断。超声主要表现为：右侧长轴可

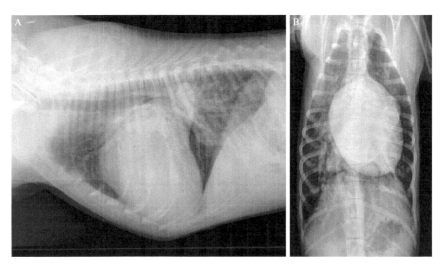

图3-60 动脉导管未闭X线影像（南京农业大学教学动物医院供图）

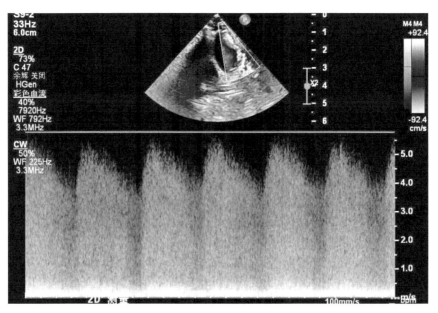

图3-61 右侧胸骨旁短轴肺动脉干切面（南京农业大学教学动物医院供图）
可见降主动脉和肺动脉之间的持续彩色血流信号，连续波多普勒探查动脉导管未闭分流信号，
可见朝向肺动脉干的连续高速分流信号

见左心房扩张，左心室增大，左心房与主动脉比（LA/Ao）通常会大于1.6。右侧胸骨旁短轴多普勒检查，在降主动脉与肺动脉之间可以看见导管回声，彩色多普勒显示肺动脉内可见来自降主动脉的彩色血流（图3-61），沿肺动脉外侧壁走行，连续波多普勒显示肺动脉内可探及来自降主动脉的双期高速分流频谱。

（田 超）

第四节　获得性心脏病

一、慢性瓣膜性心脏病

心脏瓣膜的作用是确保血流单方向流动，到达指定心腔、肺及全身。心脏主要瓣膜包括位于左心房与左心室之间的二尖瓣，右心房与右心室之间的三尖瓣，以及肺动脉瓣和主动脉瓣的半月瓣。当瓣膜结构异常或瓣膜口血液压力升高时，会表现为瓣膜狭窄或瓣膜闭锁不全，导致血液反流或射血障碍。

（一）常见瓣膜疾病

二尖瓣病：包括二尖瓣赘生物、二尖瓣脱垂、二尖瓣环钙化等，表现为二尖瓣狭窄和二尖瓣关闭不全。

主动脉瓣病：包括主动脉瓣畸形、肥厚、脱垂、穿孔、撕裂、赘生物、黏液瘤变化等，表现为主动脉瓣狭窄、主动脉瓣关闭不全。

肺动脉瓣病：主要为由肺动脉瓣赘生物等导致的肺动脉瓣反流。

三尖瓣病：三尖瓣赘生物及脱垂等，表现为三尖瓣狭窄、三尖瓣关闭不全。

（二）瓣膜疾病分类及影像学表现

瓣膜出现发育不良会导致瓣膜闭锁不全，血液发生反流。反流会增加心脏的容量负荷，引起心腔扩张，最终导致左/右心衰竭。临床常见二尖瓣及三尖瓣发育不良。

1. 二尖瓣发育不良　　二尖瓣发育不良的病例在幼年时无任何临床症状，多在6～9月龄时出现左心衰竭的症状。临床症状有运动不耐受、嗜睡、呼吸困难、咳嗽。

X线检查可见左心房增大、肺静脉扩张。侧位（右侧位）X线检查可见后背侧心缘变直或膨出，心脏背侧移位、压迫支气管/气管的主干，肺静脉充血。正位（背腹位）心脏中部的软组织不透明度增强，在3点钟的部位可见左心耳膨出。

超声心动图可以直观地看到二尖瓣结构的影像学变化，并能评估反流的强度及心脏的功能，基本方法如下。

1）右侧胸骨旁长轴切面和左侧心尖四腔心切面检查，可观察二尖瓣瓣膜形态和结构，确定是否有二尖瓣的增厚和缩短等异常，如图3-62所示。

2）右侧胸骨旁短轴主动脉切面，可以测量左心房与主动脉的比值，从而判

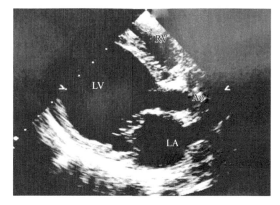

图3-62　二尖瓣发育不良的右侧胸骨旁长轴四腔图（Boon，2016）

二尖瓣增厚，同时左心房和左心室明显扩张，室间隔向右心室方向弯曲。LA. 左心房；LV. 左心室；Ao. 主动脉；RV. 右心室

断左心房是否有增大。

3）右侧胸骨旁心尖短轴的二尖瓣腱索切面M型超声心动图检查能够测量缩短分数，判定左心室的收缩功能有无下降。

4）左侧心尖四腔心切面彩色血流及多普勒模式，可以观察二尖瓣口的血流方向，测量二尖瓣处的反流速度，通过观察收缩期血液向左心房内反流束长度、反流束所占左心房面积及反流束面积来判断反流的严重程度。

2. 三尖瓣发育不良　　三尖瓣发育不良多为腱索短或瓣叶较正常者长。轻度的三尖瓣发育不良可能仅有轻度的右心房反流，并不影响心脏输出，动物可能终生无临床症状。严重的三尖瓣发育不良则会引发严重的三尖瓣反流，导致右心房增大，甚至出现心律失常和房颤。右侧心脏压力会逐渐上升，动物可能由右心房和右心室压力升高导致肺动脉高压和腔静脉高压，出现运动不耐受、嗜睡、腹腔积液。

X线检查可见右心房增大和肺门处水肿。侧位（右侧位）X线片可见心脏轮廓的颅背侧缘膨出，压迫气管。正位（背腹位）9～11点钟位置右心轮廓膨出。

使用右侧胸骨旁心脏主动脉短轴切面进行心脏超声心动图检查，可以观察三尖瓣的形态（图3-63），用彩色血流观察血流方向，频谱多普勒模式测量三尖瓣和肺动脉的血液流速，并能比较肺动脉和主动脉的直径，正常的健康动物，其主动脉和肺动脉的直径相当，肺动脉高压者，其肺动脉内径增宽使其大于主动脉内径。重度三尖瓣闭锁不全可能导致室间隔反向运动（图3-64）。左侧心尖四腔或右心两腔和三腔可观察到三尖瓣反流，并能由频谱多普勒和连续波多普勒测得反流速度。

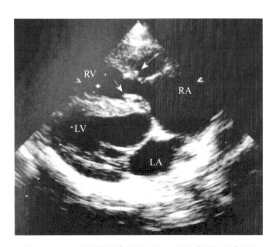

图3-63　三尖瓣发育不良的心脏右侧胸骨旁长
轴四腔超声图（Boon，2016）

三尖瓣乳头肌团块样中强回声（箭号所示），三尖瓣隔
叶运动受限，贴于室间隔。LA. 左心房；LV. 左心室；
RA. 右心房；RV. 右心室

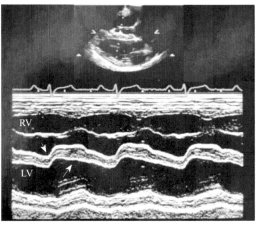

图3-64　三尖瓣发育不良的心脏右侧胸骨旁长轴
四腔超声及M型超声图（Boon，2016）

室间隔和游离壁运动不同步，室间隔呈反向运动，即舒张期
室间隔向下运动，收缩期时向上运动。LV. 左心室；RV.
右心室；箭号指示收缩和舒张起点

3. 瓣膜钙化的影像学表现

（1）退行性二尖瓣病变　　退行性二尖瓣病变（degenerative mitral valve disease，DMVD）是犬最常见的心脏病，病情进展缓慢，多见于中年或老年犬，或者中小型品种，如查理王犬、贵宾犬和猎犬。DMVD是心脏瓣膜逐渐退化的疾病。其主要病变特征为瓣膜变厚，不灵活，功能障碍，导致血液经二尖瓣从心室反流至心房。反流造成左心房要容纳过多的血液，使得左心房"容量过载"，变现为左心房扩张。X线表现左心房处突出，超声检查时可以看到二尖瓣的变形或腱索断裂造成的瓣膜脱垂（图3-65）。

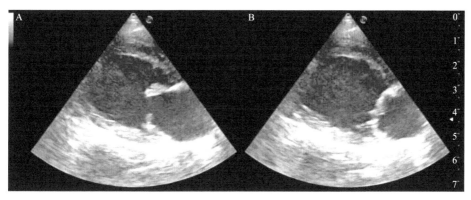

图3-65　犬退行性二尖瓣病变的右侧胸骨旁长轴四腔图（南京农业大学教学动物医院供图）

A. 可见二尖瓣前后叶不同程度增厚；B. 可见二尖瓣前叶脱垂

（2）二尖瓣钙化　　二尖瓣的钙化导致其运动时僵硬，限制二尖瓣瓣叶的关闭，使二尖瓣在左心室收缩时表现为关闭不全，血液经二尖瓣发生反流。严重者左心房和左心室扩大，出现心房颤动，在心尖部可以听到收缩期杂音。X线检查可见左心房增大、左心室增大或者正常，有时可能会见到密度增高的钙化瓣膜。彩色多普勒超声检测和二尖瓣发育不良类似。

（3）钙化性主动脉瓣狭窄　　主动脉瓣钙化可从主动脉瓣环、瓣叶基底部逐渐发展到瓣膜的边缘。主动脉瓣发生钙化后，瓣膜的活动减弱，瓣膜口狭窄缩小。当左心室收缩时主动脉瓣的瓣口不能充分开放，左室射血阻力增加，继发左心室开始肥厚，并导致左心衰竭。X线检查可见主动脉增粗或者基本正常，钙化瓣膜的密度增高。超声心动检查，在右侧胸骨旁心脏五腔或心基部短轴主动脉切面可见瓣膜肥厚，狭窄的瓣膜可能会导致瓣膜后的主动脉呈现壶腹状。彩色血流、频谱多普勒及连续波多普勒超声可测定主动脉处血流速度异常增高和主动脉反流（图3-66）。

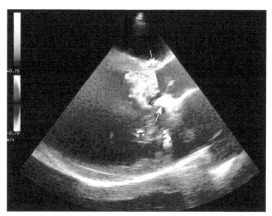

图3-66　犬主动脉瓣下狭窄的右侧胸骨旁五腔观（南京农业大学教学动物医院供图）

箭号所指的高回声斑块组织影像，彩色多普勒提示收缩期左室流出道高速湍流，提示狭窄

二、扩张型心肌病

扩张型心肌病（dilated cardiomyopathy，DCM）以心肌收缩功能不良为特征，表现

为心脏腔室的容积增大。犬扩张型心肌病主要影响大型犬，品种遗传因素倾向于杜宾犬、拳师犬、爱尔兰猎狼犬、大丹犬、圣伯纳犬、可卡犬、史宾格犬等。犬的平均年龄为4～10岁，雄犬发病率高于雌犬。另外，扩张型心肌病患犬营养缺乏［如牛磺酸和（或）肉毒碱缺乏］在多个品种已被证实，包括金毛寻回猎犬、拳师犬、杜宾犬和可卡犬。猫的发病比例小于犬。

1. 病因与病理　　扩张型心肌病主要以心室和心房扩张、心肌收缩力显著降低为特征。心肌的收缩力降低导致心输出量下降，患病动物出现虚弱、昏厥等病征。心室的扩张导致乳头肌障碍及二尖瓣环扩张，引发二尖瓣和（或）三尖瓣的关闭不全，出现二尖瓣和（或）三尖瓣反流，反流使左心房压力增高，心脏前负荷增加。随着心输出量减少，神经-体液调节机制激活，心率加快和外周血管收缩，使得外周血管阻力升高，进一步加重了心脏的后负荷。心室压力的增加等一系列因素使肺静脉回流受阻，出现肺水肿。然而，同时由于神经-体液调节机制，肾血流量减小，导致钠和水滞留，返回心脏的血液量逐渐增加，心室腔逐渐扩张。由此引发的恶性循环，使得心肌壁逐渐变薄和心肌收缩力恶化，心输出量最终还是不能满足机体的需求而出现充血性心力衰竭的综合征。同样的病理因素可影响右心的循环，使全身静脉回流受阻，可出现腹水甚至胸腔积液。

2. 临床症状　　患犬体格检查常见咳嗽、呼吸急促、可视黏膜苍白、毛细血管充盈时间延长、精神沉郁、无力。咳嗽的主要原因为左心房扩张压迫左支气管，其次为肺动脉压升高、肺水肿而引起的反应性咳嗽。肺水肿的动物会出现呼吸急促。心输出量不足，导致动物虚弱，某些病例血压降低。

听诊常见比较柔和的二尖瓣反流和（或）三尖瓣反流杂音，心率较快，严重患畜可闻及奔马律及急促呼吸音。

触诊心前区震动明显，股动脉脉搏微弱而快速。

四肢温度较低。涉及右心病例时，可见颈静脉膨胀、肝肿大及腹水。

心电图检查常见P波增宽，QRS波升高和变宽。房颤常发生于心房过度扩张的患犬。杜宾犬及拳师犬常伴有阵发性室性心动过速，ST-T曲线下降，提示心肌疾病或左心室局部缺血。

3. 影像学表现

（1）X线检查　　X线检查可见明显的全心增大，左心增大更显著（图3-67）。肺静脉扩张、肺间质或肺泡水肿提示出现了心力衰竭。有些患犬有胸腔积液。

（2）超声检查　　扩张型心肌病的超声诊断敏感性高。在二维超声心动图中明显可见心脏四腔扩张（通常双侧）（图3-68），可能心壁变薄，心室收缩率降低（这是与瓣膜型心脏病表现不同点之一），M型超声心动图上更明显。心房几乎不见收缩。心室缩短分数（fractional shortening，FS）是评价心脏收缩功能的重要指标，在腔室容积增大的基础上，FS＜30%即怀疑为扩张型心肌病。另外可参考的指标还有EPSS，即二尖瓣E点到室间隔距离，EPSS数值增加（EPSS＞6mm）表明左心室严重扩张。多普勒超声检查可见轻度到中度的房室瓣反流。应用频谱和脉冲波多普勒可测得二尖瓣瓣口的血流速度，从而得知房室的压力差，可根据压力差，参考不同动物的体型，将扩张型心肌病导致的心力衰竭进行分级。

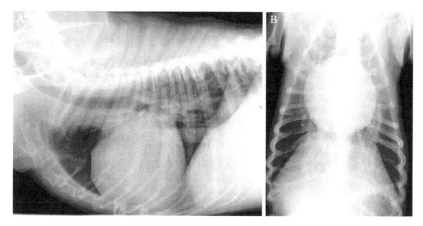

图3-67 扩张型心肌病X线影像（南京农业大学教学动物医院供图）

A. 侧位；B. 腹背位

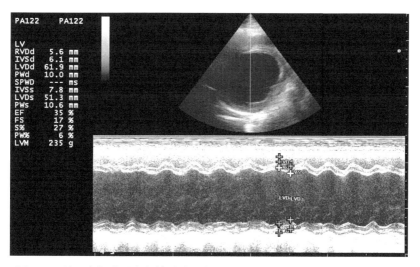

图3-68 基于右侧胸骨旁短轴乳头肌切面获得的M模式图像（南京农业大学
教学动物医院供图）

成年杜宾犬，扩张型心肌病，左心室内径显著增大，左心室缩短分数（FS=17%）、射血分数
（EF=27%）均显著低于正常值。LVDid. 舒张末期左室内径；LVDis. 收缩末期左室内径

三、肥厚型心肌病

肥厚型心肌病（hypertrophic cardiomyopathy，HCM）是一种猫常见的心脏病，犬少
见。该病以心室壁增厚和（或）乳头肌肥大为主要特征。

1. 病因 猫肥厚型心肌病可分为原发性肥厚型心肌病和继发性肥厚型心肌病。原
发性肥厚型心肌病的病因尚不清楚，但普遍认为猫有品种遗传倾向，以家养短毛猫最常
见，纯种猫少见。猫出现临床症状的年龄为6月龄到16岁，其中以中年的公猫检出率最
高，临床上也有3月龄诊断为HCM的猫。而继发性肥厚型心肌病则与甲状腺功能亢进、
高血压、慢性肾病及长期的内外环境刺激等有关。

2. 病理 心肌肥厚会引发左心室舒张功能障碍，从而心室容积相对减小，心室内充盈压增加。在心室和心房压力差增大的情况下，伴发血流经二尖瓣的反流，使左心房容积增加，心房压力随之上升，并导致肺静脉压升高和肺水肿。整个临床过程分为以下3个阶段。

（1）发病初期 这一时期的重要标志就是左心室壁的增厚。但是此时猫通常不会表现出任何症状，尤其是无左室流出道变窄的病例。这一阶段的持续时间个体差异较大，有的个体数月甚至数年不表现症状。因此在首次发现左心室壁增厚的3~6个月后进行心脏超声的复检，并根据发展速度定期复检超声。心脏B超检查首先比较右心室和左心室壁厚度，健康犬、猫的左心室壁厚度约为右心室壁厚度的2倍，当猫左心室壁或室间隔厚度≥6mm时，通常可认定为心肌肥厚。需要注意的是，所有的心肌肥厚都应该先排查可能导致心肌肥厚的其他疾病，如甲状腺功能亢进（甲亢）和高血压等。甲亢或高血压等导致的心肌肥厚是可逆的，但是原发性的心肌肥厚是不可逆的，一旦发病，病情往往会持续发展，直至死亡。

（2）发病中期 此阶段的一个重要标志就是出现心室壁向心性肥厚和左心房扩张。左心室壁增厚导致左心每搏输出量下降，使得与其相连的左心房压升高，左心房容积增大。左心房大小对疾病严重程度的评估有重要意义。左心房明显扩张，常伴随有二尖瓣反流，临床提示血栓风险。几乎所有的血凝块都在左心房形成，扩大的心房不能把所有血液都一次性泵出，形成湍流和血液停滞，因此形成血凝块。血凝块脱落后沿主动脉血流流动。腹主动脉沿着腹部向下行进，然后分支成向后肢供血的左、右髂动脉，髂动脉交界处称为主动脉分叉，大部分的血凝块会在这里沉积和聚集，形成血栓。尤其显著的是猫的主动脉血栓会造成后肢缺血，肌肉无力，甚至瘫痪。由于主动脉分叉处的血栓形似马鞍，因此也被称为鞍状血栓。据统计，90%的血栓发生在此处。血栓会使猫极度疼痛，尤其是在血栓形成后的24h内。疼痛会导致猫出现嚎叫和焦虑等症状，疼痛还可能导致猫呼吸急促和肌肉僵硬。由于后肢血液不通，因此在大腿内侧触摸不到脉搏跳动，后肢温度低和脚垫发绀。当血栓彻底阻塞血管后，后肢的肌肉组织发生缺血性损伤，导致大量细胞死亡破裂，细胞内高浓度的钾离子释放进血液中。而血液中高血钾可造成心搏骤停，造成猫猝死。虽然血栓主要影响后肢，但也有可能会栓塞在通往胸腔、腹部或肠胃等的动脉，如肠系膜动脉栓塞引起血便，肾栓塞引起氮质血症等，但这种情况少见。在患有肥厚型心肌病的猫中，大约有30%的个体会出现血栓的症状。大约90%的猫在首次出现血栓时死亡或被安乐死。而且即使通过药物溶栓治疗或是手术移除血栓后，绝大部分的猫也会在一年内再次复发。因此，此阶段要预防和治疗血栓形成。

（3）发病后期 这一时期的重要标志就是出现充血性心力衰竭。心肌肥厚导致左心室空间不足，心脏射血液大大减少，为了弥补泵血量的不足，心脏会代偿性地增加心肌收缩力度和心跳频率。这虽然在一定程度上可以缓解供血不足，但是会极大地增加心肌耗氧量，长此以往就会引发充血性心力衰竭。此外，左心室泵血不足不但会使与其相连的左心房压力增大，而且会进一步导致与左心房相连的肺静脉内形成高压。血管内的高压会使血管壁渗透性增大，血清通过血管壁渗出到胸腔和肺内，形成胸腔积液和肺水肿。肺水肿会妨碍肺部功能的正常运作，因此患有肥厚型心肌病的猫在发病晚期时常常出现呼吸困难和呼吸急促的症状。

3. 影像学表现

（1）X线检查 轻度心肌肥厚时X线摄影不能诊断。严重的心肌肥厚导致心房增大者，尤其是双侧心房扩张而呈现典型的爱心形心脏。如果伴随心力衰竭的发生，还可在胸片表现肺部脉管扩张、肺水肿或胸腔积液。

（2）超声检查 超声为较为灵敏和特异性的检查手段。肥厚型心肌病的超声诊断特征有：①猫左心室壁、室间隔厚度≥6mm（图3-69）；②梗阻性肥厚型心肌病在超声上表现为室间隔部分向左心室突出，收缩期二尖瓣往前移，影响左室流出道，称为二尖瓣向前运动（SAM）；③左心房增大，左心房与主动脉的比值增大；④左室流出道的压力差增大。

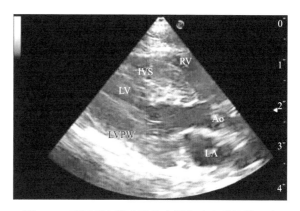

图3-69 肥厚型心肌病猫的右侧胸壁心脏长轴五腔超声图（南京农业大学教学动物医院供图）

LA. 左心房；LV. 左心室；RV. 右心室；LVPW. 左室游离壁；Ao. 主动脉；IVS. 室间隔。可见室间隔增厚超过6mm

（田 超）

第四章　呼吸系统疾病

呼吸系统（respiratory system）由鼻、咽、喉、气管、支气管、肺及胸膜等构成，有良好的天然对比，为X线检查提供了有利条件。CT密度分辨率高、无影像重叠，在对细小病变的发现及显示病变的细节方面优于X线检查。MRI检查对纵隔病变的定位和定性诊断的价值较大，利用MRI的流空效应，使心血管成像，有助于了解纵隔病变与心脏大血管之间的关系。

第一节　检查方法

一、X线检查

肺部病变可通过X线检查显示其部位、形状及大小，诊断效果明显，方法简单，因而被应用得最广，已成为诊断胸部疾病首选的、不可缺少的检查方法。对于小动物或体型较小动物的呼吸系统检查比较方便，可做正、侧位检查，对病变的发现率和诊断的准确性均较高。对于体型较大的动物则只能取站立姿势进行侧位检查，由于影像重叠、清晰度差等问题，胸部X线检查在大动物中应用仍受到一定限制。

小动物进行胸部X线检查的两种常用方法为透视和摄影，可根据临床需要进行选择。可先做透视进行一般检查，再用摄影做局部的详细检查。透视主要被应用于胸部的初步检查，胸部透视有助于评价横膈的运动和肺的功能，寻找病变部位及范围，为拍片做先期定位。摄影则适用于鼻、咽、喉、气管、支气管、肺及胸膜等整个呼吸系统的检查。

（一）透视检查

胸部透视方法简单，可以在移动体位的情况下进行观察，可观察呼吸时膈的运动及心脏和大血管的功能状态。传统的荧光屏透视分辨率较低，难以发现细微病变，被检动物和工作人员接受的放射线剂量较大。新型多功能数字化X线透视/摄影系统具备X线透视、摄影功能和数字减影血管造影功能，透视时影像的清晰度与分辨率显著提高，检查时间可显著缩短，并可根据需要保存图像或视频等高清数字影像。

1. 透视前的准备　　除传统荧光屏透视系统以外，X线电视透视及多功能数字化X线透视/摄影系统无须在专门的暗房中进行，透视者在透视前也无须做暗适应。透视前，应将动物身体清扫干净，以免体表污物干扰影像而造成误诊。

2. 透视方法　　对小动物可进行自然站立的侧位透视，也可将动物两前肢向上提举，两后肢直立姿势做背腹位、侧位和斜位透视；还可进行倒卧下的侧位、背腹位透视。

大动物（通常为马）只做站立状态下的侧位透视。由于侧位的影像重叠，当要确定病变存在于哪一侧时，须进行两个侧位的透视比较。因为投照物在荧光屏或平板上的清晰度受投照物与荧光屏或平板距离的影响，距离近者成像清晰，若在两侧位透视比较时，左-右侧位检查病变阴影的清晰度高于右-左侧位，则病变在右侧肺内。

透视时应先浏览一下整个胸部和肺野的透明度，然后按一定顺序进行观察。先观察心脏的位置、形态、边界，进而观察肺门、后腔静脉、主动脉和横膈。对肺野和肺纹理的观察，若为背腹位检查，应从肺野的上方向下观察，再从肺野的外侧向心脏方向观察。侧位检查时，应先从背侧开始向胸骨方向观察，然后从横膈向头侧方向观察。

大动物的肋骨长而宽，侧位检查时两侧肋骨都在荧光屏上形成影像。由于其密度较高会遮挡大片肺野，因此在检查时可通过改变动物姿势，将被遮挡的肺野暴露出来。这一过程应与曝光同时进行，此种方法也有助于检查心膈三角区内有无液体的存在。

透视应充分利用遮线器，合理调节透视范围，避免不必要的辐射。

（二）摄影检查

呼吸系统摄影，影像空间分辨率高，动物接受的辐射剂量低，尤其是数字X线摄影能更清晰地观察细微病变。但与X线透视相比，X线摄影仅为静态图像，存在影像重叠。鼻、咽、喉及颈段气管的摄影可参考头部或颈部摄影检查即可。摄影前应去除受检动物身上可造成影像伪影的物品，如胸背带、项圈、衣物等。因镇静会降低肺的充气程度，增加肺的不透射线性，拍摄胸片时应避免镇静动物。

1. 胸部摄影的技术要求　　胸部X线摄影时宜采用高千伏、低毫安秒，以获得较好的对比度和丰富的层次，减少心脏搏动或呼吸对肺的影响。为避免呼吸运动导致影像运动模糊，胸部摄影的曝光时间应在0.04s以下。一般中型机器的管电流可达200mA，曝光时间可以短到0.04s以下，而小型X线机达不到这个条件，故难以保证X线片的质量。所以有条件者应使用中型以上的X线机拍摄胸片。焦点-胶片距（FFD）以100cm为宜。

滤线器可减少散射线在X线影像上的雾影，提高影像质量。动物胸厚超过15cm时就应使用滤线器；如怀疑有较大面积的肺实变或胸腔积液时，胸厚超过11cm时也应使用滤线器。

2. 常规胸部摄影体位　　在小动物胸部摄影时，标准胸部X线摄影检查至少应包括两个相互垂直的体位，但通常建议同时拍摄左侧位、右侧位、腹背位及背腹位4个体位，将更有助于发现胸部的病变。如果动物存在严重的呼吸困难，应用背腹位代替腹背位。

拍摄侧位片时，动物取侧卧保定，用楔形泡沫垫垫高胸骨使之与胸椎在同一水平面，双前肢向前牵拉以充分暴露心前区域，双后肢轻微向后牵拉，头颈部自然伸展。拍摄腹背位片时，两前肢向前伸展，肘部稍向内转，后肢可保持正常体位，胸骨与胸椎应在同一垂直平面，以确保动物为端正的腹背位。可用"V"形槽进行辅助保定，避免胸廓发生偏转。背腹位投照时，动物取俯卧保定，前肢稍向前牵拉，肘头略向外转，后肢自然屈膝，头低下，放于两前肢之间。除上述标准体位外，还可以根据临床诊断需要拍摄站立或直立姿势的水平侧位、直立背腹位或腹背位及背腹斜位片。犬胸片的X线投照中心在肩胛骨后缘，猫的投照中心在肩胛肌后缘2.5cm处。投照范围应包括整个胸部：前缘至肩关节，后缘至膈脚，上缘至胸椎，下缘至胸骨。体厚测量部位在肩胛骨后缘水平。胸部拍片一般在动物最大吸气末曝光，在患某些疾病（如气管塌陷和某些空气不能从肺排出的疾病）时，也可在呼气末曝光。

3. 大动物胸部摄影 一般进行站立姿势下的水平侧位投照，摄影时注意将胶片中心、被照部位中心和X线中心束对准在一条直线上。由于大动物的胸廓大，一次投照不可能拍全整个胸部，可分区拍摄。如分别拍摄前胸区、后胸区或前胸区、中胸区和后胸区。在读片时再将它们拼接起来进行观察。对大动物拍胸片时均需使用滤线器，并尽量在最大吸气时曝光，投照条件力求准确。

（三）造影检查

呼吸系统的造影检查方法主要为支气管造影，即通过支气管导管注入造影剂，非选择性或选择性地使两肺或某一肺叶显影的方法，可直接显示支气管的病变，如支气管扩张、狭窄及梗阻等。因造影需要对动物进行镇静甚至麻醉且具有危险性，因此临床中较少使用。

二、CT检查

胸部的CT检查可采用普通扫描（平扫），不施加任何特殊条件，对动物定位后直接进行扫描。先对相应部位进行扫描，发现病变后再进行补充扫描。当平扫不能满足诊断要求时，如了解病变的血液供应情况、鉴别病变的性质等，可通过静脉快速注射造影剂后再进行扫描，即增强扫描，使用的造影剂浓度为1mL约含300mg碘。增强扫描主要用于肺门及纵隔淋巴结与血管的鉴别、淋巴结的定性诊断（如结核性与肿瘤转移的区别）及肺内结节病灶的鉴别诊断等。

通常将被检动物麻醉后取俯卧姿势，肢体不能在扫描平面内，扫描全胸或特定部位。根据部位和动物体型来确定层厚，一般大型犬做全胸扫描时，层厚为10mm；小型犬为3～5mm即可。胸部扫描应使用不同的窗技术，即要选择窗宽和窗位：肺，窗位700Hu，窗宽1000Hu；纵隔和胸壁的软组织，窗位35Hu，窗宽500Hu；骨，窗位420Hu，窗宽1500Hu。

对病灶的观察包括数量、大小、形状、边缘轮廓、所处位置及密度变化，也包括骨的增生性或溶骨性反应。由于动物处于麻醉状态，可出现通气不足和肺的坠积性充血，因此容易造成假象，在读片时应在综合考虑的情况下进行鉴别。

三、MRI检查

MRI检查对于胸部的检查不是常用方法，只作为X线和CT检查的补充。然而MRI检查具有很高的软组织分辨力，又有流空效应特点，不用造影剂也能显示出心脏及大血管，因此对纵隔肿瘤和心脏大血管病变具有很高的诊断价值。为了减少呼吸运动的伪影，胸部MRI检查应当使用呼吸门控或屏气扫描。增强扫描被用于肺血管病变的诊断和肺内结节等病变的鉴别诊断。

第二节 正常影像解剖

动物的种类虽然不同，但其胸部解剖结构基本一致，从外到里可分为胸外区、胸膜、肺实质、纵隔（包括心脏和大血管）4个基本的解剖区域。这些组织和器官在X线片上互相重叠构成胸部的综合影像，胸部X线片可分辨胸壁软组织、胸廓骨骼、肺、气管和支气管、心脏与大血管、纵隔与横膈等组织器官。不同种类及年龄的动物也存在着解剖形态、位置和大小比例上的差异。下面主要以犬、猫为例进行说明。正常胸部X线解剖见图4-1、图4-2。需要注意的是，正常猫肺未及膈腰椎隐窝，不能误认为是由胸腔积液造成的肺边缘移位（图4-3）。

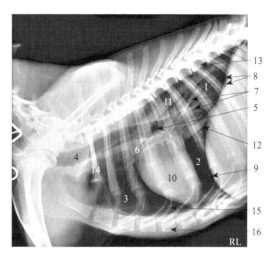

图4-1　犬正常胸部右侧位片
（云南农业大学教学动物医院供图）

1. 椎膈三角区；2. 心膈三角区；3. 心胸三角区；4. 气管；
5. 右前叶支气管；6. 肺前叶动、静脉；7. 肺后叶动、静脉；
8. 左、右横膈脚；9. 横膈顶；10. 心脏；11. 胸主动脉；
12. 后腔静脉；13. 第9胸椎；14. 第1肋骨；15. 肋软骨；
16. 第5胸骨；RL. 右侧卧位

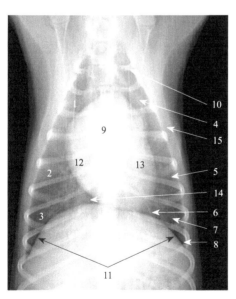

图4-2　犬正常胸部腹背位片（云南农业大学教学动物医院供图）

1. 右前叶；2. 右中叶；3. 右后叶；4. 左前叶前部；5. 左前叶后部；6. 左后叶；7. 左侧心膈角；8. 左侧肋膈角；9. 胸椎、胸骨及纵隔重叠影；10. 肋骨；11. 左、右横膈；12. 右心；13. 左心；14. 后腔静脉；15. 胸壁软组织

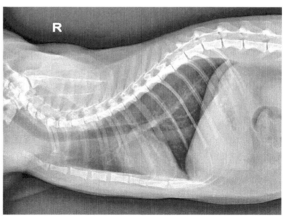

图4-3　猫胸部侧位片（云南农业大学教学动物医院供图）

一、胸廓

（一）X线检查

胸廓（thorax）是胸腔内器官的支撑结构，保护胸腔器官免受侵害。X线片上的胸廓是由胸部骨骼和软组织结构共同形成的影像，在读片时不能忽略这些结构的存在及可能发生的病变。

1. 胸部骨骼　　胸部骨骼构成胸廓的支架和外形，主要的骨骼有胸椎（thoracic spine）、胸骨（sternum）和肋骨（rib），此外，胸腔入口处附近尚有肩关节、肱骨和肩胛骨等。胸部骨骼在X线片上表现为密度最高的不透明的阴影。

（1）胸椎　　在侧位片上，胸椎位于胸廓的背侧，排列整齐，轮廓清晰，近似矩形，椎间隙明显，椎间距离相近。背腹位或腹背位片中，胸椎与胸骨及纵隔等重叠，椎间隙欠清晰。

（2）胸骨　　由8块胸骨节（sternebrae）组成，在侧位片上位于胸廓的腹侧，密度略低于胸椎，近似长方形。

（3）肋骨　　肋骨左右成对，为弓形长骨。在侧位片上常为左右重叠影像，靠近胶片（或平板）一侧肋骨影像边缘清晰，远离胶片（或平板）一侧肋骨影像边缘模糊且略放大。在背腹位或腹背位片上可见肋骨由胸椎两侧发出，左右对称，背段平直，胸段由外弯向内侧，影像欠清晰。

2. 软组织

软组织主要包括皮肤、皮下脂肪、皮下肌肉及肋间软组织等，在X线片上表现为灰白的软组织密度阴影，肩关节及肱骨后部肌群较厚，有时会遮挡一部分前部肺叶。

（二）CT检查

胸骨柄呈前凸后凹的梯形，两侧缘的凹陷为锁骨切迹。胸骨体呈长方形，高密度影。胸椎位于后胸廓中央。胸骨断面呈弧形排列。

（三）MRI检查

增强检查胸壁肌肉在T1WI和T2WI上均呈较低信号，显示为黑影或灰黑影。肌腱、韧带、筋膜氢质子含量很低，在T1WI和T2WI上均呈低信号。脂肪组织在T1WI上呈高信号，显示白影，在T2WI上呈较高信号，低于骨松质信号。

二、胸膜腔

正常胸膜由壁层（与肋间组织、肋骨及膈膜融合）和脏层（紧贴肺与心包膜）构成，二者之间的间隙即胸膜腔（pleural space）。在正常情况下，胸膜腔中存在极少量起润滑作用的液体，由于产生和吸收的速度大致相等，不会造成液体的大量蓄积。在正常X线胸片中，胸膜通常不能显现。正常胸膜厚度小于2mm，胸膜腔中仅有少量起润滑作用的胸膜液，是一个潜在的间隙，因此正常胸膜腔缺乏特征性影像学表现。在正常胸廓的CT图像上，胸膜腔表现为与胸膜边缘相对应的细线，但它们通常很细微，一般不会与胸膜病变相混淆。

三、纵隔

（一）X线检查

在侧位片上，纵隔（mediastinum）以心脏为界线可分为前、中、后3部分。前纵隔位于心脏之前，中纵隔将心脏包含在内，后纵隔则位于心脏之后。纵隔也可按经过气管权隆起的平面分为背侧部和腹侧部两部分。

在胸部背腹位或腹背位片上，前纵隔的大部分与胸椎重叠，其正常厚度不超过前部胸椎横截面的2倍。在肥胖的犬，由于脂肪在纵隔内堆积可增加纵隔的宽度。犬侧位片上的纵隔，前部以前腔静脉的腹侧线为下界，其内可见到气管阴影，如果食道内有气体存在或存有能显影的食物时，也能见到食道的轮廓。在背腹位或腹背位片上，前腔静脉影像形成了右纵隔的边缘，左锁骨下动脉形成了左侧纵隔影像的边缘。

纵隔内的器官种类很多，但只有心脏、气管、后腔静脉、主动脉、幼年动物的胸腺等少数几种器官在正常的胸片上可以显示。其他纵隔内器官或由于体积太小或由于器官之间界线不清、密度相近而不能单独显影。

（二）CT检查

前纵隔位于胸骨后方，心脏大血管之前。其内有胸腺组织、淋巴组织、脂肪组织和结缔组织。胸腺位于前纵隔血管前间隙内，分左、右两叶，形状似箭头。中纵隔结构多，包括气管与主支气管、大血管及其分支、膈神经、迷走神经、淋巴结及心脏等。左、右心膈角区可见三角形脂肪密度影，常为对称性。中纵隔淋巴结多数沿气管、支气管分布。后纵隔为食道前缘之后胸椎前及椎旁沟的范围。后纵隔内有食道、降主动脉分布。正常胸腺在CT平扫时呈轻度横纹状、腺样外观，伴有软组织衰减。在CT图像上可以看到整个食道。在横切面上，食道内的气体或液体可勾勒出食道腔及食道黏膜皱襞特有的玫瑰状图案，使检查更加容易。

（三）MRI检查

一般情况下，纵隔MRI检查主要是对胸部X线片及CT检查的补充。前纵隔内胸腺呈较均匀的信号，在T1WI上呈等强度信号，信号强度低于脂肪，在T2WI上呈高强度信号，信号强度与脂肪相似。

四、肺

（一）X线检查

胸片是胸腔内、外器官和组织重叠的复合影像。正常肺（lung）充气良好，具有很好的天然对比，胸椎、肋骨、胸骨、肺野、横膈、大血管和气管等可较清楚地显示。

在胸片中，从胸椎到胸骨，从胸腔入口到横膈及两侧胸廓肋骨阴影之内，除纵隔及其中的心脏和大血管阴影外，其余部位均为含有气体的肺阴影，即肺野。除气管阴影外，肺的阴影在胸片中密度最低。透视时肺野透明，随呼吸而变化，吸气时亮度增加，呼气时稍微变暗。

肺被纵隔分为左、右两部分，各约占胸腔的50%。其中右肺分为右前叶、右中叶、右后叶和副叶，左叶分为左前叶（包括左前叶前段和左前叶后段）和左后叶。各肺叶位于胸腔中的特定位置，其中右前叶与右中叶肺裂隙位于第4～5肋间，右中叶与右后叶肺裂隙位于第6～7肋间。左前叶前段与左前叶后段肺裂隙位于第4肋间，左前叶与左后叶肺裂隙位于第6～7肋间。支气管造影术可很好地反映各肺叶分布的位置。

在胸部侧位片中，肺野中部呈斜置的类圆锥形软组织密度的阴影为心脏。心基部向前的一条带状透明阴影为气管。主动脉是一由心基部上方升起、弯向背侧、与胸椎平行的较粗宽带状软组织阴影。心基部后方有一向后的较窄短的带状软组织密度阴影，为后腔静脉。在主动脉与后腔静脉之间的肺野，由心基部向后上方发出的树状分枝的阴影，为肺门和肺纹理阴影。通常把肺野分为以下3个三角区。

1. 椎膈三角区 此三角区的面积最大，上界为胸椎横突下方，后界为横膈，下界是心脏和后腔静脉。三角形的基线在背侧，其顶端被后腔静脉切断。椎膈三角区内有主动脉、肺门和肺纹理阴影。

2. 心膈三角区 此区包括后腔静脉下方、膈肌前方和心脏后方的肺野。这个三角区较椎膈三角区小得多，几乎看不到肺纹理，其大小随呼吸而变化，吸气时增大，呼气时缩小。

3. 心胸三角区 胸骨上方与心脏前方的肺野属于心胸三角区，此区一部分因肱骨、肩关节、肩胛骨及臂后肌群阴影遮挡，影像密度较高。在投照时应将两前肢尽量向前牵拉，以防肱骨及臂部肌肉遮挡而影响观察。

胸部背腹位或腹背位片中，由于动物的胸部是左右压扁，故肺野较小，不利于观察。正常肺表现为位于纵隔两旁的广泛而均匀的透明区域。一般将纵隔两侧的肺野平均分成3部分，由肺门向外分别为内带、中带和外带。

肺门是肺动脉、肺静脉、支气管、淋巴管和神经等的综合投影，肺动脉和肺静脉的大小分支为其主要组成部分。在站立侧位片上，肺门阴影位于气管杈处、心脏背侧、主动脉弓的后下方，呈树枝状阴影。在小动物背腹位或腹背位片上，肺门位于两肺内带、纵隔两旁。多种肺部疾病可引起肺门大小、位置和密度的改变，也是心源性肺水肿的易发部位。

肺纹理是由肺门向肺野呈放射状分布的干树枝状阴影，是肺动脉、静脉和淋巴管构成的影像。肺纹理自肺门向外延伸，逐渐变细，在肺的边缘部消失。在侧位片上，肺纹理在椎膈三角区分布最为明显。在背腹位或腹背位片上观察，可见肺纹理始于内带肺门，止于中带，很少进入外带。所以中带是评价肺纹理最好的区段。观察肺纹理时应注意其数量、粗细、分布和有无扭曲变形。肺裂隙通常不显示，各肺叶的分界也无从区别。

（二）CT检查

常规CT只能从某一横断面上观察某一断面的肺野或肺门。两肺野可见由中心向外围走行的肺血管分支，由粗渐细，上下走行或斜行的血管则表现为圆形或椭圆形的断面影。

右肺门：右肺动脉在纵隔内分为上、下肺动脉。上肺动脉很快分支并分别与右上叶的尖、后、前段支气管伴行。下肺动脉在中间段支气管前外侧下行中，先分出回归动脉参与供应右上叶后段。然后有右中叶动脉、右下叶背段动脉分出，最后分出基底动脉供应相应的基底段。右肺静脉为两支静脉干，即引流右上叶及右中叶的右上肺静脉干和引流右下叶的右下肺静脉干。

左肺门：左上肺动脉通常分为尖后动脉和前动脉分别供应相应的肺段。左肺动脉跨过左主支气管后即延续为左下肺动脉，左下肺动脉先分出左下叶背段动脉和舌段动脉，然后分出多支基底动脉供应相应的基底段，左肺静脉也为两支静脉干，即引流左上叶的静脉进入纵隔后与左中肺静脉汇合形成左上肺静脉干，引流左下叶的左下肺静脉干。

叶间裂：横断面上，斜裂可见于第4胸椎平面以下的层面，表现为从纵隔至侧胸壁的横行透明带影；水平叶间裂因其与扫描平面平行，可表现为三角形或椭圆形无血管透明区，当叶间裂走行与扫描平面接近垂直或略倾斜时，则可显示为细线状影，在高分辨力CT图像上，叶间裂可清楚地显示为线状影。

在CT图像上，叶间裂是识别肺叶的标志，左侧斜裂前方为上叶，后方为下叶。右侧在中间段支气管以上层面，斜裂前方为上叶，后方为下叶；在中间段支气管以下层面，斜裂前方为中叶，后方为下叶。

（三）MRI检查

用常规方法所获得的MRI图像上，正常肺组织常呈极低信号（黑影），效果不佳。肺纹理显示不及CT，不呈树枝状，而呈稍高信号的横带状影，仅在近肺门处可见少数由较大血管壁及支气管壁形成的分支状结构。

五、气管和支气管

（一）X线检查

气管（trachea）是一从枢椎体腹侧环状软骨后缘开始向后延伸至第5胸椎处的管状结构。在第5胸椎处，气管在心基部上方分叉成左、右两个主支气管（main bronchus）分别进入左、右肺。气管由一系列的环状软骨所支撑，犬软骨环的背侧不完整，由气管背膜覆盖。两主支气管起始处之间的三角区顶端称为隆突。

气管在侧位片上看得最清楚。正常动物气管影像特征为一条均匀的低密度带，其直径相对恒定，可随着呼吸有细微的变化，吸气时胸外气管管腔变小，胸内部分管腔扩张；呼气时胸内管腔缩小，胸外管腔扩张。头部过度伸展时会导致胸腔入口处气管假性狭窄，为避免与相关疾病混淆，在拍片时应注意摆位姿势，以免造成人为假象。在颈部气管几乎与颈椎平行，但到颈后部则更接近颈椎。进入胸腔后，气管与胸椎形成一锐角。心基部上方圆形的低密度阴影为气管杈处，表示右前叶支气管的起始点。气管在颈部的活动范围不大，但在前纵隔内有较大的活动度，所以一些纵隔占位性病变会使气管的位置偏移，这在正位片上观察得更清楚。在正位片上前纵隔内的气管位于中线偏右，偏移的程度在一些体型较短品种的犬就更明显，在气管权处则位于中央。有时在一些老年动物上还可见气管环钙化现象。

支气管由肺门进入肺内以后反复分支，逐级变细，形成支气管树。支气管在正常X线片上不显影，可通过支气管造影术对支气管进行检查。

（二）CT检查

因为气管内、外气体的存在，大的气管在CT图像上显示得较清楚。麻醉后德国牧羊犬的气管直径定量测量结果显示，气管的水平方向与垂直方向直径比值约恒为1.0，且从头颈部到胸腔，气管管腔横截面积逐渐减小。有研究表明，吸气时气管横截面积减少，主要是气管垂直方向直径的减小所致。许多犬在呼气时气管背膜内陷。据报道，正常犬大叶支气管直径与相应肺动脉直径的比值平均为1.45，上限为2.0。麻醉后正常猫的大叶支气管直径与相应肺动脉直径比值的平均值为0.71，上限约为0.91。

（三）MRI检查

MRI检查时，气管与主支气管内无信号，气管和支气管壁由软骨、平滑肌纤维和结缔组织构成，且较薄，通常不可见，管腔由周围脂肪的高信号所衬托而勾画出其大小和走向。

六、横膈

（一）X线检查

横膈（diaphragm）是位于胸腔和腹腔之间的一层肌腱组织。透视下观察横膈的运动情况可见，它是呼吸运动的重要组成部分，其运动幅度因动物种类的不同而异，一般为0.5～3.0cm。膈呈圆弧形，顶部突向胸腔。在背腹位或腹背位片中，膈影左右大体对称，圆顶突向头侧并接近心脏，与心脏形成左、右两个心膈角。外侧膈影向尾侧倾斜，与两侧胸壁的肋弓形成左、右两个肋膈角。横膈上部（头侧）为肺和心脏，下部（尾侧）为腹腔器官，其中右侧主要为肝，呈现为均匀软组织密度影，左侧下方与胃相邻，常可见一半月状低密度的胃泡透明阴影。胸部左侧位或右侧位片中，横膈自背后侧向前腹侧倾斜延伸，表现为边界光滑、整齐的弧形高密度阴影。在右侧位片中，左、右横膈影大致平行，且右侧在前；而在胸部左侧位片中，背侧左、右横膈影往往发生偏离、成角，且左侧横膈脚在前，右侧横膈脚在后（图4-4）。

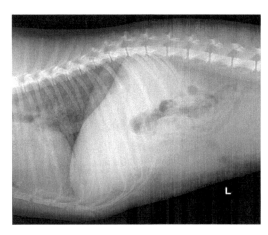

图4-4　正常比格犬胸部左侧位片横膈
（吉林大学教学动物医院供图）

横膈的形态、位置与动物的呼吸状态有很大关系，吸气时，横膈后移，前突的圆顶变钝，呼气时横膈向前突出。另外，动物种类、品种、年龄和腹腔器官的变化都会影响横膈的状态。

（二）CT检查

在非增强CT图像上，除了向腰椎椎体头侧、腹侧插入的背侧膈肌脚可显示，正常膈肌与邻近的肝界线欠清晰。

（李小兵）

第三节　气管和支气管疾病

一、支气管炎

支气管炎（bronchitis）是支气管黏膜表层或深层的炎症。支气管炎常发生于气候转变之时，如初春或秋冬之交，寒冷刺激导致支气管黏膜抵抗力降低，病原菌感染而致病；机械性或化学性刺激、某些传染病和寄生虫病等也可导致动物支气管炎的发生；此外，慢性心、肺疾病，全身性疾病（鼻疽、结核、白血病等）也可继发慢性支气管炎。各种动物均可发生，以幼龄和老龄动物多见。

1. 病理与临床表现　临床上分为急性支气管炎与慢性支气管炎两种。急性支气管炎的病理学改变主要为支气管黏膜的充血、水肿甚至出血。慢性支气管炎时，除上皮细胞变性、坏死脱落和白细胞浸润外，支气管黏膜上皮有显著的增生，使管腔狭窄，管腔中常有黏液或黏脓性分泌物。同时发生支气管周围炎。临床上以咳嗽、流鼻液、呼吸困难、啰音和不规则热为特征。严重时可出现阻塞性肺气肿病症、肺膨胀不全、支气管狭窄、支气管扩张等。

2. 影像学表现　急性支气管炎时，在X线片上缺乏明显的表现，有时可见肺纹理增重现象。在慢性支气管炎时，由于长期发炎，可见肺纹理增粗、紊乱或肺门扩大，肺纹理增重，呈粗乱的条索状阴影（图4-5，图4-6）。严重的慢性支气管炎，可见大支气管壁明显增厚，密度增高，管腔变得较为狭窄，内壁粗糙不平。在透亮的肺野和支气管内空气的对照及衬托下，显示两条平行的粗线条状的致密阴影，呈现明显的"双轨征"现象（图4-7）。增厚的支气管外壁也表现为粗糙不整。若病变蔓延到细支气管和肺泡壁，则可呈现不规则的网状阴影。

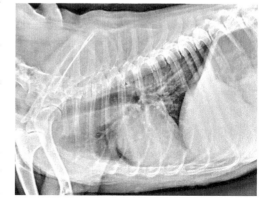

图4-5　犬慢性支气管炎（扬州大学教学动物医院供图）

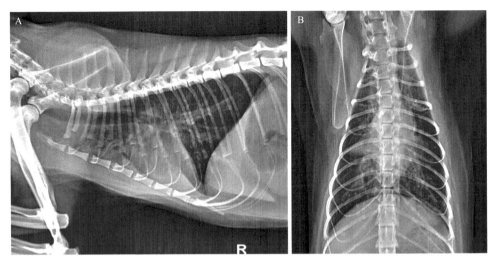

图4-6　猫慢性支气管炎（扬州大学教学动物医院供图）

右肺中叶肺泡型病变，左、右肺后叶慢性支气管炎

A．胸部右侧位片；B．胸部腹背位片

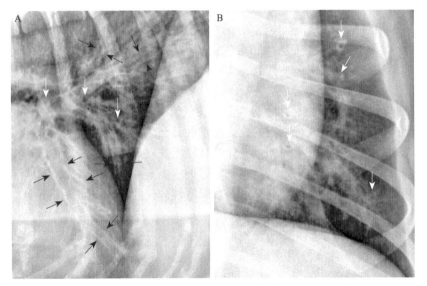

图4-7　犬严重慢性支气管炎（Thrall，2013）

可见较多环状阴影（白色箭号所示）和"双轨征"（黑色箭号所示），提示为严重的支气管型病变

二、气管塌陷

气管塌陷（trachea collapse）是遗传因素、营养性因素、变态反应性因素等引起动物气管环失去维持气管正常形状的能力，气管上、下管壁压扁，管腔狭窄的一种呼吸器官疾病。该病可发生在颈部、胸腔入口处、心基部或全段气管，最常发生部位是胸腔入口处。常见于玩具犬或小型犬的成年期，尤其是约克夏犬、博美犬和玩具贵妇犬。

本病发生的确切原因尚不清楚。常见的诱因有：气管先天畸形或气管发育不良；慢性支气管炎侵害气管透明软骨、气管肌和结缔组织；营养性因素；变态反应性因素及过度肥胖等。

1. 病理与临床表现 气管塌陷患犬气管软骨细胞减少、软骨基质退化，正常的透明软骨被纤维软骨和胶原纤维代替，大量的糖蛋白和黏多糖丢失，软骨失去韧性，导致在呼吸时无法保持气管正常形态而塌陷，影响进入肺部的气流量。临床症状包括不同程度的呼吸窘迫和突发性的、慢性的干咳（鹅鸣声），通常在运动或激动兴奋时症状加重。

2. 影像学表现 气管塌陷时，侧位片诊断意义最大，需要拍摄颈部、胸部侧位和腹背位X线片。典型X线征象包括：颈段、胸腔入口处或全段气管内腔明显变窄；由于背侧气管背膜下垂，气管背侧缘轮廓不清；颈部或胸部或二者都可能塌陷，若颈部气管塌陷，则在吸气时出现塌陷，若胸内气管塌陷，则在呼气时出现塌陷，也可累及主支气管（图4-8）。如果临床症状暗示气管塌陷，但吸气和呼气时的X线片都显示气管塌陷阴性，透视和（或）内镜有助于诊断。气管塌陷应与先天性气管发育不良进行鉴别诊断。在某些短头品种犬如英国斗牛犬、斗牛獒犬中可见先天性气管发育不良（气管狭窄）。整段气管狭窄，直径小于喉的一半，或小于第3肋骨近端1/3处的宽度（图4-9）。

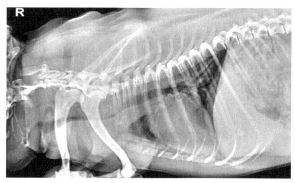

图4-8 犬气管塌陷（扬州大学教学动物医院供图）
胸部侧位片中，胸腔入口处气管呈上下压扁性狭窄

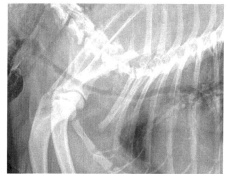

图4-9 先天性气管发育不良
（Thrall，2018）

需要注意的是，气管直径的变化，特别是胸腔入口处的气管直径的变化明显受拍片时颈部所处位置的影响。拍片时头和颈部过度伸展会导致胸腔入口处气管假性狭窄。此外，犬气管背膜下垂容易与气管塌陷混淆，在犬气管背膜下垂时，在侧位片中可看到与气管重叠的软组织密度影，在其背侧可看到密度稍高的背侧气管壁影（图4-10）。

三、支气管扩张

支气管扩张（bronchiectasis）通常是

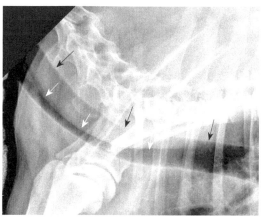

图4-10 气管背膜下垂（Thrall，2018）
冗余的气管背膜滑入气管内（白色箭号所示），背侧气管壁位于后方（黑色箭号所示）

由严重的慢性支气管炎及肺内长期炎症所引起的支气管内腔局限性扩大。

　　严重的慢性支气管炎是发病的主要原因之一，也是肺内长期炎症的结果。支气管扩张的主要发病机制是：慢性感染引起支气管壁组织的破坏；支气管内分泌物淤积与长期剧烈咳嗽，引起支气管内压增高；肺不张及肺纤维化对支气管壁产生的外在性牵拉。这3个因素互为因果，促成并加剧支气管扩张。

　　1. 病理与临床表现　　　支气管扩张可两肺弥漫性存在，也可局限于一侧肺、一叶肺或一个肺段。支气管扩张可分为圆柱状支气管扩张和囊状支气管扩张及混合型支气管扩张3种类型，在支气管造影检查下可以准确判断。圆柱状支气管扩张是支气管内壁的整个管腔受到慢性感染所致，其病理变化为支气管壁的组织变性和破坏，或支气管内分泌物淤积引起支气管内压增高，致使支气管的整个内腔发生均等性扩张。囊状支气管扩张是支气管的一种不均等性的袋状不规则扩张，支气管壁的侧方呈囊状突出。常为多个薄壁空腔，其中可能有液体。支气管扩张的主要症状是咳嗽，常有呼吸道感染及反复发热。

　　2. 影像学表现　　　早期轻度支气管扩张在平片上多无异常表现，较明显的支气管扩张在平片上可以发现某些直接或间接征象，如肺纹理增多、紊乱或呈网状。有时也可见扩张的支气管呈粗细不规则的管状透明影（即"双轨征"）或许多扩大的环状阴影（图4-11，图4-12）。支气管造影检查可以确定支气管扩张的部位、范围及类型，为手术治疗提供重要资料。支气管造影时，圆柱状支气管扩张，造影表现为支气管管腔粗细不匀，失去正

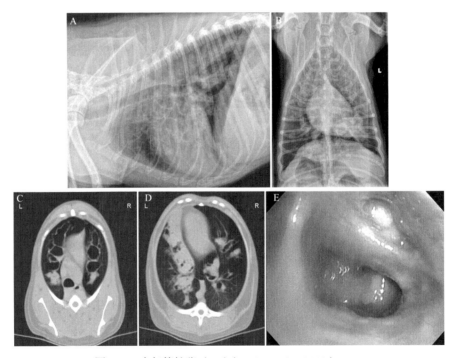

图4-11　支气管扩张（一）（Meler et al., 2010）

A. 胸部左侧位片上可见支气管扩张在前腹侧肺叶最为严重；B. 背腹位片中左侧肺尾叶软组织密度增高影，边缘不规则；C. 前胸CT横断面所有肺叶均可见严重的支气管扩张；D. 胸腔后部CT横断面可见多发性扩张支气管内充满软组织密度内容物，其中左侧胸腔靠近心脏处最明显；E. 右肺后叶及副叶内镜检查显示，双叶支气管被黄绿色黏液脓性物质所部分或完全阻塞

常时由粗渐细的移行状态，有时远侧反较近侧粗，圆柱状支气管扩张的管径，在大动物可达1cm，甚至更大；囊状支气管扩张，表现为末端呈多个扩张的囊，状如葡萄串，造影剂部分充盈囊腔，在囊内形成液平面；混合型支气管扩张，表现为圆柱状和囊状支气管扩张混合存在。

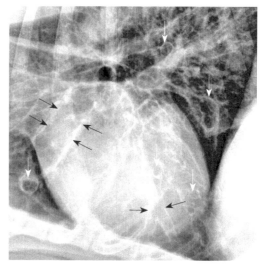

图4-12　支气管扩张（二）（Thrall，2018）

可见许多扩大的环状阴影（白色箭号所示）及增宽的"双轨征"（黑色箭号所示）

四、气管异物

犬、猫气管异物性阻塞不常见，主要的临床症状是突然爆发严重咳嗽。

1. 病理与临床表现　异物较小或管状异物常无阻塞性改变。异物将气道完全阻塞时，逐渐发生阻塞性肺气肿和肺不张；异物还有可能导致气道黏膜发生损伤，使黏膜充血、肿胀、分泌物增多、肉芽组织增生、纤维化等。主要症状为咳嗽、呼吸困难和反复呼吸道感染。

2. 影像学表现　充气的气管可提供良好的对比，高密度不透射线异物在X线片中容易看到（图4-13）。如果异物是透射线的，内镜检查更具有诊断价值。异物阻塞气管引起气体排出困难时，将导致肺充气过度。如果异物进入支气管，将导致肺不张，从而使异物影像模糊。由于在支气管和肺之间有液体渗出使对比消失，在不张的肺叶中无空气支气管征（air bronchogram）。

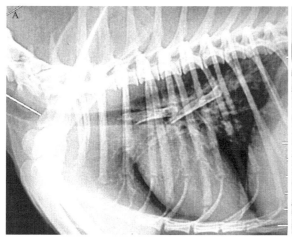
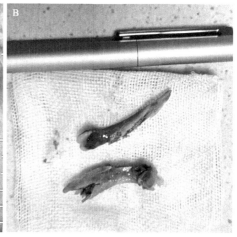

图4-13　气管异物（华中农业大学教学动物医院供图）

A. 在气管后段及主支气管内各有一边界清晰的致密骨性异物；B. 后经气管镜取出的两块鸭腿骨

五、气管肿瘤

犬、猫气管肿瘤罕见。骨肉瘤、软骨瘤、腺癌和鳞状上皮癌已有报道。因周围空气衬托，可见瘤性肿块突入气管内腔。使用造影剂（支气管造影）有助于鉴别气管内或气管外肿块，但内镜检查比传统的造影检查更具有诊断意义。

（杨玉艾，李小兵）

第四节　肺部疾病

一、肺水肿

肺水肿（pulmonary edema）是指某些因素使肺间质、肺泡被液体所浸润，导致液体在肺内的异常聚集。左心疾病如左心衰竭等导致的毛细血管压增高，低血氧、贫血、低蛋白血症、毒素、药物过敏等导致毛细血管通透性的改变是引起肺水肿的两个重要原因。

1. 病理与临床表现　　肺水肿分为间质性肺水肿和肺泡性肺水肿两类，间质性肺水肿常先于肺泡性肺水肿发生，往往两者同时存在但以其中一类为主，间质性肺水肿以在慢性左心衰竭的病例中最为常见。①肺泡性肺水肿时，肺体积增大、变实，按压时形成陷窝。由左心衰竭所致者，肺水肿以在两肺下部和后方为显著，切面观肺组织浸满液体并从切面外溢；而在单纯的肺水肿病例中，液体呈白色，如有肺充血同时存在，液体呈红色或棕色。②间质性肺水肿多数由左心衰竭所致，液体首先出现于肺间质部分，由毛细血管渗出到肺组织。

在临床中，可将肺水肿分为急性、慢性肺水肿两类。间质性肺水肿多为慢性肺水肿，肺泡性肺水肿可为急性也可为慢性肺水肿。肺水肿时，初期呼吸促迫，很快出现呼吸困难，鼻孔开张、头颈伸展，甚至张口呼吸，黏膜发绀；两侧鼻孔流出大量泡沫样鼻液。肺部听诊有广泛性湿啰音或捻发音，肺泡呼吸音减弱；肺部叩诊呈浊音或浊鼓音。严重者可因呼吸衰竭而死亡。

2. 影像学表现　　肺泡性肺水肿的X线表现主要是腺泡样密度增高阴影，代表一组肺泡为渗出的液体所填充。大多数病例在发现时渗出阴影已经相互融合成为片状不规则模糊阴影，可见于一侧或两侧肺野的任何部位，但以围绕两肺门的内、中带更为常见。水肿范围较广时则显示大片均匀密实的阴影，内有含气的支气管影，即空气支气管征（图4-14）。

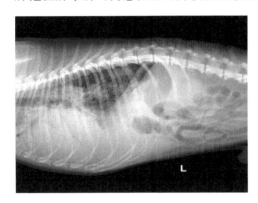

图4-14　肺泡性肺水肿（吉林大学教学
动物医院供图）
右肺前叶、中叶、后叶呈均质软组织密度影，
内可见含气支气管影

间质性肺水肿的X线表现较为特殊。肺血管周围的渗出液可使血管纹理变得模糊不清，肺门阴影也变得不清楚（图4-15）。小叶间隔中的积液可使间隔增宽，形成小叶间隔线，即克利B线（Kerley B-line）和克利A线（Kerley A-line）。克利B线常见于二尖瓣狭窄病例，以在两侧下肺野膈脚区显示最为清楚，与胸膜垂直，在肋膈脚区呈横行走向，在膈面上呈纵行走向。克利A线较克利B线少见，多出现于肺野中央区，显示为细而增密的线条状阴影，较克利B线为长，往往略呈弧形，或有屈曲现象，斜向肺门，与克利B线的横行和纵行方向不同。

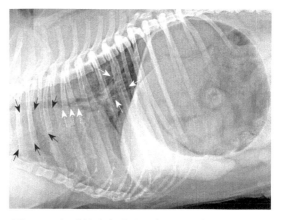

图4-15 间质性肺水肿（黑龙江八一农垦大学教学动物医院供图）

可见肺野整体密度高、模糊不清晰，双肺后叶可见结节状阴影（白色箭号所示），气管抬升（虚线箭号所示），前纵隔影像结构消失不可见（黑色箭号所示）

二、肺气肿

肺气肿（pulmonary emphysema）是肺泡的过度扩张，充满大量气体，肺泡壁弹性减退、丧失甚至破裂而导致的肺膨胀性疾病。

1. 病理与临床表现 根据疾病的性质，肺气肿可分为肺泡性肺气肿（alveolar emphysema）和间质性肺气肿（interstitial emphysema）。肺泡性肺气肿是肺泡及终末细支气管远端管壁弹性减弱，过度膨胀、充气，使肺体积增大的疾病。肺泡性肺气肿按病程分为急性肺泡性肺气肿和慢性肺泡性肺气肿。急性肺泡性肺气肿的肺泡结构无明显病理变化；患慢性肺泡性肺气肿时肺泡持续扩张，肺泡壁弹性丧失，导致肺泡壁、肺间质组织及弹力纤维萎缩甚至崩解。老龄动物多发。间质性肺气肿是因细支气管和肺泡破裂，气体进入肺小叶间质而发生的一种肺病。气体可通过纵隔到达颈部皮下，引起背部皮下气肿。临床上急性肺泡性肺气肿表现为突然起病，主要症状是呼吸困难、咳嗽、结膜发绀、胸部叩诊呈广泛的过清音，叩诊界后移1～2个肋间，严重时可达肋骨弓，听诊有啰音；慢性肺泡性肺气肿主要表现为高度呼吸困难。间质性肺气肿常突然起病，迅速呈现呼吸困难，甚至窒息危象，肺叩诊呈过清音或鼓音，但肺界一般正常，颈部、肩部甚至全身皮下气肿，触诊可有捻发音。

2. 影像学表现 患部肺叶的透明度增高，同时由于肺容积的增大，其周围组织也受到影响。例如，膈呼吸运动减弱并向后移位，肋间隙增宽和胸廓变形。若为一侧性气肿，可使纵隔明显移位等。双侧肺气肿时，两肺透明度普遍性增高，膈后移及其运动减弱，肺的透明度不随呼吸而发生应有改变，并可见肋间隙增宽和胸廓变形（图4-16，图4-17）。小动物的肺气肿，因检查较充分可以显示上述的全面变化。但大动物因限于站立水平侧位检查，通常只可表现为透明度增高且不随呼吸而发生应有改变，如膈后移及呼吸运动减弱等变化。

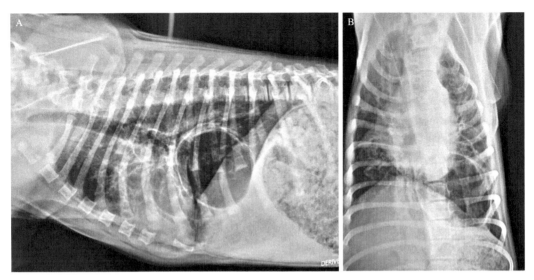

图4-16　左肺后叶肺大疱（极信研和兽医影像诊断中心供图）

A. 胸部侧位片；B. 胸部腹背位片

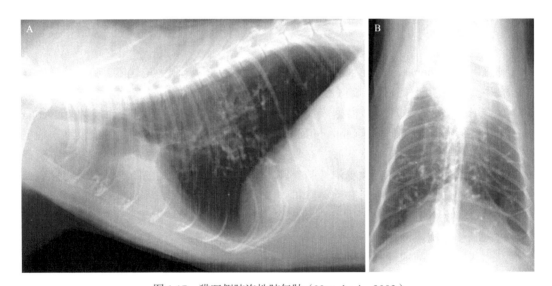

图4-17　猫双侧肺泡性肺气肿（Natsuhori，2003）

A. 胸部侧位片，显示横膈扁平、明显后移，心膈三角区显著增大，心胸三角区密度增高；B. 正位片，
显示右肺前叶萎陷（肺不张）。正侧位片中均可见肺透明度显著增高，肺纹理清楚、稀疏

　　代偿性肺气肿时，X线片上可见除原发病部位密度增加的阴影外，其余的肺组织透明度增高，如原发病变为一侧性，于背腹位观察时，健侧透明度增高，纵隔向对侧移位（图4-16）。间质性肺气肿时，在X线片上一般肺内无改变，膈、心脏和大血管外缘呈窄带透亮影，颈部或胸壁皮下呈小泡状透光区，可有肌间隙透光增宽。

三、小叶性肺炎

小叶性肺炎（lobular pneumonia）是以细小支气管为中心的个别肺小叶或几个肺小叶的炎症，又称为支气管肺炎（bronchopneumonia）或卡他性肺炎（pneumonia catarrhalis）。

1. 病理与临床表现　　小叶性肺炎是在各种致病因素的作用下，呼吸道的防御屏障功能降低，病原菌经支气管侵入，引起细支气管、终末细支气管及肺泡的炎症。炎症从支气管开始，沿支气管或支气管周围蔓延，引起细支气管和肺泡充血、肿胀、浆液性渗出、上皮细胞脱落和白细胞浸润，导致肺小叶或小叶群的炎症，并可融合形成较大的病灶，此时肺有效呼吸面积减小，出现呼吸困难，叩诊呈小片状浊音区。肺小叶的炎症呈跳跃式扩散，当炎症蔓延到新的小叶时体温升高，当旧的病灶开始恢复时，体温开始下降，因此呈现较典型的弛张热。本病最常见于幼龄动物。临床表现较重，多有高热、呼吸困难、流鼻液、咳嗽、啰音。一般有白细胞增多症，血沉加快，中性粒细胞增多，核左移。

2. 影像学表现　　在透亮的肺野中可见多发的大小不等、密度不均匀、边缘模糊不清的点状、片状、云絮状渗出性阴影，多发于肺心叶和膈叶，呈弥漫性分布，或沿肺纹理的走向散在于肺野中（图4-18）。支气管和血管周围间质的病变，常表现为肺纹理增多、增粗和模糊。病变可侵犯一个或多个肺叶，大量的小叶性病灶可融合成大片浓密阴影，称为融合性支气管肺炎（图4-19）。与大叶性肺炎的区别在于其密度不均匀，不是局限在一个肺的大叶，或大叶的一段，在X线片上往往位于肺野的中央、肺门区、心叶和膈叶的前下部，致心脏的轮廓不清，后腔静脉不可见，但心膈角尚清楚。在膈叶的后上部显得格外透亮时，表示伴有局限性肺气肿。

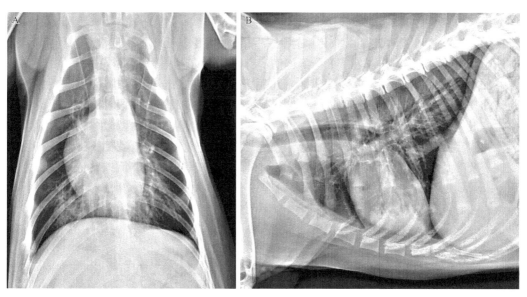

图4-18　犬小叶性肺炎（吉林大学教学动物医院供图）

A. 正位片，双侧心膈角出现密度不太高的云絮状阴影，边缘模糊，与正常肺组织无明显界线；

B. 侧位片，由于渗出阴影重叠，心尖部密度增高

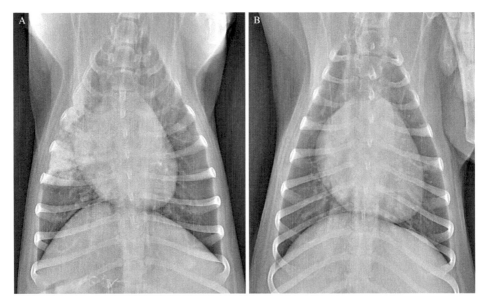

图4-19　融合性支气管肺炎（吉林大学教学动物医院供图）

A. 右肺中叶融合性支气管肺炎；B. 对症治疗7d后复查，炎性渗出物被明显吸收

四、大叶性肺炎

大叶性肺炎（lobar pneumonia）是以整个肺叶或肺大叶的支气管和肺泡内充满大量纤维蛋白渗出物为特征的急性炎症，又称纤维素性肺炎或格鲁布性肺炎（Croupous pneumonia）。目前认为有两类病因：一是由病原感染所致，常见的有肺炎链球菌、巴氏杆菌、肺炎克雷伯菌、金黄色葡萄球菌等。另外，牛、羊、猪的传染性胸膜肺炎的病理特征为纤维素性肺炎。二是由非传染性因素引起，如变态反应、内毒素等，受寒感冒、剧烈运动、长途运输、全身麻醉、胸部创伤、有害气体的刺激等均可诱发本病。

1. 病理与临床表现　　在致病因素作用下，首先在细支气管和肺泡出现炎症，经肺泡间孔和呼吸性细支气管向邻近肺组织蔓延，致使部分或整个肺段、肺叶发生炎症变化（一般侵害单侧肺，多见于尖叶、心叶和膈叶），肺泡内充满炎性渗出物和纤维蛋白，表现为肺实质的炎症。典型大叶性肺炎呈定型经过，即充血期、肝变期（红色、灰色肝变期）及溶解消散期。患畜临床症状严重。体温升高，呈稽留热。流铁锈色或黄红色鼻液，有短弱的咳嗽。呼吸频数，肝变期时叩诊有弓形大片浊音区。出现支气管呼吸音、啰音。心音亢进，以后减弱，脉搏加快并不与体温升高相对应。当体温升高2～3℃或更高时，脉搏每分钟增多不超过10～15次。一般出现白细胞增多症，中性粒细胞增多，核左移。

2. 影像学表现　　大叶性肺炎充血期无明显的X线特征，仅可见病变部肺纹理增粗、增浓，肺部的透亮度稍降低。肝变期比较典型，在肺野的中、下部，相当于肺体的中下部，显示大片广泛而均匀致密的阴影（图4-20）。阴影上缘（背侧）呈弧形向上隆起为其特殊表现，此征可与叩诊出现的弓形浊音区符合，与肺叶的解剖结构或肺段的分布完全吻合。由于目前多在病初用大剂量抗生素治疗，典型大叶性肺炎已不常见。消散期表现为大片密实阴影逐渐缩小、稀疏变淡，肺的透亮度逐渐增加，病变呈不规则、大小不一的斑片状模糊阴影。经治疗痊愈的病例，病变全部被吸收消散，肺组织恢复正常。

五、吸入性肺炎

吸入性肺炎（aspiration pneumonia）是异物进入肺所致的以炎症和坏死为特征的肺部急性炎症，又称为异物性肺炎或坏疽性肺炎。常见于吞咽障碍如咽炎、咽麻痹、食道阻塞、麻醉或昏迷等时发生吸入或误咽，呕吐时吸入呕吐物等。此外，投药方法不当如强行灌服有刺激性药物也可引起吸入性肺炎。

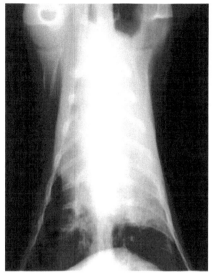

图4-20　犬大叶性肺炎（Natsuhori，2003）
胸部腹背位片，左、右肺前叶呈大片广泛而均匀致密的阴影

1. 病理与临床表现　　当动物吸入异物时，初期炎症局限于支气管内，随后逐渐侵害支气管周围的结缔组织，并且向肺蔓延。由于腐败细菌的分解作用，肺组织分解液化，引起肺坏疽，并形成蛋白质和脂肪分解产物。其中含有腐败性细菌、脓细胞、腐败组织与磷酸铵镁的结晶等，散发出恶臭味。病灶周围的肺组织充血、水肿，发生不同程度的卡他性和纤维蛋白性炎症。如果坏疽病灶与呼吸道相通，腐败性气体与肺内的空气混合，使病畜呼出的气体有明显的腐败性恶臭味。当这些物质排出之后，在肺内形成空洞，其内壁附着一些腐烂恶臭的粥状物，鼻孔流出脓性、腐败性的鼻液。主要症状为咳嗽、高度呼吸困难。两肺可闻及广泛的中小水泡音。起病急骤，于短时间内即出现心力衰竭的症状，严重时可有发绀及休克。患畜常由于极度衰竭而死亡。

2. 影像学表现　　根据吸入异物的性质和病程长短不同，X线表现上有一定差异。病初吸入异物沿支气管扩散，在肺门区呈现沿肺纹理分布的小叶性渗出性阴影，随病情的发展，在肺野下部的小片状模糊阴影发生融合，呈团块状或弥漫性阴影，而且密度多不均匀、边缘不清（图4-21）。急性吸入性肺炎经过适当的治疗，其X线征象可于数日内迅速消退。当肺组织腐败崩解、液化的肺组织被排出后，呈现大小不一、无一定界线的空洞阴影，多呈蜂窝状或多发性虫蚀状阴影，较大的空洞也能呈现环带状空壁。

六、真菌性肺炎

真菌性肺炎（mycotic pneumonia）是肺部真菌感染所致的化脓性炎症或慢性肉芽肿形成的疾病，按病程分为急性和慢性两类。常见的致病真菌有新生隐球菌、组织胞浆菌、肺孢菌、芽生菌、烟曲霉菌、念珠菌等，主要是真菌污染饲料、垫料，以及真菌孢子随空气被动物吸入所致。

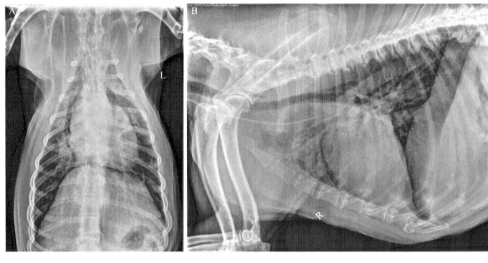

图4-21　吸入性肺炎（Jonathan，2014）

胸部背腹位（A）及右侧位（B）片可见，前腹侧肺叶呈肺泡型病变，其中左前叶前段受累更严重

1. 病理与临床表现　　真菌感染的发生是机体与真菌相互作用的结果，机体的免疫状态及环境条件可成为发病的诱因。肺组织及其分泌物是这些微生物极好的繁殖场所，产生的内毒素使组织坏死、炎性细胞浸润，在肺部形成多灶性肉芽肿或化脓性肉芽肿病变，呈大小不等的结节，肉芽肿的中心为干酪样坏死，内含有大量菌丝，有的形成脓肿和空洞。临床上表现小叶性肺炎的基本症状，特征是体温升高，湿而短的咳嗽，呼吸困难，黏膜发绀或苍白，流污秽鼻液，肺部听诊可有啰音。

2. 影像学表现　　X线片表现为肺实质浸润性病变，可见散在性或融合成片状的云絮状阴影；肺门或整个肺野有弥漫性的大小不等的粟粒状阴影，阴影密度较高（图4-22）；在肺门处的结节经久后会发生钙化。确诊需结合临床及其他相关信息，同时注意与肺结核和恶性肿瘤的肺转移进行鉴别。必要时进行真菌分离鉴定，确定病原。

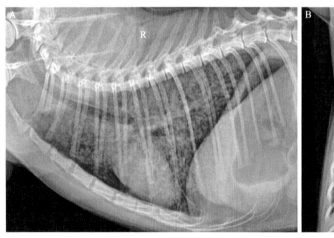
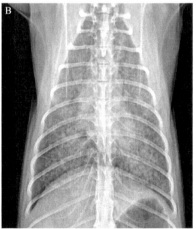

图4-22　真菌性肺炎（极信研和兽医影像诊断中心供图）

胸部侧位（A）和腹背位（B）片上，双肺广布弥漫性粟粒状结节，密度较高

七、肺肿瘤

肺肿瘤（pulmonary neoplasia）是指肺实质、胸膜和支气管壁发生的肿瘤。肺肿瘤可分为原发性肿瘤和转移性肿瘤两类，原发性肿瘤又分为良性和恶性肿瘤。在犬、猫临床中，肺原发性肿瘤比较少见，肺肿瘤常见于犬的转移性肿瘤，猫少见。

1. 病理与临床表现　原发性肺肿瘤多起源于支气管上皮、腺体、细支气管肺泡上皮，如鳞状上皮瘤、腺瘤、淋巴肉瘤和黑色素瘤等，肿瘤类型不同，其病理学特征不一。转移性肺肿瘤是由恶性肿瘤经血液、淋巴或邻近器官蔓延至肺部，如犬乳腺肿瘤、骨肉瘤、鳞状上皮癌等。应注意肺肿瘤与肺结核、肺棘球蚴病、霉菌性肺炎、非霉菌性肺炎、肺脓肿作鉴别。临床上无论是原发性肺肿瘤还是转移性肺肿瘤，患病动物均表现为呼吸窘迫综合征，体重下降，发热。患病动物高热且多数源于肿瘤继发感染肺炎，抗生素治疗无效。临床常见为肺癌、乳腺肿瘤远处转移、腹腔肿瘤转移至肺等。

2. 影像学表现　原发性肺肿瘤在X线片上多显示为位于肺门区的边缘、轮廓清楚的圆形或结节状致密阴影。黑色素瘤呈边缘不平、密度均匀、典型块状阴影。

转移性肺肿瘤则可见肺野内单个或多个、大小不一、轮廓清楚、密度均匀的圆形或类圆形阴影，转移性肺肿瘤可侵犯胸膜，引起胸腔积液（图4-23）。恶性肿瘤可呈现分叶状或边缘粗糙毛刷状，细支气管细胞癌表现为弥散性间质型，骨肉瘤则表现为网状结节状阴影，肺门淋巴结增大（图4-24）。肺肿瘤可产生支气管阻塞，导致肺气肿或肺不张。

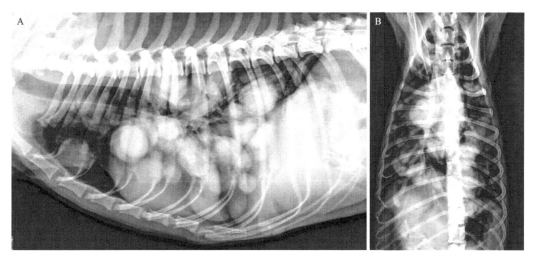

图4-23　犬乳腺肿瘤肺部转移（荣安动物医院供图）

A. 胸部侧位片；B. 胸部腹背位片

利用X线在排查肺部肿瘤的过程中，结果为阴性，并不能完全排除转移性肿瘤的可能性，可能存在广泛性的转移性病灶，且病灶小于5mm，应拍摄多体位X线片排查或进行CT检查。

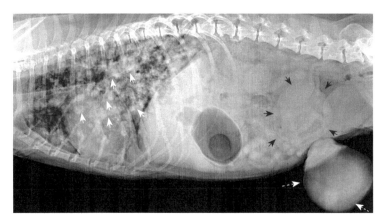

图 4-24 犬转移性肿瘤（黑龙江八一农垦大学教学动物医院供图）

胸、腹部侧位片上，整个肺野不透明度升高，可见大量小结节散布于整个肺野，肺内细节丢失（白色箭号所示），腹腔可见一圆形肿物，中等密度，位于膀胱前，边界清晰（黑色箭号所示），体表后腹底可见一巨大圆球肿物（虚线箭号所示）

八、肺结核

肺结核（pulmonary tuberculosis）是由结核分枝杆菌所引起的一种人畜共患的慢性传染病，偶尔也可能出现急性型，病程发展很快。其特征是在机体多种器官形成肉芽肿和干酪样或钙化病灶。发生在肺的即肺结核。

1. 病理与临床表现 结核分枝杆菌多通过呼吸道或消化道黏膜进入动物机体，在侵入部位局部及附近淋巴结引起炎性反应，以及渗出和增殖性病变，但有时也可能不出现炎性变化。多数情况下，结核分枝杆菌可摧毁机体防御功能而引进进行性疾病。原发性病灶内的结核分枝杆菌可长期存活，一旦机体抵抗力下降或有应激因素作用，即可向邻近组织扩散，病变在渗出的基础上发生凝固性坏死，变为灰黄色如奶酪样的干酪样坏死；干酪样坏死液化后形成空洞。如果机体抵抗力强或经适当治疗，则病变向良性发展。急性渗出性病变可以完全被吸收，轻微干酪样或增殖性病变也可大部分被吸收，留下少量纤维瘢痕；增殖性病变在吸收过程中伴有多量纤维组织增生而发生纤维化；局限性干酪性病灶常发生脱水而钙化；液化排出后形成的空洞发生纤维化，并逐渐收缩靠拢，乃至封闭空洞而形成瘢痕性愈合；当慢性纤维空洞难以闭合时，经过长期的治疗，空洞内已无细菌则形成净化空洞。肺结核在临床上常为慢性经过，病初可听到短而干的咳嗽，后咳嗽由少增多，且带痛感，有灰黄色黏性、脓性鼻液。呼出气有腐臭味。动物表现呼吸急促、深而快的呼吸困难。患病动物消瘦、贫血，当呈弥漫性肺结核时，体温升高至40℃，呈弛张热或稽留热。

2. 影像学表现 肺结核的病理变化比较复杂，其X线所见常呈多样性表现，多是以某种病变为主的混合型表现。

急性粟粒型肺结核：由大量结核分枝杆菌一次侵入血液循环所引起，又称急性血行播散性肺结核。X线透视表现为整个肺野透明度降低，呈磨砂玻璃状改变。X线片可见整个肺野均匀分布、大小相等的点状或颗粒状边缘较清楚的致密阴影，有些病例可见到小病灶融合成较大的点状阴影。

结核性肺炎：此型病情较严重，多为大片状渗出性阴影，与融合性支气管肺炎相似，但在渗出性阴影中有较致密的结节样病变为其特征，有时在大片状模糊阴影之间出现密度减小区或较明显的空洞形成，并常伴发结核性胸膜炎。

肺硬化：肺结核后期常出现纤维化病变，由于炎性结缔组织发生收缩，支气管和淋巴管周围结缔组织增生引起肺组织硬化。X线片表现为范围不等、密度较高、边缘清楚的致密条索状阴影，粗细不均，方向不定。有时在病变区出现单发或多发的空洞透明区。干酪样病变在愈合过程中逐渐钙化，可形成点状或片状高密度的钙化灶。

九、肺不张

肺不张也称肺膨胀不全，是支气管完全被阻塞，肺泡内的气体被吸收后而引起的肺萎陷和容积缩小。

1. 病理与临床表现　在支气管完全阻塞后，肺泡内气体被血液循环吸收，因而发生肺的萎陷和容积缩小。临床上，患先天性局限性肺不张时，动物可无明显症状，但如果一侧肺或一大叶发生肺不张，则可能出现呼吸困难，于病侧肺野叩诊呈浊音。当主支气管或小支气管发生完全阻塞时，肺泡内的气体被完全吸收而实变，沿此支气管分布的肺即发生肺不张。其中犬、猫的肺不张多发生于右肺中叶。

2. 影像学表现　X线影像上，肺不张区域呈密度增高的阴影，可见患侧肋间隙变窄，纵隔向患侧移位等。一叶性肺不张，则呈三角形或扇形，尖端指向肺门的致密阴影（图4-25）。如为多发的小叶肺不张，则显现多发斑块状密影。

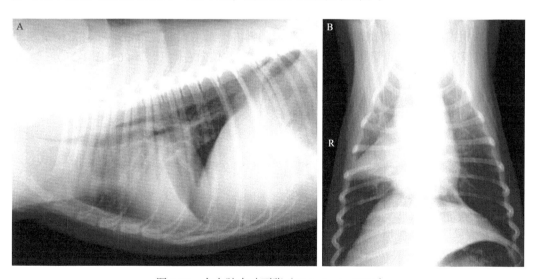

图4-25　犬右肺中叶不张（Natsuhori，2003）

在胸部侧位片（A）及腹背位片（B）上，显示右肺中叶有一三角形的致密阴影，尖端指向肺门

（郑家三，李小兵）

第五节　纵　隔　疾　病

一、纵隔肿块

纵隔肿块（mediastinal masses）可发生于纵隔的前部、中部和后部。前部纵隔肿块的病因有纵隔炎、脓肿、肉芽肿、出血、胸腺增大、水肿、食道异常、淋巴腺病和肿瘤等。右心房增大、肺动脉或主动脉扩张等心血管疾病也可引起纵隔肿块。中部纵隔的门周区域肿块可由纵隔炎、脓肿、淋巴腺病、食道异物、肿瘤（化学感应组织瘤和淋巴肉瘤）等所致。食道异常、脓肿、肉芽肿或肿瘤可引起后部纵隔肿块。

1. 病理与临床表现　　前纵隔常见的肿块性疾病见于纵隔炎、脓肿、肉芽肿、出血、胸腺增大、水肿、食道异常、淋巴结病、肿瘤或囊肿。此外，异位甲状腺、支气管囊肿、心血管异常也会引发纵隔肿块，如右心房增大、肺动脉或主动脉扩张。中纵隔常见的肿块性疾病见于纵隔炎、脓肿、淋巴结病、食道异物、淋巴肉瘤等，肺动脉或静脉增大、左心房或右心房增大，在肺门处也可形成肿块状阴影。后纵隔常见的肿块性疾病见于食道异常、裂孔疝、肉芽肿或肿瘤。后纵隔肿瘤与肺肿瘤很难区别。

多数纵隔肿块患畜没有任何症状，最常见的临床症状是咳嗽、胸痛、胸闷、发热。另外，不同肿瘤有不同症状，如胸腺瘤，可以引起重症肌无力，患畜会出现眼睑下垂、吞咽困难、呼吸困难等表现。

2. 影像学表现　　侧位片中，较大的前纵隔腹侧肿块可将气管显著上抬，使气管往背侧移位，气管与胸椎夹角减小。腹背位或背腹位投照时，可见前纵隔显著增宽，气管因受压而向一侧移位。巨大的前纵隔肿块可部分或完全占据前纵隔腹侧区域，心胸三角区肺野面积缩小、密度增高，或完全塌陷。胸骨淋巴结增大时在第2~3胸骨背侧呈现增大的软组织密度阴影。前背侧肿块使气管向下偏移并偏向右侧（图4-26，图4-27）。

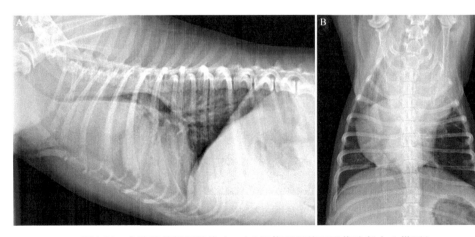

图4-26　犬胸腔前纵隔肿块（一）（极信研和兽医影像诊断中心供图）

在胸部侧位片（A）上，心胸三角区呈均匀的软组织密度影，气管背侧移位；在腹背位片（B）上，前纵隔显著增宽，气管和心脏右侧移位

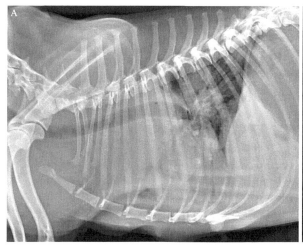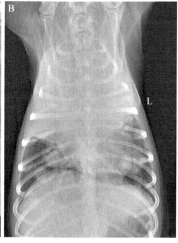

图4-27　犬胸腔前纵隔肿块（二）（吉林大学教学动物医院供图）

在胸部侧位片（A）和腹背位片（B）上，心胸三角区呈均质高密度阴影，左、右肺后叶有多个团块状肿块，心脏轮廓不清

在侧位片上，心基部肿块可使心脏及气管腹侧移位。在正位片上，肺门区的肿块导致气管杈处密度升高，压迫或使主支气管移位或既压迫又移位。肿大的肺门淋巴结使气管末端下移。在背腹位片上可见主支气管分离，食道上移。

后纵隔肿块为重叠在后肺叶的边界清晰的高密度影，隔影边界消失。食道和后腔静脉可能移位。

伴随纵隔肿块的胸腔积液可能遮挡纵隔病灶，在胸后部更甚。在猫胸腔积液压迫前部肺叶造成类似前叶肿块的影像出现。如果液体量少，水平投照站立侧位片更有意义，液体移向腹侧，显露纵隔病灶。食道阳性造影对诊断也有帮助，胸腔穿刺或利尿剂可使影像得到改观。

二、纵隔气肿

纵隔气肿（mediastinal emphysema）是指空气通过各种途径进入纵隔，在纵隔的结缔组织间隙内聚积而引起的一种呼吸系统疾病。

1. 病理与临床表现　　纵隔气肿的病因包括：①肺泡内压急剧上升，或其他疾病引起的肺泡壁破裂。肺泡壁的破裂可以使空气从肺泡内逸出进入肺间质，形成间质性肺气肿。空气沿肺血管周围鞘膜进入纵隔形成纵隔气肿。②胸部外伤所致的纵隔气道破裂使空气进入纵隔形成纵隔气肿。③胸部外伤、吸入异物、剧烈呕吐及内镜检查等因素造成的支气管或食道破裂，食道痉挛阻塞或过度展开。④未知来源的气体进入纵隔。

纵隔气肿的临床症状与纵隔气体产生的量及速度有关。患病动物胸部皮肤肿胀。皮下有捻发音，在颈部、上胸部更明显，静脉血流受阻时可出现颈静脉怒张，心浊音界缩小。胸骨后胀满、疼痛，疼痛多向肩背部放射，且随深呼吸而加重。气肿过大导致纵隔器官受压时可出现胸闷或呼吸困难、气促、颈静脉怒张、发绀、咽部梗阻感、烦躁不安等症状。严重者可导致休克。

2. 影像学表现　　　进入纵隔的气体量较少时，侧位片上可见前纵隔气管周围有低密度气泡或带状气体影。纵隔内气体量较多时，可使纵隔内原来不显影的食道、头臂动脉、前腔静脉等结构都能比较清楚地显示出来。若进入纵隔的气体很多，压力较大，气体可向后进入腹膜外间隙，此时在腹部侧位片上可见到腹膜外有气体存在，此时在胸部和颈部皮下也可见到低密度气体影（图4-28，图4-29）。

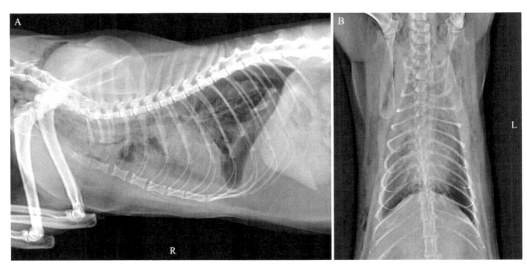

图4-28　纵隔气肿（一）（扬州大学教学动物医院供图）
在胸部侧位（A）和正位（B）片上，双侧胸腔轻度气胸，皮下气肿

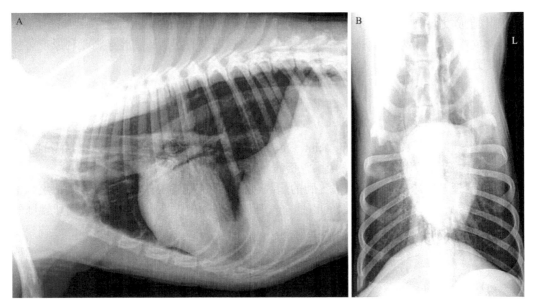

图4-29　纵隔气肿（二）（Agut et al., 2015）
胸部右侧位（A）和腹背位（B）片显示，纵隔气肿和非结构化的间质肺炎

（张子威，李小兵）

第六节　胸膜疾病

一、气胸

气胸（pneumothorax）是指空气进入一侧或双侧胸膜腔，引起全部或部分肺萎陷。气胸可分为开放性气胸、闭合性气胸、张力性气胸和中隔积气4种。开放性气胸是空气经胸壁穿透进入胸膜腔，如咬伤、撕裂伤、撞伤或枪伤等。闭合性气胸是空气经胸膜撕裂而胸壁完整的肺损伤进入胸膜腔，如伴有肺、支气管撕裂，甚至闭合性肋骨骨折的钝性外伤后，横膈破裂后等。张力性气胸是肺创口呈活瓣状，吸气时空气经肺损伤进入胸膜腔，但在呼气时不能完全排出，导致胸膜腔内压力不断升高，肺、静脉受压迫，很快出现窒息，如钝性胸外伤后。中隔积气是指在肺胸膜尚完整的肺撕裂时，空气经支气管周围的胸膜下组织进入纵隔。

1. 病理与临床表现　患无并发症的闭合性气胸时，积气量不足胸膜腔的30%者，通常无临床症状，并可缓慢重吸收。积气量较大时，则取决于肺萎陷的程度而出现呼吸困难、腹式呼吸等。胸部似扩大，且外伤部位疼痛。叩诊有太响的鼓音，听诊心肺音不清楚。注意可能伴发有外伤、肋骨骨折和肺出血。

患开放性气胸时，由于空气可以自由出入胸腔，胸腔负压消失，肺组织被压缩。被压缩的肺组织，其通气量和气体交换量显著减少，胸腔负压消失的结果是影响血液回流，造成心排血量减少。因此，患病动物表现出严重的呼吸困难、烦躁不安、心跳加快、可视黏膜发绀和休克等症状。

2. 影像学表现　气胸可通过做放射检查确诊。少量气胸可无明显异常。大量气胸时，患病一侧肺因塌陷密度增高、边缘清晰，横膈明显后移，塌陷肺与胸廓之间为透明气胸区，无肺纹理。在正位片上，一侧性大量气胸时，患侧肋间隙增宽，纵隔可向健侧移位。在侧位片上，大量气胸时，横膈明显后移，圆顶变直，心脏明显向背侧移位，心尖与胸骨分离（图4-30，图4-31）。在站立侧位片上，空气则上升并集中在胸腔背侧。

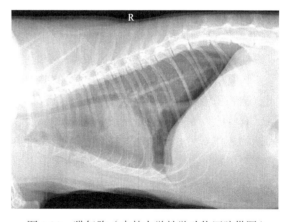

图4-30　猫气胸（吉林大学教学动物医院供图）
胸部侧位片显示萎陷肺的后侧缘，横膈明显后移，萎陷肺后缘与横膈间为透明气胸区

大动物气胸时，显示胸椎下侧缘特别清晰，上部肺野呈一无肺纹理的高度透明区。透明区的下方，显示萎陷肺的轮廓，边缘清晰，密度增加。大量气胸时膈肌后移，膈圆顶变直，椎膈脚变大，肋间隙增宽，膈肌的呼吸运动减弱。

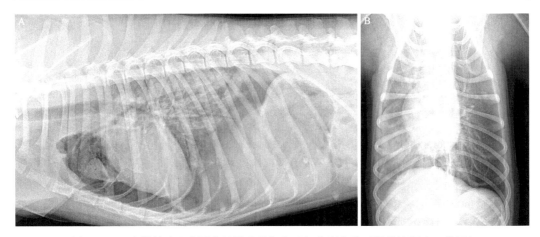

图4-31　一岁雌性哈士奇因车祸导致的气胸（极信研和兽医影像诊断中心供图）
A. 胸部侧位片；B. 胸部腹背位片

二、胸腔积液

胸腔积液（pleural effusion）是指液体潴留于胸膜腔内。它可产生于心脏功能不全、肝肾疾病和血浆低蛋白血症时的漏出液，胸导管受压破裂的淋巴液，胸外伤、恶性肿瘤的血液，化脓性炎症的脓液等。视胸腔积液的量而异，患畜表现不同程度的呼吸急促至呼吸困难。

1. 病理与临床表现　漏出性胸腔积液主要是由充血性心力衰竭、缩窄性心包炎、肝硬化、上腔静脉综合征、肾病综合征、肾小球肾炎、透析、黏液性水肿等引起的，胸膜腔内脓性渗出性潴留称为脓胸。渗出性胸腔积液多发生于胸膜恶性肿瘤、胸腔和肺的感染、淋巴细胞异常、药物性胸膜疾病，以及一些消化系统疾病。渗出液可以呈稀薄的浆液性、浆液纤维蛋白性或黏稠脓性，有时呈血性、乳糜性或胆固醇性。

胸腔积液是一种由多种疾病继发的并发症，因此不同的原发病引发的症状也各不相同。胸腔积液最典型的症状是呼吸困难，但这也与胸腔积液的病因和胸腔积液的量有关系，有些原发病引发少量的胸腔积液时不会诱发剧烈咳嗽。除了呼吸困难，胸腔积液患病动物还伴有发热、咳嗽、咳痰，而像恶性胸腔积液引起的恶性胸膜疾病，患病动物除了呼吸困难，一般会伴有消瘦，或呼吸道及其他部位原发性肿瘤的症状，还有像肺炎旁胸腔积液，患病动物除了呼吸困难，还有发热、咳嗽、咳痰、胸痛等症状。

对胸腔积液患病动物的体格检查除有移动性浊音外，常有原发病的体征。由心脏病引起的胸腔积液体格检查时可见有颈静脉怒张、心脏扩大、心前区震颤、肝脾肿大、心律失常、心瓣膜杂音等体征。肝疾病常有腹壁静脉曲张、肝脾肿大等体征。肾疾病引起的胸腔积液可引起患病动物严重水肿等体征。发热、腹部压痛、腹壁有柔韧感可考虑结核性腹膜炎。患病动物消瘦、恶病质、淋巴结肿大或腹部有肿块多为恶性肿瘤。

2. 影像学表现　X线检查仅可证实胸腔积液，但不能区别液体性质。极少量游离性胸腔积液（小型犬、猫，＜50mL；中大型犬，＜100mL）时，在X线片上不易发现。中等量胸腔积液时，站立侧位水平投照显示胸腔下部呈均匀致密的阴影，其上缘呈凹面弧线。正位片中肋膈角钝圆。大量游离性胸腔积液时，心脏、大血管和中下部的膈影均不显示。侧卧位片中，胸腔密度增加、心脏轮廓模糊，叶间裂隙明显，在胸骨背侧出现一个或多个扇形高密度区。单侧性游离性胸腔积液较多时，在正位片中，除积液一侧致密阴影外，纵隔向对侧移位（图4-32）。

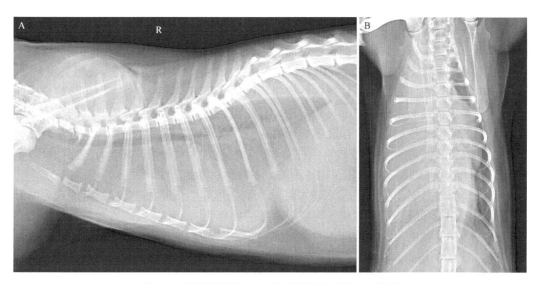

图4-32 猫胸腔积液（吉林大学教学动物医院供图）

在胸部右侧位片（A）和背腹位片（B）上，可见右侧胸腔大量积液，呈均匀的软组织密度影，纵隔明显左移

普通X线检查有时会对少量积液性胸腔积液造成漏诊，而且积液量较多时仅能诊断积液的存在，而不能明确壁层胸膜的变化特征和隐蔽于积液中的肺内病灶等。而CT检查可克服X线检查的不足。不同程度的胸腔积液表现出不同的CT征象，胸腔积液的良、恶性鉴别主要依靠胸膜增厚的特征性改变。恶性胸腔积液中胸膜异常的CT征象表现为胸腔壁层的胸膜呈结节样增厚，多见于肋胸膜处，单发或多发，有轻度强化。壁层胸膜不规则增厚（厚度＞10mm），环状胸膜和纵隔胸膜增厚，胸膜局限受累，但恶性胸腔积液中根据上述胸膜改变不能区分肺癌、乳房肿瘤及其他恶性肿瘤胸膜转移。良性胸腔积液中胸膜改变主要表现为脏层胸膜增厚、线状粘连，胸膜钙化，下胸部胸膜增厚（厚度＜5mm）较明显，纵隔胸膜基本无变化（图4-33）。

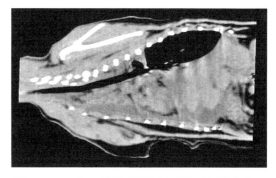

图4-33 一只4岁雌性英国短毛猫被诊断为胸腔和腹腔积液（南京农业大学教学动物医院供图）

双侧胸腔重力侧可见液平面影

三、胸膜炎

胸膜炎（pleurisy）是指由致病因素（通常为病毒、细菌如结核分枝杆菌或寄生虫如

肺吸虫）感染、恶性肿瘤、变态反应（风湿热、类风湿关节炎、系统性红斑狼疮）、药物过敏反应（如氯丙嗪、普鲁卡因胺）、心血管疾病和胸部外伤（如骨折）等引起的壁层和脏层胸膜的炎症性疾病，又称为"肋膜炎"，是胸壁透创的常见并发症，其中感染是胸膜炎较常见的病因。

1. 病理与临床表现　　　在感染性胸膜炎中，以结核性胸膜炎最常见。其次是细菌感染（如肺炎球菌、链球菌、葡萄球菌等）引起的化脓性胸膜炎。临床可根据胸腔内有无液体积聚而分为渗出性胸膜炎和干性胸膜炎两种。患干性胸膜炎时，通常可见胸膜面上有纤维素性渗出物沉着，且无胸腔积液存在，是结核性胸膜炎早期表现，此时胸膜充血、水肿、胸膜壁层表面有少量纤维蛋白性渗出物，可局限于胸膜的一处，也可为较广泛的改变。多见于慢性肺结核、肺部炎症早期。有时在患病动物腹部，近横膈端的炎症也可引起横膈胸膜的干性胸膜炎。当胸膜表面有少量纤维渗出，即发生渗出性胸膜炎时（常由干性胸膜炎发展而来），胸腔内有液体蓄积，渗出液常为浆液性，并含有较多的纤维蛋白等，此外还有红细胞、白细胞及内皮细胞。本病预后不良，常导致死亡。

当胸膜炎的患病动物胸腔内无液体聚积，即发生胸腔干性胸膜炎时，常表现为胸部剧烈疼痛、腹式呼吸、不喜触碰、胸壁触诊敏感并疼痛、弓背，听诊可发现胸膜摩擦音等病变。当胸膜炎的患病动物胸腔内有液体聚积，即发生渗出性胸膜炎时，随着病程延长，胸膜腔内渗出液逐渐增多，胸痛减弱或消失，患病动物出现呼吸困难甚至张口呼吸。除上述症状外，临床上常伴有高热、渐进性消瘦、气促、疲乏、食欲减退等全身症状。当胸腔中存在少量的炎性积液时，往往有胸痛、发热的症状，若胸腔积液逐渐增多，则胸痛可逐渐减轻；随着积液增多，可压迫肺、纵隔等产生胸闷、气促的症状。若为肿瘤性胸腔积液，则积液量增多时胸痛也不会减轻。损伤性血性胸腔积液多有胸部损伤或肋骨骨折史。

2. 影像学表现　　　干性胸膜炎纤维素性渗出物须达到2～3mm厚度时才能在X线检查时显示，呈现为一片或一层较高密度的阴影，分布于胸腔的外围，边缘比较模糊，膈角欠清晰，在患病动物改变体位或呼吸相时，观察不到明显的形态学变化，且不引起附近肋间隙的收缩。当有广泛的纤维素性渗出物局限于横膈胸膜时，可见横膈面影像比较毛糙，透视过程中可见受限的横膈运动。严重时由于横膈运动的限制，还可见有下肺部近膈面处的盘状肺不张。少量的胸腔积液仅表现为横膈的影像略微增厚，但肋膈角仍尖锐清晰。但由于横膈后为腹部的脏器，无鲜明对照，不易观察，因此这一早期征象很难观察到。胸膜间皮瘤X线检查可见胸腔积液和突入肺野的结节。胸膜转移瘤可见胸腔积液和难以发现的小病灶。

（张子威，李小兵）

第五章　消化系统疾病

消化系统疾病包括消化道（食道及胃肠道）和消化腺（肝、胆系及胰腺）疾病。消化系统和腹膜腔解剖结构复杂，所发生的疾病种类繁多，影像学检查常在临床疾病诊断中起着关键性作用。对于消化系统和腹膜腔不同部位的疾病，各种影像检查技术和方法的诊断价值各异。作为常规影像手段，X线的应用范围广，食道和胃肠道钡剂与碘制剂造影检查，目前仍是消化道疾病的首选影像检查方法，除能检出局灶性病变外，还可评估消化道的功能性改变；但不能评价病变的壁外延伸情况，具有局限性。超声检查易行、无创、无辐射而被广泛用于检查消化系统和腹膜腔疾病，且为主要的首选影像检查技术。尤其对于肝、胆囊、胰腺和脾疾病，不但能敏感地检出病变，且多能做出准确判断；超声胃肠道造影检查能够反映病变对胃壁和十二指肠壁的侵犯深度，有利于确定病变范围和肿瘤性病变的局部分期。CT检查是目前消化系统、脾和腹膜腔疾病最前沿的影像检查技术。平扫检查即能发现绝大多数病变；多期增强检查不但能进一步提高病变的检出能力，而且多可依据病变的强化方式、程度和动态变化，对大多数疾病做出正确的定性诊断。

总体而言，X线、超声、CT和MRI检查对消化系统、脾和腹膜腔疾病的检出与诊断各有其优势和不足，各有其应用范围，应根据临床拟诊的疾病及影像检查的优选原则进行选用。

第一节　检 查 方 法

一、X线检查

消化道的X线检查主要包括胃肠道、肝、胰腺、胆道系统及与消化系统有关的脾。X线腹部平片检查、透视、胃肠道造影、腹部血管造影等为消化系统疾病诊断中必不可少的重要手段。

（一）平片

平片主要依靠腹内脂肪层和胃肠道内气体的对比辨认脏器的轮廓，或通过腹腔和胃肠道内气体与液体分布的异常诊断某些严重的疾病。腹部平片常用的摄影位置包括腹背位（图5-1）、左/右侧位（图5-2）、斜位、水平位等。观察食道可取侧位或腹背位，腹背位时由于食道部分位于脊柱上方，可采取腹右-背左斜位拍照。

消化道内或腹腔内游离气体呈现低密度的透亮区；胃肠道内的液体平面则呈中等密度表现。组织器官的钙化、结石及食物中的骨头等高密度物质均呈现高密度影像。

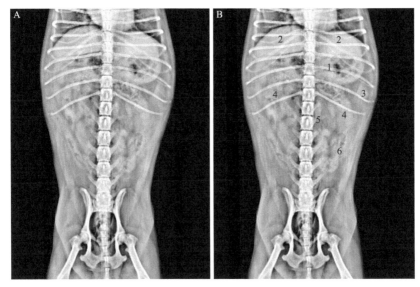

图5-1　正常腹部腹背位片（河南农业职业学院教学动物医院供图）

A. 腹部腹背位影像图；B. 加标注腹部腹背位影像图。1. 胃；2. 肝；3. 脾；4. 肾；5. 小肠；6. 结肠

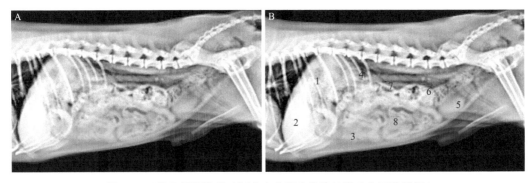

图5-2　正常腹部侧位片（河南农业职业学院教学动物医院供图）

A. 腹部右侧位影像图；B. 加标注腹部右侧位影像图。1. 胃；2. 肝；3. 脾；4. 肾；5. 膀胱；6. 结肠；7. 盲肠；
8. 小肠

（二）透视

透视技术常用于观察食道扩张、吞咽困难、膈肌运动、胃肠蠕动等。动物临床检查中常用于疑难的食道疾病的诊断，而消化道平滑肌的肌张力、蠕动及食物的排出功能诊断已经由造影技术取而代之。

（三）造影术

由于胃肠道与周围器官组织的密度大致相同，缺乏自然对比，因而X线片及普通透视不能清晰地显示它们的影像，必须借助造影剂才能观察其形态及运动功能的改变。胃肠道造影能观察胃肠道的外形、大小、黏膜表面，以及其在体内的位置、走行和运动功能的改变。传统上常用的造影剂为硫酸钡，其特点是无毒，不会经消化道被机体所吸收。但当有胃肠道梗阻或穿孔时，硫酸钡漏入腹腔会吸收不良而引起炎症反应，因此需用含碘的制剂作为造影剂，其可经泌尿系统完全代谢。

常用的造影方法有钡餐/碘制剂的口服或灌肠检查。

1. 方法

（1）单纯造影剂造影　　动物临床采用的是口服硫酸钡或碘制剂等造影剂。按检查部位和要求将硫酸钡加水调制成不同浓度的混悬液口服或肠道灌注；而碘制剂则可直接口服，不需稀释。口服后立即拍摄X线片，之后按不同疾病的临床诊断要求定时拍摄X线片。造影后可见到胃肠道内的造影剂呈现高密度影像（图5-3）。

（2）气钡双重对比造影　　气钡双重对比造影是19世纪60年代发展起来的，又称为双对比造影，是指用钡液和气体共同在胃肠腔内形成影像。首先向胃肠道内同时注入两种不同性质的对比剂——X线不能透过的硫酸钡和X线极易透过的空气，然后进行X线检查，可获得清晰的黏膜影

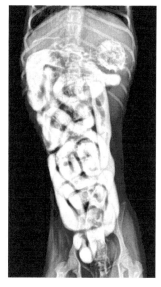

图5-3　犬消化道造影后的腹背位X线片
（河南农业职业学院教学动物医院供图）
可显示胃和肠道内造影剂的高密度影像

像。双重对比造影技术对硫酸钡的质量、浓度，操作者的技术熟练程度及X线机的性能等都有严格的要求，能清晰地显示出胃肠道黏膜的细微结构，特别是对消化道癌症/肿物的早期诊断起了重要作用。其已被广泛应用于食道、胃、十二指肠、小肠及结肠的检查。

造影剂在X线片中呈高密度影像，与中等密度的消化道结构及低密度的空腔形成鲜明对比。尽管食道、胃、小肠、结肠等的外形有区别，但它们均为管状结构，且外壁光滑、平坦，造影之后的影像使得这些管道的线条更加清晰明了。当消化道存在持久性的局部凸出或凹陷时，则可显示病理改变，向管腔外突出的阴影（称龛影）常表示有溃疡形成；不规则、边缘不整齐的龛影多为恶性溃疡。胃肠道憩室显示向腔外突出的阴影，形态规则、光滑、柔软，有时可随肠道蠕动而变形，向腔内突出的阴影，常表现为充盈缺损，多为肿瘤或炎性肿块，在双重对比造影时，则表现为有清晰轮廓的团块阴影，其密度较周围组织稍高。局限性凹陷常称为变形，如十二指肠球疡引起球溃部持久变形，胃溃疡引起环形肌挛缩或瘢痕形成造成切迹等。

胃肠道大小的变化在X线造影时表现为狭窄或扩张。例如，肿瘤组织浸润可使局部管腔呈不规则狭窄、管壁僵硬、移动性差，与正常组织界线较为分明；炎性纤维组织增生造成的狭窄，其边缘多不规则，范围较广，与正常组织分界呈过渡性改变；外压性狭窄多为单侧性，黏膜表面正常。功能性痉挛多为对称性，壁柔软，变化为暂时性。造成胃肠道扩张的原因可有肌张力低下或局限性梗阻；如幽门梗阻时，胃极度扩张，并有液体及气体淤积，早期时胃蠕动增强，晚期时胃蠕动减弱。当贲门口狭窄或肿瘤造成梗阻时，食道腔扩张并有吞咽后食物潴留现象。

胃肠道黏膜的表面细微形态通过双重对比造影被清晰显示，如胃黏膜表面的胃小区、结肠黏膜表面的无名沟等。胃小区形态的不同常能代表胃黏膜炎症变化的程度，黏膜皱襞的增宽、肥厚常能代表增生性改变，如较柔软、压迫下易变形，则可能为炎症性变化，若

僵硬、固定则多为肿瘤浸润所致；皱襞的变平、消失可能为胃萎缩；皱襞集中一处，常由溃疡侵犯黏膜下层或肌层愈合处产生瘢痕收缩所致；集中皱襞先端的肥大、突然中断、变细、融合等症，常由恶性肿瘤细胞的浸润、破坏所致，某些早期胃癌常有此种表现；黏膜表面的局限性斑点状钡剂存留，多为较浅的凹陷性病变所致，如浅溃疡、糜烂等。

　　X线结合消化道造影可以观察到胃肠道的功能性改变，包括肌张力、蠕动、排出和分泌等变化。所谓张力，是指胃肠道平滑肌收缩能力，造影时肌肉注射新斯的明或口服甲氧氯普胺（胃复安）可增加消化道张力，促进蠕动，缩短造影剂在肠道内的运行时间，能在短时间内观察全部小肠。消化道张力下降所致的如幽门痉挛、功能性胃肠梗阻等，蠕动力的改变表现在蠕动波出现的频率、波幅的深浅、波行的速度和方向等方面，如十二指肠球溃疡时可见胃蠕动增强；在肿瘤浸润区，蠕动多减弱或完全消失；在炎症病变区，尤其并发溃疡时，大多伴有局部痉挛和通过排空加快现象（称激惹征），在十二指肠球部溃疡活动时期，此征较明显。分泌的改变多以空腹时胃内滞留液的多少来衡量。溃疡及胃炎时胃液分泌增多，幽门梗阻时，胃内滞留液增多。同时静脉注入盐酸山莨菪碱（654-2）或胰高血糖素，可松弛平滑肌、降低肌壁张力、抑制胃肠道蠕动，能更清晰地显示胃肠道黏膜面的细微结构及微小病变，鉴别器质性与功能性狭窄，本方法称为低钡双对比造影。在低张双重对比造影时，由于使用低张药物，胃壁处于低张状态，胃液分泌减少，上述各项功能性改变多观察不到。

　　综上所述，X线结合造影术的消化道检查特征包括：①黏膜相，显示黏膜皱襞轮廓、结构及黏膜面的细微结构及微小异常；②充盈相，显示受检器官的形态、轮廓、蠕动和龛影、充盈缺损等附壁病变，此外也能观察胃肠道的排空功能和管壁的柔软度；③加压相，显示胃腔内凹陷性病变和隆起性病变等。

　　（3）腹部血管造影　　腹部血管造影分为静脉造影及动脉造影两大类。

　　静脉造影常常通过体表较大的浅部静脉穿刺，导入一导管向腹腔内深入达到所需检查的门静脉、下腔静脉或脾静脉，然后注入造影剂泛影葡胺，使相应回流区域——门脉系统、肝、脾显影，在诊断门脉高压症、肝硬化、肝内肿瘤等疾病上有一定的作用。腹部动脉造影技术发展较快，是经股动脉穿刺后插入一根导管，在达到所选择的血管后，用高压注射器注入泛影葡胺，使被检血管显影。现在已能使导管达到更细的血管，显影脏器更集中、更清晰明确，这又称超选择性动脉造影。通过显示血管的形态、移位及异常血管，造影剂的异常集中（浓染像的存在）及有无造影剂漏出血管现象等可有效地诊断肿瘤、炎症、血管病变、消化道出血等。动脉造影能清晰地显示2cm大小的恶性肿瘤，为早期发现肝癌、胰腺癌提供有效手段。经空肠肠系膜静脉造影技术可被用于在小动物临床诊断门脉分流。

2. 检查范围

　　（1）食道造影术　　常用于评价食道的功能和形态，适用于有反流、急性干呕或吞咽困难等症状的患病动物。该方法需在口服和吞咽阳性造影剂期间及之后拍摄数张X线片（图5-4）。

　　（2）上消化道造影术　　用于评价胃和小肠，适用于治疗无效的反复发作性呕吐、肠蠕动异常、胃肠异物或梗阻、慢性体重减轻或持续性腹痛的病例。该方法是在造影剂通过胃肠道的过程中拍摄X线片。

　　（3）胃造影术　　用于评价胃的大小、形状、位置和形态，适用于急性或慢性呕吐、

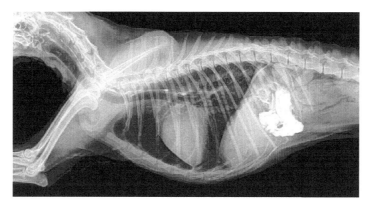

图5-4　正常犬食道造影的X线侧位片

（河南农业职业学院教学动物医院供图）

可见食道的纵行皱褶

呕吐物中带血或前腹部疼痛的动物。该方法需口服造影剂，随后进行不同体位的投照。

（4）人工气腹造影术　此为辅助性胃肠道造影方法，口服造影剂的同时，向腹腔内注入氧气等清洁无害气体，形成胃肠道内外鲜明对比，可帮助观察胃肠道管壁的病变及腔外肿块。

二、超声检查

由于胃肠道腔内气体干扰，普通超声检查在消化道的应用有限，但利用超声可对消化道管壁的厚度、分层情况等进行观察。对于存在液体、固态食物或者梗阻、套叠等病例，超声检查具有很大的参考价值。

三、CT检查

动物检查前1周内不服含重金属的药物，不作胃肠道钡剂检查，一般需在CT扫描前禁食6～8h。扫描前可多次给予动物清水（也可酌情使用1%～3%含碘阳性对比剂，如泛影葡胺等），总量约30mL/kg，以充分充盈胃腔，减少胃皱褶。为了达到低张力效果，可在扫描前5min肌注盐酸山莨菪碱（654-2）。

设置CT扫描参数（扫描层厚、重建层厚扫描范围等）后，先行CT平扫，然后静脉注入含碘造影剂进行CT增强扫描。平扫与CT增强扫描可以清晰地显示消化道管壁的改变、管腔外的异常及周围器官结构的继发性改变。在消化道肿瘤的分期、消化道急腹症、肠系膜病变等消化道疾病的评价方面，CT检查能够提供更多的信息。

四、MRI检查

常用的MRI成像系列包括T2WI、T1WI平扫，在横断面成像的基础上加冠状、矢状位成像。MRI在显示消化道管壁结构、管腔外改变及腹部其他器官、结构异常方面较有价值，特别是在远端小肠病变的诊断上，MRI以无创性手段来显示小肠黏膜、管壁及壁外的改变，可达到与肠道造影类似的效果。

（邓立新）

第二节　正常影像解剖

一、食道

食道始于第1颈椎中部，结束于胃的入口，分为颈段和胸内段。其颈段朝左侧倾斜，至胸腔入口处时位于气管的左侧。胸段时，最初位于气管左侧，但是之后则逐渐移到气管背侧。在气管隆凸后方，食道位于气管支气管淋巴结的背侧。然后继续后行，通过膈食道裂孔进入胃的背侧。犬食道肌肉全部为横纹肌；猫食道的后1/3有平滑肌纤维。

1. X线检查　　腹背位投照，食道与其他组织如脊柱等重叠，造成影像遮挡或模糊，因此常使用侧位投照，有时需加斜位投照。

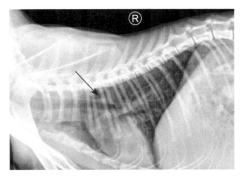

图5-5　食道积气（南京农业大学教学动物医院供图）

可见箭号所指的食道内少量气体；R. 右侧位

在颈部或胸部X线片上，因闭合而呈塌陷状态食道的密度与颈部肌肉和胸腔纵隔的密度相同，食道常不可见。在胸部食道前段，会存在少量气体。有时在侧位胸部平片的后方可见其显示为模糊的软组织密度阴影。可借助食道管腔中的空气和食物观察到其部分轮廓。食道中的气体常与食道功能紊乱相关，有时也与胃肠道功能紊乱相关。镇静或麻醉动物可能出现食道积气（图5-5）。常见于呕吐、咳嗽或动物呼吸困难及全身麻醉时。食道中存有气体，除非含气量较少，否则需做进一步检查。

图5-6所示的犬处于全身麻醉状态，实心白色箭号为气管插管，而空心白色箭号提示胸部食道内充满气体。食道内的气体会随着镇静或麻醉时间的延长而增加。潜在的充斥气体的食道会随着镇静和全身麻醉而增加。

食道末端没有心脏的轮廓容易辨别。通常食道末端的腹侧缘较明显，而且在动物左侧卧位更容易辨识（图5-7）。如果食道中含有少量液体，或者镇静而导致反流，这时X线片中食道末端可见管状不透明区域增加（图5-8）。

2. 食道造影术　　钡剂是食道造影常用的造影剂，在给动物灌服造影剂之前必须拍摄X线片。静态对比研究可提供结构信息，而透视检查则可以评估吞咽障碍和食道运动性。

钡餐后，会有少量钡剂残存于食道黏膜皱褶中的纵行腺窝内，因此在X线片中显示为一系列排列规则且几乎等宽的平行线，而胸腔入口处黏膜图像通常呈不规则状（图5-9）。对于猫，食道的后1/3除了有纵行皱褶，还有横向条纹。钡造影检查时呈现"鲱骨状"外观（图5-10）。

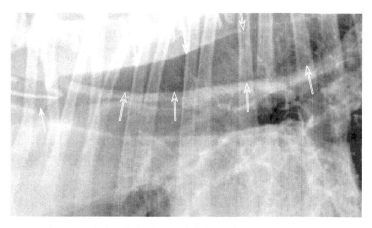

图5-6　8岁波士顿梗麻醉后右侧位X线片（Thrall，2018）

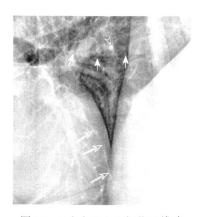

图5-7　9岁大丹犬左侧位X线片
（胸部末端）（Thrall，2018）

实心白色箭号所指为食道的腹侧边界；空
心白色箭号所指为肺叶边缘边界；空心白
色箭头所指为肺部结节

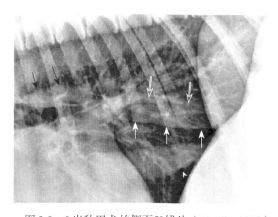

图5-8　9岁秋田犬的侧面X线片（Thrall，2018）

白色实心箭号为腹侧边界，空心箭号为背侧边界。食道下方为后
腔静脉，黑色实心箭号为肺动脉左侧尾叶分支的背缘；白色实心
箭头所指为后腔静脉的腹侧缘

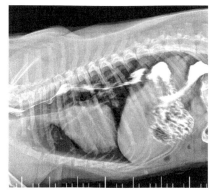

图5-9　犬食道造影侧位X线片（河南
农业职业学院教学动物医院供图）

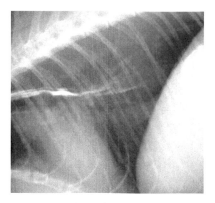

图5-10　猫食道造影侧位X线片（河南农业
职业学院教学动物医院供图）

　　造影检查时，X线片中常可见胸腔入口处食道呈现囊袋状或局部膨胀，尤其是动物脖颈过度弯曲时。此囊袋形状为一种正常的冗余，以便颈部活动，不要误认为是憩室。在短头犬可能有局部膨胀。有时少量钡餐在食道前部喉区残留一段时间，也属于正常情况。

　　食道功能性评价需要借助透视检查法。透视时可见造影剂药丸沿食道快速推进至胃内。造影剂药丸的运动速度可能在胸腔入口处和心基上方稍微减慢。

　　混有食物的钡剂有时更适合于充分评价食道的运动性和大小。

　　3. 超声检查　　超声检查颈部食道时，经动物的颈部腹侧或左侧，食道显示于气管的左侧，气管内因有气体而呈强回声，伴有声影。食道在超声图像中为一界限模糊的圆形结构，同心圆状，中央为强回声区，代表管腔内的空气。

　　4. CT与MRI检查　　食道在胸部CT或MRI横断面图像上呈圆形软组织影像，位于胸椎及胸主动脉前方及气管、气管隆嵴、左主支气管和左心房后方。其内如有气体或造影剂时可观察食道壁的厚度，胃食道连接部表现为管壁局限性增厚，不要误诊为病变。颈部食道位于气管的背侧，逐渐在胸腔入口处完全位于左侧（图5-11A）。食道在胸腔入口处位于气管的左侧但在第5和6胸椎的水平处，它在气管权处逐渐向背侧行进。在其背侧位置，它位于主动脉弓的右侧、颈长肌的腹侧（图5-11B）。

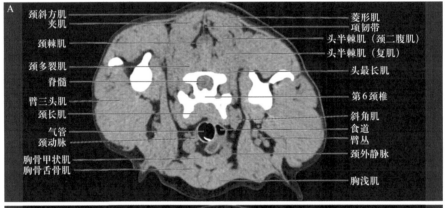

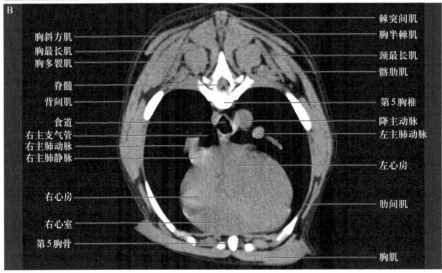

图5-11　犬胸腔两个不同位置的横断面CT图像（南京农业大学教学动物医院供图）

A. 胸腔入口处食道位于气管的左侧；B. 食道在气管权处逐渐向背侧走行，位于主动脉弓的右侧、颈长肌的腹侧

二、胃

胃大部分位于左季肋部，小部分位于右季肋部，胃与膈和肝接触。胃分为4部分：贲门，与食道相接的部分；胃底，位于贲门左背侧的大囊袋；胃体，胃的主要部分，从胃底延伸至幽门；幽门部，占据胃远端的1/3左右。最接近幽门的部分是幽门窦，其为一薄壁囊状结构，远端延续为幽门管，是从胃到十二指肠的通路。其周围由厚厚的双括约肌环绕。

胃的形状有些似字母"J"。胃大弯从贲门沿胃背侧伸至幽门向外膨隆。胃小弯为从位于左腹部的贲门延至位于右季肋部的幽门，形成"V"形凹槽。贲门、胃底和胃体大部分位于腹中线左侧。幽门窦和幽门管位于腹中线右侧。胃体和胃底与肝左侧叶和膈毗邻。胃黏膜通常折叠成皱褶状，称作胃皱襞。当胃排空时，胃几乎全部位于肋弓内。胃充满时，胃可抵达腹壁部，并向后延伸与横结肠相接。在幼年犬，饱胀的胃可抵至脐部或超出更远。对于猫，胃位于腹中线左侧，幽门窦位于腹中线附近。

1．X线检查　　胃内通常存有少量的气体和液体，且气体常分布在液体上方，气体通常被认为是"胃泡"。液体和气体的位置可因动物体位的不同而发生改变，故在拍片时选取不同的体位显示胃的不同区域。在侧位投照时，胃与左膈脚相接触。在左侧位X线片上，左膈脚和胃位于右膈脚之前。在右侧位X线片上，胃内存留的气体主要停留在胃底和胃体，从而显示出胃底和胃体的轮廓，在左侧位X线片上，胃内气体则主要停留在幽门，显示为较规则的圆形低密度区。胃内骨残留物的检查不具有临床意义，其通常能被消化掉。通过胃造影术可以清楚地显示胃的轮廓、位置、黏膜状态和蠕动情况。

不论在侧位片还是在正位片上，均可自胃底经胃体至幽门引一条直线，称为胃轴。在侧位片上，胃轴几乎与脊柱垂直，与肋骨平行；正位观察，则与脊柱垂直。

口服造影剂在胃内的位置与动物的姿势相关。由于重力的作用，造影剂将存于胃腔的最低点，与气体的位置相反。腹背位检查时造影剂将聚集于胃底和贲门周围，背腹位检查时将沉于胃体和幽门窦（图5-12）。右侧位时造影剂位于幽门窦内，左侧位时则位于胃体和胃底处（图5-13）。右背-左腹斜位时可较好地显示幽门。

造影检查可以清楚地呈现胃的所有区域。正常的胃，在胃底和胃体可清楚地见到皱褶，而在幽门窦则少见。这些皱褶在数量和大小上也有变化，处于强烈收缩状态的胃中，一条条的皱褶紧密靠近，排列规则，互相平行，平滑。它们可能显示为直线型或曲折型，这要取决于胃的收缩程度。皱褶之间的间隙约等于其自身的宽度，应该无填充缺陷。猫胃的皱褶小且数量少。

胃在空虚状态下一般位于最后肋弓以内，当胃充满时会有一小部分溢出肋弓以外。胃的初始排空时间为采食后15min，完全排空时间为1～4h。造影检查时，如果钡剂滞留时间超过12h以上则为异常。如果胃在检查开始时是未排空的，则需要排空的时间依胃内容物的数量和性质而变化。对于紧张的动物，造影初始时，钡进入小肠的时间可能延迟至30min后或更长。对这种病例，通常是让其回到笼中平静下来，30min后再继续检查。动物紧张引起的排空延迟一定不要与幽门功能性障碍引起的排空延迟相混淆。

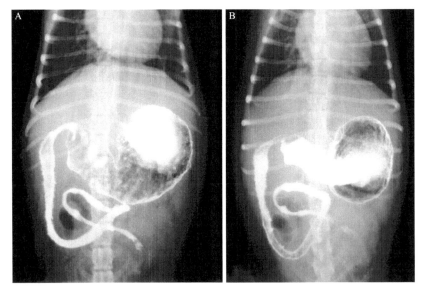

图 5-12　犬胃阳性造影后正位影像（河南农业职业学院教学动物医院供图）

A. 腹背位；B. 背腹位

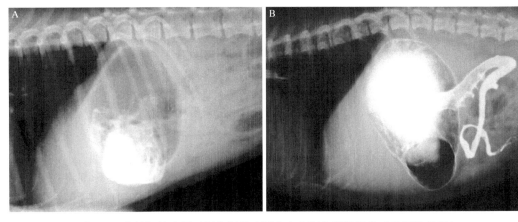

图 5-13　犬胃阳性造影后侧位影像（河南农业职业学院教学动物医院供图）

A. 右侧位；B. 左侧位

透视检查可以显示胃的收缩情况。可见蠕动波，由贲门附近开始，经胃体，穿过幽门窦直至幽门管。每分钟大约有 5 次收缩。当每次蠕动前进时，幽门管放松，允许一股造影剂流过进入十二指肠。透视检查前，应使动物充分滚动，以确保钡剂到达所有胃黏膜表面，从而使整个胃可见。

2. 超声检查　　胃的超声检查建议使用频率为 5.0～7.5MHz 的探头。动物需禁食。有时候允许动物检查前饮水，以使胃和小肠近端充满液体，从而将气体置换出去利于检查。因为声波的衰减作用，硫酸钡将干扰影像的质量。腹部剪毛至肋弓后。动物采取仰卧位或是侧卧位则取决于胃内气体的含量。有时可能需要两种体位结合使用。从重力侧对胃壁进行成像利于检查。右侧位对于幽门的检查有利，左侧位对于胃底的检查有利。动物常用体位是腹背位，探头置于肋弓后，从矢状切面进行检查。声束指向前背侧，从右至左对胃区进行检查。十二指肠位于右侧，从幽门窦发出。可见胃皱褶及其节律性收缩（图5-14）。

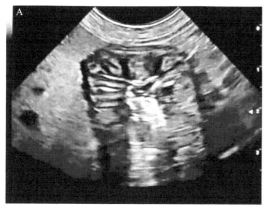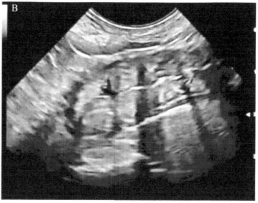

图5-14 犬的胃横向及纵向超声扫查（南京农业大学教学动物医院供图）

A. 胃体横断面影像图；B. 胃体纵切面影像图。可见胃壁的皱褶及胃内呈强回声的气体，胃内的皱褶凸出呈"车轮"外观

当胃松弛时，可以测量皱褶之间胃壁的厚度，一般犬为3～5mm厚，猫为2mm厚。

对于胃声像图中的5个超声层次的鉴别，需使用7.5MHz高分辨率探头。5个层次分别是：①强回声的浆膜和浆膜下层；②低回声的肌肉层；③强回声的黏膜下层；④低回声的黏膜层；⑤强回声的管腔/黏膜界面。

若使用低频探头，胃壁呈现低回声结构。胃排空时，胃皱褶横切面呈星形或车轮形，中央为液体或气体回声。如果胃内存有黏液、食物或气体则可以引起多种假象，因此会对全面检查和准确评价带来困难。胃内容物主要是流体的，所以无回声，但是在无回声的液体中也可能见到强回声的气泡。管腔内液体的存在，偶尔可能对胃壁的成像有利。在胃充盈超声造影剂后，B超可以显示胃壁的厚度和光滑度。

3. CT与MRI检查

（1）平扫CT 扩张良好的胃，胃壁较薄，整个胃壁均匀一致，柔软度佳（图5-15）。

（2）增强CT表现 胃壁常表现为3层结构，内层与外层为高密度，中间层为低密度。内层与中间层相当于黏膜层和黏膜下层，外层相当于肌层和浆膜层。胃周围血管及韧带显示良好。

（3）MRI表现 胃壁的信号特点与腹壁肌肉类似，呈中等信号，胃内空气为低信号（图5-16）。其余同CT所见。

三、小肠

小肠位于胃和肝的后方，包括十二指肠、空肠和回肠。其长度是动物身长的3.5倍。十二指肠由短的肠系膜固定，故其位置相对固定。十二指肠前曲位于肝右叶后面、第9或10肋骨处；降十二指肠沿右侧腹壁向后延续；十二指肠后曲位于腹中部，由此转换为升十二指肠直达胃的后部。空肠和回肠在腹中部盘曲，由肠系膜固定，故可在腹中部自由移动。空肠和回肠之间没有明显的分界。回肠短，沿盲肠内侧向前，终止于回结肠接合

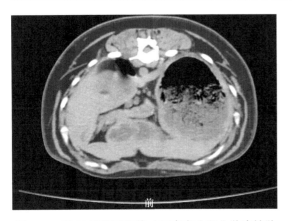

图5-15　胃CT横断面影像（河南农业职业学院教学
动物医院供图）

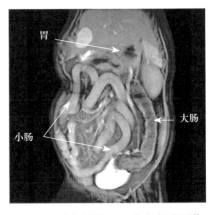

图5-16　腹部冠状面T2加权抑脂图像
（南京农业大学教学动物医院供图）

处。回结肠接合处位于十二指肠袢内或升十二指肠腹侧。

1. X线检查　　小肠位置的变化往往提示腹腔异常。小肠内通常含有一定量的气体和液体，通过气体的衬托，小肠轮廓在X线片上隐约可见，显示为平滑、连续、弯曲盘旋的管状阴影，均匀分布于腹腔内。在营养良好的成年犬、猫，小肠的浆膜面也清晰可见。各段小肠的直径及肠腔内的液气含量大致相等，由于犬的体型相差很大，通常用其自身的肋骨或椎体的宽度表示。一般，犬小肠的直径相当于两个肋骨的宽度，猫小肠直径不超过12mm。

经造影技术可显示出小肠黏膜的影像（图5-17）。正常小肠黏膜平滑一致，而降十二指肠的肠系膜侧黏膜则呈规则的假溃疡征。通常钡餐通过小肠需2～4h。对于猫，若使用有机碘制剂则通过时间会变短。

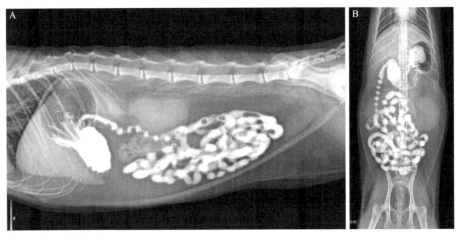

图5-17　猫胃肠碘制剂造影影像图（河南农业职业学院教学动物医院供图）
A. 右侧位；B. 腹背位

2. 超声检查　　小肠显像的能力取决于肠腔内容物的量和类型。肠壁层的结构和胃的相同，使用高分辨率的探头扫查。降十二指肠从胃部向尾侧延伸，在右侧前腹部可检测到（图5-18）。小肠肠壁的厚度有2～3mm，十二指肠肠壁的厚度为5～6mm。从横断面上测量的厚度更可靠。肠内容物随肠蠕动而运动，超声很容易观察到肠的活动性；内容物的超声显像范围从强回声物（气体）到无回声物（液体）均有。

3. CT与MRI检查　　在CT及MRI图像上，十二指肠全段与周围结构的解剖关系能够得到充分的显示，十二指肠的各部分也较清楚（图5-19）。当小肠内有较多气、液体充盈时，CT/MRI可以较好地显示肠壁（图5-20），但肠袢空虚或较多肠曲密聚时

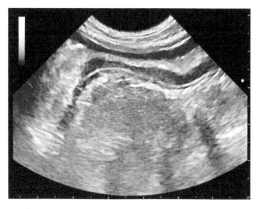

图5-18　犬十二指肠纵切超声影像图（河南农业职业学院教学动物医院供图）

会影响通过CT观察肠壁的效果。增强CT和MRI对小肠肠腔外的结构，特别是小肠系膜、腹膜、网膜的显示非常好。此外，CT、MRI还能判断小肠位置、形态等的异常。

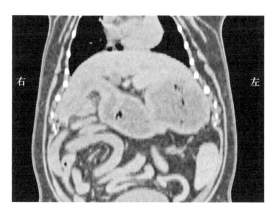

图5-19　犬胃肠冠状面CT影像图（河南农业职业学院教学动物医院供图）

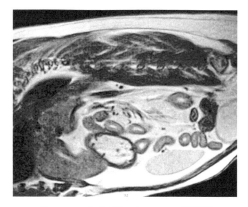

图5-20　犬胃肠矢状面MRI影像图（河南农业职业学院教学动物医院供图）

四、大肠

大肠由盲肠、结肠、直肠和肛管组成。犬的盲肠是结肠前段的一个憩室，两者之间由盲结肠瓣相通；此瓣位于体正中线右侧，约第3腰椎水平。盲肠并不直接与回肠相通，而是自身扭曲形成螺旋状。它位于十二指肠袢内。猫的盲肠是一直的盲囊。

结肠分为升段、横段和降段。其形状像一个问号。升段和横段在结肠右曲或肝曲结合，横段和降段形成结肠左曲或脾曲。升结肠位于正中线右侧、右肾腹侧。背侧与胰腺右支相邻，右侧与十二指肠相邻。其左侧和腹侧与小肠接触，前方与胃相接。

横结肠前腹侧与胃相邻，前背侧与胰腺左支相邻。其位于肠系膜根前侧。后方与小肠相接。

降结肠位于正中线左侧，从结肠左曲延伸到骨盆入口。背侧与髂腰肌相接触；前方与左肾和输尿管相邻。内侧与升十二指肠相邻，外侧与脾相邻。其余部分则由小肠围绕。

其后段位于膀胱和子宫的背侧。降结肠有时变长并发生扭曲，在这种情况下，降结肠可能会部分位于右侧。这被称作结肠过长。

直肠是结肠的终段，从骨盆入口开始到肛管结束。雌性动物的直肠腹侧是阴道，雄性动物为前列腺和尿道。

1. X线检查 在侧位片上，结肠位于腹腔背侧1/3处，与脊柱大致平行。在腹背位片上，升结肠在右侧，降结肠在左侧（图5-21）。正中线右侧可见含气的盲肠。钡剂灌肠可显示平滑的黏膜表面。双重造影时，钡剂积聚在和淋巴组织有关的小凹窝中，常形成可见的小环形不透射线区。随着钡剂的排空，可见纵向的黏膜皱襞。注意结肠壁上往往有粪渣残留。

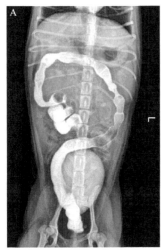
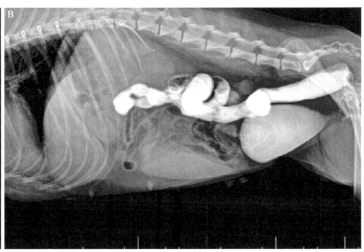

图5-21 犬大肠碘制剂造影影像图（河南农业职业学院教学动物医院供图）

A. 腹背位；B. 左侧位

2. 超声检查 大肠与膀胱相邻。大肠壁比小肠壁薄，且因其内常含有大量气体，所以大肠的超声检查不具有优势。

3. CT与MRI检查 在CT图像上，结肠腔、肠壁及壁外的结肠系膜均能良好显示；经过三维图像重建后的冠状面CT图像可以全面、形象地反映结肠在腹腔的位置、分布及结肠系膜、邻近器官的解剖关系。CT与MRI均可清晰地显示直肠本身及直肠周围间隙的形态，对直肠病变的局部状态评价有较大的帮助。

五、肝、胆、胰腺、脾

肝、胆、胰腺和脾位于腹腔前部，在解剖学上与胃、十二指肠、结肠肝曲、结肠脾曲、胃肝韧带、胃脾韧带、肝十二指肠韧带、小网膜等器官及亚腹膜结构的关系密切。断面成像技术是评价肝、胆、胰腺、脾的主要影像手段，因此熟悉腹部的断面解剖对正确认识肝、胆、胰腺、脾的断面影像学表现十分重要。目前能用于肝、胆、胰腺、脾疾病影像学检查的手段较多，包括X线检查、B超、CT（血管造影）、MRI及核医学方法，但各种检查方法都有其临床应用的特点、指征和限度。腹部内脏器多属于均质软组织结构，自然对比较差，拍摄的X线片的影像对比度不良，影响诊断价值。为弥补不足，采用超声检查和造影技术对腹部器官进行造影检查是必不可少的。

（一）肝

1. 肝的解剖特征 肝由6叶组成，分别为左内叶、左外叶、右内叶、右外叶、方叶和尾叶。肝的前端轮廓呈突起形，大部分与横膈相接。尾部与右肾、十二指肠前曲和胃相接。右内叶、右外叶及尾叶形成肝的右缘。肝的左缘由头侧的左内叶和尾侧的左外叶构成。方叶在肝前部的中央（即左、右两内叶之间）。胆囊位于前腹部右侧。犬和猫的肝几乎完全位于腹腔的胸廓部分内，分布于正中矢状面的左、右两侧。正常肝表面光整、圆钝。

2. 肝的血管

（1）肝动脉造影表现 依肝内血管显影的次序，可将肝动脉造影图像分为3期：①肝动脉期，可见肝内自肝门向肝左、右叶自然行走的肝动脉影，呈树枝状均匀分布，管径逐渐变细；②实质期，动脉影消失，代之以多数纤细小毛细血管影和肝实质的均匀性密度增高；③静脉期，肝内静脉显影，并汇合成肝左、肝中和肝右3支静脉，在第二肝门处回流入下腔静脉。

（2）肝内门静脉系统 断面影像图像上能够观察到肝内的门静脉血管。增强CT和MRI扫描所采集的数据，经各种二维和三维像处理后，可以获得立体的肝内门静脉血管图像。采用MRI梯度回波快扫序列，在不用MRI对比剂的情况下，也能使肝门静脉系统良好显示。

3. 肝实质

（1）超声检查 正常肝实质呈现均一的低回声到中等回声。肝内管道结构呈树状分布。肝内门静脉壁回声较强，肝静脉及其一级分支也能显示，但管壁很薄、回声弱。在肝的超声图谱中，为了检测出实质结构的差异，应提高增益。肝叶边缘应清晰且表面平滑（图5-22）。

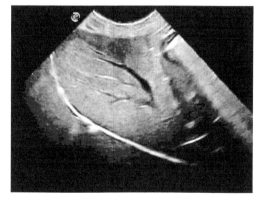

图5-22 正常肝超声图像（南京农业大学教学动物医院供图）

（2）X线检查 肝位于前腹部膈与胃之间，其位置和大小随体位变化和呼吸状态发生变化。肝的X线影像呈均质的软组织阴影，轮廓不清，可借助相邻器官的解剖位置、形态变化来推断肝的位置。腹部平片上不能辨识肝的精准轮廓，肝主要位于右腹，其前缘与膈接触，右后缘与右前肾前端相接。左后缘与胃底相接，中间部分与胃小弯相接。气腹造影可以更好地显示肝叶的轮廓及表面形状。右侧位时，左肝叶向尾侧移动，因此在X线片上的投影显得比左侧位时大一些（图5-23）。

（3）CT检查

1）平扫：肝实质呈均匀的软组织密度，CT值为40～60Hu，略高于脾、胰腺、肾等脏器；肝内门静脉和肝静脉血管密度低于肝实质，显示为管道状或圆形影（图5-24）。

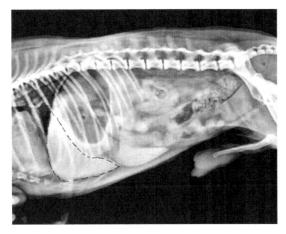

图5-23　犬腹部右侧位X线影像（南京农业大学
教学动物医院供图）

图中虚线为肝轮廓

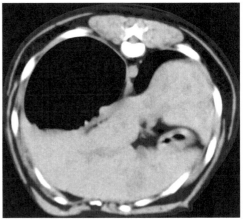

图5-24　平扫肝（河南农业职业学院教学动物
医院供图）

肝形态正常，表面光滑，各叶比例正常。肝实质广泛性
密度降低，CT值约为38.3Hu，肝右侧内、外叶密度明显
低于其他肝叶

2）增强扫描：肝实质和肝内血管均有强化，密度较平扫明显升高，其强化程度取决于CT对比剂的剂量、注射速率及扫描的时相。①肝动脉期，动脉呈显著的高密度影，而肝实质和肝内静脉均尚无明显强化；②门静脉期，门静脉强化明显，肝实质和肝静脉也开始强化，肝实质CT值逐渐升高，但门静脉血管的密度仍高于肝实质；③肝实质期或平衡期，由于对比剂从血管内弥散至细胞外间隙，门静脉内对比剂浓度迅速下降，而肝实质达到强化的峰值（CT最高可达140～150Hu），此时静脉血管的密度与肝实质相当或低于后者。

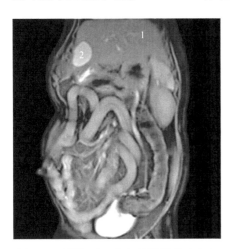

图5-25　冠状面T2加权抑脂图像（南京
农业大学教学动物医院供图）

1. 肝；2. 胆囊

（4）MRI检查　　MRI检查一般作为超声及CT检查后的补充检查手段，对于某些疾病还可以作为首选检查手段。多采取表面线圈来提高信噪比。以横断面为主，辅以冠状面。一般而言，正常肝实质在T1WI上呈均匀的中等信号（灰白），较脾信号稍高；在T2WI上信号强度则明显低于脾，呈灰黑信号（图5-25）。肝门区和肝裂内的脂肪组织在T1WI和T2WI上均呈高和稍高信号。肝内血管由于流空效应的作用，在T1WI和T2WI上均为黑色流空信号，与正常肝实质形成明显对比。增强后，肝实质呈均匀强化，信号强度明显升高，同时肝内血管也出现对比增强。呼吸运动是影响肝MRI图像质量最重要的因素之一，拍摄时需有效控制呼吸运动。需要把肝上下方的中点置于线圈上下方的中点，同时注意把线圈的中点置于主磁体的中心。这样可以提高图像的信噪比；提高脂肪抑制的效果；扫描范围内的信号强弱更为均匀；可以减少图像伪影。胆囊与肝类似。

（二）胆道系统

胆道系统由胆囊和各级胆管组成。胆囊为一囊状结构，连接于肝内胆管，胆管收集胆汁后汇入胆总管并将其排泄入十二指肠，其出口在十二指肠壁上形成乳突。

1. 胆囊

（1）超声检查　胆囊壁为纤细、光滑的强回声带，囊腔内为液性无回声区，后壁和后方回声可有增强。正常胆囊的纵切面呈梨形或长茄形，边缘轮廓清晰（图5-26）。胆囊壁作为与肝实质相区分的界限，胆囊壁回声低、细。囊腔内为无回声区，后壁和后方回声增强。横切面上，胆囊显示为圆形无回声区。犬的胆囊与人类和猫的胆囊相比大且壁薄。猫的胆囊有可能为双囊，为正常解剖结构。

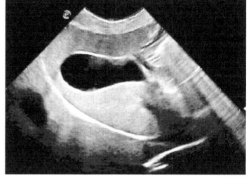

图5-26　犬肝胆超声图（南京农业大学教学动物医院供图）

图中无回声区域为胆囊，呈梨形或长茄形，边缘轮廓清晰

（2）X线检查　胆囊在X线片上不显影，经过胆囊造影可将胆囊显示出来。胆结石存在时，可能显示出胆囊。胆囊造影技术应用不广，因为其获得的信息似乎具有局限性。

（3）CT检查　胆囊表现为位于肝左叶内侧段下方胆囊窝内的水样密度卵圆形囊腔影，囊壁光滑，与周围结构分界清楚。

（4）MRI检查　在T1WI上，胆囊内胆汁一般呈均匀低信号，但由于胆汁内成分（蛋白质、脂质、胆色素等）的变化，胆汁可表现出"分层"现象；在T2WI上胆汁均表现为高信号。CT增强扫描和MRI成像有助于胆囊壁厚度的判断。

2. 胆管树　正常时，整个胆道系统就呈树枝状，故称为胆管树。

1）肝内胆管纤细、整齐，逐级汇合成左、右肝管，后两者在肝门区再汇合成肝总管。常规超声、CT、MRI仅可以观察到肝总管及左、右肝管，难以显示正常的肝内胆管分支。

2）肝总管和胆总管：肝总管直径为0.4～0.6cm，长3～4cm，在与胆囊管汇合后形成胆总管。横断面图像（超声、CT、MRI）能显示圆形或椭圆形的胆管切面、管壁厚度及与周围结构的毗邻关系，表现为位于门静脉前外侧的圆形或管状影，CT平扫呈液性低密度，增强扫描后无强化。

（三）胰腺

胰腺位于腹膜后间隙内，为一狭长、柔软、略分叶状的腺体器官，薄而不规则，与邻近肠系膜脂肪区分不明显。胰腺分为右叶、左叶和胰腺体3部分。胰腺体位于幽门尾侧、右肾的前内侧、门静脉的腹侧。幽门在右前腹部。胰腺左叶起始于胰腺体，位于胃窦的背后侧，并继续横跨胃与横结肠之间的中线。右叶位于十二指肠系膜内、降十二指肠的背内侧、右肾的腹侧、门静脉的腹外侧（图5-27）。猫科动物的胰腺右支末端1/3向头侧卷曲呈钩状（图5-28），十二指肠角和胰腺体处于更中心的位置，由胰腺左、右叶和

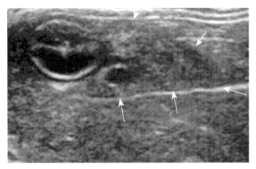

图5-27　犬胰腺右叶横断面超声声像图（南京
农业大学教学动物医院供图）

降十二指肠壁层在胰腺（箭头所示）外侧，胰腺上的圆
形无回声区域为胰腺十二指肠静脉

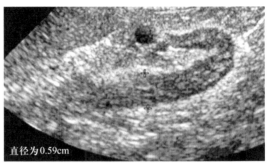

图5-28　猫的胰腺纵切面超声声像图（南京农业
大学教学动物医院供图）

图中可见胰腺左叶末端呈钩状

胰腺体形成的角较小。主胰管由胰尾开始，走行于胰实质内偏后，管径从胰尾到胰头逐
渐增粗，宽0.1～0.3cm。胰腺表面仅覆盖一层稀疏的结缔组织被膜，因此胰腺疾病容易
突破被膜，在胰周和腹膜后间隙内广泛扩散、蔓延。

1. 超声检查　　　胰腺实质呈均匀细小光点回声，多数情况下稍强于肝回声。胰管无
增粗时不易显示。猫科动物胰腺的正常超声声像表现与邻近肝叶相比呈等回声到轻度高
回声，与周围肠系膜脂肪回声相当。

2. CT检查　　　平扫时，胰腺呈略低于脾的均匀软组织密度（CT值为35～55Hu）。
有时，胰腺体萎缩和脂肪浸润可使胰腺边缘呈"羽毛状"或"锯齿样"改变，但胰周结
构清晰，层次分明。

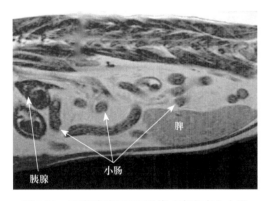

图5-29　正常胰腺T2WI影像（南京农业大学
教学动物医院供图）

胰腺相对脂肪为等信号

3. MRI检查　　　正常胰腺在T1WI上
相对肝呈现略高信号，在T2WI序列上对肝
及脂肪呈现等信号（图5-29）。

（四）脾

脾是一个扁平的长器官，位于左前腹
部，靠近胃底部、左肾头侧和左侧体壁。
脾形态近似呈三角形，其最接近胃大弯和
左肾，中部靠近结肠，大约平行于胃大弯。
脾长轴面呈瘦长的舌状，横断面呈三角形。
无论犬脾的位置如何变化，脾前端（脾头）
在最背侧位置，在胃底和左肾之间通常呈
钩状。脾头部通过脾胃韧带与胃相连，其

余部分为脾体，游离的部分则为脾尾。

因动物个体差异，脾大小的差异也较大。猪脾狭长，上宽下窄。牛脾呈长而扁的椭
圆形，质硬，位于瘤胃背囊左前方。羊脾扁平而呈钝三角形，质软，位于瘤胃左侧，被
肺所掩盖。马脾呈扁平镰刀形，上宽下窄，位于胃大弯左侧。年轻的运动犬和某些特殊
品种犬的脾较大，如德国牧羊犬。猫脾较小。某些动物可能需预先被轻度镇静才能进行B

超检查，某些常见的镇静药物如右美托咪定可能会导致脾扩张。

脾影像学检查最常采用的方法是X线检查和超声检查。X线检查可以快速对脾整体形态、大小和位置进行初步判断。由于脾的组织密度与周围脏器缺乏天然对比性，因此有时受检查设备和腹腔内容物状态的影响而无法显示。然而，利用超声检查可以对脾的形态、厚度、密度、均质性和脾门血管状态进行准确的判断，是小动物临床检查脾的主要方法。

此外，利用CT和MRI检查方法可对脾整体形态和结构进行详细的诊断，结合血管造影技术可以对脾血管发育异常和占位性质的疾病做出进一步诊断。

1. X线检查　　X线检查时，主要采用腹背位和右侧位对脾形态进行观察。腹背位检查时，可发现脾在前腹部胃后外方、左侧肾前方，呈现为软组织密度，形态为近似"三角形"影像（图5-30）。右侧位检查时，脾可在肝后方显示为一个"卵圆形"或"三角形"阴影（图5-31）；而在左侧位检查时，由于脾的游离性和肠管的遮挡效应，其可见或不可见。

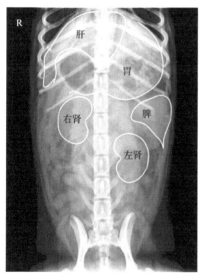

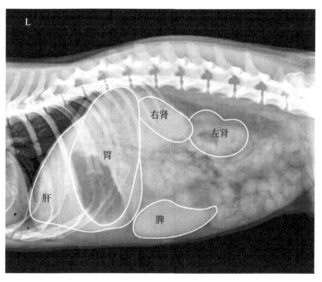

图5-30　犬腹背位X线所示脾形态　　　图5-31　犬右侧位X线所示脾形态（南京农业大学教学动物
（南京农业大学教学动物医院供图）　　　　　　　　　　医院供图）

由于受到动物种类、品种和脾功能状态的影响，脾大小也存在较大的差异。某些特殊品种动物的脾先天发育较大，或者当动物的脾和（或者）胃发生扭转时，由于血液循环状态发生改变，大量血液淤积于脾，从而导致脾迅速增大。当动物处于镇静或麻醉状态时，脾体积会增大。在猫的侧位X线检查时，可以看到脾头部在胃底和肾之间呈三角形软组织混浊。此外，由于猫脾的比例短于犬，因此在猫的侧面图上一般看不到脾尾和脾体。

2. 超声检查　　脾为腹腔内重要的实质器官之一，其均质程度较高，适用于超声检查。超声在兽医临床主要被应用于脾体表投影面积、体积大小的测定及脾疾病的检查。

（1）B超检查设备　　与肝检查条件类似，可采用高频探头5～10MHz。当动物体表和皮下组织不丰富时，会导致脾与超声探头距离过近，为了防止近场超声回荡效应导致的脾近场结构显示不清，可在皮肤与探头之间增加透声垫块。

（2）扫查路径和体位　　不同动物扫查位置有差异。牛为左侧11~12肋间背侧部，羊为左侧8~12肋间背侧部，犬为左侧10~12肋间或最后肋弓及肷部，马为左侧8~12肋间、肩端线及肷部下缘，以显示脾头。

脾的超声探查通常采用仰卧位。大型犬和胸部较深犬的脾前背端（脾头）探查时，采用右侧位并从左侧肋间探查，也可以根据临床检查需要而改变超声探查的具体路径。视动物的体型，通常选用5~10MHz的探头。小型犬或猫脾的位置浅表，可使用线阵探头进行扫查。脾头探查结束后，可沿脾长轴的横断面进行扫描。脾体通常横跨腹腔，可延伸至胆囊的后方。有时为了显示脾头结构，需要在左侧第12肋间探查，依次对脾门和脾尾的结构进行探查，滑动探头全面探查腹部，对脾进行完整检查。

（3）脾的超声影像特点　　对脾进行超声检查时呈中等回声结构，实质呈现为均质回声，脾边缘可见有一层薄的强回声包膜（图5-32），其回声高于肝和肾皮质回声，因此，通常借助同一动物的脾回声与其肝和肾的回声进行比较，以判断肝和肾质地密度的改变情况。在对脾实质扫查时，可显示出无回声的管状结构，其为脾静脉的分支，在脾门处汇集后离开脾，并可见类似于"鲸鱼尾"样外观的脾门结构特点（图5-33）。此外，还可以借助彩色多普勒技术对脾血管和血管内血流状态进行实时观察。

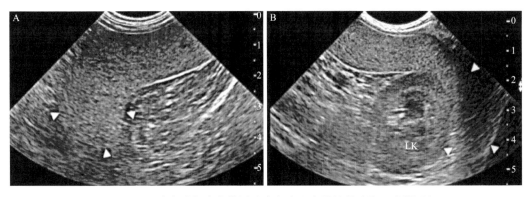

图5-32　正常犬脾超声声像图（南京农业大学教学动物医院供图）

A. 近场所示为脾头部，脾被膜为强回声表现；B. 脾实质回声（近场）较肾皮质区（远场）回声强度高。LK. 左肾；实心三角形所指为脾头的边缘

3. CT检查　　CT检查为超声检查后的首选影像检查技术，不但能够通过病变多期增强的强化表现提高脾疾病的诊断能力，而且可同时了解相邻组织器官的表现，进而有助于对脾疾病进行全面评估。平扫脾形态近似于新月形，密度均匀，脾门处可见大血管出入（图5-34）；增强扫描时动脉期脾呈不均匀明显强化，静脉期和平衡期脾密度逐渐达到均匀。

利用腹部CT检查可以准确评估脾的癌症分期，以及诊断怀疑脾有创伤性、血管性或炎性疾病的急性腹部疾病。对于弥漫性脾疾病而言，因为CT诊断图像特征可能并不特异，通常使用超声和引导的细针或组织核心活检进行诊断。

4. MRI检查　　作为脾超声和CT检查后的补充方法，MRI检查对某些脾疾病如脾脓肿、脾血管瘤和脾淋巴瘤的诊断优于CT诊断。脾在横断层上的表现与CT相似，冠状位显示脾的大小、形态及其与周围相邻器官的关系。脾信号均匀，由于脾血窦丰富，T1及T2弛豫时间比肝和胰腺长，而与肾相似。脾门血管呈流空信号（图5-35）。

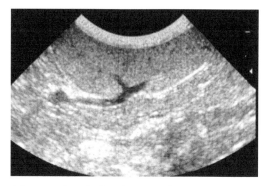

图5-33 犬正常脾回声强度（南京农业大学教学动物医院供图）

可见脾静脉在脾门处的分支结构和脾实质区的管状低回声

（五）腹膜和肠系膜

腹膜由一层很薄的浆膜层构成，被覆于腹腔各壁，主要由间皮和结缔组织组成，分为壁层和脏层，被覆于腹腔各壁的腹膜称为壁腹膜，被覆于脏器表面的腹膜称为脏腹膜。壁腹膜与脏腹膜之间，或脏腹膜之间互相反折移行，形成了网膜、系膜和韧带结构。腹膜在超声检查时表现为一层光滑的强回声界面，当腹腔内有中等量腹水存在时，腹膜更容易被识别。

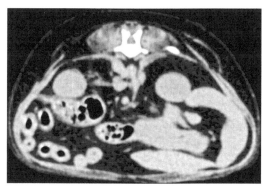

图5-34 犬正常脾CT平扫影像（河南农业职业学院教学动物医院供图）

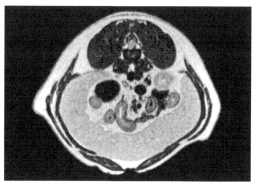

图5-35 犬正常脾MRI影像（河南农业职业学院教学动物医院供图）

肠系膜是悬吊、固定肠管的腹膜的一部分。躯体左右两侧的腹膜在肠的背侧和腹侧相合，分别形成背侧肠系膜和腹侧肠系膜。腹膜腔是壁腹膜和脏腹膜之间的潜在腔隙，正常动物的腹腔几乎不存在腔隙，只含有少量的液体，可起到润滑作用。在镰状韧带、网膜、肠系膜和腹膜后腔存在一定量的脂肪。

1. X线检查 X线检查中，腹膜、网膜和系膜均不能显示，仅能发现腹腔积气、大量积液和较大的腹腔肿块，应用价值受限，不能作为主要检查方法。在小动物临床检查上，正常犬的壁腹膜不可见，腹膜最常见的部分是肠系膜和大网膜，因为这些结构中有脂肪。

2. 超声检查 超声检查经常作为腹膜腔疾病的检查方法，除了能够敏感地发现腹腔积液，还能显示腹膜增厚，腹膜、系膜和网膜结节及肿块，判断其囊、实性，评估血流状况；但超声检查易受肠气干扰而影响检查效果。

正常壁腹膜呈光滑纤细的高回声线；网膜、系膜和韧带等结构呈高回声带，并可依据解剖关系进行大致定位。在超声检查中，身体状况良好的犬的肠系膜和网膜对其他器官呈高回声，且相当不均一（图5-36）。成年猫的腹膜脂肪沉积较多，特别是在镰状韧带和腹膜

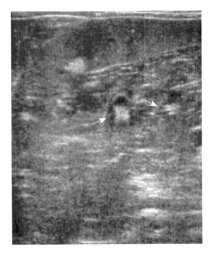

图5-36　成年犬正常肠系膜超声图
（南京农业大学教学动物医院供图）

肠袢（箭头所示）周围有细的高回声条纹肠系膜

间隙。与犬不同，猫肠系膜不积累过多的脂肪。肥胖猫的小肠在侧位片上可能受压居中；而在腹背位片上，由于腹腔内脂肪的堆积，小肠可能受压居中偏右。在超声检查时，身体状况良好的猫的肠系膜和大网膜与腹部其他器官呈高回声且相当不均一。

新生儿和6个月大的幼龄动物的腹膜内脂肪沉积最少，此时脂肪因其含水量高，X线片显示腹部浆膜细节较差，易与腹膜腔内游离液体相混淆。与成年动物相比，由于成熟的脂肪较少，体壁较薄，减少了超声衰减和伪影，所以新生动物的超声检查简单易行。

3. CT检查　　CT检查是腹膜疾病的主要影像检查技术，能够敏感地发现腹腔积气、积液和腹膜增厚及结节、肿块，并可清楚地显示腹膜腔疾病与周围结构的关系。通过增强检查，还能进一步提高小病灶的检出率，并有利于疾病的定性诊断。CT检查宜包括整个腹部，如疑为肿瘤性疾病时，常需采用MPR行冠状、矢状位重建，以全面了解腹膜、系膜和网膜病变。

正常壁腹膜和脏腹膜均不能直接识别，但其覆盖于腹壁内面和脏器表面，从而能够显示其光滑整齐的边缘。网膜、系膜和韧带内有丰富的脂肪组织和血管、淋巴管，从而表现为脂肪性低密度（图5-37）；CT增强扫描时可见其中血管发生明显强化。在正常情况下，无论平扫或增强检查，多不能确定网膜、系膜和韧带边界。

4. MRI检查　　腹膜腔的MRI检查通常作为超声和CT检查后的补充检查，其多序列、多参数成像有利于腹膜腔疾病的诊断与鉴别诊断，但对腹膜腔及其病变细节显示要稍逊于CT检查。MRI检查表现类似于CT检查，不同的是系膜、网膜和韧带内脂肪组织在T1WI和T2WI上均呈高和较高信号，且在脂肪抑制序列检查时转变为低信号，其内血管多呈流空信号（图5-38）。

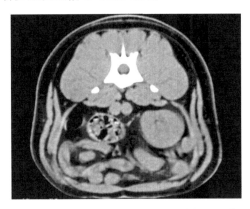

图5-37　成年犬正常肠系膜CT平扫横断面影像图
（河南农业职业学院教学动物医院供图）

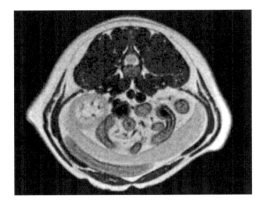

图5-38　成年犬正常肠系膜MRI横断面影像图
（河南农业职业学院教学动物医院供图）

（邓立新）

第三节　食道疾病

通过食道疾病的影像学检查可发现：纵隔的射线不透性增加、不透明异物、食道滞留的食物、食道肿块、纵隔积液或肿物（继发于穿孔）、纵隔的射线透性增加、食道气体扩张、气胸纵隔（继发于穿孔）、气胸（继发于穿孔）、气管腹侧移位、气管条纹标志、胸腔积液（继发于穿孔）、吸入性肺炎等。灌服钡剂存在潜在并发症。少量液体钡餐的风险可以忽略，而肺炎和肺肉芽肿形成是钡剂吸入的罕见并发症。误吸的钡剂一般通过纤毛作用和咳嗽而从气道清除，但如果钡剂进入肺泡腔，可能终生无法清除（图5-39）。

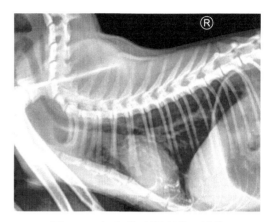

图5-39　犬吞咽钡剂的侧位X线片
（南京农业大学教学动物医院供图）

一、食道异物

食道异物可能是透射线的，也可能是不透射线的。它们通常在胸部的食道中可见，即在心基与膈之间的食道内，也见于胸腔入口处，其他位置少见。犬食道异物比猫更常见，某些梗犬品种易患此病。

其临床症状随阻塞的程度及阻塞时间的长短而有所不同。如果食道部分阻塞，除进食时表现不适外，可能无明显临床症状。急性阻塞，患畜心神不安，间歇性流涎。初期有食欲，随病程发展，食欲逐渐丧失。未进行及时救治的患病动物可因呼吸并发症或者穿孔死亡。偶尔有病例在阻塞部位形成憩室。此憩室允许食物经过并到达胃。

X线拍摄区域应从舌根到膈肌。异物通常位于胸腔入口、心脏基部或贲门前方，在出现异物的部位，食道的扩张能力受到限制。非阻塞性异物，如鱼钩和其他尖锐物体，往往会滞留在咽部区域（图5-40）。高密度的异物（如骨头或金属）在X线片中容易识别（图5-41），在食道区域表现为局部密度升高。在食道末端局部性影像增强，怀疑为高密度的异物（图5-42）。而低密度的食道异物可能看起来类似于食道肿瘤、食道脓肿、纵隔肿块、食道旁

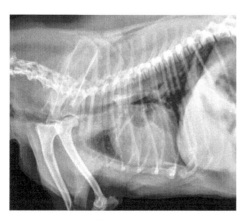

图5-40　食道异物（南京农业大学教学动物
医院供图）

食道反流，可见在心基的食道内有一骨密度异物和空
气密度的扩张，CT确诊食道异物

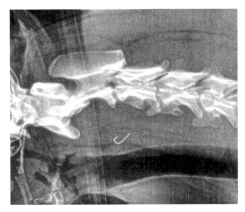

图5-41　颈椎侧位X线片（鱼钩刺入颈部食道）（Thrall，2018）

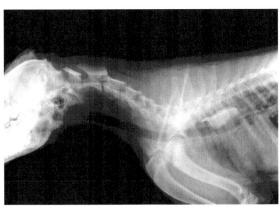

图5-42　犬食道胸内段梗阻的胸侧位X线片（南京农业大学教学动物医院供图）

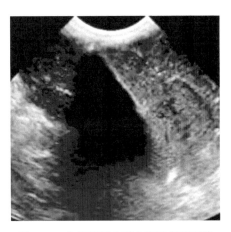

图5-43　犬的颈部食道内积液超声图像（Thrall，2018）

疝或肺部肿块。食道末端的肿块，尾端边界会与膈肌发生重叠。

食道造影可以鉴别异物的类型，然而如果患病动物存在气胸、肺炎或胸腔积液时，食道造影要慎重，食道梗阻可能继发食道穿孔。在这种情况下不建议进行钡食道造影。如果需要食道造影，则应使用水溶性造影剂，如碘海醇或复方泛影葡胺。超声检查可见到无回声的液性暗区（图5-43）。

二、食道憩室

食道憩室是食道壁的一层或全层局限性膨出，形成与食道腔相同的囊袋，该病可能是先天性的，也可能是后期出现的。获得性食道憩室的病因包括食道炎、狭窄、异物溃疡、血管环异常、食道裂孔疝、寄生虫和食道周围炎症。

食道憩室可分为膨出型和牵引型。膨出型食道憩室是由于食道腔内压力过高，使黏膜和黏膜下层从肌层缝隙疝出腔外，故属假性憩室。膨出型食道憩室最常见于心脏和膈肌之间。而牵引型食道憩室由食道邻近的纵隔炎性病变愈后瘢痕收缩牵拉管壁（全层）形成，通常位于颅骨和胸中段食道。

食道憩室的X线片特征是周围软组织肿块或食道囊袋状突出，食物、气体和软组织混合（图5-44）。侧位片中在胸主动脉末端、主动脉和后腔静脉之间存在混合密度的肿块（低密度、中等密度和高密度混合）。同一只犬的腹背位X线片显示，该肿块在脊柱右侧，肿块的右侧边界清晰，而且可以明显看到脊柱的中线，因此怀疑食道憩室中含有骨异物。对该犬进行B超检查，将探头置于腹中线处，指向颅骨并指向左侧，可以看到肝和贲门。白色的"×"指示食道裂孔。食道憩室位于食道末端，在食道憩室中可见多个线性、高回声的阴影（白色箭号所示）和低回声的液性暗区。

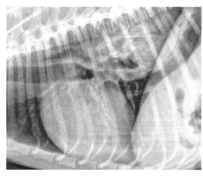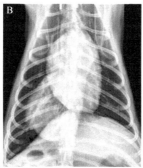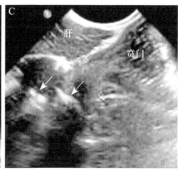

图5-44　8岁玩具犬食道憩室（Thrall，2018）

A. 患犬胸部侧面X线片，图中可见胸部尾背侧主动脉和后腔静脉之间的软组织密度异物；B. 同一只犬的腹背位X线片，图中可见食道右侧边界清晰，怀疑为食道憩室；C. 同一只犬的超声图像

如果通过影像学检查无法确诊，可通过内镜检查、CT检查或食道造影，进一步确诊是否存在食道憩室。如果进行食道造影，食道憩室中有造影剂残留有助于该病的确诊。内镜检查还可以充分评估憩室开口的大小，为外科手术治疗提供依据。

三、食道扩张

食道扩张可以根据疾病的病因和部位进行细分，食道扩张可以是功能性的或机械性的。广泛性扩张通常是由功能性疾病如原发或继发性肌无力引起，而节段性扩张通常由异物、浸润性疾病（如肿瘤或炎症）、裂孔性疾病、节段性运动疾病、食道狭窄、血管环异常引起，扩张的食道可残留气体或液体（图5-45）。

严重的食道扩张称为巨食道。原发性巨食道是由神经肌肉功能障碍引起的食道扩张和运动不足所致。这种类型的食道扩张通常是先天性的。该病主要的临床症状是反流，特别是对于条状、未消化的食物。巨食道在猫中并不常见，常被认为是幽门痉挛。而巨食道的犬出现

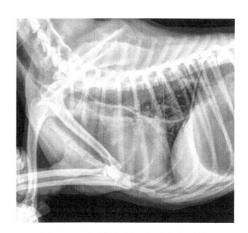

图5-45　食道扩张的犬胸部侧位片
（南京农业大学教学动物医院供图）

反流的最常见原因与肌肉张力降低和蠕动有关。巨食道可以是分段性的（颈椎或胸廓）或广泛性的，常继发于神经肌肉连接疾病（重症肌无力）、横纹肌炎、周围神经（多发性神经病）或中枢神经系统的炎症、中毒或是肿瘤。

食道的影像征象包括食道气体性扩张、食物或液体的滞留、气管的条纹征、可视化的长直肌、胸腔内气管的腹侧移位、心脏的腹侧移位及吸入性肺炎。当发生广泛性的巨食道症时，由于胸腔内的负压，胸段的食道通常比颈段扩张更严重。吸气末时，由于周围肺泡中有大量气体，食道难以辨别。在胸部侧位X线片中，从头侧至尾侧可见两条不透明的软组织平行条带，是充满气体的食道的食道壁影像（图5-46）。

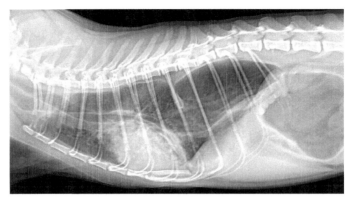

图5-46　巨食道（极信研和兽医影像诊断中心供图）

1岁银渐层，呼吸急促和鼻腔分泌物，右侧位片中可见食道内充盈气体，尤其是肺门处到膈肌严重增粗，诊断为巨食道

　　在动物腹背位的X线片中，充满气体的食道壁通常被识别为脊柱左侧的薄软组织条带。如果发生严重的食道扩张，脊柱右侧也可见一条软组织条带，这两条软组织条带会在食道末端的括约肌处汇合。从该犬的侧位片中可见，由于食道严重扩张，气管和心脏向腹侧移位。而在腹背位的X线片中，扩张后食道的边界延伸到脊柱的左右两侧，并在靠近食道末端的括约肌处呈"V"形汇合。

四、食道裂孔疾病

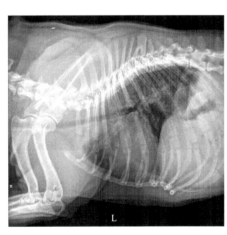

图5-47　食道裂孔疝（堪萨斯州立大学教学动物医院供图）

2岁雄性法国斗牛犬，因运动不耐受和反流入院检查，可见在食道尾侧有一管状软组织密度结构，结合临床症状怀疑食道裂孔疝，同时可见气管狭窄

　　食道裂孔疾病包括食道疝（滑动性食道裂孔疝和食道旁疝）、胃食道肠套叠和食道反流。此类疾病可能没有临床体征，在犬可能出现一些胃肠道症状，如反流、干呕或呕吐。沙皮犬有患先天性食道疝的报道，而后天性食道疝多由肌无力、腹压升高或上呼吸道阻塞诱发。

　　在滑动性食道裂孔疝中，食道末端括约肌和胃底的一部分通过食道裂孔而移入和移出纵膈。在X线片中，可见主动脉和后腔静脉之间存在软组织影像或软组织和气体的混合影像，其轮廓与横膈膜头侧重叠。图5-47是一只有呼吸障碍的法国斗牛犬，在X线片中，犬胃部的头侧移位进入胸腔，胸骨和肋骨向背侧偏移，导致肺容积变小。当犬放置气管插管麻醉后，呼吸窘迫得到缓解，胸骨恢复到正常位置，胃从胸腔中移出。而此时，食道中仍有残余气体而导致食道扩张，这可能是麻醉所致。胸廓内压力的增加与气道阻塞的减轻有关，使胃自然回到腹部。

如果多次拍摄动物的腹背位X线片，可在脊柱偏左的位置观察到一低密度区域。通过钡餐、内镜检查可确诊滑动性食道裂孔疝。食道钡餐造影后拍摄X线片中钡餐不透明度具有中线位置，并且稍微位于椎骨柱的左侧。静态钡X线摄影、内镜检查或对比荧光检查均可确诊滑动性食道裂孔疝。

五、食道旁疝

食道旁疝是由食道底部向纵隔突出而形成的疝，食道末端的括约肌仍保留在腹部（图5-48），从X线片中可见，食道末端存在由气体组成的区域，由此可以判断为食道旁疝或滑动性食道裂孔疝。而通过该犬腹背位的X线片（图5-48），可以发现突出物位于食道左侧，而且疝的内容物可能会随着呼吸而进出胸腔，因此可诊断为食道旁疝。

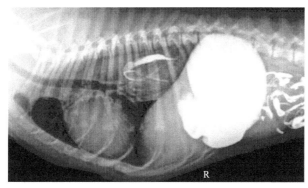

图5-48 食道旁疝造影检查（Tudor，2022）
胃食道括约肌处于正常位置，但幽门在腹部向正中移动。此外，胸腔内可见一段小肠

六、胃食道肠套叠

当部分胃进入食道腔时，会发生胃食道肠套叠。在X线检查时，套叠区域有可能是类似软组织的中等密度影像，如果胃内及其内容物一起进入食道，也可能是软组织和气体混合的低密度影像。图5-49是一只8月龄孟加拉猫的胸部侧位X线片，可以看到胸腔的

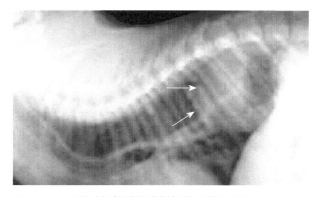

图5-49 8月龄孟加拉猫的胸部侧位X线片（Thrall，2018）

食道内含大量气体导致食道扩张，气管和心脏均向腹侧移位，在胸腔尾侧存在一低密度的团块，且团块后方轮廓有清晰的边界（与横膈），这是区分胃食道肠套叠与食道疝的影像征。

胃食道肠套叠通常是获得性的，常继发于食道扩张、食道括约肌松弛，而食道末端括约肌松弛往往是手术不当导致。套叠的胃进入胸腔会压迫肺，导致肺不张，进而引发呼吸窘迫。

七、食道反流

当胃酸进入食道时会发生食道反流，进一步会导致食道炎。通过影像学检查往往很难确诊，或者在侧位片中可见主动脉和腔静脉之间的软组织密度增加。当发生严重的食道反流时，食道末端会增宽，并出现气体或液体。食道反流如果没有引起严重的食道壁溃疡，即使采用钡餐造影，也无法确诊该病。严重的食道炎，食道也会发生局部扩张。食道炎会让食道内的线状褶皱消失，因此，通过造影可以诊断局部食道炎。

八、食道冗余

食道冗余较少发生，在某些短头犬偶见。普通X线检查往往无法诊断，通常需要通过造影检查。图5-50是一只沙皮犬的胸部侧位X线片，灌服钡剂后，发现该犬的食道在胸腔入口处出现冗余。然而，造影剂在冗余食道中的积累通常只是暂时的，食道在随后的X线片上将正常显示。而且冗余的食道往往具备正常的蠕动能力，没有明显的临床症状，这也是食道冗余较少被发现的原因。通过X线透视，可实时观察冗余食道的蠕动能力，并判断是否存在异常。

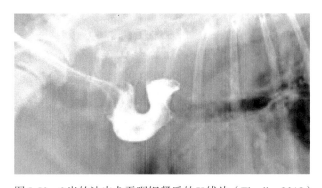

图5-50　8岁的沙皮犬吞咽钡餐后的X线片（Thrall，2018）

九、食道肿瘤

食道肿瘤在猫和犬中少见。目前已报道过的食道肿瘤有纤维肉瘤、鳞状细胞癌、腺癌、分支癌、分支裂囊肿、乳头状瘤及平滑肌肉瘤等。如果肿瘤足够大，可通过X线检查进行诊断，如图5-51A所示，可以在食道末端发现一软组织肿块，通常需要通过食道造影进一步诊断疾病。而CT检查可以做出更为精细的诊断，在图5-51C中可发现食道内气体，轻度扩张，而且肿物边缘光滑，提示可能为良性肿瘤，需要配合组织病理学检查确诊。

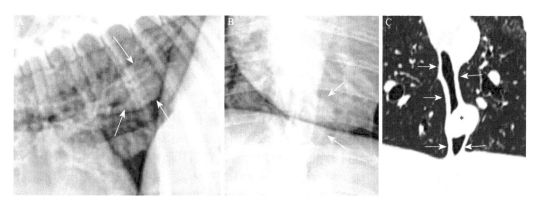

图5-51　食道肿瘤（Thrall，2018）

A. 胸部侧位X线片（白色箭号所示为一软组织肿块）；B. 腹背位X线片（白色箭号所示为食道肿瘤）；
C. 食道末端横切面CT图（"*"所示为食道肿瘤，白色箭号所示为积气食道）

如果怀疑存在食道肿瘤，钡剂造影不仅可以提示是否存在肿物，还能判断肿物部位的食道是否存在狭窄或阻塞。而浸润和溃疡引起的黏膜不规则和（或）浸润的位置与程度也可通过造影进行评估。钡剂滞留、管腔不对称、无皱褶的黏膜、黏膜溃疡、局部食道肿大或扩张都提示可能存在食道肿瘤。

（杨凌宸）

第四节　胃　疾　病

一、急性胃扩张

1. 病因　　急性胃扩张是指胃及十二指肠在短期内有大量内容物不能排出而发生的极度扩张，导致反复呕吐，进而出现水电解质紊乱，甚至休克、死亡。动物发生急性胃扩张后，胃内会蓄积大量气体，导致胃的急性胀气。严重的呼吸困难或疼痛也可能导致胃胀气，但胃扩张通常不严重。而急性胃扩张时，胃会扩大并充满气体，但会保持其正常位置和解剖关系（图5-52）。气体在胃的幽门窦和胃体中存在。严重的胃扭转，气体的位置不会随体位的变化而变化。

因此，幽门仍位于右侧，胃底仍位于左侧。

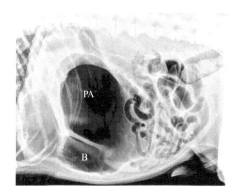

图5-52　胃扩张后右侧位X线片
（南京农业大学教学动物医院供图）

PA. 幽门窦；B. 胃体

胃的正常位置通常可以通过X线检查来确定，可以通过比较左右侧卧及腹背位和背腹位的变化来确定。通常，在侧位X线片上比腹背或背腹位X线片更容易识别胃的幽门。利用胃造影技术可更加清楚地诊断，但往往不是必须要做的检查。

2. 影像学表现　　X线下胃的形态和位置取决于胃旋转的类型和程度及扩张的程度。随着胃的扩张，如果从尾侧向头侧进行观察，胃底部和胃大弯会沿顺时针方向旋转，并紧紧贴在腹壁上。因此，胃幽门的头侧和背侧会发生改变，逐渐向左侧移动，而胃体部会向右侧移动。

胃扭转的主要影像学特征是胃的气体和液体扩张（气体多于液体）。另外，幽门通常位于背侧，并向左侧延伸。因此，通过X线检查确定幽门的位置可以鉴别胃扩张和胃扭转。幽门的定位最好通过左侧和右侧视图或腹侧和背腹视图来实现。侧位片是观察胃幽门的最佳体位。当胃充满气体时，胃的幽门部分比胃的其他部位更加狭窄。胃内虽然气体居多，但仍含有大量液体，拍侧位片会导致幽门可能由于充满液体而无法观察。这就需要加拍左右两侧位的X线片，以确保幽门充满气体并可以被识别。对于怀疑患有胃扩张和胃扭转的动物，如果动物比较安静，应首先进行右侧位X线检查。在多数情况下，根据一张右侧位X线片就可以进行诊断。如不能明确诊断，则需加拍其他体位X线片。

动物左侧卧时，胃幽门会向动物的左侧偏移，胃内的液体充满幽门，气体充满了其余的胃。而当动物保持右侧卧时，气体会充满幽门，并且液体会转移到胃底或胃体。这种气体分布与正常的相反。因此在动物左侧卧X线诊断时，如果发现幽门中充满了液体，而在右侧卧时，幽门中又充满了气体，表明胃发生了扭转（图5-53）。如图5-53A所示，胃底部有一定程度的膨胀（黑色箭号所示），这很容易被误认为是幽门中的气体。而在右侧卧X线片（图5-53B）中，胃内液体进入胃底部，气体勾勒出幽门和胃体的轮廓、幽门和胃体之间的分隔（黑色箭号所示）及幽门处于背侧和头侧的位置，表明幽门在左侧，胃底在右侧，并且有胃扭转。由于对幽门部分的特异性识别困难，因此在腹侧和背腹视图更难以观察此类变化。此时，也可以进行胃造影以确认胃的位置。

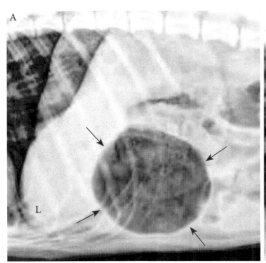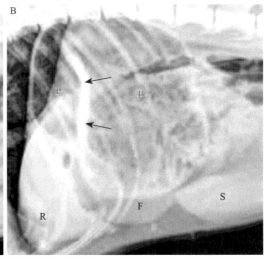

图5-53　胃肠扭转的X线片（Thrall，2018）

A. 左侧卧X线片；B. 右侧卧X线片。L. 左侧；R. 右侧；S. 脾；F. 胃底部；P. 幽门；B. 胃体的轮廓

当分室发生时，利用X线检查可见胃内明显的软组织带阴影。这些柔软的组织带是由于胃壁折叠并伸入胃腔而形成的。随着扩张程度的增加，影像变化更加明显（图5-54）。随着胃的逐渐扩张，胃壁变薄，形成胃气肿。当发生胃气肿或气腹时，提示可能发生胃坏死。

随着胃的扩大，腹腔内其他脏器的位置会发生改变。而且由于血液循环不良，以及脾、胃的韧带存在，胃扭转后往往伴发脾扭转。胃部扩张程度较大时，对脾的诊断难度会增加。因此，如果患病动物发生了脾扭转，X线检查可见脾肿大和脾移位。胃扭转的其他变化包括小肠反射性麻痹性肠梗阻、食道扩张及休克。

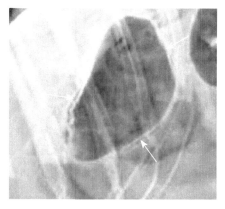

图5-54 胃幽门扩张（Thrall，2018）

箭号所指处为胃壁中出现的气体，提示胃壁坏死出现积气

胃壁的浸润性病变，如肿瘤或肉芽肿，可干扰正常的胃扩张，并可改变胃的形状。网膜嵌顿也会改变胃的形状，干扰胃的扩张。某些疾病只能通过胃肠造影或双对比胃镜来鉴别诊断。

二、胃内异物

多数胃内异物是不透射线的，利用X线检查易确诊，如鱼钩和针头（图5-55）。一只成年柯基犬误食了鱼钩，在X线片中清楚可见食道与胃内各有一个鱼钩（箭号所示）。

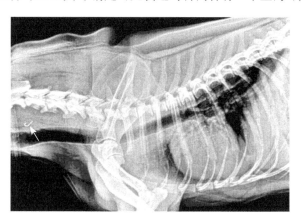

图5-55 成年柯基犬侧位X线片（南京农业大学教学动物医院供图）

动物吞食硬币除了会导致肠道梗阻，含锌硬币被消化液腐蚀，重金属被吸收入血，可能造成动物溶血。X线检查可以测量硬币直径，然后将其与已知的硬币直径进行比较。

胃中偶尔可能含有难以确诊的高密度物质，如果异物持续存在，就需要X线进行密切观察，或者进行内镜检查确诊异物的性质。如果动物已经表现出明显的临床症状，应尽早确诊异物的性质，并及时取出。对于图5-56中出现的情况，可能是因为异物周围有大量气体，这些气体聚集在叶子和植物材料上。摄入的胶黏剂聚氨酯的膨胀也会导致这

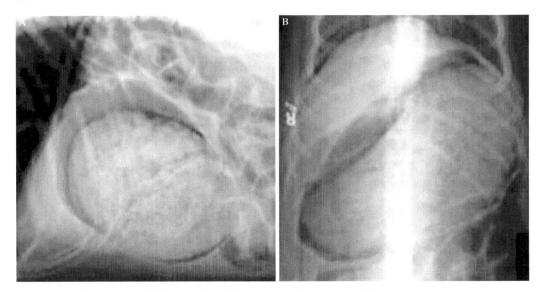

图5-56　犬胃部吞食胶黏剂后的正（B）、侧（A）位X线片（Thrall，2018）

种特殊的外观。

　　低密度或X线可以穿透的异物诊断较难。这些物体通常很难在X线片中观察到。最简单的方法是改变动物的体位确定异物。如果异物不依赖于胃液而移动，则可借助气体勾勒异物。如果使用造影剂，少量的钡剂与气体结合，比大量使用钡剂更容易显示异物的形状。诸如实心球之类的物体，在钡剂进入胃后，钡剂在实心球表面附着或由于实心球表面光滑而无法附着，X线下该物体显示低密度的轮廓。如果物体的表面无法附着钡剂，在胃排空后可能看不到物体。相反，如果是碎布或袜子被造影剂附着以后，如无法判断异物的轮廓，但是当胃排空后，造影剂的残留可能会使其更好地显现。

　　超声检查胃异物的能力取决于胃内容物（如气体、液体和食物）的影响。在没有回声的界面出现强回声强烈提示有异物。半圆形边框表示有球。围绕异物的腔内流体有助于检查，并能够区分圆形反射异物表面与腔内气体，因此向某些患病动物胃内灌注清水有助于诊断。

　　胃内异物的影像学诊断应首先通过普通X线片或B超检查诊断，然后通过造影技术确定是否存在胃扩张及梗阻，而内镜可以更加明确异物的性质。但有时异物阻塞而导致急性胃扩张，胃内存在大量的液体和气体时，即使进行内镜检查，也可能无法确诊（图5-57）。图5-57为胃造影后6h的X线片，可以看到出现严重的胃扩张，而且出现造影剂滞留，可以判断存在急性胃扩张和胃梗阻。而胃内散在的高密度影像，提示可能为异物，但无法确诊。此时只能进行紧急的开腹探查，才可确定病因，并进行紧急治疗。

　　而在图5-58中，同样无法通过X线检查直接诊断异物，但可以根据胃内液体和气体的变化进行诊断。X线检查显示该犬胃明显扩张，充满液体（黑色实心箭号所示）。从胃液中可以看到一个低密度圆形的轮廓（白色空心箭号所示）。结合该犬的病史可以进行诊断。因此，要采用多种检查方法，并根据动物的病史，进行综合诊断，确诊异物，否则可能出现误诊或漏诊。

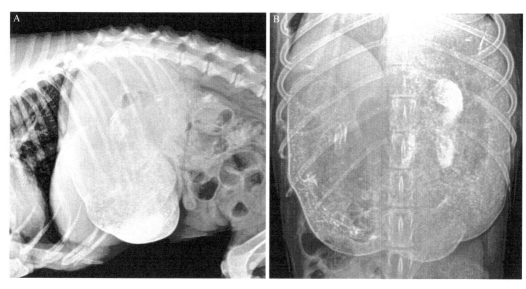

图5-57　成年萨摩耶犬造影后6h胃部X线片（Thrall，2018）

A. 胃部侧位X线片；B. 胃部腹背位X线片

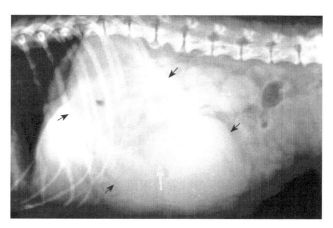

图5-58　犬胃部右侧卧X线片（Thrall，2018）

三、胃穿孔

胃穿孔的原因包括类固醇和（或）非甾体抗炎药治疗后溃疡破裂，术后切口裂开，慢性非肿瘤性肠病，局部肉芽肿或瘤形成导致坏死，或异物导致穿孔。胃穿孔往往由其他疾病继发导致。因此，对此类疾病诊断的关键是确定胃穿孔的病因。一般可以通过X线、B超、消化道造影进行诊断。但如怀疑存在胃穿孔，盲目地进行消化道造影可能导致较为严重的后果。

X线或B超检查发现腹腔内存在大量液体，则无法确诊是否存在胃穿孔或肠道穿孔。一般需要根据动物的症状、病史进行综合诊断。必要时可以进行消化道造影，但要严格控制造影剂的剂量，防止过多的造影剂进入腹腔，而导致更加严重的腹腔感染。CT扫描也可以对胃穿孔进行诊断，通过观察胃壁是否存在缺损、腹腔内的液体或其他物质、胃腔外的造影剂（造影后）及胃内的异物来诊断是否为胃穿孔。

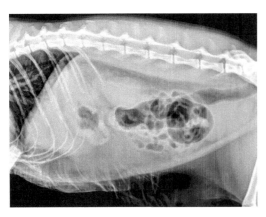

图 5-59　猫腹部的侧位 X 线片（南京农业大学教学动物医院供图）

四、胃弥漫性疾病

急性胃炎可能由多种原因引起，很少与影像学异常相关。但慢性胃炎在临床上很少被诊断出来，也可能是由多种原因引起的，包括慢性萎缩性胃炎、慢性肥厚性胃炎、嗜酸性胃炎、尿毒症及脓毒症等。X 线检查可见胃壁会出现大小不一的皱褶、结节或胃壁增厚（图 5-59）。增厚的胃壁在腹中部最明显，并伴有狭窄的管状充气腔。如果需要在 X 线片上评估胃壁厚度时必须小心，胃中的液体可能会与胃壁重叠，从而产生厚度增加的错觉。

尽管在许多患者中，内镜检查或手术取样是诊断胃部疾病的金标准，但在某些患者中，胃黏膜表面可能正常，导致内镜检查结果呈假阴性。超声波显示整个胃壁的形态特征，除非胃壁被气体或回声摄取物所掩盖。在某些患者中，超声检查可能比内镜检查更具参考价值。

五、胃肿瘤

胃肿瘤对于犬相对罕见，猫更少见。腺癌是犬最常见的恶性肿瘤。淋巴肉瘤是猫最常见的恶性肿瘤。平滑肌瘤和平滑肌肉瘤曾被报道过。胰腺的肿瘤可侵犯胃。肿瘤的临床症状通常表现为一段时间的呕吐病史，呕吐物中混有血液。胃肿瘤的诊断可能较为困难。X 线检查阴性并不能排除胃肿瘤的可能性。胃肿瘤的影像各不相同，取决于肿瘤的大小、形状和位置。主要的影像学特征是胃腔内有突出的肿块，造影后形成了充盈缺损。病灶结节越多，胃腔就越小，就越容易识别（图 5-60A）。但体积较小的肿块，可能被钡剂完全遮挡。胃正常的突起、胃的构造和蠕动会影响胃肿瘤的诊断。

目前已知的胃肿瘤能涉及胃的任何区域。息肉在临床上可能不引起任何症状，偶然可见。胃腺癌是犬中最常见的恶性胃肿瘤。这种肿瘤可能发生在胃的任何区域，但最常见于幽门部。猫肿瘤比犬少，淋巴肉瘤是猫胃肿瘤的最常见类型。

弥散性和离散性的小肿瘤难以识别。胃壁弥漫性浸润性病变可能不会产生明显的充盈缺损。它们可能会改变胃的形状，并降低受累区域的运动能力。如果这种弥散性病变环绕分布于胃的一部分，则 X 线检查可见胃环形变窄，或者胃受累部的扩张性降低（图 5-60B），胃中部和幽门处环形变窄，该影像在整个拍摄过程中持续存在（该犬最终诊断为胃腺癌）。如果是由蠕动引起的胃部形态变化，可通过连续 X 线检查鉴别。胃溃疡也可能提示胃肿瘤的存在。

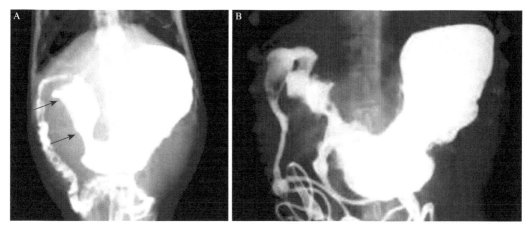

图5-60 猫（A）和犬（B）胃腹背位X线片（Thrall，2018）
黑色箭号所指为肿瘤占位后的胃壁边缘

胃超声检查可发现胃肿块。常见特征包括胃壁增厚、胃壁正常分层且形态改变，患处回声下降和活动力降低（图5-61）。图5-61A中显示胃壁增厚且呈低回声，并失去了正常的分层外观，被诊断为胃淋巴瘤。而在图5-61B中，该犬的胃壁怀疑有腺癌，因为胃壁呈现均匀增厚，且回声降低。正常的分层形态被破坏。

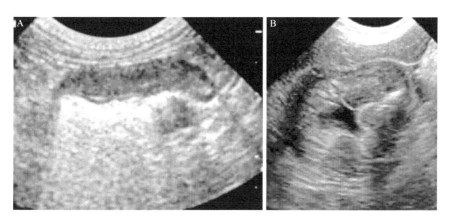

图5-61 胃肿瘤的纵向超声图（Thrall，2018）
A. 猫胃壁的淋巴肉瘤；B. 犬胃壁怀疑有腺癌

CT检查同样可以直接诊断胃肿瘤，如图5-62所示，对患犬进行横向CT扫描，显示胃内有软组织密度的肿块影，几乎布满整个胃壁。

最常见的胃肿瘤是猫的恶性淋巴瘤和犬的腺癌，其次是平滑肌肿瘤。斯塔福德郡梗和比利时牧羊犬有患胃肿瘤的倾向性。胃癌犬的病变沿胃的浆膜表面扩散。胃癌是胃壁的假层，也正因为此原因，胃壁在B超下会出现分层。除了正常观察到的5层，在两条较少回声线之间的中央，可看到中等回声区。与炎性疾病不同，肠道壁层的丢失也与肿瘤形成有关。据报道，B超下肠壁消失的犬患肿瘤的可能性是炎性肠病的51倍。尽管该研究未包括胃，但胃也可能存在相同的影像，壁层的减少提示肿瘤形成（图5-63）。

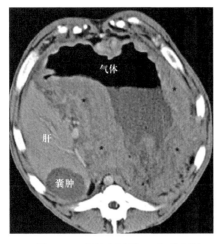
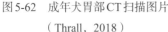
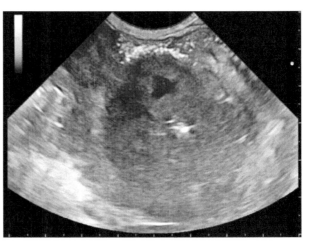

图5-62　成年犬胃部CT扫描图片　　　图5-63　犬胃肿瘤壁层增厚超声影像图（Thrall，2018）
（Thrall，2018）

在胃癌和淋巴肉瘤中均报道了患处同时出现局部淋巴结肿大和溃疡。犬的胃壁最大厚度为10～27mm，而猫胃壁最大厚度为8～25mm。如果测量发现患病动物胃壁增厚，其中犬是3～5mm，而猫是2mm，需要密切注意。胃壁测量值大于7mm需要高度重视。尽管胃壁增厚是重要的异常发现，但在评估空腹收缩的胃壁厚度时必须谨慎，这可能造成假阳性。清水灌胃可有助于区分真假阳性和假阳性病变，但同时需要实时观察胃的蠕动。通常某段胃壁发生病变时，蠕动能力也会受到影响。最终确诊必须进行细胞学或组织病理学评估。可以通过超声引导下的细针穿刺或胃镜进行活组织检查。

（杨凌宸）

第五节　肠 道 疾 病

一、肠梗阻

肠梗阻的临床症状包括呕吐、厌食、沉郁、腹泻、腹部膨胀及腹痛。梗阻处可通过腹壁触诊到。近端小肠梗阻比远端肠道梗阻引起的反应更剧烈。患病动物常表现脱水和电解质平衡紊乱。

（一）病因和症状

机械性肠梗阻可见于以下情况：先天性畸形、异物、套叠、壁内脓肿、嵌闭性或绞窄性疝、肠扭转、寄生虫、粘连、术后狭窄、炎症、肿瘤等。肠壁外肿物的压迫很少造成小肠的梗阻，因为小肠的活动性大。蠕动活动完全丧失（或动力不足，功能障碍）的麻痹性梗阻可继发于慢性梗阻，或由神经损伤、局部创伤或腹膜炎造成。

（二）影像学特征

肠梗阻的影像学特征取决于异物的完整性、在肠道的位置和持续时间。在有呕吐症状的犬中，超声检查发现空肠浆膜层与浆膜层之间的直径大于1.5cm，而且肠壁分层正常，管腔充满液体或气体，应提示仔细检查肠道是否有梗阻性病变。在机械性肠梗阻和功能性肠梗阻的鉴别诊断中，功能性肠梗阻的肠运动减少或缺乏，运动能力下降。在有机械性阻塞的犬可观察到肠道有快速蠕动，也有蠕动缓慢，但不能作为梗阻的诊断标准。

1. 肠道扩张　　肠袢或梗阻部位可有不同程度扩张（图5-64）。肠道梗阻通常需要确定肠道扩张的程度，通过测定小肠直径与L5椎体高度的比值，可以预测犬体内是否存在梗阻。若比值大于1.6，则说明肠道出现明显扩张，可能存在机械性梗阻。如果是猫，一般小肠的直径大于L2椎体高度的4倍，基本可以判断存在肠道梗阻。梗阻程度越高，会导致肠管环直径越大。然而

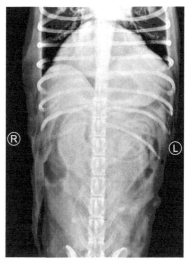

图5-64　犬的肠梗阻腹背位X线片
（南京农业大学教学动物医院供图）
可见十二指肠降部局部肠道扩张、积气

如果梗阻部位靠近胃，完全的肠道梗阻会导致肠内的液体或气体逆行进入胃内。严重的梗阻会导致大量的肠管扩张，随着肠道逐渐膨胀，肠管之间的空隙就会减少，而呈堆积状。

2. 梗阻前段积液和积气　　急性十二指肠梗阻很难在影像学检查中发现，因为胃内含大量气体和液体，无法明显观察到十二指肠的扩张情况。此外，如果动物频繁呕吐，则从胃和十二指肠排出积聚的液体和气体。慢性胃、幽门和梗阻时，前段胃肠会明显扩张，里面充满气体和（或）液体（图5-65～图5-67）。

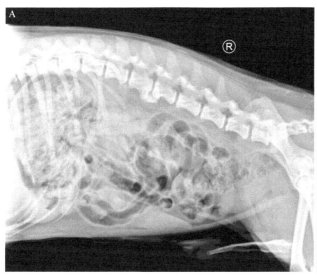

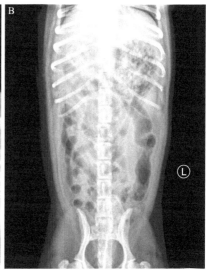

图5-65　犬结肠积气的X线片（南京农业大学教学动物医院供图）
A. 腹部右侧位X线片；B. 腹部腹背位X线片

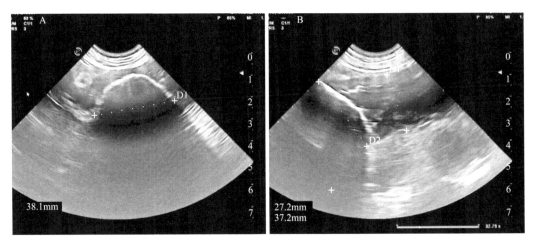

图5-66　肠道异物B超图（一）（南京农业大学教学动物医院供图）

A. 异物处横断面影像图；B. 异物之前纵切面影像图。5岁雄性德国牧羊犬，呕吐，肠段内可见一圆弧形高回声异物影像，伴后方无回声声影。B图可见肠道内存在无回声液体影像，扩张肠段后方可见高回声异物影像

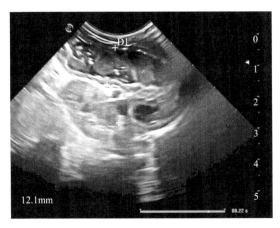

图5-67　肠道异物B超图（二）（南京农业大学教学动物医院供图）

本地杂种犬，有糖尿病和白内障病史，吃了包扎的绷带，回肠段整体肠道积液及肠道扩张，肠内可见一疑似异物影像

3. 难以检查的透射线阻塞物　　有很多阻塞物为透射线的，如棉、麻、纤维、植物等大团块容易造成阻塞，而小型岩石、黏土垃圾、硬壳或其他泥土碎片经常被猫、犬吞食，通常不会造成影响。这些低密度的异物较难识别。水果核、玉米芯和其他不透射线性物体可通过其在X线片中的几何形状来识别。图5-68中显示了各种物质在水中的X线片，可以通过形状和X线的透过率来判断异物的性质。如果异物的表面凹凸不平，夹带小的、矿化的碎片和气体，则使异物更容易分辨。图5-68B中，通过对腹部的按压，使肠道内的空腔减少，X线下影像增强，更容易辨识玉米异物。当局部梗阻持续时间较短，特别是在十二指肠近端的梗阻往往容易被忽略。肠远端部分的长期阻塞会导致肠道近端出现不透明颗粒物质积聚。这是由于较干的物质无法通过梗阻，而导致在梗阻近端蓄积。干燥的物质常有粪便的外观，这种粪便样物质出现在小肠中，可作为诊断部分远端小肠梗阻的特征。

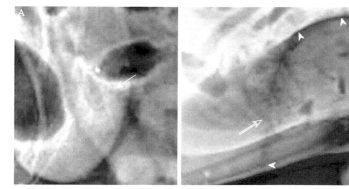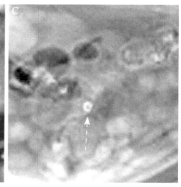

图5-68　腹腔异物的X线影像（Thrall，2018）

A. 阻塞物为桃核（白色箭号所示）；B. 阻塞物为玉米芯（空心箭号所示，实心箭头为腹部按压形成的界限边缘）；
C. 阻塞物为种子（白色虚线箭号所示）

4. 组织占位　　小肠管腔可被异物、肠套叠、肠壁肿块或外部病变阻塞。肠腺癌及肠道淋巴瘤等占位也可导致部分肠梗阻（图5-69），这些肿物可能是局部单发的，也可能是多灶性的。如果肠发生完全梗阻，梗阻远端的小肠很可能是空虚的。

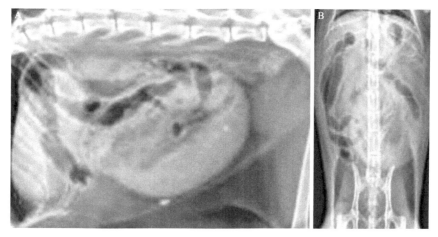

图5-69　一只患回肠腺癌猫的腹部X线片（Thrall，2018）

A. 腹部侧位X线片；B. 腹部正位X线片

5. 不透射线的异物　　矿物或金属等不透射线的高密度异物很容易识别。与硬币一致的圆盘状金属异物应仔细检查是否有腐蚀。如果是硬币，硬币中的锌可能导致患病动物出现溶血。

6. 线性异物　　细绳、尼龙袜等肠内的线性异物通常会导致肠袢的形状和轮廓异常及气体形态异常（图5-70）。线性异物的某些部分通常会被固定在某些部位，最常见于犬的胃和猫的舌下。线性异物会进入小肠，导致受影响的肠管蠕动受限而出现褶皱。受影响的肠道内可见气体，气体存在于褶皱形成的囊中，X线拍摄可见肠道出现异常的圆形、锥形、新月形或逗号形的气体阴影或不规则的气体团块（图5-71）。如果进行碘制剂或钡剂造影，则异常的轮廓和折叠形状会更加清晰（图5-72），肠道浆膜层褶皱会更为明显（图5-73）。如果犬、猫过度肥胖，小肠可能会发生移位，注意不要误诊。

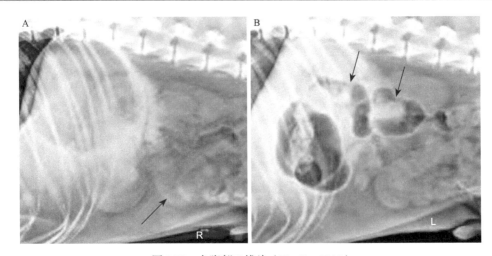

图 5-70　犬腹部 X 线片（Thrall，2018）

与肠道内固有气体对比，箭号所指处出现不规则弯曲，诊断为肠道异物。A. 右侧卧；B. 左侧位

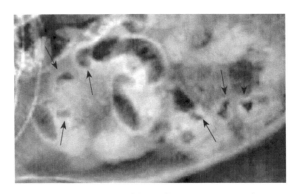

图 5-71　猫肠内线性异物（Thrall，2018）

黑色箭号指示肠道内异常形状的气体

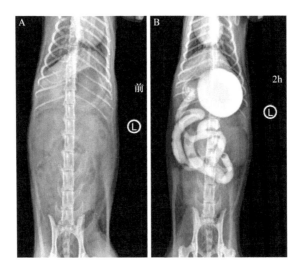

图 5-72　造影前后犬腹部 X 线片（南京农业大学教学动物医院供图）

A. 造影腹部前正位 X 线片；B. 造影 2h 后腹部正位 X 线片

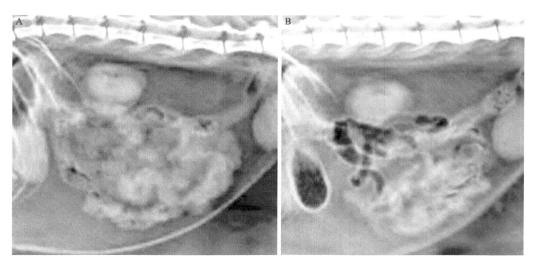

图5-73　两只肥胖猫的X线片对比（Thrall，2018）

A．肠道内存在线性异物；B．正常猫的腹部

　　线性材料的超声表现取决于在异物周围积聚的气体和液体量。肠壁可见明显褶皱（图5-74）。这与正常空肠肠腔内明亮的线性条纹不同。如果线性异物在十二指肠，可能延伸到胃部（图5-75）。

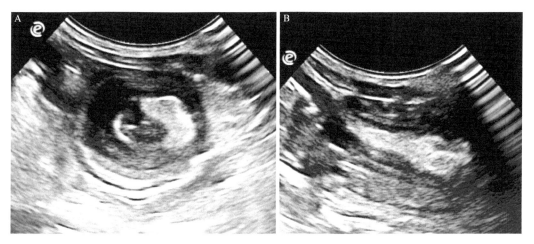

图5-74　猫线性异物的B超横切面（A）和纵切面（B）影像（南京农业大学教学动物医院供图）

　　慢性线状异物的严重并发症是肠壁撕裂。如果撕裂很小，浆膜粘连可能发生在邻近的环上，导致两个或多个环的固定位置。如果裂伤很大，就会发生化脓性腹膜炎和潜在的气体泄漏。

　　犬与猫有线性异物的区别在于：①患犬年龄大，气体形态不规则性小；②1/4的线性异物的犬患肠套叠；③犬较多出现肠外伤或肠撕裂和腹膜炎；④犬因线状异物死亡的概率几乎是猫的2倍，当局灶性高回声肠系膜脂肪、回声性腹水联合感染时，应怀疑线状异物或其他疾病引起肠穿孔，肠内的液体通过超声进行诊断。

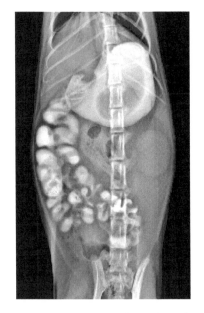

图5-75　猫十二指肠线性异物的碘
制剂造影影像（河南农业职业学院
教学动物医院供图）

二、巨结肠

　　结肠的广泛性肿大通常称为巨结肠，通常是患犬或患猫损失了全部结肠结构和功能之后的最终阶段，一般常见于猫中。患猫常出现精神沉郁，食欲下降和便秘。巨结肠可由机械性或功能性梗阻引起，其特征是结肠弥漫性扩张，运动功能低下。巨结肠可能是特发性的或与潜在的原因有关。例如，①慢性便秘，营养、代谢或机械因素（结肠梗阻的机械原因包括骨盆骨折、前列腺肿大、淋巴结肿大、结肠肿块和异物引起的盆腔管狭窄）；②脊髓异常，如马尾综合征或猫的骶尾部发育不全；③神经肌肉疾病，如自主神经紊乱、无神经节细胞增生症或先天性巨结肠症（图5-76）；④代谢紊乱，如低钾血症或甲状腺功能减退；⑤输尿管-结肠分流；⑥先天性肛门直肠畸形。然而，仅靠影像无法区分便秘、顽强便秘或特发性巨结肠。有时第一次或第二次出现便秘时结肠也会扩张，但若管理得当，动物仍有康复的可能性。

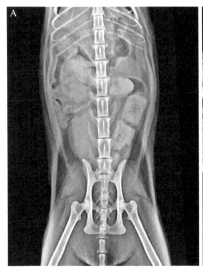
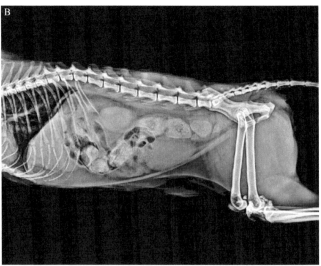

图5-76　猫巨结肠X线片（河南农业职业学院教学动物医院供图）

A. 腹背位；B. 右侧位

　　所有被怀疑巨结肠的动物都应该拍摄X线片来评价疾病的严重程度和寻找潜在致病原因（占位性病变、异物、盆腔骨折、脊椎异常等）。正常结肠的直径随粪便量和动物自身排便习惯而变化。正常犬结肠的直径应该小于L7的长度，X线测量的最大结肠直径大约是小肠直径的2.2倍，大约是第2腰椎头侧高度的2.8倍。一项对猫的研究中，确定结肠直径与L5长度比小于1.28表示结肠正常或便秘，而大于1.48表示巨结肠。

先天性大肠畸形在犬和猫中很少见，包括肛门闭锁、直肠闭锁、大肠闭锁、峡部裂、憩室等。

三、肠套叠

肠套叠是指一段肠管内陷入相邻远端肠管中。多种原因可能导致肠套叠，包括运动障碍、嵌壁损伤、肿瘤或特发性原因。其临床症状包括呕吐、腹痛、排血性黏液、便血等。尽管肠套叠可以发生在消化道的任何地方，但大多数发生在小肠和回肠或盲肠交界处。肠套叠的外管部称为肠套叠鞘部。许多远端肠套叠导致小肠广泛严重扩张，形成典型的机械性梗阻。如果有足够的结肠气体提供对比，肠套叠可以偶尔在结肠看到（图5-77）。在结肠套叠的造影X线片上可以发现在套叠处的肠管出现弹簧征（图5-78）。肠套叠引起完全性阻塞，X线征象明显。可见套叠处前段肠袢充盈气体和液体，并扩张，后段肠管排空。可见气体细线勾勒出套叠处轮廓。气体位于套入部和鞘部之间。

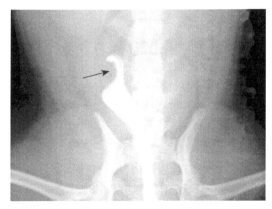

图5-77 患肠套叠犬腹背位X线片（南京农业大学教学动物医院供图）

可见肠道钡餐充盈缺损，黑色箭号所示为套叠的肠道

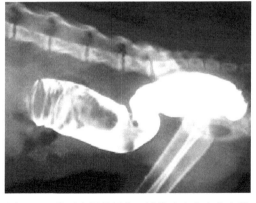

图5-78 猫下腹部的侧位X线片（南京农业大学教学动物医院供图）

大多数患病动物中，仅仅根据影像学检查无法区分肠套叠和其他机械性梗阻的原因。通常使用B超诊断更加准确。肠套叠有特征性的超声图像（图5-79）。当B超探头横切肠管时，出现同心圆征；纵向扫描肠管时，呈现套筒征。肠套叠的高回声区域通常出现在圆心或线套筒中心稍偏离的位置。这种高回声物质的形状可能是圆形或半月形，是由肠系膜脂肪进入肠套叠引起的。如果在中心出现低回声或无回声区域，则很可能代表内腔中存在少量液体；如果偏心明显，则很可能代表内环和外环之间存在液体。当观察长轴时，病灶附近的肠中常出现肿胀。如果怀疑动物患肠套叠，多个切面的B超扫查就非常必要。彼此相邻的肠袢可能会被误解为肠套叠。此时使用多普勒血流检测可以更加清楚地诊断肠套叠。对犬的肠套叠进行了评估，目的是预测肠套叠的可复位性。肠套叠肠系膜的回声越低，肠套叠越可整复。

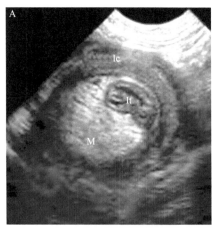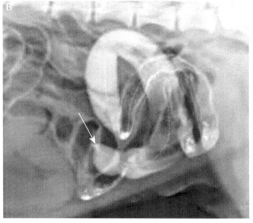

图5-79　患肠套叠犬的横断面超声（A）与腹部侧位造影X线（B）影像图（Thrall，2018）

Ic. 套叠的肠管；It. 套入的部分；M. 肠腔；白色箭号指示套叠头部

四、肠道肿瘤

小肠常见肿瘤包括腺癌、淋巴肉瘤和平滑肌肉瘤。非典型性肿瘤有骨肉瘤、纤维肉瘤、类癌、神经鞘瘤和血管肉瘤。猫也有十二指肠良性腺瘤性息肉的报告，在亚洲品种中发现的概率增加。这些肿瘤没有特异性的影像征。它们可能不会造成任何改变，被视为大小不等的软组织肿块，或导致部分至完全梗阻，导致肠扩张征象。

（一）X线检查

1. 腺瘤　普通X线检查通常不作为诊断肠道肿瘤的首选方法，只有特别明显的肠道肿瘤才可以通过普通X线检查直接诊断，一般需要配合肠道造影进行诊断。当肠道内的造影剂在肠道某处突然变细或者消失时，如图5-80所示是一只8岁绝育暹罗猫，有2个月的呕吐病史，侧位X线片（图5-80A）可见小肠扩张。而在腹背位X线片（图5-80B）

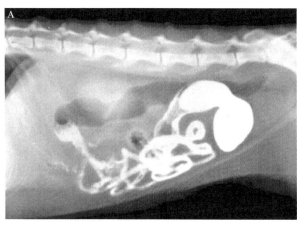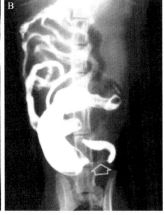

图5-80　呕吐猫的X线片造影后腹部X线片（南京农业大学教学动物医院供图）

A. 侧位；B. 腹背位

中，造影4h后回肠扩张，而造影剂在回肠的某处突然中止，可见一股细细的钡流向回肠正常大小的部分延伸约2cm（空心箭号所示）。该病例最后被诊断为回肠腺癌。

2. 淋巴肉瘤 肿瘤病变如果发生在近端肠管，通常会出现肠管扩张，而病变在远端肠管时肠管直径通常正常。淋巴肉瘤有时可导致肠壁同心处增厚和变形，但肠管的直径往往不是同心性减小，没有明显规律。淋巴肉瘤可表现为小肠壁不规则、局灶性不对称增厚区，既无同心形态，也无梗阻（图5-81，图5-82）。

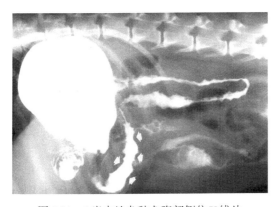

图5-81 9岁本地杂种犬腹部侧位X线片
（南京农业大学教学动物医院供图）

该犬患厌食症5d，黑粪症2d。X线片可见小肠黏膜边界有明显的不规则区域（白色箭号所示），提示黏膜下有异常积聚。该犬最终被诊断为小肠淋巴肉瘤。淋巴肉瘤最常见的表现是肠壁增厚，肠腔扩张

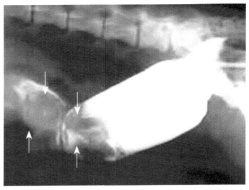

图5-82 犬结肠造影后X线片（Thrall，2018）

该犬患有结肠淋巴肉瘤，通过结肠造影，发现在第3～6腰椎处的结肠造影剂明显减少，在降结肠处可见肿物。箭号所示为肠道内肿物

3. 平滑肌肉瘤 扩大的回盲淋巴结可造成回肠或盲肠的壁外压迫。腔外肿块可从肠壁产生，并向外延伸以避免肠腔受压（图5-83），挤压肠腔并形成细的线状气体影像。腔外肿物有时可引起肠梗阻，但很少是完全梗阻，多数情况下造影剂容易绕过肿物。

（二）超声检查

纵向和横向扫查肠管时，可以发现肠壁内的病变，确定病变发生部位。肠肿瘤常为混合的回声，但包含高回声或低回声区域，可突出于腔内或浆膜外（图5-84）。

肠腔内的肿瘤可能被肠内的液体或摄取的食物所包裹。如果它们从浆膜表面突出，可能会扭曲肠管的形状，产生有棱角的气体阴影，而不是通常看到的正常的椭圆形或平滑的线性阴影。肠道特有的明亮的黏

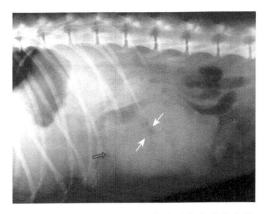

图5-83 老年犬腹部侧位X线片（南京农业大学教学动物医院供图）

13岁的雌性贵宾犬，厌食1周，腹部可触及肿块。X线检查提示腹中腹部肿块（空心黑色箭头所示），而且可以看到有一条细的线状气体影像（白色箭头所示）延伸到肿物，而肠管未见明显扩张

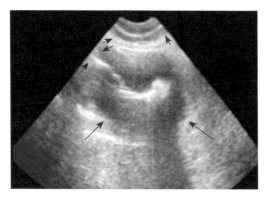

图 5-84　14岁绝育的雄性家猫的肠道腺癌（南京
农业大学教学动物医院供图）

短箭号所示为正常的肠祥，中箭号所示为肠腔黏膜，最大
的箭号指示腹部的肿物，肠壁（黏膜-黏膜下-肌层）表
现为同心增厚

膜下条纹可能是肿块起源于或包裹于肠祥的主要影像征。肿物内如果含有气体，则该肿物可能与肠相关。在猫中，肠淋巴肉瘤的产生会干扰正常的蠕动。淋巴结肿大常与肠道病变有关。如果肠道肿瘤来源于肠壁外层，一般不会改变肠道的形状，而且肿物内无气体存在。

与肠壁肿瘤相关的肿块通常会导致向管腔平滑地突出，但也可能是一个使浆膜轮廓变形的肿块。如果壁块围绕管腔，管腔通常会变大，形状不规则。对于大多数患病动物，影像学上无法区分大型肺气肿壁瘤和肠相关脓肿。超声检查中肠肿瘤通常导致肠壁分层的缺失和肠壁增厚，更可能是局灶性的，而不是嵌顿性的。失去壁层模式是最能鉴别肠炎和肿瘤的特征。

　　猫消化道淋巴肉瘤可以从两个方面改变肠道：肌肉层的节段性和弥漫性增厚。75%的消化道淋巴肉瘤的肿块表现为横切面（4～22mm）的跨壁周向增厚，壁层被低回声或混合回声组织所代替（图5-85）。这些猫中有一半伴有肠系膜淋巴结肿大。当肌肉层的厚度等于或大于黏膜层时，肌肉层就会增厚。猫的肌肉层增厚可归因于远端梗阻引起的代偿性肥大和无梗阻时的特发性肥大。在早期报告中，特发性肥大与慢性肠炎有关。有研究显示，142只猫分为正常组和全层活检诊断为炎性肠病（IBD）或淋巴瘤组，肌层增厚与淋巴瘤有显著相关性。24只IBD猫中只有1只肌层增厚，62只淋巴瘤猫中有30只肌层增厚。然而，56只正常猫中有7只也表现肌层增厚。肌层增厚的老年（＞9岁）猫中，诊断肠道淋巴瘤的概率更大。

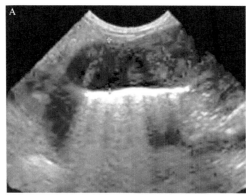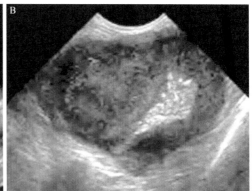

图 5-85　猫肠道淋巴肉瘤的B超影像（南京农业大学教学动物医院供图）

A. 肠管纵切超声影像图；B. 肠管横切超声影像图

　　平滑肌瘤也是动物常见的一种肠道肿瘤。平滑肌肉瘤一般直径为2～8cm，为偏心定位的肿块，具有混合回声。肿块越大，坏死区域越有可能出现低回声病灶（图5-86）。许

多平滑肌肉瘤体积较大，可能难以确定是否为肠源性的肿瘤（图5-87）。在图5-87中，肿物较大，肠管管腔扩张，内部回声不均，含大量黏性物质。从图5-87B中，可以判断肿物向肠管内部隆起，而图5-87C为从头侧扫描，可以看到肠道管腔恢复正常。该犬最终被诊断为肠道血管瘤。在超声评估小肠肿瘤时，结合超声引导的细针抽吸和微孔活检是一种较为准确的微创诊断方法。

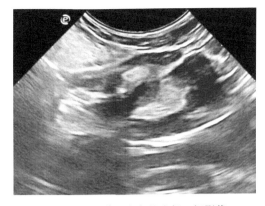

图5-86　肠道肿瘤犬的腹部B超影像
（南京农业大学教学动物医院供图）

　　肠道肿瘤或异物穿透肠管会导致腹膜炎或腹膜种植转移，导致肠系膜增厚和收缩，小肠聚集，通常形成一个圆球。在这种情况下，要鉴别出肿块或异物是非常困难的。此外，还常有各种回声性的腹水，其形态可能是可识别的，也可能是不可识别的（图5-88）。

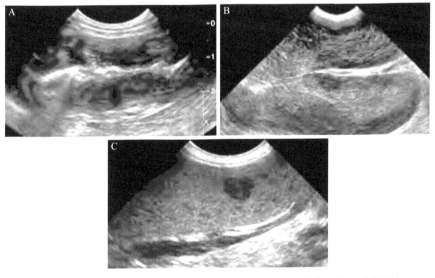

图5-87　患淋巴瘤犬的腹部B超影像（南京农业大学教学动物医院供图）
A. 肠道纵切超声影像图；B. 淋巴结超声影像图；C. 脾结节超声影像图

（三）CT检查

　　最常见的胃肠道肿瘤是猫的恶性淋巴瘤和犬的腺癌，其次是平滑肌瘤。牧羊犬、斯塔福德郡梗犬和比利时牧羊犬中存在胃肿瘤的倾向。CT是诊断肠道肿瘤的有效手段。CT可以检测胃/肠壁中大小不等的软组织肿块（通常较大），在可变距离内，可以测量胃/肠壁对称或不对称增厚。图5-89为患有肠淋巴瘤的成年猫CT扫描图。横断面CT图像显示小肠的横断面充满黏液和气体，肠壁严重增厚且对称（星号所示）。在右腹部出现的小肠移位可见较大的圆形肿块（M），活检后被诊断为淋巴瘤。该患犬背腹位的CT扫描图，通过造影显示小肠壁存在不对称的增厚。其中肠腔充满黏液、小气泡和微量的造影剂。

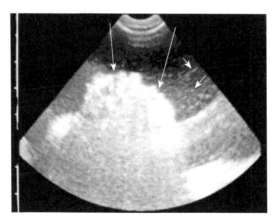

图5-88　8岁绝育雄性家猫的腹部B超影像（Thrall，2018）

该猫腹部肿胀，B超显示腹腔内有大量液体，且回声不均。肠聚集成一个紧密的球形（长箭号所示）。短箭号指示腹腔内液体中凝集的小颗粒

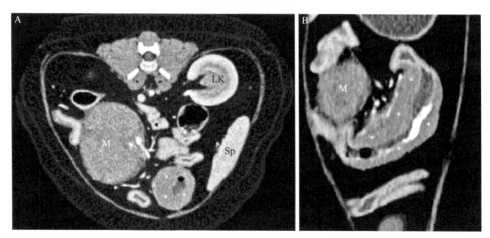

图5-89　患有肠淋巴瘤的成年猫CT扫描图（Thrall，2018）

A. 横断面CT图像；B. 背腹位重建的CT图像显示淋巴结增大（M）；LK. 左肾；Sp. 脾

五、炎性肠病

在犬和猫患畜中，炎性肠病（IBD）是指一组病因未明的疾病，可引起慢性（＞3周）呕吐和（或）腹泻，肠壁层有不同数量的嵌合体细胞。其中最常见的是淋巴细胞性浆细胞性肠炎。IBD在某些品种更易特发，比如巴辛吉猎犬的免疫增生性肠病，爱尔兰软毛梗的家族性蛋白丢失性肠病和蛋白丢失性肾病及爱尔兰雪达犬的麸质敏感型肠病。如果不是这些品种，可以通过超声和X线进行诊断，然而诊断的金标准仍旧是内镜活检采样。

炎性浸润可能会增加肠壁厚度或改变组织特征。肠壁厚度对正常犬和患犬的鉴别不显著，有些犬有轻度增厚。正常肠壁厚度的显示可能导致假阴性诊断的显著率。蛋白丢失性肠病（PLE）与IBD和食物反应性疾病的区别在于十二指肠和空肠的高回声垂直纹状

体的严重程度不同，蛋白丢失性肠病患犬的黏膜层回声会增强（图5-90）。十二指肠厚度超过6mm，空肠厚度超过4.7mm可能提示异常。

在组织学上，超声中发现的垂直条纹与淋巴管扩张有关。患有IBD和食物反应性疾病的犬的黏膜层回声增强，称为高回声斑点，与条纹模式相比，呈水平或局灶模式。肠壁增厚在PLE中是不一致的，即使出现也是轻微的。PLE犬的继发性粘连包括腹腔积液、胰腺水肿和肠段扩张（图5-91）；然而，IBD的患犬也存在这些粘连。患有食物反应性疾病的犬通常不会有这些次级感染。

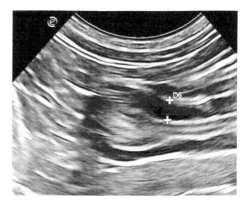

图5-90　IBD患猫的肠管B超图（南京农业大学教学动物医院供图）

两加号之间为肌层影像

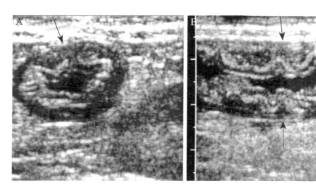

图5-91　两岁雌性家养短毛猫结肠横断面和长轴超声图（Thrall，2018）

A. 横断面；B. 长轴超声图，该猫腹部肿胀，肠壁肌层增厚。肠聚集成一个紧密的球形（黑色箭号所示）

（杨凌宸）

第六节　肝与胆囊疾病

一、肝炎

肝炎是指毒物、细菌、病毒、寄生虫或真菌等侵入肝所引发的肝炎症病变，可造成肝肿大、脂肪变性、局部肝组织炎症性损伤、坏死、液化等。主要病变包括弥漫性肝炎和肝脓肿。

1. 超声检查　典型的肝脓肿无回声区边界清晰（图5-92），切面常呈圆形或类圆形，伴后方回声增强效应，内有细小点回声。肝脓肿早期，肝组织还处于炎性浸润期或坏死组织尚未液化时，声像图上表现为一个光点密集区或光团（图5-93）。产气菌引发气肿型肝炎，在肝可见有强回声病灶，伴随与气体特征一致的混响伪像（图5-94）。

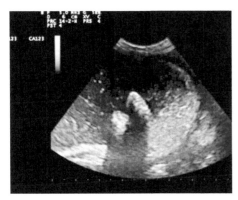
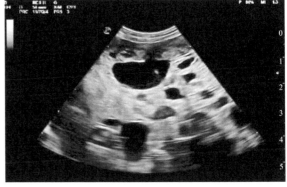

图5-92　肝脓肿（一）（Thrall，2018）　　　　图5-93　肝脓肿（二）（Thrall，2018）

2. X线检查　　多用于判断肝的大小和轮廓。炎症和脓肿都会引起肝肿大，肝炎后期肝会缩小。肝内气肿性变化可导致肝密度不均及降低（图5-95）。

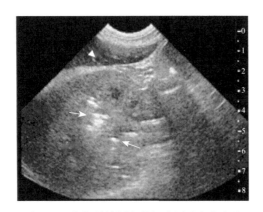
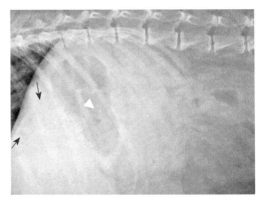

图5-94　犬气肿性肝炎的超声图（南京农业　　　　图5-95　犬气肿性肝炎的X线侧位片
大学教学动物医院供图）　　　　　　　　　　（南京农业大学教学动物医院供图）
箭号所示为气体的强回声，白色三角形指示相邻健康　　　黑色箭号指示气肿导致的肝密度下降，白色三角形指示胃
的未肿胀肝叶

二、肝硬化（肝纤维化）

　　肝硬化又称慢性间质性肝炎或肝纤维化，是在致病因素作用下，引起慢性、进行性弥漫性细胞变性、坏死、再生，诱发广泛纤维组织增生，肝小叶结构被破坏、重建，形成假小叶及结构增生，逐渐发展而硬化的一种慢性肝病。本病各种家畜都有发生。猪较多见，可呈群发性。

　　1. 病理与临床表现　　肝硬化初期，肝肿大、坚硬、表面光滑，呈黄色或黄绿色。小叶间与小叶内的结缔组织弥漫性增生，干细胞被增生的结缔组织所分开。肝硬化中、后期，肝体积缩小、坚硬，表面凹凸不平，色彩斑斓。切面有许多圆形或近圆形的岛屿状结节，结节周围由较多淡灰色的结缔组织包围；肝内胆管明显，管壁增厚。结缔组织在肝小叶及间质中增生，增生的结缔组织包围或分割肝小叶，使肝小叶形成大小不等的圆形岛屿，称为假小叶。

病初，精神不振，食欲减退，便秘与腹泻交替发生。牛、羊呈现前胃迟缓，周期性臌胀；犬、猪发生呕吐；马常发生肠臌气。病畜逐渐消瘦、衰弱、贫血，出现黄疸，发生腹水，腹围增大甚至呈蛙腹状；重症者可出现昏迷。

2. 影像学表现

（1）超声检查　　肝硬化的超声检查结果会随着疾病的进程和其他并发症的出现而改变。检查时，正常肝实质回声均一，肝硬化的肝在声像图上显示为广泛性回声增强，即肝区光点增多、变粗或有小光团，光团分布不均匀，且边缘不规则。肝硬化导致低蛋白血症和肝血液循环障碍，引起腹水（图5-96）。

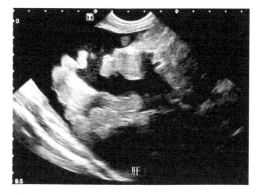

图5-96　肝硬化B超影像（堪萨斯州立大学供图）

5岁雄性灵缇犬，因体重减轻和腹围增大入院检查。腹腔中存在大量低回声液体，肝体积主观减少，肝实质回声增高，肝边缘不规则

（2）X线检查　　肝硬化初期，X线片可见肝增大（图5-97），X线侧位片可见肝边缘超过肋弓。肝硬化后期，X线片可见肝体积减小（图5-98），肝在肋弓内紧贴横膈膜。

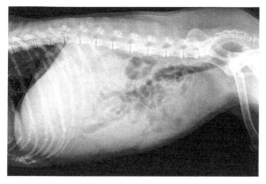

图5-97　肝肿大犬的X线侧位片（河南农业职业学院教学动物医院供图）

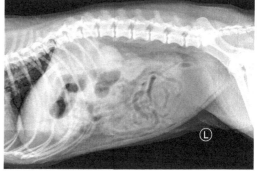

图5-98　肝硬化缩小的犬的X线侧位片（南京农业大学教学动物医院供图）

三、肝肿瘤

肝肿瘤是指发生在肝部位的肿瘤病变，是良性、恶性肿瘤的统称。肝肿瘤有原发性和继发性两种类型。原发性肝癌是发生于肝的恶性肿瘤，是由肝细胞或者胆管上皮细胞恶变而形成的。犬、猫临床常见的原发性肝肿瘤包括肝细胞瘤、肝细胞癌、胆管癌和血管癌。常见的转移性肝肿瘤主要来自淋巴瘤、血管肉瘤、胰腺癌等。

1. 病理与临床表现　　原发性肝癌可分为弥漫型、结节型和巨块型3种，其中以前两型多见。犬的肝细胞瘤在体积不大时，一般没有症状，当体积较大压迫邻近脏器时就会出现临床症状，并可经腹壁触及。原发性恶性肿瘤对肝的破坏明显，引起较严重的临床症状。患病动物厌食、体重减轻、腹水和发生黄疸。

2. 影像学表现

（1）超声检查　　肿瘤的声像图随肿瘤性质不同而异（表5-1）。淋巴瘤可涉及肝而没有可发觉的声像变化，或引起弥漫性实质低回声、强回声或混合回声，有或没有低回声结节（图5-99）。淋巴肉瘤是最常见的肝肿瘤。这种肿瘤的浸润过程可导致弥漫性肝肿大，也可出现淋巴结节。良性肝腺瘤或肝细胞瘤可呈现大小不同的局灶性肿块，常呈强回声（图5-100）。

表5-1　肝病灶的超声声像特征

回声特点	病灶类型
无回声	坏死、脓肿、血肿、囊肿、囊性瘤
低回声	增生性结节、原发性肝肿瘤、转移性肝肿瘤、脓肿、血肿、坏死、淋巴瘤、混合性囊肿
高回声	增生性结节、原发性肝肿瘤、转移性肝肿瘤、脓肿、气体、矿化、脂肪瘤、肉芽肿
混合回声	增生性结节、原发性肝肿瘤、转移性肝肿瘤、脓肿、血肿

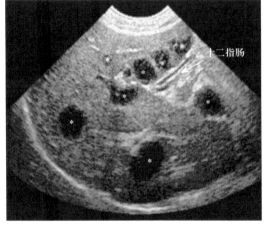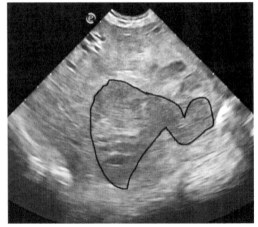

图5-99　淋巴瘤患犬的肝超声图（熊惠军，2014）
肝上可见多个界限分明的低回声结节（＊）

图5-100　犬肝细胞癌的超声图（南京农业大学
教学动物医院供图）

肿瘤组织（框线区域）不均质，内含少量液性暗区

（2）X线检查　　X线对肝肿瘤的敏感性不高。平片可见肝阴影扩大，在发病肝叶上能显示数量不等、大小不一的高密度肿瘤阴影。气腹造影能更清楚地显示肝轮廓和肿瘤的形态。

（3）CT检查　　原发性或转移性肝肿瘤的大小和质地都不同，通常可通过双相CT来进行造影，因为造影可能只在动脉期或静脉期进行造影。原发性的肿瘤通常体积较大，血管不规则，偶尔可见液性区。转移性的肿瘤通常为多个小型的结节（图5-101）。

四、肝血管性疾病

正常动物的门静脉起自胃肠壁毛细血管网，收集胃、肠、脾、胰腺的静脉血，汇合成后肠系膜静脉、前肠系膜静脉、脾静脉经肝门入肝，经肝毛细血管后形成肝静脉注入

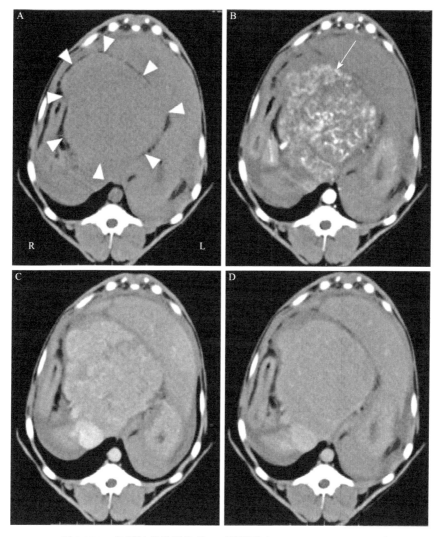

图5-101　犬肝结节性增生的CT横断面（Fukushima et al.，2015）

A. 造影前可发现左中叶（白色三角形所示）存在等衰减肿块；B. 动脉期，病灶呈弥漫性增强（箭号所示）；
C、D. 门脉期和平衡期，病灶呈等衰减

后腔静脉，最后回到右心房（图5-102）。门体分流是指门脉循环不经过肝直接与体循环相连的血管异常疾病。门静脉或其分支与后腔静脉、奇静脉、肾静脉、膈静脉、胸内静脉和残脐静脉间可出现血管的异常连接（图5-103）。门体分流可能是遗传性的，也可继发于门脉高压。尽管有报道，人的肝动静脉瘘继发于肝损伤，但在动物，肝动静脉瘘已经被认定为一种遗传性疾病。肝动静脉瘘可导致与门体分流相同的临床体征。肝血管疾病有3种最新分类：①先天性门体分流（PSS）；②异常肝血流或肝门静脉高压，目前称之为原发性门静脉发育不良（PVH）；③门静脉流出障碍。PVH可能导致或不会导致门静脉高压。无门静脉高压的PVH之前被称为微血管发育不良（MVD）。

　　先天性门体分流最常见单个肝内和肝外血管使门静脉和体循环（后腔静脉或奇静脉）直接连接（不经过肝）。很少见动物有两个或更多先天性连接。犬和猫的先天性门体分流有几种类型，包括肝内门静脉分流、肝外门静脉分流、肝外门-奇静脉分流、门静脉闭锁

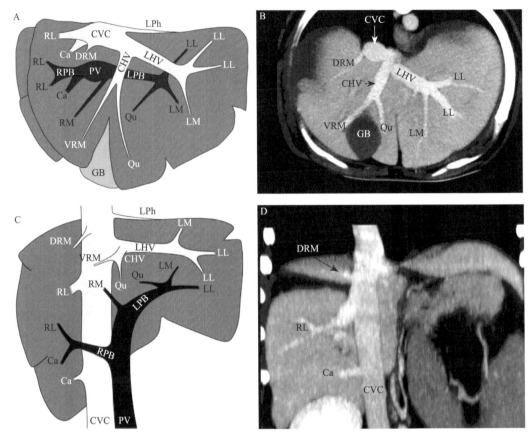

图 5-102　正常肝的血管分布（Ricciardi，2016）

A. 肝血管分布横断面示意图；B. 肝血管分布CT造影横断面图像；C. 肝血管分布冠状面示意图；D. 肝血管分布CT造影冠状面图像。PV. 门静脉；RPB. 右门静脉分支；LPB. 左门支；CVC. 尾腔静脉；LHV. 左肝静脉；CHV. 肝中央静脉；DRM. 右背内侧肝静脉；RL. 右侧叶静脉；Ca. 尾状叶静脉；LL. 肝左叶；LM. 左内侧肝叶；LPh. 左侧膈静脉；RM. 中间支；Qu. 尾侧支；VRM. 右方叶静脉；GB. 胆囊

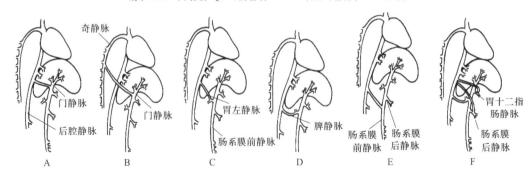

图 5-103　门脉短路示意图（南京农业大学教学动物医院供图）

A. 门静脉-后腔静脉短路示意图；B. 门静脉-奇静脉短路示意图；C. 胃左静脉-门静脉短路示意图；D. 脾静脉-后腔静脉短路示意图；E. 肠系膜前静脉-后腔静脉短路示意图；F. 肠系膜后静脉和胃十二指肠静脉-后腔静脉短路示意图

伴门腔多处吻合，以及肝动静脉畸形。犬和猫，66%～75%的先天性PSS为肝外分流，多数肝内门体分流见于较大的品种犬，多数肝外门体分流见于小型品种犬。肝内门体分流

的犬通常有大量门静脉血分流，比肝外门体分流患病动物更早出现严重的临床症状。

后天性门体分流（20%）最常见于慢性门脉高压；门脉压力增加导致残余胚胎期血管开放。尽管后天性门体分流通常是老年动物的疾病，但也见于幼犬。后天性门体分流通常有多个异常连接。例如，门静脉分支直接与肾静脉或靠近肾的后腔静脉相连，也可能与性腺、胸内血管或其他体静脉血管分支相连。后天性肝外分流最常见的原因是肝纤维化（肝硬化）、PVH伴门脉高压（先天性非肝硬化的门脉高压）和肝动静脉畸形。

（一）症状

肝外分流多发生于小型犬，如约克夏、玛尔济斯犬、西施犬、腊肠犬、贵妇犬等。约克夏的发病率比其他犬高20倍。大型犬（如爱尔兰猎狼犬、金毛猎犬）、中型犬（如澳大利亚牧牛犬和牧羊犬）易发生肝内门体分流。先天性门体分流在爱尔兰猎狼犬、玛尔济斯犬、约克夏、雪纳瑞犬、澳大利亚牧牛犬呈遗传性。猫肝外分流的发病率高于肝内分流。

先天性门体分流病者表现为体格矮小、体重减轻、发热、麻醉和镇静不耐受。在猫，虹膜为铜色，缺乏绿色和黄色。犬和猫门体分流最常见的临床症状为神经异常，如行为异常、多涎、昏睡、共济失调、转圈、低头。犬还表现为四肢划动、间歇性蹒跚；猫还表现为癫痫和黑矇。因为尿素的生成减少，氨浓度增加，动物可能有多尿、尿频、痛性尿淋漓及其他泌尿道功能障碍和感染症状。一些病例由于门脉高压，严重的低白蛋白血症可导致动物腹水。

（二）影像学诊断

1. 超声检查　　超声检查是门体分流诊断最常用的方法之一。患有先天性门体分流的动物，超声检查常见的发现包括肝门静脉数量减少，肝明显缩小和有异常血管。因为患病动物体型小，血管小，门体分流部位的多变性，肠和肺存在气体则使图像模糊，扫查时患病动物的活动，所以超声诊断肝外分流比诊断肝内分流更为困难。给动物注射镇静剂，可更正确和准确地诊断门体分流。仔细评估门静脉分流血管，在横膈膜水平，经常在肝顶部发现分流的血管，并通过左膈静脉终止于肝左静脉或后腔静脉（图5-104，图5-105）。

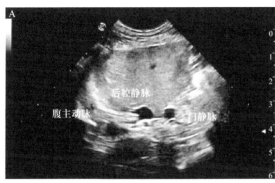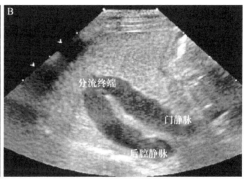

图5-104　门脉短路（南京农业大学教学动物医院供图）

A. 正常肝的血管；B. 右侧肝内门静脉短路。探头从右侧肋间切入，可见右门脉分支接入后腔静脉中

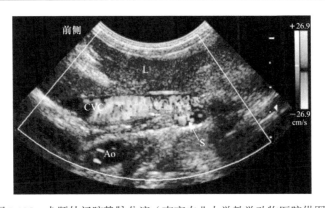

图5-105　犬肝外门腔静脉分流（南京农业大学教学动物医院供图）

腹部前背侧彩色多普勒纵切面声像图，后腔静脉内产生彩色血流，连接于分流终端。CVC. 尾腔静脉；Ao. 主动脉；L. 肝；S. 分流终端

利用超声检查诊断门体分流的精确性有相当大的差异，其敏感性为68%～95%，特异性为67%～100%。在一项研究中，92%的病例可以正确区分先天性肝内门体分流和先天性肝外门体分流。由于分流血管周围存在肝实质，分流血管粗大，可视化更容易，因此检测肝内门体分流（95%～100%）的总体敏感性高于肝外门体分流。总体上，超声检查门体分流的敏感性和特异性取决于工作人员和他的经验。彩色血流和脉冲波多普勒成像可以检测到血流方向的变化。典型的肝动静脉畸形有离肝性血流，肝外门体分流有经门静脉入肝血流。在正常犬中，门静脉血流速度约为15cm/s，具有均匀的速度和方向。在53%的肝外门体分流的犬和92%的肝内门体分流的犬中，血流速度增加或有变化。肝外门体分流的犬和猫也被证明有减小的门静脉与主动脉比值（脾、肾分流和一些门奇静脉分流病例除外）。近年来，在超声的引导下，经皮脾内注射生理盐水以被用于评估和诊断犬先天性门体分流。生理盐水与1mL的自体血混合，搅匀后注入脾。立即超声检查门静脉、后腔静脉、肝静脉和右心房是否存在微泡。这种技术可以诊断门体分流，并区分肝外和肝内分流，以及门奇静脉分流和门体分流。

2. X线检查　　门体分流腹部平片检查常见的异常征包括肝缩小（60%～100%的犬，50%的猫）和双侧肾肿大。在PVH-MVD犬，肝、肾大小可能是正常的。除非有钙盐或鸟粪石沉积，否则膀胱、输尿管、肾内的尿酸铵或尿酸盐结石通常是X线可透性的。然而，在猫的一项研究表明，一些单纯的尿酸盐结石也具有放射性密度，因此可以在腹部X线片上观察到。

3. 门静脉造影检查　　手术性肠系膜门静脉造影术提供了良好的分流血管成像和定位。最常见的是用便携式透视X线机（C臂）进行腹腔手术。造影方法包括逆行性和顺行性两种静脉造影方式。目前最常用的简单、有效的是顺行性空肠肠系膜静脉造影技术。门静脉造影所用的造影剂应符合以下要求：①无毒性，不引起全身或局部的副作用；②对比度强，显影清楚，含碘量大于300mg/mL；③使用方便，价格低廉，高浓度，低黏度；④易于吸收和排泄，使用水溶性造影剂；⑤为理化性质稳定的有机碘制剂。目前，最佳的选择为60%的复方泛影葡胺，剂量为每千克体重1～2mL。

造影前必须进行严格的胃肠道清理。禁食8h以上，但是不能发生脱水现象。术前可以给予少量缓泻剂，如乳果糖（2～5mL/kg 体重）。术前进行侧位、腹背位X线摄影，观察胃肠道清理得是否完全，同时确定最佳摄影条件。

动物全身麻醉，腹中线切口，将空肠的一段置于体外暴露肠系膜静脉，选择较为粗大的次级静脉分支，使用18～22号静脉留置针或塑料套管针穿刺、放置，并以血管钳或线结固定。

动物右侧卧，X线中心对准肝门位置，使用加压注射器快速注入5～15mL（600mg碘/kg体重）造影剂，要求在6～10s内，进行至少3张侧卧摄影（图5-106）。侧卧摄影完成后，行腹背位保定，再次静脉注射同样剂量的造影剂，继续进行腹背位摄影。

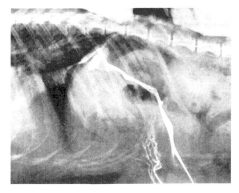

图5-106 犬门体分流（南京农业大学教学动物医院供图）

造影后拍摄X线片显示单个大血管绕过肝，从肠系膜血管丛的前背侧进入腔静脉

据报道，术中门静脉造影在背、右侧和左侧卧位的敏感性分别为85%、91%和100%；数字减影技术可以改善影像质量。如果分流位于脾静脉的上游，则经脾注射造影技术可能无法观察到位于尾侧的肝外门体分流。然而，在大多数病患，因为肝门静脉的逆向流动（离肝），造影可见这些尾侧分流。在并发肝动静脉畸形的患病动物中，如果脾静脉动脉化，或者在有严重门静脉高压症的动物中，脾注射可能会导致危及生命的出血。分流造影的其他方法包括经皮超声引导脾静脉造影、逆行经颈静脉门静脉造影和经股动脉的前肠系膜动脉造影。

4. CT和MRI血管造影检查 CT是非侵入性、快速和准确的诊断方法，注射造影剂后，能正确地提供所有门静脉支流和分支影像（图5-107，图5-108）。MRI血管造影与计算机断层血管造影一样，可提供三维图像（图5-109），门体分流术前影像有助于制订术前计划。对比增强CT血管造影更有助于鉴别犬肝外和肝内先天性门体分流、肝动静脉畸形或肉眼难以发现的分流。双期计算机断层血管造影图像相对容易解释，提供好的细节（特别是较新的多层螺旋断层扫描仪），操作速度更快，而且比CT血管造影便宜。

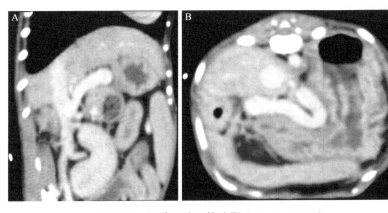

图5-107 门脉短路血管造影（Thrall，2018）

A. CT重建矢状面影像图；B. CT重建横断面影像图。1岁马尔济斯雄性犬，食欲减退和呕吐，肝体积减小，整体密度降低，CT值约为49Hu，造影后动脉期中度增强，CT值约为88Hu，门脉期与实质期增强程度相似。门静脉在进入肝前有分流血管进入后腔静脉，血管直径为5.5mm。胆囊充盈，其内密度稍高

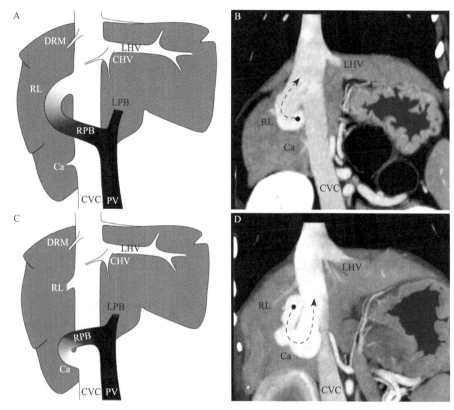

图5-108　血管造影模式图和CT冠状面重组（Ricciardi，2016）

A、B. 可见一个单一的右侧肝内通过右侧肝静脉插入的门脉系统短路，注意图中的右尾侧静脉仍然正常；C、D. 通过右尾侧肝静脉插入的门脉系统短路，注意右侧肝静脉仍然正常。PV. 门静脉；RPB. 右门静脉分支；LPB. 左门支；CVC. 尾腔静脉；LHV. 左肝静脉；CHV. 肝中央静脉；DRM. 右背内侧肝静脉；RL. 右侧叶静脉；Ca. 尾状叶静脉

五、胆汁淤积和胆结石

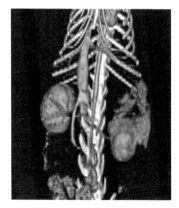

图5-109　2岁猫肝外门脉短路三
维重建影像图
（河南农业职业学院教学动物医
院供图）

　　胆汁淤积在犬上非常常见，多数不引起临床症状。胆汁淤积后会逐渐黏稠，呈现重力性下沉，并可能运动进入胆管，造成胆管炎或胆管阻塞。猫的胆管炎和胆管阻塞较常见。胆结石在犬、猫上的发病率不高，主要继发于寄生虫性肝胆管炎、胆囊炎症及胆泥症导致的胆汁代谢异常、胆固醇过饱和。

　　1. 病理与临床表现　　单纯的胆汁淤积早期无症状，但并发胆囊炎或胆管炎时会出现食欲下降及高胆色素血症。胆囊结石按其含有的主要成分可分为胆固醇结石、胆色素结石和混合性结石3类，与先天性胆管畸形、反复的各种病毒、病菌、寄生虫的感染、肝胆代谢和功能异常、胆汁成分比例失调、机械性损伤及饮食等诸方面因素的影响有关。

　　患病动物主要表现为消化功能和肝功能障碍，呈现厌食、慢性间歇性腹泻、渐进性消瘦、可视黏膜黄染等。牛多为亚临床型，但也有的出现上述症状。

2. 影像学表现

（1）超声检查　　超声是胆囊结石首选的检查方法。胆汁淤积的超声表现为中强回声的重力性回声光团（图5-110）。伴有胆囊炎时，有胆囊壁的回声增强。胆囊结石可见囊内出现强回声光团，由于结石的形态、大小不同，强回声可以呈斑点状或团块状；散在球形结石多呈新月形或半月形。结石强回声明亮稳定、边界清楚，由于密度不同，伴或不伴有声影（图5-111）。高密度的胆结石，其声影边缘锐利、清晰，其内无多重反射回声。有时强回声不明显而声影显著。声影的出现对于结石，特别是小结石的诊断有重要意义。并常伴有胆囊壁发炎、增厚。

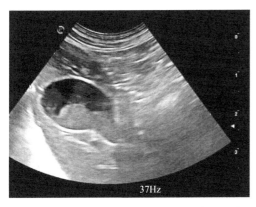

图5-110　犬肝胆超声图（南京农业大学教学
动物医院供图）

可见胆囊中重力性泥沙样中高回声影像

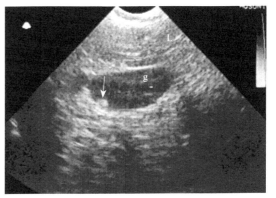

图5-111　犬肝胆超声图（南京农业大学教学
动物医院供图）

图中显示胆囊内呈强回声的胆结石。
箭号指示胆结石；g. 胆囊；L. 肝

（2）X线检查　　阳性结石经X线片即可显示，常堆积在胆囊内。结石形状、大小和数量不定，表现为高密度阴影（图5-112）。阴性结石需要做胆囊造影。

（3）CT检查　　胆囊中有高密度和矿物质密度物质（＞100Hu）（图5-113）。

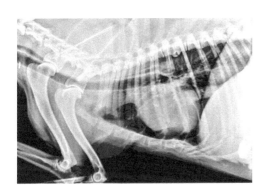

图5-112　犬胆管结石的侧位X线片
（南京农业大学教学动物医院供图）

图中可见结石在肝与胃重叠的区域内呈现高密度影像

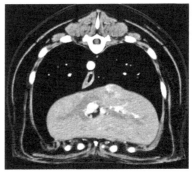

图5-113　犬胆管和胆囊结石CT影像
（南京农业大学教学动物医院供图）

胆囊内出现高回声的矿物质结构且不随体位的改
变而发生移动

六、胆囊炎

　　胆囊炎是在致病因素的作用下，胆囊壁出现的炎症。本病在各种家畜中都有发生。马属动物虽无胆囊，但有时会发生胆管炎。

　　1. 病理与临床表现　　急性胆囊炎早期时，胆囊壁充血，胆囊与周围并无粘连，解剖关系清楚。进而，胆囊明显肿大、充血水肿、肥厚。此时胆囊与周围粘连严重。慢性胆囊炎常由急性胆囊炎发展而来，或起病就是慢性过程。经多次发作或长期慢性炎症，黏膜遭到破坏，呈息肉样改变，胆囊壁增厚，纤维化、慢性炎细胞浸润、肌纤维萎缩，胆囊功能丧失，严重者胆囊萎缩变小，胆囊腔缩小或充满结石，形成所谓的萎缩性胆囊炎。常与周围组织器官致密粘连，病程长者90%的病例含有结石。

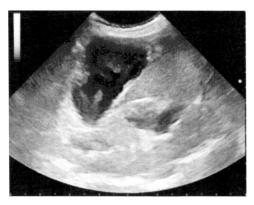

图5-114　犬胆囊炎（南京农业大学教学动物
医院供图）

可见胆囊壁增厚，呈现分层

　　急性胆囊炎时，患病动物体温升高，恶寒战栗，轻微黄疸，腹痛；慢性胆囊炎时，病畜表现食欲减退，便秘或腹泻，黄疸、腹痛、消瘦、贫血。

　　2. 影像学表现　　在X线片上难以观察到影像学变化。B超检查可见胆囊增大，形状呈圆形或椭圆形，轮廓不光滑。其炎症进程的长期性和严重性会影响胆囊壁的外观。慢性胆囊炎时，胆囊壁通常可见增厚，伴随双环层外观或弥漫性的胆囊壁强回声（图5-114），有时会伴随胆汁淤积和营养不良性矿物质化，后方无声影。急性胆囊炎时，其内容物无回声。

　　　　　　　　　　　　　　　　（董海聚，陈凯文）

第七节　胰　腺　疾　病

一、胰腺肿瘤

　　胰腺肿瘤是消化道常见的恶性肿瘤之一。胰腺肿瘤多发生于胰头部，可有胰腺肉瘤、胰腺囊腺瘤、胰腺囊腺癌等。胰腺肿瘤可引起胰腺体积增大，产生的征候与胰腺炎相似。偶尔肿瘤可扩散至胃，使胃壁遭到破坏。胰腺体积增大趋向于使十二指肠向右腹侧移位。

　　1. 病理与临床表现　　胰腺肉瘤早期时可没有任何症状。偶然在B超或CT检查时发现胰腺占位性病变。多数胰腺肉瘤被发现时瘤体已很大。腹部触诊时可触及包块，质地较硬、移动度差。

胰腺囊腺瘤早期就会出现腹痛。肿瘤逐渐增大可压迫胃、十二指肠、横结肠等，使其位移并出现消化道不全梗阻的症状。腹部包块为主要体征。

患胰腺囊腺癌时腹部一般无触痛，可呈囊性或坚硬实性。当继发囊内出血时，腹部可突然增大，腹痛加剧，触痛明显。当肿瘤浸润或压迫胆总管时，可出现黄疸。

胰腺肿瘤通常的临床表现为腹痛、腹部包块、呕吐、黄疸等。

2. 影像学表现

（1）超声检查　　胰腺肿瘤常因体积较小而被疏漏，可通过其不同的回声性质来辨认，一般为低回声，也会有强回声的恶性肿瘤。

（2）X线检查　　胰腺肿瘤可引起胰腺体积增大，X线片与胰腺炎相似，以腹部其他脏器的位移来判断。

（3）CT检查　　胰腺肿瘤通常体积较小且不容易在CT和B超中发现，双相CT造影可以通过不同时期不同的衰减度来帮助区分胰腺实质和小型肿瘤。有文献报道动脉期可能容易发现肿瘤，有的文献描述在不同时期交替出现不同的衰减度可能提示肿瘤。体积较大的肿瘤可能会导致胰腺边缘形变，其中心也可能会出现坏死（图5-115）。

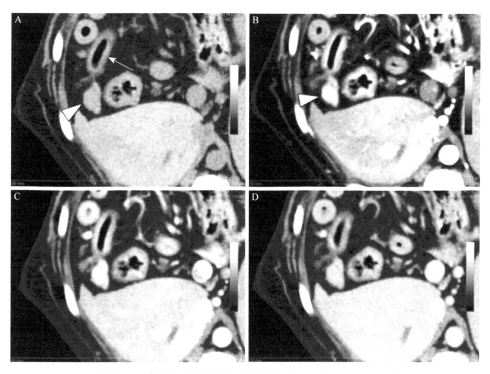

图5-115　胰腺肿瘤造影增强CT影像（Fukushima et al., 2015）

A. 平扫期胰腺体（三角形所示）在十二指肠（白色箭号所示）的背部，平扫期难以将肿瘤和胰腺实质区分开；B. 动脉期可发现一个高密度的、无包膜包被占位（三角形所示）；C、D. 胰腺期和延迟期胰腺密度与周围组织类似，难以区分出肿瘤

二、胰腺炎

胰腺炎是指由于各种致病因素的作用，胰腺酶类异常活化而导致的胰腺自身消化所

产生的炎性疾病。根据病程可将胰腺炎分为急性胰腺炎和慢性胰腺炎两种。其在各种动物中都可发生。

1. 病理与临床表现 急性胰腺炎是由胰腺自身或其周围组织被酶类消化所引起的急性炎症。因其以水肿、出血、坏死为主要病变特征，故又称急性出血性胰腺坏死，多见于犬、猫、马、猪和猿类等。依据形态特点和病变程度，急性胰腺炎可进一步分为急性水肿型和急性出血型胰腺炎两种。急性水肿型胰腺炎胰腺肿大，质地变硬；腹腔可见少量渗出液；间质充血、水肿，中性粒细胞和单核细胞浸润；有时可见局灶性脂肪坏死。急性出血型胰腺炎胰腺明显肿大、质地易脆、呈暗红或黑红色；胰腺原有结构模糊，甚至消失；胰腺组织大片出血、凝固性坏死，细胞结构不清，坏死区周围中性粒细胞和单核细胞浸润；脂肪组织坏死。

慢性胰腺炎多数由急性胰腺炎反复发作迁延而来，也见于胰阔盘吸虫病和肉仔鸡传染性矮小症。因以胰腺腺泡组织逐渐由纤维组织取代为病变特征，故又称慢性反复发作型胰腺炎。胰腺呈结节状萎缩，质地较硬，灰白色；切面分叶不清，可见弥漫性纤维化，大小胰管不同程度扩张，有时可见结石或灶状坏死。

急性胰腺炎临床以急性腹痛、呕吐、发热、血和尿中淀粉酶含量增高为特点。慢性胰腺炎临床表现为不食、腹痛、腹泻、消瘦、黄疸等。

2. 影像学表现 超声检查：在急性胰腺炎中，胰腺表现为肿大及弥散性低回声，依靠其低回声性质可与周围的腹部组织相区别。慢性胰腺炎的显著表现为回声不均匀，胰腺脓肿超声呈低回声影像（图5-116，图5-117）。由纤维化或者结石产生的高回声与由于坏死和脓肿产生的低回声形成对比。

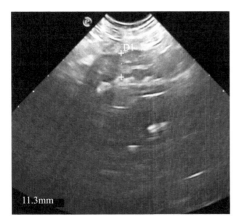

图5-116 犬胰腺超声图（南京农业大学教学动物医院供图）

胰腺内回声显著不均匀。两加号之间为胰腺

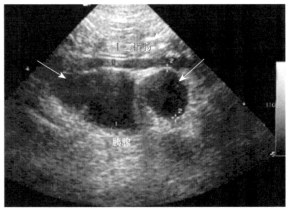

图5-117 犬胰腺脓肿（南京农业大学教学动物医院供图）

胰腺内呈低回声。白色箭号指示低回声的囊肿

X线检查：急性胰腺炎胰腺肿胀使得十二指肠移位（图5-118）。

CT检查：慢性胰腺炎的特点是结节状区域和轻度肿大且边缘不规则，有时可观察到肠系膜脂肪密度增加（局部炎症）及少量的腹腔积液（图5-119）。

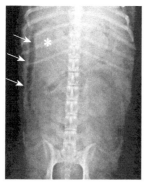

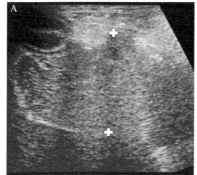

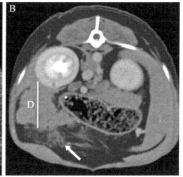

图5-118　胰腺炎X线片

（南京农业大学教学

动物医院供图）

犬的胰腺肿胀（星号所示）使幽门和充气的十二指肠（箭号所示）向前外侧移位

图5-119　胰腺炎（Adrian，2014）

胰腺炎犬的B超（A）和CT图像（B），可以看到不规则的胰腺边缘。CT图像中的箭号所指处为少量的腹腔积液。胰腺的体部、右支和左支增大，呈小叶状，呈异质性衰减。两加号之间和白色竖线均表示胰腺范围

（董海聚，陈凯文）

第八节　脾　疾　病

一、脾扭转

脾扭转是小动物临床的一种急腹症。脾扭转发生时，可在侧腹部显示为一肿块状结构，位于腹中线左侧或右侧，有时可伴发胃和十二指肠的扩张。脾扭转最常发生在大型犬、深胸犬，尤其常见于大丹犬和德国牧羊犬。本病可单独发生，也可并发于胃扭转。

X线检查表现为脾边缘增厚和变圆，其典型特征为脾的位置异常；腹背位X线片上有时在其正常的左侧脾头部位置无法观察到，或者在两种视图上都表现为中腹部一个较大的"C"形软组织阴影（图5-120）。通常由于腹膜液的存在，浆膜细节显示较差。可见胃底向身体尾侧和内侧方向移位。

超声检查时可见脾体积明显增大，呈现为弥漫性的低回声区，边缘呈"花边样"改变，多普勒超声检查可见脾静脉内血流减少，甚至信号消失（图5-121）。

二、脾血肿

常见于动物脾受到外力冲击后所致脾破裂或脾周围出血、脾肿瘤、凝血功能紊乱等疾病。超声检查发现出血区域可显示为无回声，然而在不同凝血时间，出血的超声影像也会发生变化，出血早期表现为较强回声，而后当体积恢复正常时可显示为低回声，而当血凝块消失时，可见无回声的液性暗区包围回声物质（图5-122）。

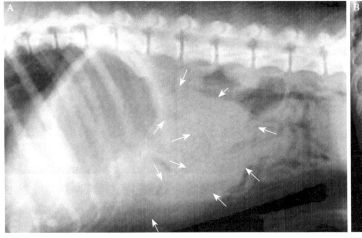
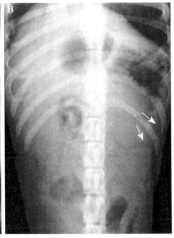

图 5-120　脾扭转 X 线片

A. 腹部侧位 X 线片，箭号所示为腹中部肿块样软组织外观；B. 腹部正位 X 线片，脾扭转发生后，脾（脾头）的位置被肠管组织占据（箭号所示）

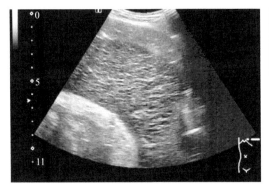

图 5-121　脾扭转 B 超影像（堪萨斯州立大学供图）

患犬食欲下降，腹痛，超声可见脾实质呈低回声，其中散布着"花边样"的高回声线性病灶。术中发现为脾扭转

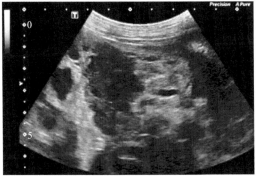

图 5-122　脾血肿和疑似淋巴癌（堪萨斯州立大学供图）

10 岁雄性绝育拉布拉多犬，腹泻和腹围增大，超声发现脾肿大，脾实质欠均质，存在多个大小不一的液性低回声区。脾摘除后经病理检查确诊为脾血肿和疑似淋巴癌

三、脾占位

　　脾常见的占位有血肿、白血病、淋巴肉瘤、血管瘤、血管肉瘤、纤维肉瘤和平滑肌肉瘤，位置可发生在脾头、脾体和脾尾，其增大产生占位效应而引起脾周围的腹部器官发生移位。肿瘤内部可见有或不可见分隔。肿瘤发生时，腹内可能伴有积液，如血液，尤其是患有管肉瘤时。

　　由于脾的密度与周围实质器官如肝、肾的密度接近，缺乏天然对比，X 线检查仅能对大致的形态和大小进行大致评估，或者通过判断周围可辨识器官的位置而推测脾发生的变化，而对脾在病理条件下的质地状况很难准确评估，需借助超声检查或 CT、MRI 等进一步检查。

当肿瘤位于脾头部时，X线检查可见
小肠和降结肠向身体右侧和尾侧发生移位
（图5-123），同时左肾也可发生向尾侧移
位；当肿瘤发生在脾体部和尾部时，在侧
位X线片上可见前腹部的占位效应，致使小
肠和结肠向动物身体的尾侧和背侧发生移位
（图5-124A）。腹背位X线检查时，脾体部和
（或）尾部的肿块位置变化较大，可以位于
左侧、中央或右侧（图5-124B）。

肿瘤性病灶超声检查显示为混合性或低
回声区，有或无分隔。腹内可能伴有积液，
尤其是患有血管肉瘤时。脾血肿、血管瘤和
血管肉瘤通过超声检查往往不能区分，影像

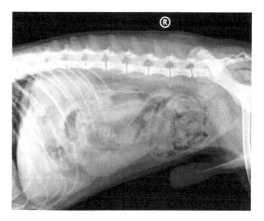

图5-123　脾肿瘤（南京农业大学教学动物
医院供图）

小局灶性脾肿块，造成结肠和小肠的轻度移位

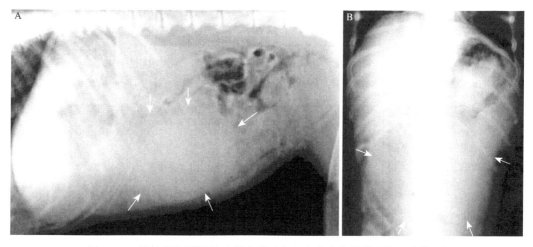

图5-124　脾体部和尾部的血管肉瘤（南京农业大学教学动物医院供图）

A. 图中侧位片上可以看到腹部肿块（箭号所示），导致肠管向尾部和背部移位；B. 图中腹背位片中肿块居中，占位范围
较大（箭号所示）

特点常表现为局灶性、强回声或混合回声，暗区边缘轮廓不规则。淋巴肉瘤可见弥散性或
局灶性/多灶性，超声检查表现为低回声或强回声。腹膜渗出液的存在并不能确定发生了恶
性肿瘤。脾肿瘤呈浸润性生长时，通常可以向肝、大网膜和肠系膜发生转移。呈现许多小
的低回声结节的脾，呈斑点状同声质地，高度提示是淋巴瘤，也可见于良性或其他恶性肿
瘤。沿脾肠系膜边缘出现的强回声结节，不论是否存在远侧声影，均为常见，尤其对于老
龄犬（图5-125）。

弥漫性肿瘤：见于脾的淋巴细胞浸润、组织细胞浸润、肥大细胞浸润、骨髓瘤浸
润和白血病浸润等，可导致弥漫性脾肿大。猫的脾肿大最常见于淋巴瘤或肥大细胞肿
瘤。这些肿瘤性质的疾病在超声上通常是低回声的，也可以是混杂回声或者正常回声
（图5-126）。

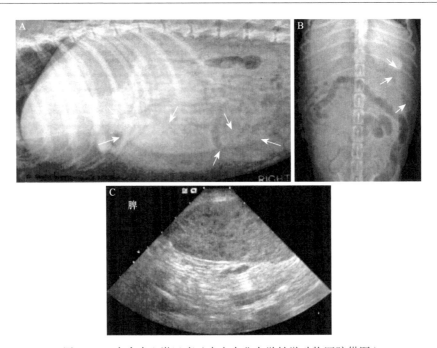

图5-125　犬多中心淋巴瘤（南京农业大学教学动物医院供图）

A. 侧位X线片；B. 腹背位X线片，脾弥漫性增大（箭号所示）；C. 超声检查所示脾实质内有低回声小结节

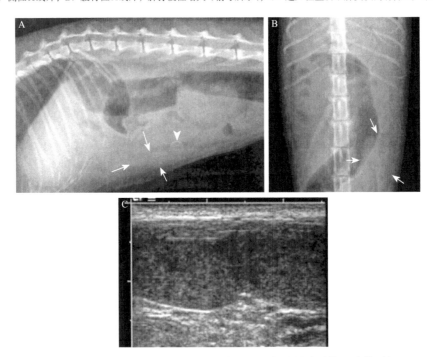

图5-126　老年猫脾和肠道淋巴瘤（南京农业大学教学动物医院供图）

A. 侧位X线片上可见脾（箭号所示）肿大，脾附近腹膜脂肪（箭头所示）钙化；B. 腹背位X线片可见脾边缘难以区分，
增大的脾导致左肾（箭号所示）向尾侧移位；C. 超声检查显示脾弥漫性低回声及混杂回声

（尹柏双，陈凯文）

第九节　肠系膜、腹膜疾病

一、肠系膜肿瘤

肠系膜肿瘤是指发生于肠系膜的囊性或实质性肿瘤，可分为良性和恶性，以良性多见，肿瘤类型也见于淋巴瘤、纤维肉瘤、平滑肌肉瘤、神经纤维肉瘤等。肠系膜肿瘤的典型症状包括腹部肿块、腹痛、肠梗阻或贫血、体重减轻、恶病质等恶性肿瘤表现。患病动物可出现腹水、便血的症状。检查发病部位可触及圆形肿块，腹壁薄弱者肿块轮廓较清楚，活动度较大。X线检查可显示瘤体压迫胃肠道的征象。B超、CT、MRI检查可显示瘤体的大小，此外，腹腔镜检查肠系膜肿瘤的直观性最为明确，但兽医临床目前应用较少，结合病理活检可明确肿瘤的性质。

1. X线检查　　X线检查可显示肠管受压移位等表现（图5-127），钡剂灌肠造影可区分肠内、肠外，可显示肿瘤的大小、部位、密度及肠管侵犯情况，有助于确定是否为肠外肿块。有时肠系膜恶性肿瘤侵入肠壁时，则可出现肠壁僵硬、黏膜皱襞增粗或中断、钡剂通过缓慢等现象。

2. 超声检查　　超声检查可显示腹腔肿块及区别囊实性。肠系膜囊肿见液性暗区，边界回声清晰，并有明显包膜回声及后方增强效应。良性肿瘤包膜清晰完整，内部

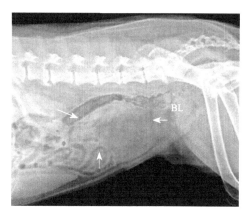

图5-127　犬腹部肿块（Thrall，2018）

显示腹腔后部有一肿块，形状规则，质地不均（箭号所示），肿块的密度介于脂肪和软组织之间。BL. 膀胱

呈现均匀稀少的低回声区，有时或部分为无声区，如脂肪瘤（图5-128）、纤维瘤和神经鞘瘤等。恶性肿瘤包膜回声区或有或无，内部回声强弱不一，分布不均，并有形态不规则的无回声区（图5-128）。淋巴瘤的淋巴结超声显示肿大，回声略增强或不均（图5-129）。

3. CT与MRI检查　　CT、MRI检查可直接了解肿块的大小、质地、边界和毗邻关系，可清楚地显示周围组织器官是否被侵犯，特别是肠管与肿块的关系，对术前诊断十分有益，并可用来随访评价治疗效果及了解是否复发。

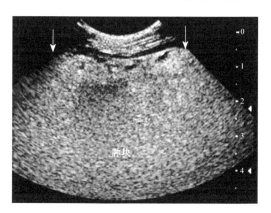

图5-128　（左）肠系膜脂肪瘤（Thrall，2018）

肿块回声相对均一，呈衰减性高回声特点。箭号指示肿块边界

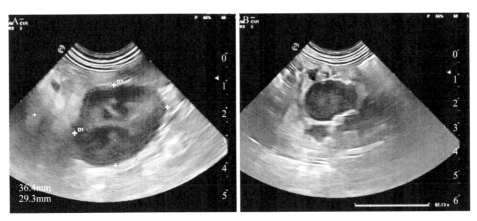

图5-129　犬淋巴瘤（南京农业大学教学动物医院供图）

腹腔多处淋巴结肿大，腹腔脂肪回声轻度升高。D1、D2和加号表示测量的直径

二、腹腔积液

腹腔积液是指腹膜腔内出现液体，可分为漏出液和渗出液。其产生的原因主要是腹膜腔的炎症、肿瘤、门静脉压增高和低蛋白血症等。根据病因不同，产生的积液量也不同，部位也不一致。少量游离腹腔积液聚集在腹膜腔最低位，仰卧时可见于肝肾隐窝；大量腹腔积液时，可占据腹膜腔各个间隙。腹腔积液常见于肝、肾功能异常，心力衰竭，腹膜原发和继发肿瘤及腹膜炎等。腹腔积液在X线检查时可表现为腹腔密度增高，而超声、CT和MRI检查时分别呈液性无回声、水样密度和信号强度，其中CT检查能够整体显示腹腔积液的分布情况。

1. X线检查　当腹腔积液量小时，X线检查显示为浆膜细节模糊不清（图5-130）；而积液量较大时，腹部密度明显增高，腹部浆膜细节丢失，整个腹腔软组织影像浑浊度呈显著均匀增加（图5-131），仅胃肠道内气体或腹膜内游离气体突出显示，随着液体量的不断增大，腹部出现明显的膨大外观。一些可识别的脏器，如充满气体的肠袢，由于受到积液的分隔效应，其显示为比正常的距离更远。

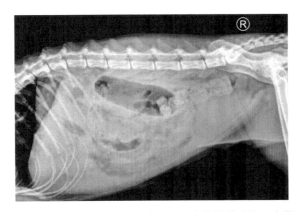

图5-130　猫的侧腹部X线片（南京农业大学教学动物医院供图）

小到中等体积的游离腹水，腹腔浆膜细节减弱，
该患猫后被诊断为湿性猫传腹

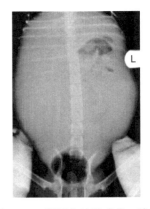

图5-131　腹尿犬的腹背位X线片
（南京农业大学教学动物医院供图）

腹腔脏器浆膜细节完全消失，身体轮廓扩张

腹腔穿刺术后再次进行X线检查，所获得的图像质量可得到改善，但浆膜细节可能仍然较差，此时可行超声检查。

2. 超声检查 当腹腔中有少量游离液体时，超声检查渗出物通常是不规则边界的无回声区。当腹膜腔内存在大量游离液体时，由于液体对器官的分隔作用，器官之间的界限更加清晰，而液体与组织的声阻抗性存在较大的差异，因此，可借以评估腹部器官结构的边缘形态。游离液体因重力而在腹腔脏器之间流动，随着动物的体位变化而改变其位置，此时积液最容易在膀胱顶部和肝叶之间被发现（图5-132）。然而，一些慢性渗出的液体可聚集并保留在原位，而不会随体位的变化而改变，因此，超声检查时须区分是游离性腹腔积液，还是充满液体的腹腔结构，如严重的肾积水、输尿管积尿、肠道扩张或囊肿等情况（图5-133）。当腹腔积液量较大时，常看到肠管、肠系膜或网膜等结构在腹腔液中浮动，这是由于大网膜和肠系膜密度较低，超声检查时表现为肠道周围的低回声组织（图5-134）。腹部器官被液体包裹时，由于超声波穿过液体时衰减很少，其回声显得比正常情况更强，更清楚地显示出被液体突出的浆膜表面。

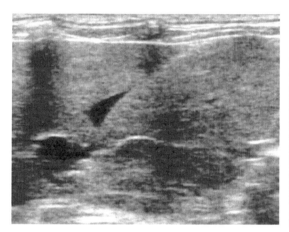

图5-132 成年猫消化道淋巴肉瘤矢状面超声图像
（南京农业大学教学动物医院供图）

三角形无回声区将肝叶分开，表明有少量的游离液体

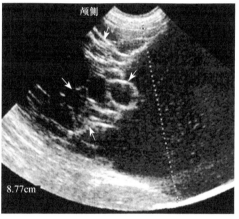

图5-133 猫慢性腹部膨胀的右下腹纵切面声像图（Thrall，2018）

箭头所示为一个较大的充满液体的多腔囊肿

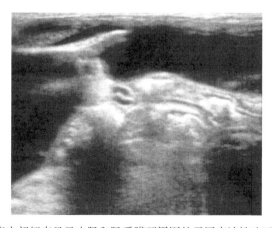

图5-134 犬的腹中部超声显示小肠和肠系膜环周围的无回声液性暗区（Thrall，2018）

腹腔积液是多种疾病的表现，根据其性状、特点，通常分为漏出性、渗出性和出血性，这些不同性质积液的声像图表现也存在较大的差别（表5-2）。

表5-2　腹腔积液的典型声像图

声像表现	鉴别诊断
无回声或低回声液体暗区	漏出液、浆液性出血、漏尿、乳糜积液
有回声并含有可移动颗粒	新鲜出血、漏出液、脓性积液或包状脓肿、血性积液、癌扩散、乳糜渗出
高回声并含有纤维素	脓性积液
有回声可移动的肿块	血凝块、肠系膜、网膜或内脏浆膜表面肿块或结节性声像特征

当腹腔积液为漏出液时，由于很少含有细胞和纤维蛋白成分，因此表现为无回声、无悬浮物的图像特点，而渗出液内由于含有纤维蛋白或碎屑，这些内容物会反射超声波而引起暗区呈漩涡状较强回声。单纯或轻微含少量细胞的漏出液时，通常呈无回声或低回声；当腹腔积液为含有大量细胞成分的均匀脓汁渗出液时，则通常呈中等回声，表现为与软组织（如脾）类似的等回声，有时更需通过体位的移动及血管组织的缺少来鉴别。腹腔出血时早期为无回声或低回声，随着血凝块形成可表现为等回声或强回声的不规则团块（图5-135）。

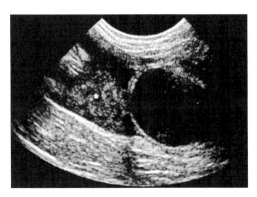

图5-135　腹腔出血（Thrall，2018）
胆囊癌患猫后腹部纵切面声像图，在膀胱前方可见一个悬浮的、不与任何组织相连的低回声结构（星号所示），符合血凝块特点

3. CT与MRI检查　CT检查可以确认有无积液及积液的部位和量。少量和中等量积液多为新月形，位于肝、脾、肾周围。大量积液时，小肠漂浮，集中在前腹部，这时低密度脂肪性的肠系膜在周围腹水衬托下可清楚显示。MRI检查对少量积液特别敏感，其形态与CT检查表现一致，T1WI呈低信号，T2WI呈高信号。

（尹柏双）

第十节　腹壁疾病

腹壁对腹内脏器有屏障和保护作用，对需要增加腹内压力才能完成的生理和病理活动，如排便、分娩、呕吐和咳嗽等，具有重要作用。

腹壁疾病和损伤虽不多见，但由于腹壁与腹腔的紧密关系，故在疾病诊断中，对诸如腹部肿块，需要鉴别其位于腹壁还是来自于腹腔或腹腔脏器等。

常见的腹壁疾病包括腹壁破裂与腹壁疝、腹壁肿瘤等。腹壁疾病发生主要是软组织异常改变所致，因此常用的影像学检查方法为超声检查法，而X线检查仅用于一般常规检查，其对肿物性质判断的价值不高。

一、疝

机体组织或器官由其正常解剖部位通过先天或后天形成的某些正常的或不正常的孔隙或缺损薄弱区进入邻近部位的情况，统称为疝。疝多发生于腹部，其中绝大多数是腹腔内脏或组织连同壁腹膜，通过腹壁或盆壁薄弱点突出至体表形成疝。

X线检查对疝的诊断具有一定的价值。疝内容物为软组织密度，不易于区分周围组织，但与骨组织和空气容易区别；当疝并发肠管嵌顿时，接近疝部的肠袢扩张，发生嵌顿的肠管也可能因充气而扩张，此时检查可见低密度的空气与中等密度的软组织（图5-136～图5-138）。疝孔处的腹壁软组织连续性受破坏，表现为组织阴影连续性消失，必要时可结合腹腔水溶性造影剂显示腹部内容物及其位置。会阴疝发生时，可采用尿道膀胱造影技术，以显示疝内容物是否为膀胱，当尿道扭曲时可发生造影困难的情况。

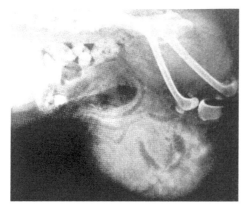

图5-136　犬巨大腹股沟疝（南京农业大学教学动物医院供图）
侧位片显示疝囊内有小肠内的气体影像

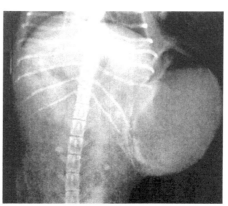

图5-137　犬肋旁腹壁疝导致的皮下肿胀（南京农业大学教学动物医院供图）

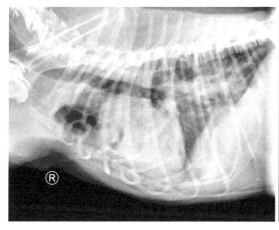
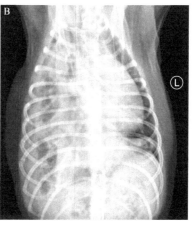

图5-138　横膈疝（南京农业大学教学动物医院供图）
A. 右侧位胸腔X线片；B. 腹背位胸腔X线片。腹腔器官向头侧位移穿过膈进入胸腔

超声检查主要可用来确定疝内容物。疝囊内脂肪回声相对较高，而肠袢显示为线性结构，其内有强回声气体和低回声液体或二者混合，有时尚可见肠管蠕动波（图5-139）。如果膀胱突出且充满尿液时，较容易确诊。会阴疝内容物如果是脂肪、移位的直肠、前列腺或充满尿液的膀胱，可以借助上述组织的不同超声特点加以鉴别诊断。

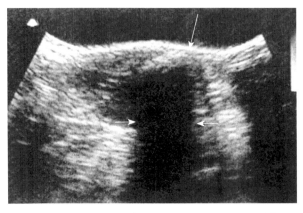

图5-139　犬腹股沟疝（南京农业大学教学动物医院供图）

长箭号所示为气体交界产生的强回声，短箭号所示为远场气体声影

二、腹壁肿瘤

腹壁肿瘤，即生长在腹壁的肿瘤，发病机制可能是各种致瘤因素共同作用于腹壁组织，如各种致癌物、放射线等，最终导致肿瘤形成。

腹壁所包含的组织，如皮肤、肌肉、脂肪、血管、神经、淋巴管等，在各种致瘤因素的作用下均可形成相应的肿瘤。因而，若按肿瘤来源组织类型分类，腹壁肿瘤可分为皮肤附属器肿瘤、肌肉肿瘤、脂肪肿瘤、血管肿瘤、神经肿瘤、淋巴管肿瘤等。此外，肿瘤有良性和恶性之分，良性肿瘤有脂肪瘤、横纹肌瘤等，恶性肿瘤包括脂肪肉瘤、横纹肌肉瘤、黑色素瘤等。

体表肿瘤可凭借临床检查对其外观进行判断，也可借助X线检查对其均质性和密度大小做出初步判断，如钙化、气肿等阻线性差异较大的内容物（图5-140）。

超声检查具有辨别组织声阻抗性差异的优势，广泛应用于对腹壁肿物内部性质的判断。脂肪瘤是最常见的腹壁肿物之一，大部分脂肪瘤发生在皮下组织与筋膜之间，但是侵犯性的脂肪瘤则会穿透筋膜到达腹壁肌肉或更深部组织。超声检查所见大多数肿物边界清晰，呈高回声，其内部呈等或低回声，无明显血流信号，可伴有条形高回声特点（图5-141），回声强可提示为结缔组织增多。恶性脂肪肉瘤有更多的软组织成分，所以呈现更高的不均质性回声特点，但是仍难以根据超声特点来区别脂肪瘤的良性与恶性程度。

肥大细胞瘤的超声影像特点通常呈现为均质性，伴明显界限及被膜下血管。腹部超声检查也可以用来评估腹壁肿块是否侵入腹膜腔内。利用超声检查恶性肿瘤时，肿块往往表现为不均质性或复杂的外观，边界不规则或不清楚（图5-142）。

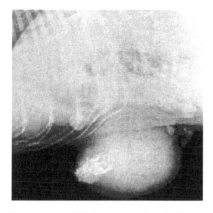

图5-140 犬乳腺肿瘤钙化灶，伴软组织肿胀（南京农业大学教学动物医院供图）

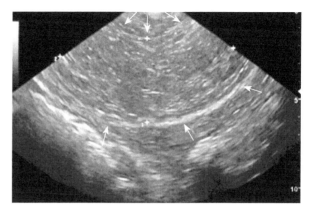

图5-141 犬腹壁脂肪瘤（南京农业大学教学动物医院供图）

箭号所示为包膜结构

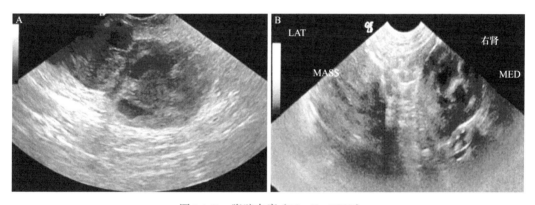

图5-142 腹壁肉瘤（Thrall，2018）

A. 11岁本地杂种犬，腹壁软组织超声所示为不均质回声肿块，病理学诊断为未分化的肉瘤；B. 9岁拉布拉多犬的皮肤血管肉瘤，病灶穿透腹壁并且侵袭至右肾。LAT. 矢状面；MASS. 团块；MED. 中间

（尹柏双）

第六章　泌尿生殖系统疾病

　　泌尿系统的疾病很多，目前在临床上，泌尿生殖系统疾病的检查主要包括肾、输尿管、膀胱、尿道、卵巢、子宫、睾丸、阴茎、前列腺和肾上腺等，检查的方法无外乎拍片检查、造影检查、B超扫查、CT或核磁的精准扫查等。结石是泌尿系统最常见的疾病之一，也因为其具有较高的密度，天然对比度高，所以在影像学检查中最常用。当然还有肾的器质性病变、膀胱的肿瘤、炎症及卵巢、睾丸等的疾病，有时也要通过影像学检查来进行诊断，以尽快确诊。

第一节　检 查 方 法

一、肾与输尿管

（一）X线检查

1. 平片检查　　在腹部平片中，约有50%可清楚地看到肾，如果主要检查肾，对动物进行一些准备可增加肾的显影力。禁食12h，并在检查前用清洁的盐水或专用灌肠剂灌肠，以减少肠内的气体蓄积，需注意灌肠剂的温度应低于体温。

　　放射线光束呈直角方向进行拍摄，投照标准位包括左侧位、右侧位和腹背位。其中，右侧位能够提供更好的空间让左右肾的重叠区域减少。

2. 造影检查　　平片只能提供有限的肾影像，为了得到更详细的资料，通常采用X线造影技术。动物需准备的内容与平片一样，确保水合状态良好，将膀胱排空，需要进行深度镇静或麻醉，在造影前需要拍摄平片，进行静脉尿路造影前对膀胱充气可使影像轮廓更为清楚。

　　（1）排泄性尿路造影　　造影剂推荐使用碘制剂，注射后的不良反应少见，快速注射后可能引起呕吐。潜在并发症有全身性低血压和肾血液供应停止，故提前安置静脉导管可保证需要时能立即给药。加大造影剂剂量不会使显影更清楚，需注意造影剂注射到血管外可引起周围组织腐烂。

　　低剂量造影剂可采用850mg I/kg，最大剂量不超过35g，在注射后的5min、10min、15min和30min尽快进行腹背位摄片。为了显示输尿管末端，可进行腹背30°斜位摄片，左斜位可显示右侧输尿管，右斜位可显示左侧输尿管。为增强输尿管造影，可对后腹部加压。如膀胱排空存在障碍，造影剂的用量可降低至425mg I/kg，以防可能造成的膀胱破裂。

高剂量造影剂可采用1200mg I/kg，与等量的5%葡萄糖生理盐水混合，注射时间需超过10～15min，注射一经完成马上进行侧位和腹背位摄片，10min后再次拍摄，如果显示肾功能正常，可去除加压绷带，压力去除后，通过斜位可以看到输尿管末端。此法在显示母犬异位性输尿管和肾衰的病例显影较好。

（2）逆行性尿路造影　　通过膀胱镜将输尿管导管插入输尿管和肾盂内，通过导管将造影剂逆行注入输尿管和肾盂内进行造影。逆行性尿路造影不受肾功能的影响，可以显示肾盂、肾盏、输尿管形态，结石的位置和尿路梗阻等情况。插入输尿管导管后，先拍尿路平片，然后经导管缓慢注入造影剂，直至尿路完全显影。

（二）超声检查

猫和小型到中型的犬肾超声检查首选7.5MHz的探头，大型犬可能需要5MHz的探头。采用仰卧位、左侧卧、右侧卧位进行检查。右肾位于腹背侧较深的位置，尤其对于深胸犬而言，右腹外侧肋间肋弓下扫查相对较难。因此，某些犬需要在第11或12肋间对右肾进行扫查。左肾扫查可在中线左侧、胸廓后扫查。可借助脾提供的声窗进行定位。肾应从横断面、纵断面及冠状面进行全面扫查。

1. 肾　　小动物超声造影处于研究阶段，较少应用于临床诊断，超声造影剂可应用生理盐水、过氧化氢、维生素B_6合并碳酸氢钠、白蛋白微球和六氟化硫微泡（商品名：声诺维）。六氟化硫微泡作为目前人医及小动物临床研究的理想造影剂，其优势在于可不受肺部循环及脉管影响，随血流分布全身，能够反映机体血流灌注量在各器官的情况。并能够在临床超声诊断中观察记录心脏、肝及肾的影像对比，用量以每千克犬$2mL/m^2$快速推注。

进行肾超声造影前需将动物进行镇静，目前推荐使用依托咪酯，因其对心脏、肝和肾的血流灌注量影响最小，能较准确地反映患病动物肾的真实情况。

动物镇静后，将线阵探头对准肾打出纵切面，而后助手静推造影剂，记录肾显影时间及显影强度。

2. 输尿管　　通过将生理盐水注入膀胱，仔细扫查膀胱后部就可确认尿液是否从正常输尿管进入膀胱。通过观察尿液是否喷射进入膀胱，有助于诊断输尿管异位。此法需要高分辨率探头和非常丰富的经验才能够识别。

（三）CT检查

CT扫描肾适用于肾肿瘤、肾囊肿、肾结石、上尿路梗阻、先天异常及感染性疾病等，在进行CT扫描前，需对动物进行深度镇静或麻醉。

1. 普通扫描　　动物采取腹背位，扫描范围应包括双侧全肾，若要检查输尿管，则需继续向下扫描，直至输尿管的膀胱入口处。调整常规层厚与间隔，如发现输尿管病变，应向下扫描至盆腔。普通扫描适用于肾、输尿管钙化或结石、肾内或肾外出血。

2. 增强扫描　　增强扫描需静脉快速注射造影剂，注射后即刻对双肾进行扫描，同时可对不同时段增强的影像进行观测诊断。在肾实质双期检查中，可见肾皮、髓质强化程度的变化。肾盂期可见肾盏、肾盂和输尿管的充盈、强化，在肾盂期进行CT薄层扫描后图像重组，可获得类似静脉尿路造影图像。

（四）MRI检查

进行横断面检查，必要时辅以冠状或矢状面检查。增强检查的造影剂可用顺磁性对比剂Gd-DTPA，此药如同含碘的尿路造影剂经由肾小球滤过。快速静注Gd-DTPA后，立即进行检查。

磁共振尿路成像（MRU）用于检查尿路梗塞性疾病，不用造影剂也能显示扩张的肾盏、肾盂和输尿管。MRU的原理是尿液中游离水的T2值要明显高于其他组织和器官，因而在重T2WI上呈高信号，背景结构皆为低信号，应用最大密度投影（MIP）进行三维重建，获得清晰的泌尿系统影像。

二、肾上腺

1. X线检查　　肾上腺一般不用X线检查，多用超声、CT或核磁检查。

2. 超声检查　　肾上腺根据动物体型，通常以5～7.5MHz或以上频率的探头评估，小型犬、猫通常能使用10～18MHz的探头。动物保定可选腹背位、左侧位和右侧卧位。从腹部腹侧或外侧，进行与肾相同的横切面、矢状面与水平切面扫描。左肾上腺的最佳观测位置为外侧腹部，或者深胸型动物的左侧第12肋间隙。右肾上腺的最佳观察位置为右前外侧腹部，通过第11或12肋间隙扫查。

肾上腺可以在矢状、横断、冠状影像断面上来定位，冠状面定位较好确认，方法同肾扫描相似。于冠状面定位左肾，摆放探头至肾头侧，犬典型花生状低回声左侧肾上腺可在长轴上较深无回声腹部主动脉的外侧发现。右侧肾上腺可在较深处大静脉的无回声长轴面附近发现。

3. CT与MRI检查　　CT薄层扫描可见肾上腺功能性小病变的检出。MRI普通检查选腹背位，进行常规横断面检查，必要时进行冠状面和矢状面检查。CT、MRI增强扫描法同肾及输尿管检查方法。

三、膀胱

（一）X线检查

1. 平片检查　　当膀胱有一些尿液时，可在平片上看到影像，同时可依据网膜上的脂肪和膀胱韧带对比，定位膀胱，小肠和大肠也可提供对比。投照体位一般选取腹背位和侧位。

2. 造影检查　　如需观察膀胱细节，应使用造影剂并对动物进行充分的准备。如条件允许，可在造影前对动物禁食18h，灌肠（不使用肥皂），灌肠液温度略低于体温，建议镇静。造影前需拍摄腹背位和侧位平片，并将膀胱排空。在尿道和膀胱内注射5～10mL不含肾上腺素的2%盐酸利多卡因，有助于减少疼痛和痉挛。此处需注意，膀胱造影的并发症为血尿和排尿困难或尿频。

（1）阳性造影检查　　顺行性造影：是造影剂从肾经输尿管到达膀胱，膀胱内有高密度对比剂，应在此时拍摄膀胱腹背位和侧位片。造影剂剂量参见肾造影。本方法的优点是一次检查就能全面了解肾、输尿管和膀胱的情况，缺点是膀胱可能显影不良，影响诊断。

逆行性膀胱造影：是将导尿管插入膀胱内并注入造影剂以使膀胱显影的方法。造影剂选取碘制剂，用无菌用水或生理盐水将造影剂稀释到10%～20%，用量为6～12mL/kg。本方法的最大优点是可以清楚地显示膀胱黏膜的形态结构。

（2）充气造影检查　　膀胱充气造影，是通过柔韧的导尿管或福莱（Foley）管、三通阀门和大注射器将空气、二氧化碳或一氧化氮以6～12mL/kg注入已经排空的膀胱。如使用空气，要将动物左侧卧，以减少致命性肺栓塞的发生。膀胱应中度扩张，可触诊监控膀胱充盈度，如注射器或导尿管周围出现漏气则表明注入了充足的空气。在出现血尿或最近有过创伤的动物不应该使用阴性造影。如果造影过程中出现肺栓塞，将动物左侧卧，头低于身达60min，并采取相应的急救措施。

（3）双重造影检查　　双重造影是在将少量未稀释的正造影剂注入已为充气造影状态的膀胱中。正造影剂在猫选用0.5～1mL，犬为1～5mL，若体重在11kg以下，可选用1～3mL。标准投照位可选腹背位和侧位，侧位片优之。当需要显示完整的膀胱影像时，斜位片也有用。进行双重造影可评估膀胱壁病变及膀胱黏膜内层充盈缺损情况。

（二）超声检查

大型和中型动物多采用直肠探查法，取站立保定位，用5.0MHz直肠探头伸入直肠内向下或偏左、偏右扫查，均能清晰地显示膀胱和盆腔段尿道的各个纵切面。

中、小型动物则一般采用体表探查法，取站立或仰卧保定位，用7.5MHz或5.0MHz的探头于耻骨前缘后腹部做纵切面和横切面扫描。膀胱应有适度充盈的尿液，空虚的膀胱无法进行超声检查。需要显示膀胱下壁结构时可在探头与腹壁间垫以增距垫。

（三）CT检查

1. 普通检查　　普通检查前需口服泛影葡胺，以充盈盆腔内肠道，检查应在膀胱充盈状态下进行，以区分膀胱壁与内腔。注意识别盆腔内肠管，避免误诊为肿块。

2. 增强检查　　根据平扫显示情况，进行增强检查。动物一般可经尿道插管向膀胱内注入低浓度碘造影剂、生理盐水和空气等，膀胱充盈易于检查，并可观察病变早期强化表现。膀胱增强检查的方法是静脉内注射造影剂，注毕后立即进行膀胱区域扫描，可显示膀胱壁强化，30～60min后再次进行膀胱扫描，观察膀胱及内部，在造影剂的对比下，能进一步显示膀胱壁的形态和病变。

（四）膀胱MRI检查

普通检查选横断面和矢状面。一般用体部表面线圈，但对于细微的病变显示效果不佳；使用相控阵表面线圈和直肠内表面线圈，能提高影像的空间分辨率及信噪比。平扫易于发现膀胱壁病变。增强MRI检查可确诊膀胱肿块性的病变。方法是静脉给予Gd-DTPA后立即进行病变区T1WI检查。

四、尿道

（一）X线检查

1. 平片检查　　要得到完整的尿道X线影像，必须包括后段腹腔及骨盆的影像才能确保尿道可被完整评估。在公犬，侧面骨盆腔影像必须要包括伸展后肢及屈曲后肢两种影像以确保不会有因为被重叠的后肢挡住而错失的病变异常影像。

2. 造影检查　　尿道造影建议预先灌肠和镇静，对于疼痛的病例需要全身麻醉，可通过导尿管将阳性碘造影剂注入尿道，侧位片显影较好。在使用造影剂前，用5mL 2%的盐酸利多卡因可减轻痉挛。造影剂可用碘造影剂，犬的剂量为10～15mL，猫的剂量为5～10mL。

（1）排泄性尿道造影　　排泄性尿道造影是将导尿管插入膀胱内，排光尿液，然后注入造影剂至膀胱完全充盈。抽出导尿管后，按压腹部使动物自主排尿，在排尿过程中迅速拍片。本方法的优点是可以同时观察膀胱的状态，且在排尿时尿道处于松弛状态，对于观察尿道狭窄、瘘管等效果较好，但操作较烦琐。

（2）逆行性尿道造影　　逆行性尿道造影是将导尿管插入膀胱内，先行导尿，再将导尿管退至尿道前端，然后注入造影剂，使尿道显影。或者直接将注射器放在尿道口，然后捏紧尿道口再注射造影剂。

（二）超声检查

使用5MHz或7.5MHz探头探查完膀胱后，探头后移，可探查尿道。公畜检查时将探头放在阴茎侧腹面，从尿道开口向后纵向和横向探查；远端尿道探查多在会阴部或怀疑有结石的阴茎部垫以透声块扫描。对于盆腔内的腹部尿道可使用直肠探头向下或偏左、偏右扫查，均能清晰地显示盆腔段尿道的声像。

（三）CT检查

尿道CT普通检查时取仰卧位，检查范围从膀胱开始，直至尿道口。CT检查能获得清晰、逼真的呈软组织密度的尿道图像。尿道增强检查的方法是静脉内快速推注造影剂，注毕后再进行尿道区域扫描，以检查尿道充盈情况。也可将导尿管插入膀胱内，排光尿液，再将导尿管退至尿道前端，然后注入造影剂，使膀胱和尿道充满造影剂，之后进行CT检查。CT图像经处理后可清晰地显示骨盆的结构，也可去除骨骼、软组织图像的重叠，可清晰地显示尿道部位及与周围组织的解剖结构关系，并具有三维可视化。

（四）MRI检查

进行横断面检查，必要时辅以冠状或矢状面检查。相控阵表面线圈和直肠内表面线圈能提高尿道影像的清晰程度。静脉快速注射Gd-DTPA后，立即进行T1WI检查。MRU利用尿液中的水作为"天然"对比剂达到"造影"的目的，通过重T2加权成像技术，长T2静态或缓慢流动的尿液高信号，而短T2的实质脏器和快速流动的血液呈低或无信号，可突出显示尿路中水的高信号，使尿道清晰显示。

五、前列腺

1. X线检查 由于犬前列腺在直肠正下方，直肠内容物会遮挡前列腺的影像，故在X线检查前先进行直肠内容物的清理，常用方法为提前12～24h禁食，1～2h前灌肠。

侧位投照，可右侧卧或左侧卧，将适当厚度的泡沫垫置于两膝关节之间，使股骨与暗盒平行，胸骨下放置海绵垫与腰椎等高平行，将后肢后拉，X线束中心通过髋臼。

腹背位投照，动物仰卧，前躯卧于槽型海绵垫内，身体两侧对称，前肢向前拉，后肢自然屈曲、外展，X线束中心通过耻骨联合前缘。X线对前列腺疾病的特定类型诊断意义不大，但是对于评价前列腺的大小、形状、轮廓及位置有重要意义。

2. 超声检查 犬仰卧保定，探头置于耻骨前缘，在体中线附近做膀胱纵切面，顺着膀胱颈往后平移探头，直到探头后缘紧贴耻骨，此时将探头前缘向下压，使声波平面平行于体长轴，并指向耻骨背后方，可在膀胱颈后方探查到前列腺，取其最靠近尿道部的纵切面，冻结图像。

完成纵切面测量后，探头保持在前列腺纵切面位置，然后将探头逆时针旋转，做前列腺的横切面，因前列腺位置靠后，探头无法与其垂直，仍需将探头做扇形摆动，使声波平面垂直于体长轴，并指向耻骨背后方，可在膀胱颈后方探查到前列腺，取其左右径最长的横切面，冻结图像。

3. CT与MRI检查 采用CT扫查动物取腹背位，进行平扫，选取前列腺的最大层面，以此为中心层面进行多期增强扫描。增强扫描是将碘制剂经头静脉注入动物体内，分别于注入对比剂后25s、30s、35s、40s、75s和180s对前列腺及病变区多期扫查。

采用MRI检查动物取腹背位，平扫行常规横断面和矢状面检查，必要时加行脂肪抑制术，前列腺的MRI检查应在活检前进行。

六、子宫和卵巢

子宫和卵巢的X线检查同腹部检查，应尽量使X线片的对比度最大化。根据X线检查评估子宫临床状况的价值非常有限，应用在雌性动物的怀孕后期可进行胎仔数的准确评估。

超声检查应用高频探头探查子宫卵巢，而在怀孕后期及子宫蓄脓时，应使用5MHz探头。体位选择腹背位。标准程序为剃腹侧毛，根据子宫卵巢解剖位置，在肾尾外侧定位。膀胱中等充盈可提高子宫能见度，利用膀胱为声窗，可见位于膀胱背侧与结肠腹侧间的子宫。

子宫的初步评估很少使用先进的成像方式，由于辐射剂量强度，怀孕时子宫CT扫描为禁忌。了解子宫正常的CT与核磁共振影像外观横切面影像，有利于评估更复杂的子宫解剖学异常。采用MRI检查动物取腹背位，进行常规检查，其中T2WI检查非常重要，可显示各解剖部位结构，有助于确定盆腔病变和范围。增强检查在平扫检查后静脉注射顺磁性对比剂，再进行扫描，同时对病变区进行脂肪抑制。兽医临床尚无CT和MRI正常卵巢影像特征的资料。

七、阴茎和睾丸

X线检查，采取侧位片可很好地观察阴茎，检查阴茎部尿道时，采用尿道造影会有所帮助。如果腹腔内的隐睾发生肿瘤病变，腹部X线片可见腹腔内隐睾。

阴囊内容物位置浅表，阴囊皮肤薄且无皮下脂肪，故可用7.5～12MHz或更高超声频率探头。阴囊扫查取仰卧位，充分暴露阴囊。由于阴囊及其内容物的活动度大，不平整，扫查时探头应轻放，以上下左右顺序检测阴囊。利用增距垫能辅助检查，使位于近场区的结构在影像上有更好的呈现。在评估其中一颗睾丸时，有时会利用另一个睾丸作为对比扫描。

采用CT检查时，动物需禁食禁水4h，需要憋尿，保持仰卧姿势。依据患病动物的体型调整相关参数。首先对盆腔进行扫描。CT三维重建比二维重建更能直观、真实和详尽地显示睾丸的形态，但在显示隐睾内部细节方面，二维重建优于三维重建，且二者互相配合。必要时可选择增强扫描造影剂，采取非离子型对比剂如泛影葡胺进行快速推注然后进行扫描。采用MRI检查动物取腹背位，平扫行常规横断面和矢状面检查，必要时加行脂肪抑制术和增强扫描。

（郭庆勇）

第二节　正常影像解剖

一、肾和输尿管

肾呈豆形，位于前腹部的腹膜后间隙，分别在主动脉和后腔静脉旁。肾附着于背侧腹壁，左肾较右肾的活动性大，因此位置变化更大。右肾比左肾靠前，与肝后叶的肾窝相接。其前极位于肋弓内且常被第13肋骨对分为两半，并与右侧肾上腺相连。肾内侧与后腔静脉相邻，腹侧与胰腺的右侧支和升结肠相邻。左肾的前侧为脾、胃大弯、胰腺和左侧肾上腺，背侧为腰椎下肌肉，后侧与降结肠为邻，内侧与降结肠和升十二指肠相邻，腹侧与降十二指肠相邻。肾的髓质包裹着肾窦。肾窦内有脂肪、血管、神经、肾盂。肾内侧开口为肾门。肾动脉、肾静脉、输尿管、淋巴系统和神经由此进入肾（图6-1）。肾盂有5～6个憩室深入肾皮质。双肾在呼吸时均有一定的移动。充盈的胃可使肾后移。怀孕的子宫可使肾前移。输尿管起源于腹膜外的肾盂，然后向后腹侧移行至膀胱。

（一）X线影像

在质量较好的X线片上可以识别出肾的外部轮廓，并可据此估测肾的大小、形状和密度。肾的测量方法是将肾的长度与腰椎椎体的长度进行比较。正常犬肾的长度约为第2腰椎长度的3倍（2.5～3.5倍），猫为2.5～3倍。

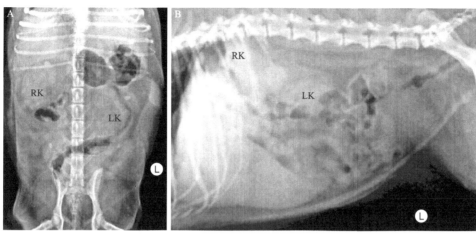

图6-1　正常犬腹部的正位和侧位X线片（南京农业大学教学动物医院供图）

A. 犬腹背位X线片；B. 犬侧位X线片。L. 左侧标志；LK. 左肾；RK. 右肾。从图中可看出右肾的位置更靠近头侧，
左肾的位置偏尾侧，以此进行判定

正常排泄性尿路造影显示注入造影剂后肾实质密度均匀，之后肾盏和肾盂开始显影，如图6-2所示。输尿管管腔充满造影剂后开始显影，其前端与肾盂相连，最后进入膀胱。输尿管管腔的直径可因蠕动有较大的变化，如果注射造影剂时压力过高会使部分造影剂回流到肾，需鉴别，以免误诊。

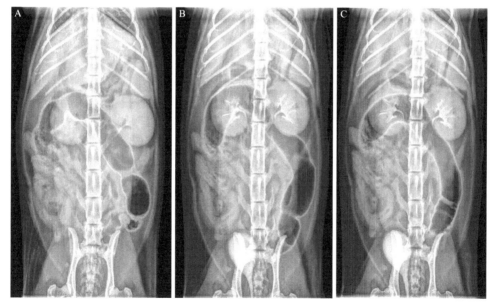

图6-2　正常犬的排泄性尿路造影（腹背位）（南京农业大学教学动物医院供图）

A. 注入造影剂后1min；B. 注入造影剂后5min；C. 注入造影剂后10min

（二）超声影像

犬的肾外周皮质呈均匀性弱回声或等回声，呈实质性暗区，明显低于脾的回声强度。

猫肾产生的回声常强于肝，略等于脾回声。犬肾轮廓光滑，其被膜为清晰、光滑的高回声，实质呈低回声，髓质和皮质分界清晰，髓质比皮质的回声低，呈多个无回声或稍弱回声区。在横切面上观察肾盂最佳，肾中央或偏中央区为肾盂和肾盂周围的脂肪囊，呈放射状排列的强回声结构，正常情况下肾盂部分蓄有尿液，会出现暗区。肾窦为密集的血管，呈高回声光带。肾锥体为圆形或三角形低回声，肾窦呈不规则高回声。

　　肾的造影影像只能用于观察肾的血管及血流灌注状态。静脉注射造影剂后，先是皮质增强，呈均匀高回声，肾髓质无明显增强；至注射后第20～40s，髓质自周边向中央逐渐增强；至第40～50s，皮质和髓质增强水平相当，整个肾实质呈较均匀的高回声。之后的3min，实质内的造影剂全部消失，如图6-3所示。

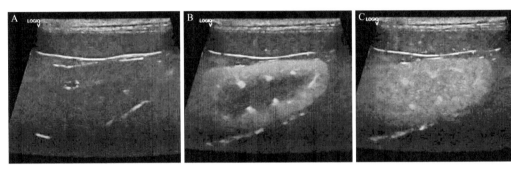

图6-3　肾超声造影声像图（本图由彭涛提供）

A. 造影前肾影像；B. 静脉注射造影剂皮质显影影像；C. 静脉注射造影剂肾髓质显影影像

（三）CT影像

　　肾平扫检查，在肾周低密度脂肪组织的对比下，肾表现为圆形或椭圆形软组织密度影像，边缘光滑、锐利。肾的中部层面可见肾门内凹，指向前内。除肾窦脂肪呈较低密度和肾盂为水样密度外，肾实质密度是均一的，不能分辨皮质、髓质。自肾盂向下连续层面追踪，多可确定腹段输尿管，呈点状软组织影像，而骨盆段输尿管则难以识别。增强检查，肾的强化表现取决于造影剂的用量、注射速度及扫描时间。

（四）MRI影像

　　正常影像表现为，选用SE序列，在T1WI影像上，由于皮质髓质含水量不同，致皮质信号高于髓质；在T2WI影像上，皮质和髓质难以分辨，均呈较高信号。肾窦脂肪组织在T1WI和T2WI上分别呈高信号或中等信号。Gd-DTPA增强检查中，肾实质强化形式取决于检查时间和成像速度，类似CT增强检查。

二、肾上腺

　　肾上腺扁平，位于肾前内侧，呈双叶状，犬左肾上腺通常比右肾上腺大。肾上腺的大小与形状可能因体重、年龄、品种而不同。左肾上腺中央往往明显内缩，有较宽且界限明显的极部，而右肾上腺可能像逗点状。猫肾上腺通常比犬更偏椭圆形和圆柱形，且大小与形状较均一。

左肾上腺位于左肾头侧内部及主动脉外侧,介于前肠系膜动脉与左肾动脉的起点间,因此,主动脉左前及左肾动脉是左肾上腺的主要解剖位置参考标记。右肾上腺位于右肾头侧内部与后腔静脉之间,右肾上腺比左肾上腺更深,也更前侧,其上方的肋骨与肠道气体可能会影响观察,右肾上腺位于肾门前内侧、后腔静脉外侧和背外侧、右肾动脉与静脉前侧。正常犬的肾上腺的最大直径为7.4mm。

犬肾上腺分为中心的髓质和边缘的皮质。犬的髓质占整个腺体的10%～20%,皮质占80%～90%。肾上腺皮质从外向内可分为3个区:球状带占皮质的25%,束状带占60%,网状带占15%。球状带分泌盐皮质激素,束状带和网状带分泌糖皮质激素和少量性激素。

肾上腺因体积较小,且为软组织的不透明度,所以正常肾上腺在X线片中不易显影。B超扫描下,肾上腺通常皆呈低回声,左肾上腺中央往往明显内缩,有较宽且明显的界限。左肾上腺呈双叶状或花生状低回声结构,右肾上腺呈豆点状;长轴上肾上腺呈低回声结构,周围由高回声脂肪包围;短轴上肾上腺呈椭圆形低回声结构。猫肾上腺通常偏椭圆或圆柱状,大小与形状比较均一。成熟犬的肾上腺通常长2～3cm,宽1cm,厚0.5cm。

CT扫查可见正常肾上腺边缘平直光整或略呈凹形。肾上腺平扫CT值与肾一致,增强后中度或明显强化,强化均匀一致,边缘光整。肾上腺的MRI图像包括T1WI和T2WI。正常肾上腺显示中等强度信号,与正常肝组织的信号相等或稍低,但又较无信号的脾静脉、腔静脉等血管高,可将这些结构与肾上腺区分。

三、膀胱

膀胱位于后腹部。其形状、位置与所含尿量有关。猫的膀胱比犬靠前。膀胱位于腹膜外,但被腹膜覆盖。一个输尿管进入膀胱的位置可能比另一个靠后。

1. X线影像　膀胱排尿后缩小,与盆腔其他结构缺乏对比,故在X线片上不显影。充满尿液时膀胱增大,在X线片上呈位于耻骨前方、腹底壁上方、小肠后方、大肠下方的卵圆形或长椭圆形均质软组织阴影。膀胱极度充盈时,也可能向前伸达脐部的上方。正常膀胱呈圆形或椭圆形,腔内水样密度,膀胱壁厚度均一,内外缘光滑平整。

造影后膀胱应该均一膨大,无充盈缺损或造影剂外漏到腹腔的现象。膀胱壁应该薄且外形规则,充气不足会刺激膀胱壁增厚,尤其是在年轻动物逆行膀胱造影时,造影剂会出现在输尿管内,如图6-4所示。

2. 超声影像　膀胱壁总的来说为回声强、光滑、弯曲的界线。黏膜为

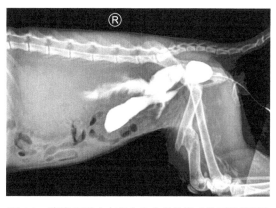

图6-4　膀胱破裂(南京农业大学教学动物医院供图)

膀胱阳性造影,导尿管插入膀胱并注射造影剂后可观察到造影剂泄漏到腹腔中,提示膀胱破裂。另外,该犬股骨畸形愈合

明亮的回声线，黏膜下层呈低回声，肌层为中等回声带，浆膜层为高回声带。膀胱内充满无回声的尿液。根据扩张的程度不同，膀胱壁的厚度各异。膀胱颈和三角区通常要比膀胱壁的其他部位略厚。

结肠可引起膀胱腔向内凹陷。探头的压力常会导致膀胱壁的畸形。大肠内的气体和矿物质能引起多种强回声和混响伪影。从几个不同切面成像会确诊异常膀胱形状或膀胱腔内病灶。

3. CT 和 MRI 影像　　CT 平扫膀胱，正常呈圆形或椭圆形，腔内水样密度，膀胱壁厚度均一，内外缘光滑平整。增强扫描后膀胱内呈均一的高密度影像。

膀胱内正常的尿液呈 T1WI 低、T2WI 高信号。造影剂增强后，造影剂在尿液中沉积，尿液呈 T1WI 高、T2WI 低信号，若造影剂浓度低或与尿液混合不均匀时，尿液呈现类似软组织的信号。膀胱壁的肌层呈 T1WI 均匀中等信号、T2WI 低信号，黏膜和黏膜下层呈 T2WI 高信号，浆膜层呈 T2WI 高信号。增强检查早期黏膜和黏膜下层强化，晚期肌层强化。

四、尿道

尿道是将尿液从膀胱排到体外的管道。雄犬尿道的近端在坐骨弯曲之前通过前列腺。尿道的远端位于阴茎骨的腹侧。雌犬的尿道短，从膀胱直达尿道开口，开口位于阴道底壁前庭结合部的后方。雄猫的尿道开口朝后。

1. X 线影像　　正常尿道在 X 线片上无法看到，尿道造影后可见尿道起始于膀胱颈，向下延伸，止于尿道口。雄性动物的尿道分为 3 段，即前列腺尿道、椭圆形的膜部尿道和阴茎部尿道，公犬可见呈棒状的阴茎骨。雌性动物可见骨盆部和阴茎部，以及二者交界处的尿道峡。

2. 超声影像　　近段尿道在膀胱尾端可部分显现，公畜的前列腺可作为定位标志之一。远段尿道常显示不清，尿路造影后可清晰地显示尿道。从尿道横断面观察，正常尿道为圆形、双层、带有狭窄的无回声中心。内层的回声缘代表黏膜界面，为玫瑰样外观。纵切面扫查时，尿道为一条低回声带。

3. CT 和 MRI 影像　　阴茎段尿道在 CT 上呈均匀软组织密度，CT 值与肌肉组织相近。由于尿道管径较细，加之 MRI 伪影较多，普通 MRI 扫描不易显示尿道结构，横轴位与矢状位 T1WI 和 T2WI 检查皆呈高信号。尿道增强检查时，其强化程度取决于检查时间与 MRI 扫描的速度。

五、前列腺

前列腺围绕着膀胱颈部尿道的近端。其位置随膀胱的扩张会发生一定程度的改变。膀胱充盈时，前列腺位于耻骨缘的前方。膀胱空虚时，正常的前列腺位于骨盆内或部分位于骨盆内。猫的前列腺小，通常在 X 线检查时不可见。

对正常前列腺进行 X 线检查时，前列腺大小不超过腹背位骨盆入口宽度的 50%，当前列腺超过耻骨荐骨连线距离的 90% 时，可能预示前列腺囊肿或肿瘤。超声图像显示前列腺内部回声高，光点粗糙，因此前列腺内尿道如无扩张不容易观察到。前列腺图像回声强度与犬的年龄有一定的关系，一般老年犬的回声强度高，而青年犬的回声强度中等。前列腺的回声较高，内部回声均匀，呈蝴蝶状，左右对称。在横断面CT图像上，前列腺呈圆形或椭圆形，呈均匀软组织密度，边缘清楚。用MRI检查正常前列腺，其呈均一低信号，强度类似肌肉信号，前列腺周围是高信号的脂肪组织，其中可见蜿蜒状低信号静脉丛。

六、子宫和卵巢

子宫包括一个子宫颈、一个子宫体和两个子宫角。子宫角完全在腹腔内。子宫体部分位于腹腔内，部分位于骨盆内。子宫背侧是降结肠和输尿管，其腹侧是膀胱和小肠。卵巢位于肾后方。右侧卵巢比左侧更靠前。左侧卵巢位于腹壁和降结肠之间大约第3或第4腰椎处。右侧卵巢位于降十二指肠的背侧及右肾的后腹侧。正常的卵巢在腹部X线片不可见。

1. X线影像　　未怀孕的雌性动物，在X线片上观察不到子宫和卵巢，除非子宫或卵巢增大。通过气腹造影可以看到雌性生殖道，但此方法使用得很少。子宫阳性造影不能提供更多具有诊断价值的信息。妊娠期子宫逐渐增大，怀孕5周后X线检查可见。妊娠大约45d时，胎儿骨骼开始骨化，可据此判读胎儿数目。胎儿骨骼的骨化是X线检查妊娠的最明显特征，可通过计算颅骨和脊椎确认胎儿数目（图6-5）。

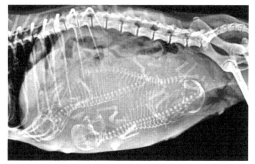

图6-5　妊娠母犬X线腹部侧位片
（南京农业大学教学动物医院供图）

2. 超声影像　　超声检查可见正常的卵巢呈椭圆形到圆形，犬卵巢长约为1.5cm，宽约为0.7cm，厚约为0.5cm，平均差异在0.2cm。猫的卵巢比较小，由皮质和髓质组成，声像图中并不显眼。卵巢在非动情期及动情前期较小，呈椭圆形到豆状，且与肾皮质有相同的回声且均一。在动情前期和动情期，低回声且充满液体的滤泡变成固态，黄体为低回声。正常的子宫为均质较低的回声结构，子宫内膜及子宫肌层通常无法辨认，仅有周围一层薄薄的高回声边界可能可见。

3. CT和MRI影像　　CT平扫检查子宫，可见横置梭形或椭圆形的软组织密度影像，边缘光滑，静脉注射造影剂增强扫描时影像更清楚，中心较小的低密度区代表宫腔。子宫旁组织为脂肪性低密度区，内含细小点状或条状软组织密度影像，代表血管、神经和纤维组织。子宫前方为膀胱，呈水样密度。未怀孕的子宫在CT影像上位于膀胱和结肠之间，且其衰减强度与空肠相同。

MRI检查可见子宫体由内向外有3层信号，中心高信号影像代表子宫内膜及宫腔内分泌物，中间薄的低信号带为子宫及内层，周围是中等信号的子宫肌外层。卵巢内卵泡呈高信号，中心部为低至中等信号。增强检查显示子宫内膜和子宫及外层强化，动态增强检查显示子宫各层强化程度随检查时间而异。

七、阴茎和睾丸

犬的阴茎骨向远端逐渐变细。近端2/3腹侧有槽，槽内有尿道海绵体和尿道。包皮包裹着阴茎的前端。左侧睾丸比右侧睾丸靠后。每个睾丸背外侧有一系列卷曲的小管，称为附睾。睾丸被鞘膜包裹，鞘膜是腹膜的延续。

在X线片上，除阴茎骨外，看不到其他与阴茎相关的影像。在侧位片上，阴茎骨位于腹部腹侧。腹背位X线片可见阴茎重叠于脊柱之上。由于周围空气围绕，后腹部侧位和腹背位均可见包皮。

利用超声检查犬睾丸时回声均质，呈中等强度回声。壁层和脏层的白膜会形成一个薄的高回声外观。睾丸纵隔与正中矢状切面于睾丸中央汇成一条线状结构。而正中横切面，则在中央呈现一焦点样回声影像。同时，评估各侧睾丸的横断面或背侧面影像有助于做直接的比较。附睾的尾部回声低于睾丸实质，且有时可能无回声。尾部回声质地较睾丸粗糙。附睾的头部、体部与睾丸呈等回声。输精管在正常情况下很难扫查。

CT能较好地提供睾丸和周围组织的解剖结构，正常睾丸轮廓光整，边界清楚，密度均匀呈卵圆形。MRI检查正常睾丸呈卵圆形结构，在T1WI上信号强度低于脂肪而高于水，在T2WI上高于脂肪低于水，附睾信号明显低于睾丸信号。在T2WI上附睾呈不均匀中等信号。

（郭庆勇）

第三节　肾上腺肿瘤和增生

一、X线检查

肾上腺肿瘤通常难以通过X线检查发现，除非它具有明显的肾上腺肿大或明显钙化。在进行检查前，需禁食24h来排空胃肠道，有些动物中，X线片可以发现肾前面的矿化组织。发生肾上腺肿瘤的动物，在X线检查的同时还可发现肝肿大、表皮的钙沉积、骨质疏松。增加X线片对比度后，可见腹腔中有大量脂肪沉积，嗜铬细胞瘤引起动物肾上腺肿大可经X线检查确诊，然而B超诊断更敏感。

二、超声检查

肾上腺肿瘤在B超检查中有以下表现，肾上腺轮廓增大，表面凹凸不平，其内显示圆形或椭圆形肿块，肿瘤边缘较规则，界限较清晰，有球体感，内部为点状，低回声或中等回声，分布较均匀；肿瘤位于肾上腺内部或接近其边缘，肾上腺形态饱满，肾上腺表面欠光滑，呈圆形或椭圆形肿块，向外膨出边缘较规则，轮廓线较清晰，回声较强，内部呈均匀一致的点状回声和弱回声，中等回声次之；实质性肿瘤，可见肾上腺区较大的实质性肿块，边缘不规则，局部边界不清，可呈分叶状，内部回声高低不均匀，或为混合回声，常伴有液化和斑片或斑点状钙化，如图6-6所示。

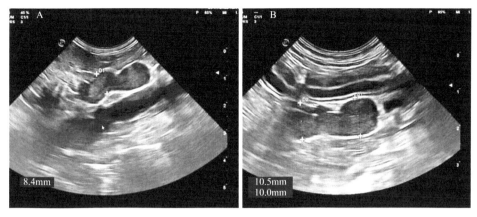

图6-6　肾上腺肿大（南京农业大学教学动物医院供图）

12岁雌性已绝育比熊犬，存在库兴和糖尿病病史，双侧肾上腺肿大，右侧肾上腺头极横径约为8.4mm，左侧肾上腺头极
和尾极横径分别约为10.0mm和10.5mm，怀疑垂体依赖的库兴疾病

三、CT检查

利用CT检查肾上腺肿瘤有助于判别肿瘤的良恶性，良性肿瘤边界清晰，密度较均匀，恶性肿瘤体积较大，呈分叶状，边界不清，密度不均，肿瘤实质可不规则强化，对周围器官浸润明显，瘤内有出血、坏死等，适当延迟的CT强化扫描不仅可以量化肿瘤强化衰减的相对和绝对值，还能显示肾上腺周围区域的血管，对确定肾上腺病变的性质有一定帮助。CT平扫结合肾上腺病变血管及强化情况可以识别和区分肾上腺皮质腺瘤与其他类型的肿瘤，其特异性和敏感性分别是92%和98%。

四、MRI检查

MRI可通过多平面成像对肾上腺肿瘤进行精确定位，并能区分脾、肝、胰腺、胃等周围的结构。但是不能区分肾上腺腺瘤、肾上腺癌和嗜铬细胞瘤。MRI的弥散加权成像技术可通过测量表观弥散系数值辅助鉴别诊断肾上腺肿瘤的良性与恶性。MRI波谱可用于分析不同肾上腺肿瘤的代谢产物成分及浓度变化特征。

（郭庆勇）

第四节　肾　疾　病

一、多囊肾病

多囊肾是肾的皮质和髓质出现多个囊肿的慢性进行性疾病，囊肿的挤压可导致肾功能障碍。本病常双侧肾发病，一般囊肿不累及肝。其主要病理特征是双肾出现许多大小不等的液性囊泡，囊肿进行性增大，压迫周围肾组织及血管，使肾血管狭窄及阻力增高，不断加剧高血压，逐渐导致肾小球硬化，随着年龄的增长，囊肿的数量不断增多，以及体积不断增大，进行性破坏肾的正常结构和功能，最终导致末期肾衰竭。本病为遗传性疾病，通常具有垂直传播的特点，常见多发品种有波斯猫、牛头梗、西高地白梗和凯恩梗。

1. X线检查　　　　多囊肾的肾影呈分叶状增大，在肾体积增大的同时，其质量也增加，故存在下垂情况；如囊壁钙化，可见呈弧线形或花瓣样钙化，边缘清楚；多囊肾合并肾钙质沉积成为含钙囊肿，会增加局部肾影密度，如图6-7所示。

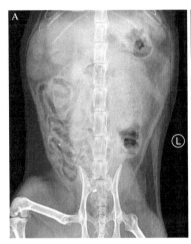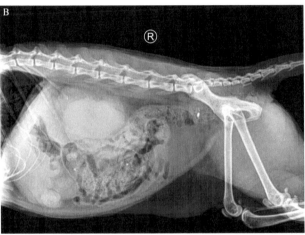

图6-7　多囊肾X线片（南京农业大学教学动物医院供图）

A. 腹背位，双侧肾体积增大，长轴分别长约6.32cm、7.5cm，均可见点状稍高密度影；B. 右侧位投照，双侧肾轮廓较清晰，左肾肾盂正常结构消失。输尿管、膀胱、尿道内未见明显结石影像。结肠内可见点状高密度影

2. 超声检查　　　典型征象：双肾体积增大，或仍保持正常状态；肾实质内可见大小不等类圆形囊性暗区，彼此并不相通，且有部分"实质"回声可见；肾窦受压变形，肾盂、肾盏不分离；肾体积显著增大和囊肿向外生长的多囊肾的肾包膜不光滑，多呈波纹状；部分多囊肾囊内可见强光点，多为尿酸盐小结晶或钙盐沉积。

非典型征象：双肾体积正常或轻度增大；肾实质内见多个囊性暗区散在分布或聚集在一起，互不相通，同时似可见部分肾实质回声；肾窦不受压，肾盂、肾盏形态正常；肾包膜尚且光滑，有部分肾内囊肿向外生长的肾包膜向外突起，如图6-8所示。

3. CT与MRI检查　　　多囊肾在CT平扫中可见肾增大，形状不规则，多发病灶，呈分叶且两侧不对称，肾皮髓质内可见弥漫性大小不等圆形或类圆形囊状低密度影像，部分典型囊肿的内部密度均匀，更有甚者可见单肾或双肾多发大小不等低密度灶，髓质、皮质均可被多个体积大小不一的囊肿所代替，肾呈蜂窝状，肾盏、肾盂受压变形。多囊肾在CT增强扫描中可见肾实质呈不同程度强化，囊壁轻度强化，使囊肿显示得更清楚，囊肿内部未见强化，肾盂、肾盏充盈造影剂后，其受压变形移位更清楚。

MRI检查影像特征为肾体积增大，肾轮廓呈分叶状；肾内可见多个大小不等的囊腔，信号强度接近于尿液；囊内有出血时，T1WI呈高信号。增强MRI囊肿无强化。

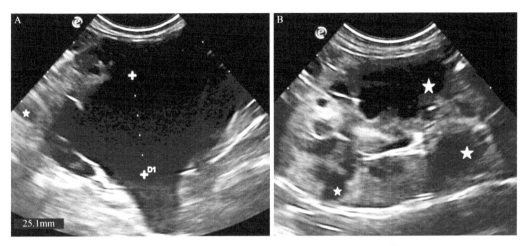

图6-8　多囊肾超声影像（南京农业大学教学动物医院供图）

A. 左肾纵切面，皮质内可见囊泡（白色五角星所示），内部为无回声液性暗区。左肾肾盂严重扩张，长25.1mm，同时挤压肾正常组织。B. 右肾纵切面，皮髓质内可见较多大小不一的囊泡（白色五角星所示），占位体积大，内部为无回声液性暗区

二、肾肿瘤

肾肿瘤不常见，可能为良性或恶性，原发性或继发性。源自肾小管上皮的肉瘤是犬最常见的肿瘤。猫最常见的肿瘤是淋巴肉瘤，并可能会扩散到对侧的肾。肾肿瘤的影像可能无特异性。如果肾大或者肾轮廓不规则，鉴别诊断应该包括肿瘤。癌一般只发生于肾的一极。

1. X线检查　肾肿瘤的X线影像与肿瘤的大小、功能是否变化有关。征象可能无特异性。腹部平片检查显示肾影像增大，呈分叶状或局部突起，肾的轮廓不规则，并且肾混浊。少数肿瘤有不同形态的钙化。尿路造影时，由于肿瘤的压迫，肾盏增长、狭窄、变形乃至闭塞，致使肾盏分离。肿瘤压迫或侵犯肾盂时，肾盂变形或发生充盈缺损。

2. 超声检查　超声检查是肾肿瘤的主要检查方法。肿瘤变化为局灶性或多发性。超声检查时，肾表面有隆起，肿块边缘不光滑，呈强弱不等的回声或混合性回声，可有坏死、囊变所致的液性暗区。淋巴瘤的皮质回声减弱或出现局灶性低回声区，后壁回声增强。单个肿瘤的回声常为混杂回声，有局灶性强回声区，而且可能会代替大部分肾结构。确诊需要进行细针穿刺抽吸或组织活检。如果疾病发生弥散性浸润，可能会累及双肾，如图6-9所示。

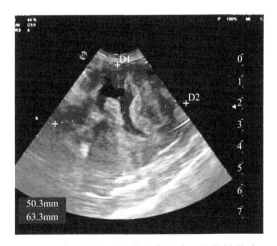

图6-9　肾肿瘤超声影像（南京农业大学教学动物医院供图）

6岁雄性贵宾犬，食欲废绝，精神状态差。CT检查发现肾肿块。超声下未发现肿块起源，肿块内部回声不均质，整体呈中至高回声，内部可见低回声区域，肿块大小约63.3mm×50.3mm

3. CT和MRI检查 CT检查表现为肾实质肿块,肿块较大时向外突出。肿块密度不一,部分肿瘤内有不规则的钙化灶。增强检查早期,肿瘤有明显不均一强化,其后由于周围肾实质强化而呈相对低密度。淋巴结转移位于肾血管及腹主动脉周围,呈单个或多个类圆形软组织密度结节。

MRI检查显示,肾肿瘤多呈混杂信号,T2WI上病变周边可有低信号带,代表假性包膜。增强检查可见肿块呈不均一强化。MRI的重要价值在于确定肾静脉、下腔静脉及右心房内有无瘤栓,发生瘤栓时,这些结构的流空信号消失。

三、肾感染和炎症

急性肾炎眼观变化多不明显;慢性肾炎可见肾明显皱缩,表面凸凹不平,质度硬实,切面皮质变薄,结构致密,有时皮质或髓质内见有或大或小的囊腔;间质性肾炎可见体积缩小,被膜增厚,皮质变薄。

肾炎病畜精神沉郁,体温升高,食欲减退,后期呕吐,腹泻或便闭。病畜不愿活动。弓腰,步态强拘,频频排尿,尿少浓暗,有的为血尿。

1. X线检查 通常不能通过X线诊断出肾炎。急性炎症时肾会增大,小的结节性肾表明有慢性肾炎,一些患肾病动物的肾会减小。静脉尿路造影可见肾盂扩张及变形,肾皮质萎缩和不对称,近端输尿管扩张,如图6-10所示。

2. 超声检查 采用B超检查,急性肾炎时观察不到肾的变化。因此,未发现异常并不能排除患病的可能。急性或慢性肾小球肾炎通常会使皮质髓质结合部更明显,而且皮质的回声增强。其临床意义存在争议,因为有时也见于正常动物。

猫的传染性腹膜炎和肾小管坏死不会影响肾的回声。发生慢性间质性肾炎时,髓质皮质结合部不清楚。任何慢性肾病都会出现典型的弥散性强回声皮质浸润,因此确诊需要细针穿刺抽吸或组织活检,如图6-11所示。

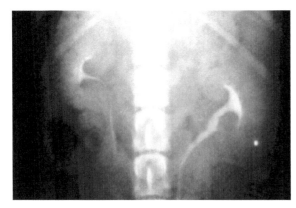

图6-10　排泄性肾盂尿路造影(Holloway and
McConnell,2013)

造影后的X线图像,肾盂处轻度扩张

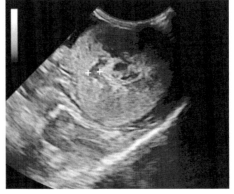

图6-11　左侧肾憩室增大提示左侧肾炎
(南京农业大学教学动物医院供图)

超声肾横切面显示肾皮质回声增强,两个"+"字
光标之间出现无回声液性暗区,提示肾盂扩张(此
为肾盂肾炎的常见表现)

3. CT检查　　局限型肾盂肾炎在CT扫描下可见单发或多发性肾实质等密度或略低密度局限性肿块，呈类圆形或楔形，边界不清，局部向肾轮廓外隆起。增强扫描肿块多呈非均质轻度强化，但强化程度较正常肾实质低，边界模糊不清。

弥漫型肾盂肾炎病变较广泛，CT扫描可见肾实质混杂密度肿块，圆形，边界不清，局部肾体积增大。增强扫描肿块呈非均质轻度强化，边界模糊不清，其内常见多发性灶性不强化区。

慢性肾盂肾炎CT扫描显示一侧或两侧肾体积缩小，外形不规则，也可仅累及肾的一部分。肾实质不规则变薄，表面光整，密度多无明显改变，肾窦增大，脂肪组织增多。增强扫描显示肾功能不同程度降低。肾盂肾盏常有变形、扩张和积水。

四、肾结石

结石是在肾内形成盐类结晶的凝结物，使患畜呈现肾性疼痛和血尿，严重时，形成肾积水。结石的形状多样，包括球形、椭圆形或多边形等，大小不一。射线透不过的结石常由多种化学成分构成，包括草酸盐（草酸钙）和磷酸盐（磷酸铵、磷酸镁和磷酸钙）。尿酸盐和胱氨酸结石通常为射线可透性结石。

对于临床怀疑为肾和输尿管结石，通常以X线片作为初查方法，如图6-12所示。若平片不能确定，应行尿路造影、超声或CT检查，以确定有无结石。MRI对钙化病灶显示效果较差，因此不常被用于肾和输尿管结石的显示诊断。

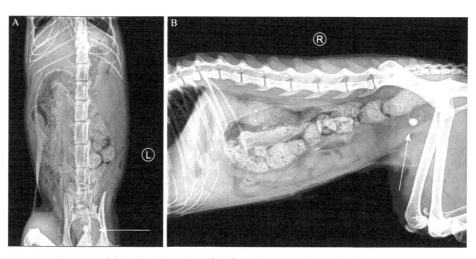

图6-12　猫肾及膀胱结石的X线影像（南京农业大学教学动物医院供图）

A. 腹背位，右肾体积减小，肾长轴长约3.21cm，肾盂处可见一点状高密度影；左肾体积增大，肾长轴长约4.48cm，同时可见一点状稍高密度影。疑似膀胱颈处可见一类圆形高密度影，横截面大小约0.65cm×0.64cm（箭号所示）。B. 右侧位，双侧肾轮廓欠清晰，双肾位置可见三处高密度影；侧位片直肠腹侧可见一较大圆形高密度影（箭号所示）

1. X线检查　　腹部平片检查时，结石表现为肾内的矿化阴影。一般位于肾中央。偶尔可见单个大的结石，同肾盂的形状类似。这样的结石被称为"鹿角"样结石。结石还可见圆形、卵圆形或桑葚状高密度影像（图6-12）。低密度结石需经造影检查，在影像上显示为充盈缺损的阴影，同时常显示肾盂扩张变形的并发征象。

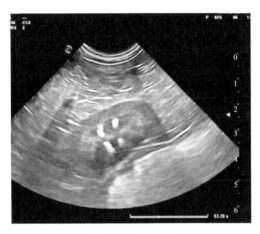

图6-13　肾结石

（南京农业大学教学动物医院供图）

2. 超声检查　超声检查时，肾结石表现为强光点或强光团，后方伴有明显的声影，如图6-13所示。难以将小结石与正常的强回声肾盂区分开。若肾结石导致输尿管阻塞，就会发生肾盂积水，则超声影像兼有积水的声像图特征。

3. CT和MRI检查　利用CT检查能确切发现位于肾盂和肾盏内的高密度结石。不应将肾实质内钙化看作结石。猫的肾结石少见。MRI检查时结石无信号，只有结石阻塞引起的肾积水时，MRI尿路成像才能显示，MRI诊断结石的灵敏度不如CT。当结石导致上尿路梗阻时，MRI和磁共振尿路成像主要表现为边界清晰的圆形或类圆形充盈缺损，呈低或略高信号，梗阻端的典型表现是杯口状，伴梗阻上方肾盏、肾盂扩张积水。

五、肾梗死和坏死

肾梗死可由肾动脉栓塞或肾静脉栓塞所致，前者常见于心血管疾病的附壁血栓脱落，后者常为肾或邻近恶性肿瘤的侵犯或压迫。急性肾梗死时，受累的肾段乃至全肾发生坏死、破坏，肾功能丧失。急性肾动脉性肾梗死临床症状明显，表现为蛋白尿和血尿等。肾静脉性肾梗死一般无明显症状。

1. X线检查　肾动脉性梗死显示肾外形比正常稍小，肾静脉性梗死显示肾外形扩大。节段性肾动脉性梗死显示肾外形大小正常或局部略缩小。完全梗死后可见肾外形缩小。

2. 超声检查　肾梗死在B超检查中表现为肾皮质有一个强回声的三角区，三角的顶端朝着皮质髓质结合部，因肾动脉呈锥形分支，故梗死灶也呈锥体的形状，如图6-14所示。B超可对肾动脉及肾血流作初步诊断，表现为血流信号消失，梗死区域早期呈低或等回声。

3. CT和MRI检查　急性肾梗死的CT直接征象表现为局灶性梗死在增强扫描中，肾楔形或扇形低密度无强化或延迟期轻度强化影，与周围正常组织界限清楚，尖端指向肾门，底部位于肾表面。广泛性梗死表现为肾大范围无强化区，甚至全身无强化，其内可见部分条索影，增强各期肾盂内均无造影剂填充。MRI不需要造影剂即能显示肾梗死灶，对于造影剂有过敏

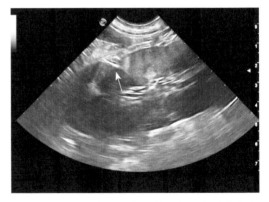

图6-14　犬缺血性梗死肾长轴B超图像（南京农业大学教学动物医院供图）

肾头侧（箭号处）可见一个局部、高回声、楔形凹陷的肾缺血部位，从皮质延伸到髓质

史的患者有较大价值，但MRI临床检查价值不确定，且由于其检查时间较长，急诊动物常难以较好地配合检查。CT和MRI检查时，除能发现肾动脉或肾静脉主干内较大血栓外，还可显示节段性肾梗死灶，其病变呈尖端指向肾门的楔形。CT呈低密度且无强化，如图6-15所示，MRI则呈长T1低信号和长T2高信号灶。

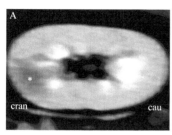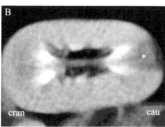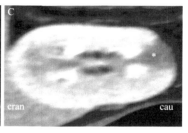

图6-15 肾梗死的不同表现（南京农业大学教学动物医院供图）

A. 图中缺血部分（星号所示）不明显，且边缘不锐利；B. 初见出现楔形；C. 典型的肾梗死导致的缺血性病变的图像。cran. 头侧；cau. 尾侧

（郭庆勇）

第五节 输尿管疾病

一、输尿管结石

尿石症是指尿路中有机盐类结晶的凝结物刺激尿路黏膜而引起出血、炎症和阻塞的一种泌尿器官病症，是犬、猫常见的疾病之一。根据结石的化学成分不同有磷酸盐结石、草酸盐结石、尿酸盐结石、胱氨酸结石、碳酸盐结石。

输尿管结石（ureteral calculi）是输尿管阻塞的病因之一。输尿管阻塞是猫常见的临床疾病，其中约92%的病例由输尿管结石引起。猫输尿管阻塞的常见病因包括输尿管结石、肿瘤、输尿管狭窄、血凝块等。

1. 病理与临床表现 小的肾结石可下移，易停留在输尿管生理性狭窄处造成尿路梗阻，尽管输尿管结石很罕见，但偶尔从肾到膀胱的小结石也可以阻塞输尿管。表现为尿量改变，尿频、尿痛、尿淋漓、排尿困难，尿流中断，尿后带血，出血为暗红色或红褐色，外观混浊不透明，静置或离心后有红色沉淀，镜检发现多量红细胞，潜血试验阳性。由于输尿管强烈蠕动和痉挛，病畜呈现剧烈阵发性疼痛，常取下蹲姿势，起卧不安。若尿移动停止或排入膀胱后，则疼痛立即停止。一侧输尿管阻塞时，排尿障碍不明显，但有血尿；两侧输尿管同时阻塞时则导致无尿或尿闭，进而引发肾盂肾炎。猫98%以上的输尿管结石是草酸钙成分，药物溶解困难，猫的输尿管直径不到0.5mm（正常猫的输尿管直径通常只有0.4mm左右，且中后段更为狭窄），如发生完全阻塞，则可能发生肾功能衰竭。

2. 影像学表现 为了避免将肠道内容物误判为输尿管结石，对动物进行充分的准备很关键。同样，肠道内容物也可以与结石重叠，这样很容易将其忽略。

X线检查：左侧位或右侧位，结合腹背位平片可显示，腰下、左肾或右肾下输尿管内

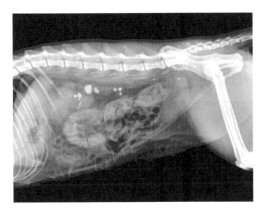

图6-16　猫双侧输尿管结石

（南京农业大学教学动物医院供图）

可见大小不等粒状不透射线影，结石均表现为输尿管走行区内米粒大小的致密、高密度阴影（图6-16），有的输尿管处有明显的点状反射区域。其间接征象为结石上方肾盂、肾盏和输尿管扩张积水。有时出现双侧肾结石及双侧输尿管结石，双侧肾增大。阳性结石用平片诊断并不困难。阴性结石可造影，注意检查肾、膀胱，必要时做造影检查。静脉尿路造影将出现梗阻。

超声检查：表现为输尿管走行区内强回声，后方伴声影，但显示效果较差。耻骨前缘超声图像上有一液性暗区，在暗区内可见多个团块状的强回声，如蚕豆大小。左侧或右侧肾的肾盂和皮质有明显界限（输尿管结石引起的肾积水）。当肾结石及双侧输尿管结石（猫中常见）时，腹部超声检查双肾肿大，皮质和髓质分界缺失，皮质层增厚，皮质层回声增强，双侧肾盂积液并伴有输尿管扩张，沿着扩张的输尿管扫查，探查到双侧输尿管结石。肾盂大小和扩张的输尿管可以测量，如图6-17所示。

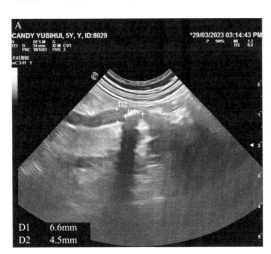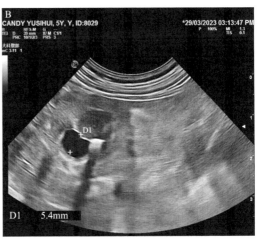

图6-17　输尿管结石，肾盂输尿管扩张

A. 输尿管前段有一强回声结构，后方可见声影，上游输尿管扩张；B. 肾横切面肾盂扩张，肾盂厚度达到5.4mm

（加号之间）

CT平扫检查：结石均表现为输尿管走行区内米粒大小的致密、高密度阴影，其间接征象为结石上方肾盂、肾盏和输尿管扩张积水。

MRI检查：对钙化显示不佳，常不能可靠地发现梗阻处的低信号结石影，但可显示近侧输尿管和肾盂、肾盏扩张，有时可发现梗阻端处低信号结石影。

二、输尿管狭窄

输尿管狭窄（ureterostenosis）是指各种原因（先天性狭窄、炎性狭窄、结石引起狭窄、肿瘤性狭窄等）导致输尿管管腔部分或全段较正常狭小，管腔的连续性虽然没有中断，但已引起不同程度的上尿路梗阻和患侧肾积水，严重时肾可丧失功能。

1. 病理与临床表现　　其临床表现为患侧腰痛、腰胀，并发感染时有畏寒、发热或脓尿，双侧狭窄可出现尿毒症表现。输尿管狭窄发生在不同位置，输尿管狭窄处和整体输尿管有形态的变化。肾积水程度与输尿管狭窄的进展速度、狭窄部位、狭窄管径及时间密切相关。

2. 影像学表现　　X线检查：正常输尿管在造影时，随着造影剂进入输尿管，其舒缩蠕动宽度可明显变化。只有输尿管显著扩张和狭窄，并且不变，提示尿路造影，使肾盂和输尿管显示清晰，静脉尿路造影受肾功能影响，肾功能受损时，不能正常显示。逆行肾盂造影适合肾功能明显减退，关键是输尿管插管要成功；肾穿刺造影对肿块效果好，但有创伤性；输尿管不同部位狭窄，其前部输尿管扩张呈不同形状。

超声检查：超声检查能观察到输尿管由扩张到狭窄变细过程引起的肾积水，对输尿管狭窄引起的肾积水可明确诊断，可显示肾盂、输尿管扩张积水段为暗区回声，邻近肾盂起始段输尿管和邻近膀胱的终末段输尿管显示较好。其他部位输尿管检查时，可采用凸阵探头，多途径扫查和清理肠道有助于提高输尿管的显示效果。彩色多普勒超声观察肾积水时，肾血流动力学改变对判断肾功能及预测肾功能能否恢复有一定的价值。

CT检查：平扫显示肾积水，在输尿管的上段、中段和下段不同部位，结石性输尿管狭窄则输尿管内有高密度影；肿瘤性输尿管狭窄显示输尿管断面如组织肿块，边缘多不规则。必要时可做增强CT。

三、输尿管异位

输尿管异位（ectopic ureter）是犬输尿管先天性畸形，分为单侧异位和双侧异位、壁外异位和壁内异位。壁外异位是指输尿管完全避开膀胱正常位置，由尿道远端进入，如母畜的阴道、前庭或公畜的输尿管进入尿道。壁内异位是指输尿管经过膀胱黏膜下层进入尿道或阴道，包括"类沟槽型"输尿管、双孔开口型输尿管、多孔开口型输尿管和两侧异位的输尿管用同一开口等情况。母犬比公犬更常见，对于母犬，异位的输尿管可能开口于尿道，尿液可回流到膀胱，患犬常见肾盂肾炎和膀胱炎。由于一侧或双侧输尿管未穿过膀胱壁且未开口于正常的膀胱三角区，因此输尿管远端的开口可能在膀胱颈、近端尿道、中段尿道、远端尿道、阴道或子宫的三角区等部位。犬还可出现输尿管双开口或输尿管沟。猫的输尿管异位很少见，但猫发生双侧输尿管异位的频率比犬高。70%～80%的患犬有单侧壁内或壁外的输尿管异位现象。

1. 病理与临床表现　　犬出生或断奶后出现间歇性或持续性尿失禁是最常见的临床症状，大多数动物不表现临床症状。先天性输尿管异位可能引起幼犬尿失禁，该病在雌犬更常见。对于雌犬，异位的输尿管可能开口于阴道、尿道、膀胱颈、子宫体或子宫角，最常见开口于阴道。输尿管在膀胱以外部位开口，会发生排尿障碍。输尿管异位为单侧性或双侧性，并经常伴有一定程度的扩张（巨输尿管或输尿管积水）可能会出现尿道感染，也可能会伴有尿道的其他异常。在一些品种，该病与遗传有关。对于雄犬，尿失禁不是该病的特征，因为异位的输尿管可开口于尿道，但尿液可回流到膀胱。临床发病的雌犬可出现持续性尿失禁，如果双侧输尿管发病，不会出现尿频，当犬躺卧时，尿液常从阴门流出。

胚胎期泌尿系统基因发生异常可导致输尿管异位。伴随输尿管异位可能发生一些其他异常，如输尿管括约肌闭锁不全、膀胱发育不全、阴道前庭异常、输尿管囊肿等。输尿管积水可由慢性感染、尿液排出受阻或输尿管蠕动原发性缺乏导致。发育不全的膀胱或骨盆腔内膀胱可能是先天性或继发于膀胱的充盈不足。单侧异常时，尿道感染的慢性上行可能导致同侧输尿管积水和肾盂积水。

2. 影像学表现　　X线检查：排泄性尿路造影X线检查是诊断异位输尿管最常用的技术手段，可评估肾盂肾盏系统、输尿管、膀胱结构等。先禁食24h，然后静脉注射造影剂（有机碘制剂，如碘海醇），每隔3～5min拍片，判断以上结构是否存在异常。同时，最好排空结肠，以利于检查。同样也可使用稀释后的有机碘进行逆行尿道及阴道造影来完善检查。动物全身麻醉，将带气囊充有造影剂的导尿管插入前庭。气囊充气，将足量的造影剂注入以扩开阴道。使用同静脉尿路造影一样的造影剂，稀释到10%。当充满阴道时，造影剂由阴道进入异位的输尿管。通过静脉尿路造影可观察到输尿管异位，同时进行膀胱充气造影有助于确认后段输尿管。大剂量造影可使输尿管更好地充盈。为了使输尿管的显影更好，需要提前对动物进行禁食24h，并灌肠。进行侧位、腹背位或背腹位、斜位摄片显示输尿管终点位置。右腹30°左背斜位拍片可显示左侧输尿管的轮廓，反之亦然。可见异常的输尿管绕过膀胱，并进入阴道。通常可见一定程度的输尿管扩张。输尿管也可以由正常位置进入膀胱，然后在黏膜下移行，开口在异常位置。输尿管终止点异常，左侧输尿管不是进入膀胱，而是直接进入尿道。少量造影剂进入膀胱后，显示膀胱收缩。耻骨后可见造影剂尿道末端条索样影像，臀部、尾根部被毛上高密度斑点，可知造影剂直接接入尿道排出体外，尿液越过膀胱三角区从外阴部流出。一侧输尿管正常开口于膀胱三角区，另外一侧输尿管未开口于膀胱三角区。双侧输尿管开口均未处于膀胱三角区位置，可见输尿管越过膀胱三角区明显向后延伸。正常静脉尿路造影时，输尿管通常进入膀胱后表面的背外侧，经过1h的壁内过程后注入膀胱三角区，左侧输尿管异位如图6-18所示。

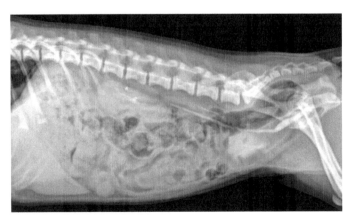

图6-18　左侧输尿管延伸到膀胱三角区之后直接进入尿道

（极信研和兽医影像诊断中心供图）

超声检查：双肾轮廓平滑，左侧或右侧肾盂结构失常，肾盂和输尿管腔内出现大量无回声液性暗区。采用超声检查时，输尿管异位常伴有肾积水或输尿管积水。在后部可看到扩张的输尿管痕迹，它会绕过三角区，通常沿膀胱壁进入尿道。使用灰度或彩色多普勒技术常可以判断是否有输尿管乳突。

（刘贤侠）

第六节　膀胱疾病

一、膀胱创伤

1. 病理与临床表现　　小动物膀胱破裂可由膀胱充满时受到过度外力的冲击，如车压、高处坠落、摔跌、打击和冲撞引起；异物刺伤，如骨盆骨折时断端或其他尖锐物体、猎枪枪弹等刺入，以及用质地较硬的导尿管导尿时，插入过深或导尿动作过于粗暴，引起膀胱穿孔性损伤；尿路炎症、尿道结石、肿瘤、前列腺炎等引起的尿路阻塞，尿液在膀胱内过度蓄积，膀胱内压过大而导致膀胱的破裂。膀胱破裂后，腹部逐渐增大，尿减少或无尿液排出。尿路阻塞造成膀胱破裂时，原先出现的排尿困难症状消失（努责、疼痛等）。腹部触诊感觉腹壁紧张，腹腔内有液体波动。腹腔穿刺有多量尿味的液体。腹腔液可进行液体分析（尿素氮、肌酐、钾等）来辅助诊断。若救治不及时，动物可能会出现精神沉郁甚至昏迷，心率减缓等症状。

开放性损伤：主要由车祸或外伤所致，常常合并其他后腹部脏器的损伤，如阴道、直肠损伤，并形成膀胱阴道瘘、膀胱直肠瘘、腹壁尿瘘等。一般而言，从会阴或股部进入的子弹、弹片或刺伤所引发的膀胱损伤多归属腹膜外型，经腹部的贯穿性创伤所引起的则多为腹膜内型。

闭合性损伤：空虚的膀胱位于骨盆腔深部，受到周围组织良好的保护，一般不易破裂。主要是尿道结石引起阻塞进而导致膀胱破裂。

2. 影像学表现　　X线检查：膀胱造影能够显示膀胱腔大小和形态。充盈的膀胱腔呈椭圆形，边缘光滑、整齐，密度均一。若膀胱未充满，粗大的黏膜皱襞导致其边缘不整齐。

膀胱造影是将导尿管经尿道插入膀胱，然后注入造影剂（10%碘化钠一般40～100mL），使膀胱充盈显影，以观察其大小、形态、位置及周围的相邻关系，可用于膀胱肿瘤、息肉、炎症、损伤、结石和发育畸形等的诊断，并可用以查明盆腔内占位性病变和与其余前列腺病变的关系。拍摄腹背位及侧位片，必要时加拍斜位片。如需要更详细地观察膀胱黏膜病变，可在造影剂排出后，经导尿管注入同等量的过滤后空气，膀胱逆行造影后再拍片观察。对于不能插入导尿管的动物，可拍摄排泄性尿路造影膀胱照片。

超声检查：大型和中型动物多采用直肠探查法，站立保定，用5.0MHz或更高频率直肠探头伸入直肠内向下或偏左、偏右扫查，均能清晰地显示膀胱和盆腔段尿道的各个纵切面。大动物经直肠超声检查，黏膜显示明亮回声线，肌层为中等回声带，浆膜层为高回声线。中小型动物则一般采用体表探查法，站立或仰卧保定，于耻骨前缘后腹部纵切面和横切面扫查。需要显示膀胱下壁结构时可在探头与腹壁间垫以透声垫块。公畜远段尿道探查多在会阴部或怀疑有结石的阴茎部垫以透声垫块扫查。正常充盈膀胱，腔内为均匀液性无回声区，后方回声明显增强。周边的膀胱壁为高回声带。

CT检查：膀胱一般呈圆形或椭圆形。膀胱腔内尿液呈均匀水样低密度。膀胱壁为厚度均一的薄壁软组织密度影，内外缘较光滑整齐。增强扫描，早期扫描显示膀胱壁强化；30min后延迟扫描，膀胱腔呈均匀高密度，若对比剂与尿液混合不均，则出现液-液平面。

MRI检查：膀胱腔内尿液呈均匀长T1信号和长T2信号。膀胱壁表现为厚度一致的薄壁环状影，在T1WI和T2WI上均与肌肉信号类似。增强T1WI检查，膀胱腔内尿液因含对比剂而呈明显高信号，然而当对比剂浓度过高时，尿液反而可呈低信号。

二、膀胱结石

膀胱结石（cystic calculi）在动物中时有发生，其中以马和犬的报道较多。中老年犬、猫居多，犬发病有明显的家族遗传倾向。膀胱结石可由多种因素引发，如日粮配比不当、饮水不足、尿液pH变化、长期尿潴留、尿路感染、黏蛋白过多、甲状旁腺功能亢进等。羊尿结石形成与精料中蛋白质含量过高、钙磷比例不当、缺乏维生素A、水的硬度过大、运动不足有关，肾、膀胱和尿道等疾病也可导致膀胱结石。

1. 病理与临床表现　　膀胱结石的大小和形状不一，有的小如沙粒，大者经腹部（犬、猫）或直肠（牛、马）触诊，有时就可发现膀胱内有移动感的结石。结石的种类也很多，在犬、猫，磷酸盐占多数，其他类型的结石以胱氨酸、草酸盐、尿酸盐为主，碳酸盐结石较少见。结石较小时，动物几乎不表现临床症状。但随着结石体积的增大，其对膀胱壁形成机械刺激，动物则出现尿频、尿痛和血尿等现象。在公犬、公猫，若结石将尿道阻塞，则出现比较严重的症状；不完全阻塞时，发生排尿困难、尿痛、排尿时间延长和尿淋漓；完全阻塞则导致尿闭、膀胱膨大，甚至肾功能衰竭。膀胱充盈，腹部触诊敏感紧张。有的膀胱结石同时伴发膀胱息肉或膀胱肿瘤。

2. 影像学表现　　X线检查：犬正位和侧位拍片，大多数膀胱阳性结石经X线片即可发现，显示为大小、形状、数目不定的高密度阴影。一般雌性动物膀胱内结石个体较大，数目较少；雄性动物结石数量相对较多，体积较小；当结石阻塞尿道后膀胱膨大、密度增高；对于密度较低或可透X线的阴性结石，可进行膀胱造影。可透X线结石造影检查时表现为充盈缺损像，多位于膀胱中部；膀胱充气造影可在低密度背景衬托下显示出密度较低或较小的结石（图6-19）。

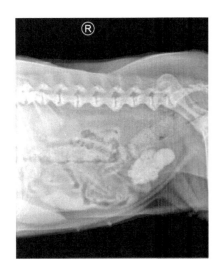

图6-19　犬膀胱内的鸟粪石X线片
（南京农业大学教学动物医院供图）

超声检查：通过超声扫查能确定膀胱内容物性质，结石的大小、数目、形状、部位和膀胱壁有无增厚等。声像图特征：①膀胱内无回声区域中有致密的强回声光点或光团，其强回声的大小和形状视结石大小和形状而定。②强回声的光团或光点后方伴有声影，强回声可随体位改变而移动，膀胱壁也可增厚，如图6-20所示。结石常坠落到膀胱支持侧，回声强烈并带有远方声影。独立的圆形结石呈现为半圆形强回声线，带有喇叭口形声影，多个结石产生线性远方声影。冲击触诊通常并不能使结石运动，但未粘连的结石随体位变化而变化。评估结石的大小和数量，需要将结石活动起来，可通过动物体位，如由卧位变为站立位而实现，这也有助于区分结石和充盈的直肠。膀胱结石大多数在膀胱三角区表现单个或多个强回声光团，其后伴声影，可随体位改变

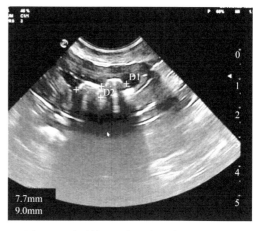

图6-20　膀胱结石（南京农业大学教学动物
医院供图）

12岁雌性已绝育比熊犬有库兴和糖尿病病史，膀胱
内可见两个高回声影像，伴后方无回声声影。结石大
小为9.0mm×7.7mm

沿重力方向移动；较大结石充满整个膀胱时仅能见到弧形强回声光带，后伴声影，改变体位不见移动。不管结石的成分如何，即使是X线不能查出的胱氨酸结石，应用超声检查也很容易诊断。

当患有膀胱肿瘤等疾病时，B超影像与膀胱结石需要做鉴别诊断。伴发膀胱炎时，结石黏附在膀胱壁上不移动。

CT与MRI检查：阳性结石表现为膀胱内的致密影像，即使是阴性结石，其密度也显著高于其他病变。MRI检查结石在T1WI和T2WI上皆呈低信号。

三、膀胱炎

膀胱炎（cystitis）是指膀胱黏膜或黏膜下层组织的炎症。常见于雌性动物和老龄动物。膀胱结石与膀胱肿瘤等易继发膀胱炎。

1. 病理与临床表现　　膀胱炎的主要症状是尿频、血尿、尿液少且混浊、尿有异味，排尿时疼痛、呻吟。临床上以疼痛性频尿和尿中出现较多的膀胱上皮细胞、炎性细胞、血细胞和磷酸铵镁结晶为特征。多发于母畜，以卡他性膀胱炎多见。在犬，常见化脓性、坏死性膀胱炎。猫患病时出现排尿次数增多或长时间蹲砂盆行为，公猫比母猫发病率高，特别是绝育后的公猫，年龄为2～4岁。急性膀胱炎，表现频尿，或屡作排尿姿势，但无尿液排出，病畜尾巴翘起，阴门区不断抽动，有时出现持续性尿淋漓、痛苦不安等症状。直肠检查，病畜抗拒，表现为疼痛不安，触诊膀胱，手感空虚。若膀胱括约肌受炎性产物刺激，长时间痉挛性收缩时可引起尿闭，严重者可导致膀胱自发性穿孔破裂。尿液混浊，尿中混有黏液、脓汁、坏死组织碎片和血凝块并有强烈的氨臭味。尿沉渣镜检，可见到多量膀胱上皮细胞、白细胞、红细胞、脓细胞和磷酸铵镁结晶等。

引起膀胱炎的原因有创伤、结石及病原微生物的感染。病原微生物的种类有细菌、

霉形体及白色念珠菌，经肾的下行性感染或尿道的上行性感染而侵入膀胱；也见于导尿管消毒不彻底而造成感染。膀胱结石、膀胱肿瘤、导尿管使用不当等机械性刺激可造成炎症。邻近组织器官炎症的蔓延可引起膀胱发炎，如肾炎、输尿管炎、前列腺炎、尿道炎、阴道炎和子宫内膜炎。长期使用某些药物（如环磷酰胺）、大剂量使用磺胺类药物或各种有毒、强烈刺激性的物质（如松节油）均可引起膀胱炎。

　　膀胱炎分为急性和慢性两种。急性膀胱炎可见膀胱黏膜肿胀、充血、出血，黏膜表面附有大量的黏液或脓液，黏膜有白细胞浸润，一般不涉及肌层。严重者，黏膜出现溃疡、脓肿；表面覆有固膜性附着物。急性膀胱炎表现为弥漫性充血，多灶性黏膜下出血，浅层黏膜水肿，黏膜有白细胞浸润，一般不涉及肌层。慢性膀胱炎常继发于慢性泌尿道感染，慢性膀胱炎时膀胱黏膜的完整性遭到破坏，纤维组织增生导致黏膜弥漫性增厚，表面粗糙且有颗粒，膀胱壁因此失去弹性而伸缩性下降，黏膜下和肌层有成纤维细胞、淋巴细胞和单核细胞浸润。

　　2. 影像学表现　　X线检查：普通X线检查对于诊断膀胱炎意义不大，需做膀胱造影检查。可进行膀胱充气造影或膀胱双重造影，观察膀胱壁的影像变化。可见膀胱壁增厚，黏膜不规则，呈局灶性或弥散性轮廓不清，其程度从轻度的毛刷状表面到显著的凹凸不平。

　　超声检查：仰卧位或侧位检查，膀胱壁回声增强、膀胱壁增厚、轮廓不规则。黏膜下层为低回声带，有时膀胱过度充盈时为大面积椭圆无回声区，未见明显高回声物或有时有高回声物，外壁变薄，注意检查肾，或可继发尿道扩张。血凝块与严重血尿有关，在尿液中漂动时通常回声强，可以贴附在膀胱壁。严重的急性出血可充盈膀胱，产生低回声的缎带声影，这与站立或运动无关。膀胱中碎片回声强度各异，能够变厚足以和膀胱壁形成汇合层，如图6-21所示。糖尿病动物因尿中葡萄糖含量高，可能会诱发气性膀胱炎，在膀胱壁上可观测到气泡，如图6-22所示。

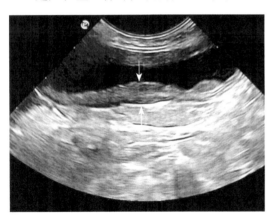

图6-21　膀胱壁增厚（两箭号间）
（南京农业大学教学动物医院供图）

　　CT和MRI检查：均可以清晰地显示病变晚期所致的膀胱壁增厚、小梁产生的锯齿状改变及假性憩室。

四、膀胱肿瘤

　　膀胱肿瘤（bladder tumor）是泌尿系统肿瘤中最常见的疾病之一。犬膀胱移行细胞癌是尿路移行上皮的恶性肿瘤，多见于老年犬、猫（10kg以上）。膀胱肿瘤包括良性和恶性两类，在犬和猫的发病率均较低。膀胱肿瘤的发病原因尚不清楚，一般认为与致癌物质诱发、慢性炎症刺激、尿液潴留等因素有关。肿瘤的种类包括乳头状瘤、平滑肌瘤、平滑肌肉瘤、膀胱纤维肉瘤、鳞状细胞癌、淋巴肉瘤及一些转移性恶性肿瘤。

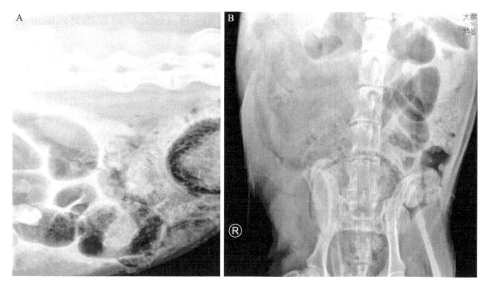

图6-22 气性膀胱炎（南京农业大学教学动物医院供图）

膀胱壁内存在大量气体。A. 右侧位投照，显示膀胱轮廓，在膀胱壁内周围有气体阴影；B. 腹背位投照，显示骨盆部膀胱轮廓，在膀胱壁内周围有气体阴影

（一）病理与临床表现

膀胱内的肿瘤团块有腔内型、腔外型、壁内型、壁外型和混合型等，可能是一个或多个团状物。有些肿瘤会侵犯肌层，进而延伸至周围组织和器官。发生的部位有腹侧壁、顶部和三角区。常见动物临床症状为频尿、血尿、脓尿、少尿，当肿瘤部分阻塞尿道时，则会发生排尿困难和尿淋漓，也有由尿道完全阻塞而导致的尿闭。

（二）影像学表现

1. X线检查 膀胱造影检查时，肿瘤表现为大小不等的充盈缺损，通常单发，也可多发，呈结节状或菜花状。尿路造影可显示膀胱内肿瘤的生存情况，最好静脉尿路造影，造影前清肠，通过尿路造影可检查出肿瘤边界不清，有的呈绒毛状。造影前先排出尿液，注入阳性造影剂，膀胱中央最亮，有时膀胱壁模糊且边界不规则，密度不一。可了解肾功能，肾盂、输尿管有无肿瘤，肾盂的移行上皮细胞癌常伴有膀胱肿瘤。肿瘤较小不影响膀胱的形状，且由于膀胱容积较大，不易被发现。乳头状瘤一般较小，有蒂，表面光滑。患犬排尿后立即拍摄侧位片，可见腹部中后部存在巨大的软组织团块。肿瘤的密度与软组织密度相同而无法显影时，则可进行膀胱充气造影，可见膀胱内占位性病变，高密度不均匀的阴影，以及与有些组织密度相似的肿物，肿物突入到膀胱形成膀胱充盈缺损。有的膀胱颈附近有一软组织密度肿块，膀胱空气阴性造影可见膀胱壁光滑，膀胱颈、膀胱三角区处有一占位软组织密度肿块，膀胱颈附近有类似肿物。

鉴别诊断：泌尿系统结石与膀胱肿瘤，结石往往在肾、输尿管、膀胱或尿道内看到高密度阴影，而膀胱肿瘤显示轮廓不清楚或密度较低，必要时采用膀胱造影检查进行鉴别。

2. 超声检查　　　超声检查可见膀胱无回声区内有自膀胱壁向腔内突入的肿瘤团块状回声，呈光团，边缘清晰，后方不伴声影。腹部超声能提示膀胱肿块的大小、数目、部位和浸润情况，了解局部淋巴结有无转移，排除膀胱结石。B超检查配合膀胱逆行冲水，可见膀胱局灶性增厚，膀胱背侧尿道口附近出现低回声结构，膀胱边缘不规则，可见突入膀胱腔的乳头状延伸，边界不规则。有的膀胱壁光滑，膀胱颈处有中等回声的实质性肿块且血流丰富，肿块位置不随体位的改变而变化；有的膀胱内有实质性低回声软组织团块，边缘不规则，与膀胱壁紧密相连，变换体位可见软组织回声团块不随体位的改变而改变；深部浸润性肿瘤可穿透膀胱壁，使膀胱壁回声中断，呈现一向膀胱外突出的实质性肿块图像。临床中最常见的是移行细胞癌。

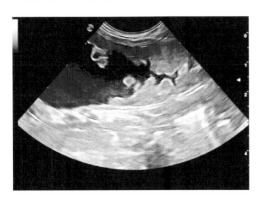

图6-23　膀胱三角区膀胱壁肿块（南京农业大学教学动物医院供图）

采用超声结合X线检查，可以检查膀胱内有无异物增生、膀胱黏膜的形态。膀胱肿瘤需要与膀胱结石、膀胱炎、前列腺增生、膀胱内血凝块等鉴别诊断。B超检查可见膀胱肿瘤呈实质性软组织回声，突向膀胱内腔呈菜花样或乳头状。膀胱内血凝块可随着动物体位的改变而改变。犬膀胱结石并发肿瘤：膀胱内有结石，强回声后方伴声影；膀胱结石内有强回声光团，光团的下方出现声影，光团随着动物体位的改变而改变，前列腺增生者的膀胱壁表面光滑，边缘规整，纵断面能显示呈漏管状的尿道口，如图6-23所示。

3. CT和MRI检查　　　CT和MRI检查能显示自膀胱壁向腔内生长的肿块，并能发现膀胱癌侵犯肌层所致的局部膀胱壁增厚。此外，在膀胱癌时，直肠内B超和MRI检查还能显示肿瘤对膀胱壁的侵犯程度。利用CT和MRI检查也能发现肿瘤对膀胱周围组织的侵犯范围和程度等。

（刘贤侠）

第七节　尿道疾病

一、尿道结石

尿道结石可发生于各种动物，以犬和猫的发病率最高，且雄性动物的发病率高于雌性动物。

1. 病理与临床表现　　　环境、日粮、饮水量少及泌尿系统感染等因素可导致动物发生尿道结石。公犬尿道结石常发生于阴囊与阴茎骨之间的尿道及近膀胱颈尿道，公牛尿道结石常停留在S状弯曲或会阴部，绵羊和山羊则常发生在S状弯曲和尿道突起处，马多在坐骨弓骨盆入口处。动物出现排尿困难、尿频、尿血等症状。尿道不完全阻塞时，病畜排尿痛苦且排尿时间延长，尿液呈滴状或线状流出，有时血尿；当尿道完全被阻塞时，则出现尿闭或肾性腹痛现象，病畜频频举尾，屡做排尿动作但无尿排出，厌食，精神沉郁，脱水，卧地不起，有时呕吐、腹泻，触诊可见膀胱充盈，严重时出现尿毒症，常在72h内出现昏迷和死亡。膀胱过度充满，可出现膀胱破裂，反刍动物比小动物更易发生膀胱破裂。在膀胱破裂的短时间内，病畜症状可因与膀胱扩张相关的疼痛减轻而有所改善，但迅速发生腹膜炎和尿毒症，导致动物死亡。

2. 影像学表现　　X线检查：平片显示为大小、形状、数目不定的高密度阴影。猫的尿道结石在X线片上一般不显影，但尿道造影可以显示结石的部位、数量和阻塞程度，如图6-24所示。

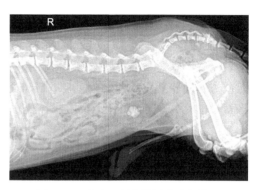

图6-24　膀胱和阴茎前尿道内的结石
（极信研和兽医影像诊断中心供图）

B超检查可见尿道内有高回声光团并伴有后方声影。CT检查可确切发现位于尿道内的结石，但对于阴性结石，可进行尿道造影或增强CT检查，以显示尿道结石。采用MRI检查时，结石在T1WI和T2WI上皆呈低信号。

二、尿道创伤

尿道创伤是因强烈的机械、物理因素直接或间接地作用于尿道而使其受到伤害，多见于公马。公猪与母猪自然交配偶尔引起创伤性尿道炎。对犬、猫做尿道再造手术时，建议对其阻塞或损伤的部位进行影像学定位，以便术者制订可行的手术方案。

1. 病理与临床表现　　会阴部及阴茎遭受直接或间接的打击、蹴踢、碰撞或跳跃障碍物时引起挫伤；枪弹、弹片或锐器造成损伤；或因耻骨碎骨片穿刺等发生尿道撕裂和穿透伤；不正确的尿道探查、尿道手术后遗症等，也可引起尿道创伤。阴茎部尿道闭合性损伤，损伤部位肿胀、增温、疼痛，触诊时敏感。患马拱背，步态强拘，有的患马阴茎不能外伸或回缩，伸出时间稍长的阴茎可因损伤而发生感染，甚至坏死。患马出现排尿障碍，尿频、尿不畅、尿淋漓，甚至无尿、血尿。会阴部肿胀，皮肤呈暗紫色。尿闭严重者可引起膀胱破裂。会阴部尿道开放性损伤，尿液可流入皮下，引起腹下局部水肿，如感染化脓可引起蜂窝织炎和形成瘘管。骨盆部尿道损伤时常伴发休克。尿液渗到骨盆腔内，下腹部肌肉紧张，并发水肿。尿液流入腹腔可发生腹膜炎、尿毒症。尿道阻塞而引起的尿道压迫性坏死或穿孔，可导致尿道破裂，局部突发严重肿胀及引起腹下广泛性肿胀（水肿性捏粉样肿）。若发生感染则继发蜂窝织炎、脓肿、皮肤和皮下组织坏死。尿道外伤常伴有阴茎的损伤。临床需与膀胱破裂相鉴别，可通过直肠检查与导尿管探查确诊。直肠检查还可查知有无骨盆部骨折。猫膀胱高度充盈，频频做排尿姿势，但无尿液流出。

2. 影像学表现　　X线检查：尿道形态学改变的影像检查可以采用尿道镜、X线尿道造影。创伤性尿道梗阻可采用尿道探子会师检查、尿道造影、膀胱尿道造影、尿道会师造影等，可以确定尿道梗阻的部位、程度和长度。

超声检查：尿道超声检查，可明确尿道异常形态学变化。尿道超声显像具有对尿道腔内外显示精细、无损伤、易重复检查的特点。

（刘贤侠）

第八节　前列腺疾病

前列腺（prostate）位于骨盆联合，腹膜之外，围绕着膀胱颈部尿道的近端，其位置随着膀胱的充盈与空虚状态会发生一定程度的改变。当膀胱充盈时，前列腺位于耻骨缘的前方；当膀胱空虚时，前列腺位于骨盆内。前列腺能否显影与其周围脂肪的量有关，在背腹位片中，前列腺位于腹中线、耻骨缘前方或后方。

一、前列腺增生

前列腺增生（prostatic hyperplasia）在X线影像中主要表现为前列腺体积增大。前列腺体积增大主要是雄激素刺激或睾酮与雌激素比例发生改变导致的。5岁以上的犬最容易发生前列腺增生，而且随着年龄的增长呈渐进性递增。严重的前列腺增生患畜常出现里急后重和血尿等症状。通常情况下，前列腺增生表现为对称性，且触诊无疼痛反应，这一点与前列腺炎有所不同，须特别注意。前列腺增生在犬中多发，而在猫中少见。在X线片中，增大的前列腺表现出良好的对称性，且表面光滑，边界明显；在腹背位中，增大的前列腺与耻骨中线重叠，或被结肠内容物的阴影所掩盖，并不能被清楚地观察到。前列腺增生可见膀胱向头侧和腹侧移位，同时可见结肠或直肠向背侧移位，如图6-25所示。在X线片上，增生的前列腺与膀胱会在后腹部形成两个不透射性稍稍增高的团块，此时判断哪一个肿块是膀胱具有重要意义。若头侧的肿块是膀胱，尾侧的肿块就可能是增大的前列腺；若尾侧的团块是膀胱，那么头侧的肿块就可能是增大的脾尾或隐睾。确认哪一个肿块是膀胱，可采取逆行性膀胱阳性造影。但是，逆行性膀胱阳性造影有时会显示前列腺部尿道狭窄，其是增生的前列腺对尿道压迫的结果。

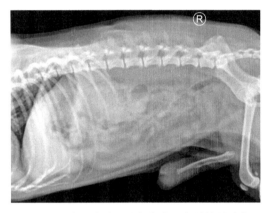

图6-25　前列腺增生（南京农业大学教学动物医院供图）

骨盆入口处一软组织密度圆形结构占据盆腔口大概1/2宽度，将直肠向背侧位移

二、前列腺炎

前列腺炎（prostatitis）通常由下泌尿道感染、细菌感染的血源性传播及肿瘤转移等

原因引起。前列腺炎有急性、慢性和化脓性之分。前列腺发生炎症时，可能波及邻近组织。在临床上，前列腺炎常表现为发热、嗜睡、里急后重、排尿困难、血尿和脓尿等。前列腺炎发生时，触诊前列腺部会出现疼痛，除此之外还会出现排尿困难、痛性尿淋漓、脓尿及阴茎头有分泌物等症状。急性前列腺炎还可能影响后肢的步态。前列腺炎在X线片中，以膀胱向头侧、腹侧移位，而膀胱尾侧出现密度增高、增大的团块状阴影为特征。前列腺的阴影可能是对称的，也可能是不对称的，取决于炎症的严重程度和所处的时期，同时也取决于是否存在脓肿。前列腺的边界常模糊不清，难以同邻近组织相区分。前列腺的异常增大提示存在前列腺脓肿或前列腺肿瘤。慢性前列腺炎和前列腺肿瘤易导致前列腺矿化。实行逆行性膀胱尿道造影时，可见造影剂漏入前列腺管，这一特征有助于将该病与前列腺增生和前列腺肿瘤区别开。在造影检查中，还可能观察到狭窄的前列腺部尿道。

三、前列腺肿瘤

前列腺肿瘤（prostate tumor）多发于去势或未去势的犬，而少发于猫。前列腺转移性肿瘤通常来自髂内淋巴结、腰椎、骨盆或肺。在临床上，前列腺肿瘤患畜可能出现里急后重、血尿、排尿困难、腹部紧张和跛行等临床症状。前列腺肿瘤中最常见的是前列腺癌（prostate cancer），其X线影像特征是前列腺增大，但其精细影像结构不足以将前列腺增生和前列腺炎区分开。在腹部平片中，增大的前列腺可见或不可见，对称或不对称，其边界常因炎症、脓肿或扩张的前列腺囊泡肿瘤而与邻近组织难以区分。前列腺肿瘤极易引起前列腺矿化。经髂内淋巴结转移到前列腺的肿瘤，可见结肠向腹侧移位，骨盆、股骨、荐骨和尾椎可能出现骨膜反应。逆行性膀胱尿道造影，可见前列腺部尿道扩张、狭窄或不规则。阳性造影剂可能流入前列腺实质或肿瘤内，可在X线片中观察到正常的前列腺。若肿瘤进入尿道，在尿道逆行造影时可观察到充盈缺损。

（贺建忠）

第九节　子宫、卵巢、妊娠期疾病

在X线片中子宫不可见，但当其发生生理性或病理性增大时，则可以观察到。妊娠后期子宫会逐渐增大，当犬妊娠40~45d或猫妊娠35~40d时，可观察到胎儿的骨化影像。在临床上，可根据胎儿颅骨的数量判断胎儿的数量，但当胎儿较多时，会因骨骼的相互重叠而造成迷惑，从而导致计数不准确。在妊娠后期，怀孕的子宫位于腹腔底部；分娩后，未复旧的子宫可表现为后腹部的软组织密度样阴影。

卵巢（ovary）位于肾后方，左侧卵巢靠后，右侧卵巢靠前。左侧卵巢位于腹壁和降结肠之间大约第3或第4腰椎处，右侧卵巢位于降十二指肠的背侧及右肾的后腹侧。在健康动物的腹部X线片上，卵巢不可见。

一、子宫蓄脓

子宫蓄脓（uterine pyometra）是犬、猫等小动物最常见的子宫疾病，也称为化脓性子宫炎。子宫感染的动物通常在发情后4~10周出现临床症状，主要表现为烦渴、多尿、发热、厌食和脱水等。开放型子宫蓄脓，可见阴道排出脓性分泌物；而闭锁型子宫蓄脓，通常观察不到任何阴道分泌物异常。子宫蓄脓后，由于大量脓液蓄积，不但体积异常增大，而且使X线片中出现均质的毛玻璃样阴影，若不仔细甄别，往往被误认为腹腔积液。X线检查时，侧位片可见子宫增大，位于后腹部或腹中部，有时表现为一个大的盘绕的肿块，将结肠和小肠移向前背侧，如图6-26所示。降结肠与膀胱分离，间距增大，膀胱向腹侧移位或偏向一侧。因此，观察结肠和小肠的位置对于子宫蓄脓的诊断具有重要意义。通常只有当子宫的直径超过小肠直径的2倍时才可观察到，尤其是开放型子宫蓄脓。一般情况下，X线检查无法区分怀孕和积脓引起的子宫增大，除非出现了胎儿骨化。超过6岁的老年犬，有时会出现子宫内膜囊肿样增生，这可能是子宫积脓的前兆。腹背位时，可见腹部尾侧出现较大的软组织密度样的阴影，小肠向腹中线变位，增大的子宫角可能与肾的影像相重叠。

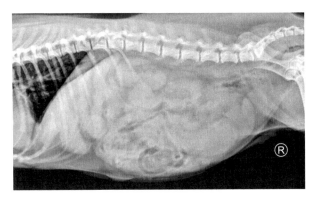

图6-26　子宫蓄脓（南京农业大学教学动物医院供图）

在膀胱和直肠之间有均一软组织密度的管状结构，其占位性病变导致其他腹腔组织位移到腹腔中部。利用超声和手术可确诊为子宫蓄脓

二、卵巢囊肿

发生卵巢囊肿（ovarian cyst）时，在X线片上能够观察到，可见腹膜后领域扩大，从而引起其他脏器变位。首先可见前腹部和中腹部的小肠向腹侧移位，其次可见左侧卵巢囊肿会使降结肠移向腹腔中部。但是，根据以上影像特征只能判断卵巢体积增大，具体是卵巢囊肿还是卵巢肿瘤却无法区分。

三、卵巢肿瘤

大部分卵巢肿瘤（ovarian tumor）是从局部淋巴结转移过去的恶性肿瘤。卵巢肿瘤在

X线影像特征上与卵巢囊肿相同，主要表现为腹膜后领域扩大，小肠和结肠向腹侧移位。当卵巢增大到小肠直径的2倍以上时，才能在X线片上观察到。若要鉴别卵巢囊肿和卵巢肿瘤，需做进一步的检查，如超声检查或穿刺活检等。

四、正常妊娠诊断

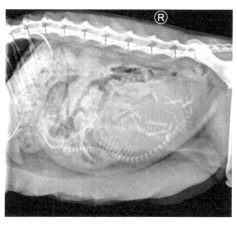

在妊娠早期，腹部触诊或超声检查比X线检查更为有效，更能确定子宫的增大状态。但妊娠后期，随着胎儿骨骼骨化完成，X线检查将成为妊娠诊断的利器。在妊娠30d之前，子宫在X线片中不可见。在妊娠30～40d时，可观察到后腹部存在对称的、球形的、成分节状的软组织密度样阴影，如图6-27所示。增大的子宫可使小肠向头侧移位而结肠向腹侧移位。子宫可能压迫或堆叠于膀胱之上，从而使影像模糊不清。X线检查可有效判断胎儿的数量、大小、胎位等。分娩前检查，对胎儿性难产的判断有一定的价值。在正常情况下，胎儿在子宫内呈蜷缩状态，即头弯向腹侧，脊柱轻度弯向腹侧，四肢屈曲而呈自然舒适之态，从外形上看，呈典型的"C"形。

图6-27　妊娠
（南京农业大学教学动物医院供图）

五、异常妊娠

在正常情况下，X线检查无法判断胎儿的存活状态。胎儿死亡（foetal death）后如果不发生感染，其软组织会被吸收，使骨组织比正常时更明显。如果发生感染，可观察到子宫积气。胎儿木乃伊化（foetal mummification）有不透射性增强的骨骼，骨架的影像压缩，所占空间较小。胎儿死亡后，子宫内胎儿周围出现气体，颅骨重叠，脊柱弯曲消失，四肢骨骼呈舒展状态。异位妊娠时，由于组织内缺乏水分，胎儿的不透射性增强，其影像特征与胎儿木乃伊化相似，且胎儿经常位于腹腔内远离子宫处。

难产（dystocia）是分娩异常或困难，严重时会导致胎儿死亡。难产可分为母体性难产和胎儿性难产。母体性难产包括子宫收缩无力或停止、子宫扭转、腹股沟疝（疝内容物为子宫）、产道狭窄和骨盆腔狭窄等。胎儿性难产包括胎儿过大、胎位不正、胎儿畸形和胎儿死亡等。难产在临床上表现为分娩时间延长、精神沉郁、腹痛和阴道排出血性分泌物等。X线检查有助于判断胎儿的数量、位置、形态和年龄等，同时有利于判断骨盆腔的结构、内部团块和变形情况等。应用DR上的测量工具，通过测量可判断胎儿颅骨直径与骨盆口直径的比例，从而确认胎儿是否能够正常娩出。

（贺建忠）

第十节　阴茎、睾丸疾病

犬的阴茎骨（baculum）向远端逐渐变细，近端2/3腹侧有槽，槽内有尿道海绵体和尿道，而包皮包裹着阴茎（penis）的前端。在侧位片中，阴茎骨显示清楚，位于腹部的腹侧。在腹背位片上，如果摆位良好，阴茎重叠在脊柱之上，则难以被清楚地看到。由于周围有空气围绕，后腹部的侧位和腹背位片都可观察到包皮。腹背位观时，包皮可能被误认为腹腔内肿物。

睾丸（testis）是两股之间的卵形器官，被阴囊包裹。左侧睾丸比右侧睾丸在一定程度上靠后一些。每个睾丸的背外侧有一系列卷曲的小管，称为附睾。睾丸纵隔是结缔组织层。睾丸被鞘膜包裹，鞘膜是腹膜的延续。睾丸的长轴为背后侧走向。阴囊在X线片上为一软组织阴影，在侧位片和腹背位片中均可观察到。

一、隐睾

隐睾（undescended testicle）是指先天性一侧或两侧睾丸滞留于腹腔的一种疾病。隐睾有一定的遗传倾向，因此凡有此倾向的动物，不能留作种用。从肾的尾侧到阴囊的途径中，滞留的睾丸可以滞留于任何一处。若睾丸滞留于腹股沟部，通过外部触诊就能确诊。睾丸滞留于腹部可能引发并发肿瘤（睾丸细胞瘤、纤维瘤和畸胎瘤）和扭转。隐睾会导致动物雌性化，具体表现为乳房增大、包皮下垂、健侧睾丸萎缩、脱毛和皮肤色素过度沉积等。停滞的睾丸通常在平片上不可见，除非体积异常增大。当腹腔内睾丸增大到小肠直径的2倍以上时，在X线片中可见。隐睾的最常见位置是腹膜后间隙、腹股沟管或腹股沟附近的皮下组织。腹部按压拍摄有助于隐睾的显影。隐睾在X线片中为一软组织密度肿块，通常位于膀胱头侧，诊断时需对膀胱进行确认。滞留于腹腔的睾丸易发生扭转，从而形成巨大的腹腔内肿块。

二、睾丸肿瘤

睾丸可出现3种肿瘤：精原细胞瘤（spermatocytoma）、间质细胞瘤（mesenchymal cell tumor）和支持细胞瘤（sertoli cell tumor）。支持细胞瘤最常见于腹腔内隐睾。临床上患病动物会出现雌性化，如对称性脱毛、包皮下垂和前列腺炎。支持细胞瘤会引起本侧睾丸整体肿大，而对侧睾丸发生萎缩。间质细胞瘤通常由小的局灶性结节组成，可能会双侧睾丸发病。精原细胞瘤是单个的大肿物，只出现于一侧睾丸。

三、阴茎骨骨折

阴茎骨骨折（phallus fracture）多由创伤引起，在X线片中很容易发现。在临床上，阴茎骨骨折表现为阴茎部肿胀、疼痛、血尿等。检查时，需进行侧位、斜位和腹背位检查，以免漏诊。阴茎骨骨折可引起尿道狭窄。

（贺建忠）

第七章　头颈部疾病

　　头部组成复杂，包括口、鼻、眼、耳、颅、颞颌关节（又称颞下颌关节）、唾液腺、淋巴结和甲状腺等器官，涉及消化、呼吸、视觉、听觉和免疫及内分泌系统，其疾病复杂，需要综合的影像学检查。本章包含了除脑之外的头部器官的检查方法，以及头部的X线、CT和MRI等影像学解剖和典型病症的影像学表现。个别器官，如眼部和唾液腺疾病还涉及超声检查。

第一节　检　查　方　法

一、X线检查

　　为了更可靠地评估头部的病理变化，必须拍摄头部多方位X线片。头部的标准投照体位有侧位、腹背位或背腹位。一些组织结构只能采取特殊的投照体位才能显示，如张口侧位、头部扭转侧位、头部扭转张口侧位、咬合腹背位或背腹位、张口腹背位、额部、张口额部及改良枕部等。头部结构复杂，不同摆位的X线摄影可能仍无法将感兴趣的部位完整地展现出来，不同结构相重叠导致很难得到准确的判读。因此在兽医临床上，X线检查不作为诊断脑部疾病的重要手段。

　　1. 侧位投照　　头部标准侧位投照（图7-1），需将头部准确侧卧。下颌骨、鼓泡等成对的组织结构必须相互重叠在X线片上。因此，可将泡沫等X线可透性垫料置于鼻尖

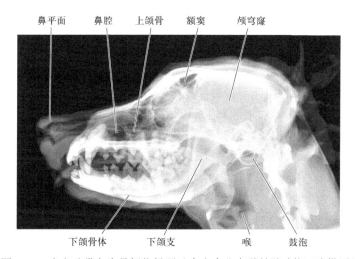

图7-1　8岁金毛猎犬头骨侧位投照（南京农业大学教学动物医院供图）

和下颌部，使鼻部抬高、下颌的两垂直支与成像板相互平行。侧位投照适合检查鼻部和颅脑等。

2. 腹背位投照　　腹背位投照，需将动物仰卧，头颈成一直线。头部不允许扭转。下颌骨、额窦和头部其他组织结构在X线片上对称成像。腹背位投照适合检查下颌骨、颅脑、颧弓和颞颌关节等。

3. 背腹位投照　　为能够更加简便、高效地确认某颗牙齿出现病变，临床中还有一种牙齿命名方式被称为Triadan system，可通过3位数字对每一颗牙齿进行命名，便于兽医从业人员沟通。该分类系统将犬、猫的全口分为4个象限，成年犬、猫恒齿的右上颌内的牙齿为第一象限，左上颌为第二象限，左下颌为第三象限，右下颌为第四象限，以上下颌中线将牙齿分为左右对称的两部分。另外，乳齿右上为第五象限，左上为第六象限，左下为第七象限，右下为第八象限。3位数字的首字母即代表象限名。最靠近解剖正中位置的第一颗切齿编号为1，编号逐渐向两侧增加，需注意的是犬和猫的犬齿编号为4，最后一颗前臼齿编号为8，第一颗臼齿编号为9，其余牙齿编号依次排列。例如，猫的右上颌犬齿命名为104，左上颌第二前臼齿命名为207。背腹位投照（图7-2），拍摄时需将动物俯卧，不要沿着纵轴旋转，头颈成一直线。下颌骨、额窦和头部其他组织结构对称成像。背腹位投照适合检查下颌骨、颞下颌关节、颧弓、颅脑侧壁和中脑等。

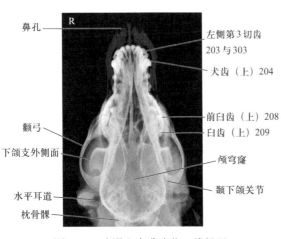

图7-2　9岁混血犬背腹位X线投照
（南京农业大学教学动物医院供图）

4. 张口侧位投照　　张口侧位投照，需将动物按头部标准侧位投照那样摆位。可用卷轴绷带或X线可透性管状物使动物张大口。由于下颌骨的冠状突向下拉开，因此使颅骨的顶部和额部不重叠，选择张口侧位投照可更好地评估颅脑前部。

5. 头部扭转侧位投照　　头部扭转侧位投照，需将动物侧卧。动物的躯体和头部不必垫高，头部按需做适度扭转。头部扭转侧位投照适合检查颞下颌关节、鼓泡和颅脑的颞部等。

6. 头部扭转张口侧位投照　　头部扭转张口侧位投照，一可显示上颌和上颌齿弓，二可显示下颌和下颌齿弓。做上颌和上颌齿弓检查时（图7-3），头部侧卧，用卷轴绷带或X线可透性管状物使动物张大口，鼻部略抬高，使上颌与成像板相互平行。随后，头部做适度扭转，使下颌骨向上扭（用可透射线的三角泡沫放置于头部，使下颌部处于高位，鼻部处于低位），上颌左右两齿弓即可错开，显示在X线片上。注意避免舌与拟检查的齿弓重叠。

当做下颌骨和下颌弓检查时，头部需向与前述相反方向进行适度扭转。鼻部同样略抬高，使下颌骨与成像板相互平行（用可透射线的三角泡沫支垫于头部，使下颌部处于低位，鼻部处于高位）。头部扭至拟检查的一侧下颌骨，与另一侧下颌骨和上颌骨不重叠即可。

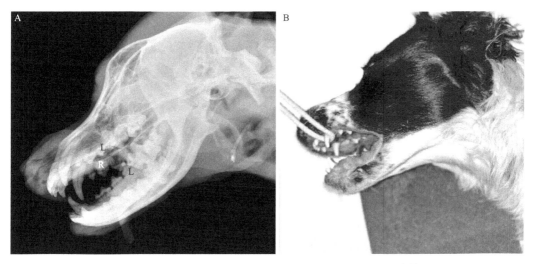

图7-3 头部扭转张口侧位投照（南京农业大学教学动物医院供图）

A. 右上颌齿弓斜位X线片，填充物被放置在下颌骨下方，以抬高下颌骨，并使患者头部的左侧向背侧旋转，从而使左侧投影在背侧，右上颌骨和下颌弓投影在腹侧，注意同时使用左、右标记，以避免混淆；B. 图A的摆位示意图，在左犬齿之间固定一小塑料绳套以保持口张开，减少下颌和上颌骨的重叠，最大限度地获得感兴趣齿弓部位的无障碍视图

7. 咬合腹背位与背腹位投照 咬合腹背位投照，是为了显示下颌的前部牙齿，需将动物仰卧，舌置于一侧，X线成像板置于口内，X线中心略向后。咬合腹背位投照适合于检查颏部联合、切齿和犬齿等。

咬合背腹位投照，则适合检查切齿骨、上颌切齿和犬齿等。

8. 张口腹背位投照 张口腹背位投照（图7-4），需将动物行腹背位标准投照体位放置。用卷轴绷带或X线可透性管状物使动物尽可能张大口。舌和气管插管固定于下颌。

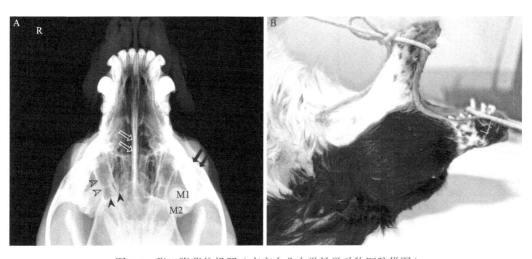

图7-4 张口腹背位投照（南京农业大学教学动物医院供图）

A. 鼻腔X线片，腹20°吻-背尾斜位（V20°Ro-DCaO）张口投照，这是一种替代口腔内放射成像的数码系统技术，非常适合无法将成像板插入口腔的患病动物。由于X线束成角度，鼻腔会发生一些扭曲。通常使用胶带或小绳将上颌骨固定在适当位置，在X线片中显示其在犬齿的尾侧横穿。实心黑色箭头是颧骨的额突。实心黑色箭号是颅穹窿的吻侧。中空的黑色箭头是额窦的侧缘。空心的白色箭号是鼻中隔。B. A的摆位示意图

X线中心应略向后，以免下颌骨与鼻道重叠。X线球管通常旋转20°。张口腹背位投照适合检查鼻道和上颌牙齿。

9. 额部投照 额部投照（图7-5），需将动物仰卧，躯体、头、颈成一直线。头部弯曲，与脊柱成直角，使额窦不与头部其他组织结构重叠。额部投照主要适合检查额窦。

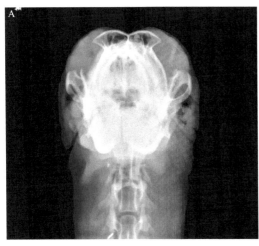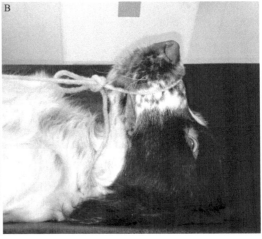

图7-5 额部投照（南京农业大学教学动物医院供图）

A. 额窦吻尾位X线片，额窦宽大，对称且充满空气，充满空气的鼻腔也很容易看到；B. A的摆位示意图

10. 张口额部投照 张口额部投照（图7-6），动物如额部投照样摆位，但口尽可能张大。X线束中心对准咽部，X线中心线将腭与下颌角平分。舌和气管插管位于中央。张口额部投照主要适合检查鼓泡和第2颈椎齿突。

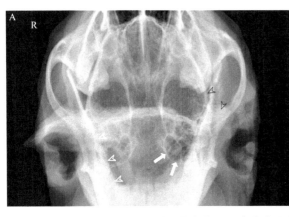

图7-6 张口额部投照（南京农业大学教学动物医院供图）

A. 吻尾位张口投照，X线束集中于鼓室泡。实心白色箭号是左鼓室泡的腹侧边缘。鼓室泡的气体很容易看到。空心的白色箭头是右下颌支，空心的黑色箭头是颞骨髁突的背侧。B. 鼓室泡投照的张口吻尾位示意图

11. 改良枕部投照 改良枕部投照，动物如额部投照样仰卧，但头部向腹部弯曲10°。改良枕部投照主要适合于检查颅脑两侧、枕骨大孔和第2颈椎齿突等。

二、CT与MRI检查

CT检查可以从不同平面评估复杂的头部结构，能方便地诊断出细微的变化。颅骨本身病变或颅内病变对颅骨侵袭时，X线检查能大致反映骨质改变，而CT和MRI检查不但能更灵敏、更详细地显示骨质改变，还能显示与骨质相关的颅内病变，因此脑CT已成为头部检查的主要技术，结合增强扫描可对大部分病变做出定位及定性诊断。

头部疾病诊断时，MRI检查具有优越的软组织可视性。检查时应利用MRI的强度，即在所有平面进行扫描的能力。因此，所有涉及鼻腔等结构的疾病都应该从鼻尖向后扫描，至少扫描大脑的中部（颅骨的尾部），至少需要扫描额面和矢状面。横切面可用于定位疾病过程。使用的序列通常包括STIR序列，因其对检测病理异常和造影前后T1加权图像具有高度敏感性。除了STIR序列，T2加权脂肪抑制图像可以提供很多相同的信息。脂肪抑制更难均匀获得，这就是为什么大多数研究在鼻腔中使用STIR序列。通常，造影前只需要扫查一个平面。这些序列可以清晰地显示鼻腔、眼后间隙和中耳。此外，这些区域的淋巴结也很清楚，所有结构都清晰可见。有时，在眼科研究中需要使用特殊序列，通常最好在脂肪饱和的情况下进行T1造影后检查，同时获得一次无脂肪饱和的造影后检查。在中耳和内耳检查中，通常最好进行T2加权序列扫查，以更好地显示耳蜗装置和半规管。

脑MRI对中线结构和近颅底病变的显示较CT优越，MRI更有利于占位病变的鉴别诊断和治疗，但其对肿物钙化的显示劣于CT。颅内有炎症时，MRI检查要比CT更敏感，但其操作耗时较长，因此对颅内出血大多进行CT检查，尤其是急性期出血，CT要优于MRI检查。脑血管性病变（digital subtraction angiography，DSA）虽然作为诊断的金标准，但因其为有创检查，应用大为减少。

三、超声检查

头部骨组织结构复杂且位于体表，超声无法对深层结构进行准确的评估，但对于表面的软组织如眼睛、淋巴结等结构可进行相关的扫查。

四、各种影像检查的优选

1. 外伤　颅脑外伤原则上首选CT检查，CT检查可清晰地显示颅骨骨折及其程度，脑挫伤、出血、脑积血及脑疝等情况。颅底、脑干、小脑区的出血，由于颅底伪影较多，易漏诊，原则上须薄层扫描，以提高诊断的正确性。亚急性、慢性颅脑损伤，首选MRI为主要检查手段，MRI检查由于没有颅底伪影，因而是颅底损伤较为理想的检查方法。

2. 炎症性病变　炎症性病变主要表现为水肿，有出血和占位等表现。以选择MRI检查为主。

3. 肿瘤性病变　肿瘤性病变主要表现为占位和水肿，还可有出血、钙化、囊变等表现。CT、MRI都是肿瘤诊断的主要手段，但MRI在肿瘤定位、显示瘤内结构和肿瘤定性上优于CT，所以，中枢神经系统瘤性病变首选MRI检查。在鉴别肿瘤与梗死、肿瘤与炎症性病变及其肿瘤复发上，MRI与CT造影检查都有较大的价值。

4. 血管性病变　　急性出血以CT检查为主，亚急性、慢性出血以MRI检查为主。MRI在显示病变范围方面有一定的优势，MRI、CT造影三维成像都可显示颅内血管的形态，但MRI可不需造影剂，所以在应用价值上优于CT。两者皆可显示颅内动、静脉瘤和血管畸形等病变。

（李秋明，陈凯文，陈　武）

第二节　正常影像解剖

一、头部

头部X线解剖虽然尤其复杂，但因所有结构左右对称，因而在判读头部X线片时，可将患侧与对侧的正常结构做比较。重要的是按单个区域或局部解剖全面评判，不出现遗漏。犬头部正常X线解剖见图7-1，猫头部正常X线解剖见图7-7。

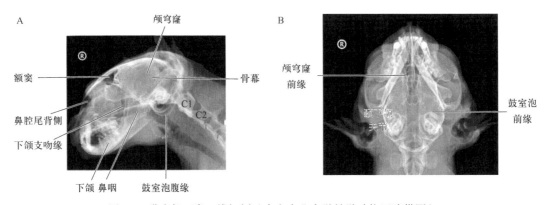

图7-7　猫头部正常X线解剖（南京农业大学教学动物医院供图）

A. 侧位X线片，与犬相比，猫的骨幕特别发达，把大脑的尾侧和小脑的吻侧分开；B. 同一只猫的背腹位X线片

颅顶由额骨（frontal bone）、颞骨（temporal bone）、顶骨（parietal bone）、枕骨（occipital bone）和颅骨基部组成，颅部形状随品种而异，斗牛犬等品种的颅顶较厚，而吉娃娃等犬的颅顶较薄，且呈明显拱形。幼犬颅顶尚可见骨缝，一些细小品种犬的骨缝甚至终身存在。颅顶密度通常不均匀，在侧位X线片中，尚可见血管孔。血管孔显示为X线可透性直线或分叉状阴影。

头骨尾侧（图7-8）在X线片上很难评价。枕骨颈突（jugular process）构成后脑的背部，界限清晰，向后突出超出第1颈椎。枕骨颈突的大小随品种而异。后脑骨的髁骨位于腹正中部，在侧位和背腹位X线片上，显示为向后突起的骨性突起。颌关节面呈光滑、规则的弧形。枕骨大孔（foramen magnum）（图7-9）位于左右髁骨之间，呈一轮廓清晰、规则的卵圆形。

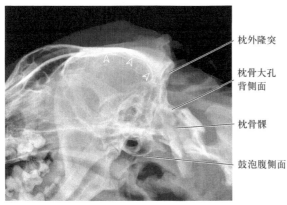

图 7-8　犬颅穹窿和颅颈区域尾端侧位 X 线片
（南京农业大学教学动物医院供图）

中空的白色箭头是颅穹窿的后背侧缘。耳朵向背侧延伸，
叠加在颅骨后背侧的不规则的模糊气体是垂直耳道内的空气

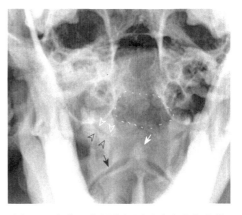

图 7-9　犬张口吻尾位视图（南京农业大学
教学动物医院供图）

除了鼓泡在这张图中很明显外，枕骨髁和枕骨大孔也
很明显。空心白色箭头是右枕骨髁。空心黑色箭头是
寰椎前关节凹，这是寰枕关节。枕骨大孔如虚线所
示；实心白色箭号是枢椎的齿状突。实心黑色箭号是
寰枢关节。虽然此视图可以使这些结构获得最佳的可
视效果，但它至少需要 90° 的头部屈曲，在怀疑枕寰
枢椎不稳定时不应该使用该摆位

二、鼻

犬、猫的鼻道由不同部分组成。前端为软组织结构的鼻镜。鼻道内因含有空气，边界可清晰地评估。鼻道后段内的空气被周围的上颌骨和鼻骨所围绕。

1．X 线影像　　张口腹背位和咬合背腹位投照可以清晰地显示左右鼻腔（图 7-4，图 7-10）。鼻腔的后下方与鼻咽相通，后界为颅骨的额骨，背部为额窦（frontal sinus）（图 7-11）。一些大型犬尚可见上颌骨。上颌窦（maxillary sinus）就在额窦的前方，显示为位于上颌骨背部的小三角形样的含气结构。小型犬和猫则不可见。额窦的大小、形状随犬品种而异。小型犬的额窦小，部分结构不可显示，呈金字塔样。猫和大型犬的额窦较大，显示部分骨性的不透明度。

2．CT 影像　　正常犬鼻部 CT 影像见图 7-12。

3．MRI 影像　　正常犬鼻部 MRI 影像见图 7-13。

三、耳部

耳由外耳、中耳和内耳构成。外耳包括耳廓和外耳道。中耳包括鼓膜、鼓泡和听小骨。内耳位于颞骨内，包括半规管、前庭和耳蜗，这些结构称为迷路。

正常犬耳部 CT 影像见图 7-14，MRI 影像见图 7-15。

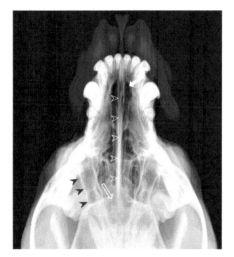

图7-10 咬合背腹位投照，显示上颌影像
（南京农业大学教学动物医院供图）

大多数鼻腔疾病都是单侧的，该投照方法很容易比较左右侧结构。空心白色箭头表示鼻腔之间的中线，鼻腔由梨骨、骨性和软骨性鼻中隔组成。实心的黑色箭头是眼眶的内侧壁。空心白色箭号是筛板区域。实心白色箭号是硬腭近吻侧的切迹所形成的腭裂。鼻腔内被空气包围的鼻甲结构清晰可见

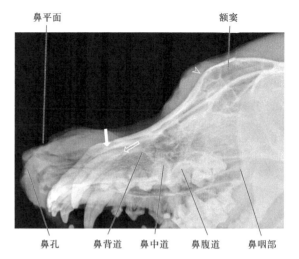

图7-11 犬鼻腔侧位片（南京农业大学教学动物医院供图）

单侧鼻腔病变常因病变侧与对侧正常含气侧重叠而难以在鼻腔侧视图上发现。实心的白色箭号是小鼻骨。空心白色箭号是犬齿的根部。空心的白色箭头是额窦背侧的额骨

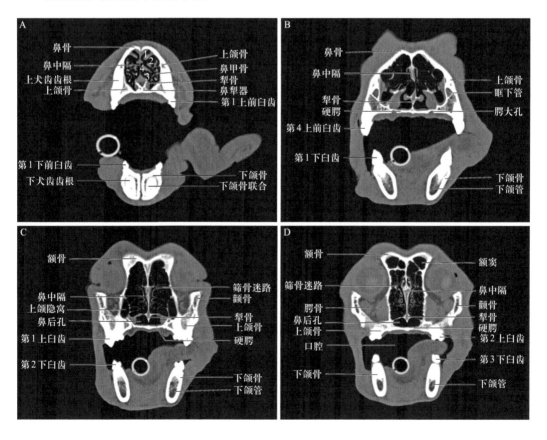

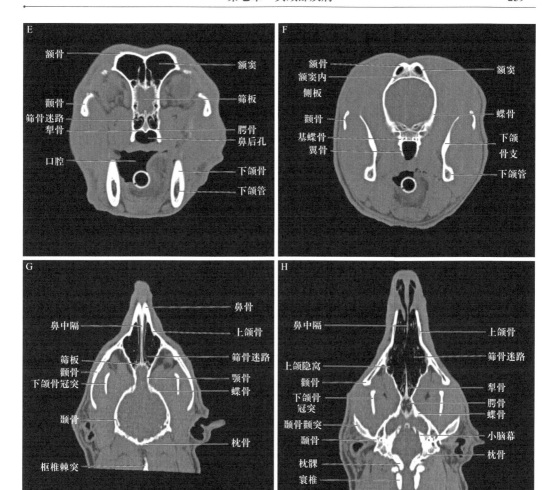

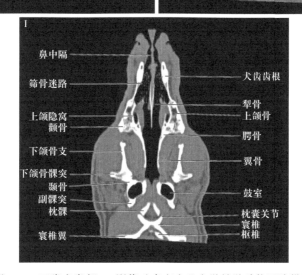

图7-12　正常犬鼻部CT影像（南京农业大学教学动物医院供图）

从吻侧到尾侧（A～F）排列的鼻腔和鼻旁窦的横切面图像，背侧切面图像从背侧到腹侧排列（G～I）

1. 背侧鼻道；2. 中鼻道；3. 腹侧鼻道；4. 总鼻道

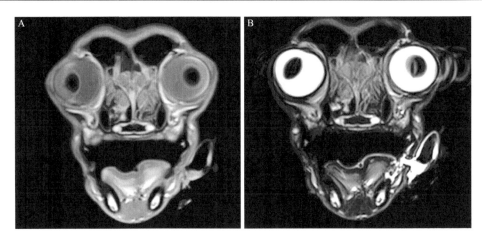

图 7-13　正常犬鼻部 MRI 影像（派特堡宠物医院供图）

正常的鼻甲是对称卷曲，完整无缺失，信号均匀。在 T1 图像（A）上呈中等强度，在 T2（B）图像上呈高信号，
注意 B 图存在运动伪影

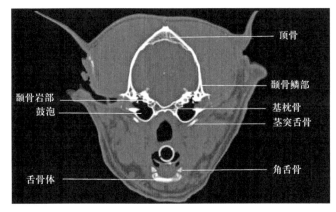

图 7-14　正常犬耳部 CT 影像（采用薄层准直和骨算法）（南京农业大学教学动物医院供图）

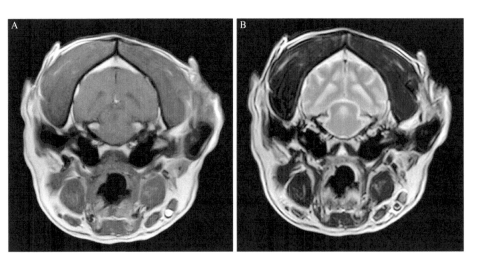

图 7-15　正常犬耳部 MRI 影像（派特堡宠物医院供图）

正常犬鼓室内及外耳道在 T1（A）和 T2（B）图像中均为低信号，耳蜗在 T2 图像上可见高信号结构

四、颞颌关节

除枕骨颈突外，鼓泡（tympanic bulla）和颞颌关节（temporomandibular joint，TMJ）是X线摄影中很难显示的颅骨底部结构（图7-16A）。颈突为后脑骨的小三角形骨性突起，在侧位X线片中位于鼓泡后部，其轮廓光滑。鼓泡在腹背位X线影像中呈类圆形的含气结构并有细小的骨壁（图7-16B）。鼓泡的外侧为外耳道。鼓泡在侧斜位X线片中显示为光滑、薄壁的含气结构（图7-17）。颞颌关节在鼓泡前部，由下颌骨的髁突和颞骨的颌窝组成。颞颌关节在腹背位和背腹位X线片上由呈类三角形的下颌髁突、颞骨的颌窝关节面组成（图7-2）。颌窝关节轮廓光滑、规则。颧弓（zygomatic arch）从颅骨底部向侧方弓起，由后部的颞骨颧突和前部的颧骨组成。这两部分骨骼之间的骨缝呈斜长形。幼龄犬、猫常见该骨缝，而成年犬、猫仅个别可见。另外，鼻子上抬侧位投照方法（图7-18）也可用于评估颞颌关节。动物完全侧位，矢状面不作旋转，鼻子抬高约30°，即可产生足够的倾角，使其相对于感兴趣的支撑面颞颌关节向后移位，以消除非支撑面颞颌关节不必要的叠加，形成良好的X线影像（图7-19）。犬正常颞颌关节CT影像见图7-20。猫头部正常颞颌关节MRI影像见图7-21。

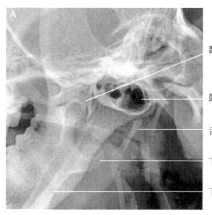 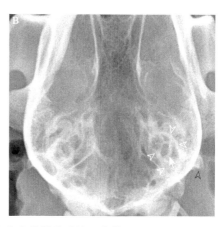

颞颌关节

鼓室

舌骨

下颌角突

下颌骨体

图7-16 颞颌关节X线片（南京农业大学教学动物医院供图）

A. 犬的侧位片，薄壁的鼓室大泡几乎完全重叠在一起，且鼓室大泡内很容易看到气体。尽管鼓室大泡可能显示的是薄壁的，并且在这张图上呈现预期的放射透明性，但是由于重叠，单侧鼓室大泡内的液体可能无法被发现。需要更多的图像来排除单侧疾病。B. 同一只犬的腹背位片，空心白色箭头勾勒出来的是一个鼓室大泡壁。实心白色箭号是致密的颞骨岩部，包含内耳骨迷路。空心黑色箭头是颞骨的乳突。星号标记在鼓膜水平面和水平耳道的最内侧，可以独立评估每个鼓室大泡和相关耳道

五、眼部

眼部结构通常为软组织结构，X线无法对其进行准确的评估。眼部超声检查是一种很有价值的诊断工具，因为它可以对眼睛内部进行评估，正常眼球超声矢状面声像图和眼球矢状面声像解剖见图7-22。在因任何导致眼部混浊的疾病而无法直接观察到内部结构的情况下，超声检查尤其重要。此外，超声还可以对眼球后软组织进行成像。人眼部超

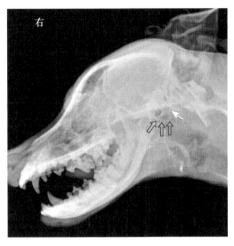

图7-17 犬鼓泡侧斜位视图（南京农业大学
教学动物医院供图）

头部非支撑面向背侧旋转了20°～30°。离X线桌最
近的支撑面鼓泡是腹侧，成像时没有重叠。鼓室腔
和水平耳道清晰可见。非支撑面的鼓泡是背侧，且
叠加在邻近的结构上（空心黑色箭号）。非支撑面鼓
泡（实心白色箭号）的腹侧缘叠加在感兴趣的支撑
面鼓泡上

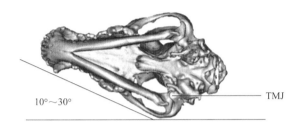

图7-18 用于评估颞颌关节的鼻子上抬摆位示意图
（南京农业大学教学动物医院供图）

在矢状面不作旋转的情况下，鼻子抬高约30°

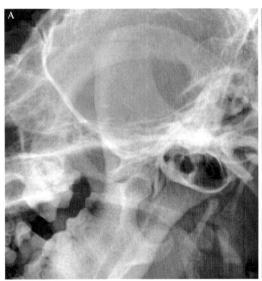

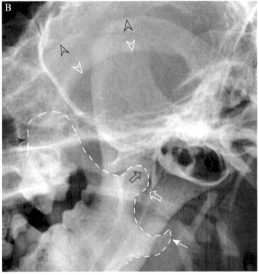

图7-19 右颞颌关节侧斜位X线影像（南京农业大学教学动物医院供图）

A. 右颞颌关节侧斜位，头骨的吻部被抬高约30°，矢状面不作旋转（鼻子抬高）。此斜位视图的目的是以相邻结构的最小
变形和最小重叠来独立显影颞颌关节。B. 与A图像相同，空心黑色箭头是下颌骨的髁突（关节突）。空心白色箭号是颞
骨关节后突；颞颌关节是在下颌骨髁突和颞骨颧突腹面下颌窝之间形成的。实心白色箭号是下颌骨的角突。虚线勾勒出
下颌支；在冠突（喙突）吻侧缘的实心黑色箭号指的是冠状嵴。空心的白色箭头描绘了颧弓的腹缘，空心的黑色箭头显
示了颧弓的背缘。在这个视图中，每一个鼓室大泡也很容易看到

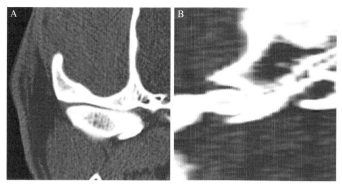

图 7-20 犬头部经颞颌关节横断扫查的CT影像（芭比堂国际医疗中心供图）

尽管关节的软组织结构没有被清晰地呈现出来，但正常的骨结构在CT影像上显示良好。A. 横断面；B. 重建的矢状面

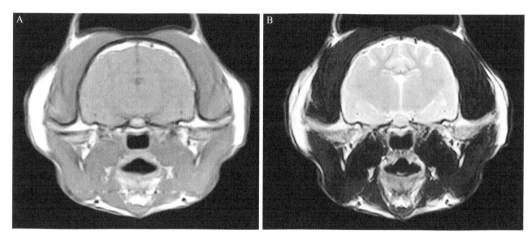

图 7-21 猫头部正常颞颌关节MRI影像（派特堡宠物医院供图）

由于髓质脂肪，髁突和下颌窝区域中央出现T1和T2高信号。A. T1WI横断面图；B. T2WI横断面图

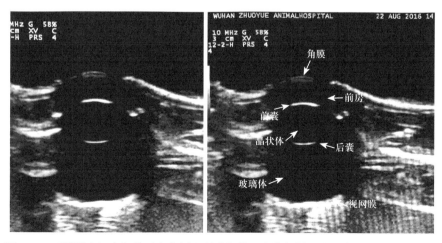

图 7-22 正常眼球超声矢状面声像图和眼球矢状面声像解剖（武汉卓越动物医院供图）

声检查持续取得进展，如眼睛和眼眶的彩色多普勒评估、超高频（30～80MHz）和高频（15～30MHz）扫描仪（生物显微镜）及三维成像。这为兽医眼科疾病影像学检查提供了借鉴。CT常被用于对眼球、眼眶和周围颅骨的结构，包括前房和玻璃体腔及晶状体进行成像，犬正常眼部CT影像解剖见图7-23。MRI是对眼球和视神经结构进行成像的绝佳方式。角膜、前房和后房、睫状体、晶状体、玻璃体腔和视网膜在标准序列上可见，还可以在横切面和背侧或矢状面序列沿神经长轴倾斜向评估。观察视神经并追踪到视交叉。视神经被脑脊液（CSF）包围，在T2图像上表现为高信号，在T1图像上表现为低信号。脂肪抑制序列，如STIR序列可以帮助抑制明亮的脂肪信号，使CSF和神经更好地呈现。猫正常的MRI影像解剖见图7-24。

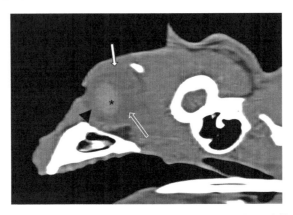

图7-23　犬正常眼部CT影像解剖（南京农业大学教学动物医院供图）

晶状体呈高密度影像（星号所示），前房（黑色三角形）和玻璃体（空心白色箭号所示）呈低密度影像。巩膜密度较高并围绕眼睛的后部（实心白色箭号所示）

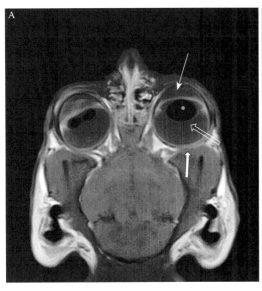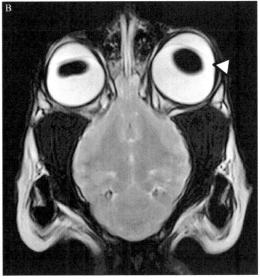

图7-24　猫正常的MRI影像解剖（派特堡宠物医院供图）

晶状体为带有高信号囊膜的低信号结构（A图星号所示）。睫状体支撑着晶状体（B图白色箭头所示）。前房（A图白色细箭号所示）和玻璃体腔（A图白色空心箭号所示）在T1图像（A图）上为低信号，在T2图像（B图）上为高信号。造影增强的视网膜（A图白色实心粗箭号所示）位于玻璃体后方

六、口腔、牙齿

利用牙科X线片识别口腔颌面部疾病时，首先需要对正常结构有充分的认识。如果不了解广泛的正常变异，尤其是犬种之间的变异，就不可能做出准确的影像学诊断。特定患者缺少一个甚至多个解剖标志并不一定是病理性变化。与所有身体系统一样，影像信息必须与详细口腔检查的结果相结合。牙科疾病影像学检查可以检测病变，并为术前、术中和术后评估提供基本信息。

下颌骨（mandible）可分为下颌骨体和下颌骨支两部分。后部的下颌骨支有3个突起（图7-19B）。最长的突起向背侧突出，为冠突或喙突（coronoid process）。第二个突起是髁突（condylar process），即颞颌关节的颌部。角突（angular process）是第三个突起。下颌骨支无牙齿。下颌骨体前至下颌骨联合部。在侧位X线片上（图7-25），贯穿整个下颌骨体的下颌管显示为牙根下方的高密度亮线。X线片上尚可显示颏中孔和颏后孔。

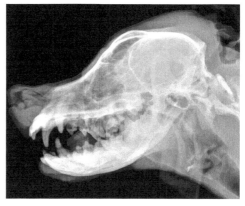

图7-25　犬下颌骨吻端侧位X线片
（南京农业大学教学动物医院供图）

在下颌骨尾端至犬齿和第1、第2前臼齿的腹侧有一个轮廓不清的透明区。这是每个下颌骨存在两个（有时更多）颏孔重叠所致。重叠导致一个透明度加大的不规则区域产生，这不应与侵袭性病变相混淆。如有疑问，应进行口腔内或开口斜位拍摄

犬的齿式如下。

乳齿式：

2（

	切齿	3	犬齿	1	前白齿	3	白齿	0
	切齿	3	犬齿	1	前白齿	3	白齿	0

）＝28

恒齿式：

2（

	切齿	3	犬齿	1	前白齿	4	白齿	2
	切齿	3	犬齿	1	前白齿	4	白齿	3

）＝42

猫的齿式如下。

乳齿式：

2（

	切齿	3	犬齿	1	前白齿	3	白齿	0
	切齿	3	犬齿	1	前白齿	2	白齿	0

）＝26

恒齿式：

2（

	切齿	3	犬齿	1	前白齿	3	白齿	1
	切齿	3	犬齿	1	前白齿	2	白齿	1

）＝30

评估牙齿时，可以看到的结构是牙根和牙冠、牙髓腔和齿槽骨板（lamina dura）。尽管无法直接看到牙周膜，但可以推断出其位置（图7-26）。在幼龄病例，可观察到乳牙和恒牙芽（图7-27）。臼齿没有相对应的乳牙。通常，乳牙随着恒牙的长出而脱落。保留的

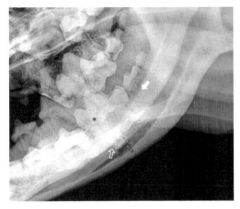

图7-26　8月龄混血犬下颌骨X线斜位视图
（南京农业大学教学动物医院供图）

空心的白色箭号所指的围绕着牙根一周的解剖结构为
齿槽骨板，由坚固的密实骨组成，围绕着牙槽，并为
牙周膜提供了附着表面。健康的牙周膜在放射学上不
可见，但显示为牙根和齿槽骨板之间的透明空隙（实
心白色箭号所示）。黑色空心箭号是牙齿的顶点和牙
槽或窝的基部。一个星号叠加在第4前臼齿内的透明
牙髓腔上

乳牙可以阻止恒牙、犬齿或前臼齿的长出。或
者，保留的乳牙可能不会阻止下面的恒牙长
出，但会随着恒牙的长出而移位。保留的乳牙
在对口腔进行目视检查时很容易看出，不需要
进行X线检查，但X线检查有助于确定生发障
碍（the eruption disorder）是否正在改变潜在的
牙根或骨骼结构。

　　牙齿可以有单个或多个齿根。犬上颌第4前
臼齿和上颌第1、第2后臼齿有3个齿根。猫仅
上颌第4前臼齿有3个齿根。牙根之间的区域分
叉，牙齿通常分为牙冠、牙根和颈部，牙冠的
珐琅质与牙槽缘接触。牙齿由4种组织组成：釉
质、牙本质、牙骨质和牙髓。成熟牙牙冠的不透
明结构主要由牙本质组成。牙釉质比牙齿其他
组织更不透明，因为它大约含有90%的矿物质。
珐琅质是身体中物理密度最高的天然物质。牙釉
质很难在射线照片上看到，犬牙釉质的厚度通常
小于0.5mm，猫牙釉质的厚度约为0.2mm。

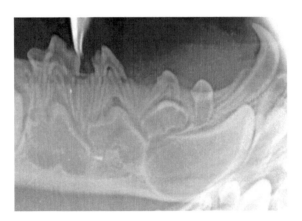

图7-27　14周龄犬牙X线片（Bannon，2013）
正常下颌乳牙和恒牙芽都可观察到

七、唾液腺

　　唾液腺包括下颌、颧骨、腮腺和舌腺。下颌骨唾液腺是一个大的、椭圆形均匀结构，
位于下颌骨尾部。

　　在CT图像上，腮腺很薄，其纹理均匀细长，具有纹理细密的小叶结构（图7-28），
颧腺位于颧弓和翼肌肉之间（图7-29）。

　　正常犬腮腺与颌下腺MRI影像见图7-30。在T1图像上，腮腺和下颌唾液腺呈中度高

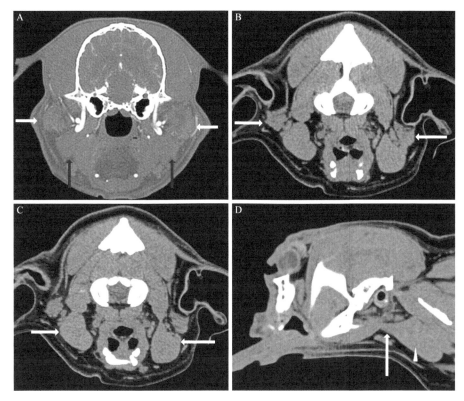

图 7-28　正常犬腮腺与颌下腺 CT 影像（南京农业大学教学动物医院供图）

A. 腮腺（白色箭号所示）和下颌腺（黑色箭号所示）；B. 犬腮腺 CT 平扫影像；C. 犬下颌腺平扫影像（白色箭号所示）；D. 犬舌下腺平扫影像，可见单口舌下腺主体（白色箭号所示）和下颌腺（白色箭头所示）

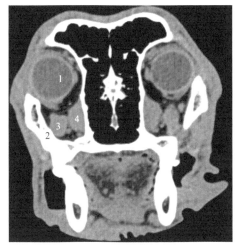

图 7-29　正常颧腺 CT 影像（南京农业大学
教学动物医院供图）

1. 眼球；2. 颧弓；3. 颧腺；4. 翼肌

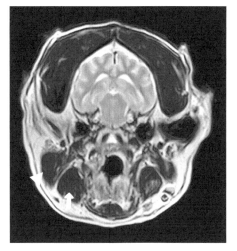

图 7-30　正常犬腮腺与颌下腺 MRI 影像
（派特堡宠物医院供图）

4 岁雄性去势小猎犬，正常的下颌唾液腺呈典型的椭圆
形，边缘光滑（箭头所示）。正常腮腺唾液腺更长，外观
稍不均匀（箭号所示）

信号，但在T2图像上，下颌唾液腺呈高信号。颧骨唾液腺大小和形状各异，位于眼眶内、翼肌外侧、眼球腹侧（图7-31）。由于腺体结构的原因，CT上的造影后信号增强不均匀。舌下的主要唾液腺与下颌唾液腺的颅囊融合。它在矢状面上呈三角形，在MRI图像上可能更难显示。腺体在T1图像上与相邻肌肉组织呈等信号或高信号，在T2图像上呈高信号。

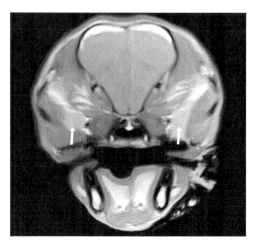

图7-31　正常颧腺MRI影像（派特堡宠物医院供图）

5岁杂种犬，腺体在T1（箭号所示）和T2图像上与相邻肌肉组织呈高信号

八、甲状腺

甲状腺是富含血管的实质器官，由被膜和实质构成。被膜为被覆于甲状腺表面的结缔组织膜，其伸入实质内将腺组织分隔成许多小叶。小叶内充满大小不等的滤泡及散在滤泡间的滤泡旁细胞。甲状腺实质的大小，随着饲料中碘含量的多少而有显著变动，如果碘缺乏，甲状腺将明显增大（甲状腺肿）。正常甲状腺CT影像见图7-32，MRI影像见图7-33。

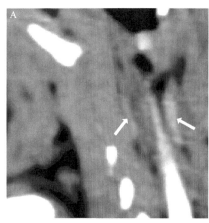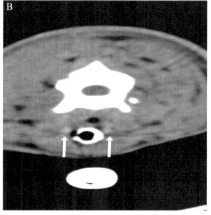

图7-32　正常甲状腺CT影像（芭比堂国际医疗中心供图）

在未增强的CT影像上，正常甲状腺叶由于碘含量高（箭号所示）而表现出典型的高衰减信号。A. 横断面图；B. 重建的冠状面图

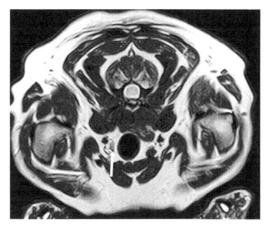

图7-33 正常甲状腺MRI影像（派特堡宠物医院供图）

甲状腺MRI影像在横切面T1和T2图像（箭号所示）中呈小的大致三角形结构，位于气管壁和颈总动脉腹侧内侧

（李秋明，陈凯文，陈 武）

第三节 眼 部 疾 病

一、眼外伤

眼外伤通常表现为眼球突出，眼眶周围的骨骼和软组织也会累及受伤。超声检查操作经济且安全，但只能提供眼部结构形态学信息。CT和MRI检查能提供眼和眼眶周围结构更有价值的图像。穿透性眼外伤通常不用CT和MRI检查，但出血、炎症和解剖结构的改变则可通过CT和MRI检查发现。MRI和CT检查可对晶状体和眼球破裂外伤进行更好的评估。CT检查通常可观察到眼球位移到眼眶之外，但被眼睑所限制，眼球后通常会出现占位性改变，且与正常的眼眶解剖结构相分离。眼部创伤与眼球突出CT影像见图7-34。

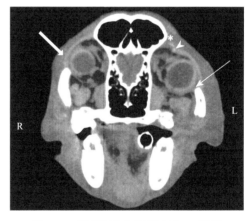

图7-34 眼部创伤与眼球突出CT影像
（Hanot et al.，2020）

4月龄雌性拉布拉多犬，外伤，在眼眶韧带水平的软组织窗中头部的重建图像可见右眼眶韧带在正常范围内（粗柄箭号所示）。左眼眶韧带边缘起伏，并从额骨颧突（星号所示）上的附着处向腹侧移位，还有几个小的矿化撕脱碎片（箭头所示）。它在颧骨额突上的远端插入部位看起来完好无损（细箭号所示）

二、眼球疾病

（一）视网膜脱离

视网膜脱离在猫身上并不常见，可能是由大疱或渗出物、视网膜和脉络膜之间充满

了玻璃体撕裂后的渗出物，或玻璃体中的炎症后纤维束收缩向前拉动视网膜引起的。

1. 超声检查　　视网膜脱离在B超中表现为膜状、线性类型的回声。视网膜完全分离导致仅在视神经盘和位于睫状器尾部的锯齿缘附着。在超声评估中可能会看到"V"形或"Y"形回声，基部代表锯齿状附着物，底部附着在视神经盘上。玻璃体腔内可能有代表出血或渗出的点状回声，额外的膜性回声代表着玻璃体膜形成，或导致视网膜脱离的占位病变。

2. 高级影像检查　　CT检查可见视网膜脱离呈"V"形线性结构，顶点位于视盘中心。视网膜和脉络膜之间的高度衰减物质可能提示蛋白液或出血。在患有高血压的猫中，已有10例由液体积聚导致大泡性视网膜脱离的报道。MRI检查可见视网膜外部的液体在T1和T2图像上呈高信号。猫视网膜脱离MRI影像见图7-35。

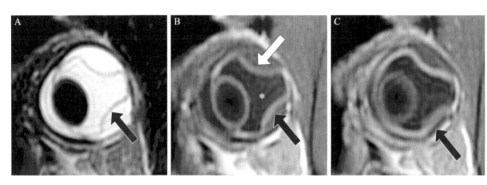

图7-35　猫视网膜脱离MRI影像（Stromberg et al.，2021）

一只5岁的雄性绝育贵宾和雪纳瑞杂交犬左眼不明原因导致的视网膜脱离的磁共振图像。视网膜表现为成对的曲线，呈现T2WI低信号、T1WI高信号结构，在视盘处依旧附着于球体（A～C图黑色箭号所示）。与玻璃体（B图星号所示）相比，视网膜下液呈T1WI高信号（B图白色箭号所示），表明存在蛋白质或出血。A. T2WI；B. T1WI；C. 造影后的T1WI

（二）白内障

白内障是一种晶状体退行性疾病，导致密度增加和混浊。CT检查可见晶状体内出现高衰减的线状物，可累及整个晶状体。MRI检查显示晶状体的信号强度降低。在CT图像上，晶状体通常比玻璃体的衰减度高，在MRI图像上呈低信号。白内障时，晶状体形状也会发生变形。

（三）眼眶蜂窝织炎和脓肿

蜂窝织炎是眼眶脂肪的炎症/感染，通常由外伤、异物、鼻窦炎扩大、坏死骨和牙根脓肿、牙周或牙髓疾病引起。血液源、经巩膜或经黏膜（结膜、口腔、鼻腔）损伤的疾病也可能导致眼眶空间被细菌等病原感染。眼眶蜂窝织炎可能是弥漫性的，也可能产生局灶性肿块，应与肿瘤相鉴别。蜂窝织炎可能导致眼眶脓肿或颧骨唾液腺炎。异物通常通过面部皮肤或口腔进入眼眶，导致炎症、感染和致使眼球突出的脓肿。

CT检查：眼球（突眼）和（或）眼睑向吻侧移位，眶周和眼眶脂肪模糊，眼外肌和视神经边界弥漫性丧失。眼眶软组织或眼眶肿块的出现呈弥漫性不均匀造影信号增强、均匀增强（即假性肿瘤）或环状造影增强（即脓肿）。异物可能为高密度异物（金属、骨头、玻璃、石头）或出现被造影后增强的组织所包围的充盈缺损（木头、塑料）。真菌性蜂窝织炎，如曲霉病会出现骨质溶解。受蜂窝织炎影响的牙齿根部周围的低密度区域可能会扩大牙髓腔。受影响的牙齿或牙齿周围上颌骨可能出现硬化。成年犬眼眶异物和继发性脓肿见图7-36。

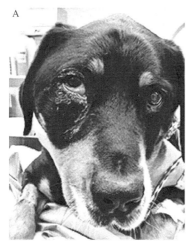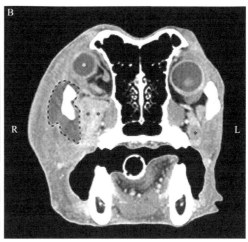

图7-36 成年犬眼眶异物和继发性脓肿（Gutierrez et al.，2018）

6岁雄性已绝育山地犬因眼部受伤（A图），静脉造影后横断面CT图像（B图）显示右侧眼球突出（白色星号所示），右侧颧骨颧腺（**）与左侧（*）相比增大，右侧颧骨周围有占位病变（虚线所示）。手术探查和引流脓肿，然后进行药物治疗，可以解决原发性球后感染

（四）眼部肿瘤

眼球及眼部附属器官、眼眶发生的肿瘤，不仅可以造成局部的结构破坏、功能障碍，进而引起失明，恶性肿瘤还有远端转移的风险。常发生的部位有眼眶、眼睑、瞬膜、结膜和角膜。眼内瘤可诱发眼部炎症性疾病，也可引起前房积血和（或）继发性青光眼。眼部肿瘤最常见于虹膜和睫状体，较少见于结膜，包括瞬膜、角膜或脉络膜。在犬中，原发性和继发性眼内肿瘤的发生概率大致相同。最常见的原发性眼内肿瘤是虹膜睫状体黑色素瘤，通常单侧发生。其他葡萄膜肿瘤通常是腺瘤或腺癌。淋巴肉瘤是犬、猫最常见的转移性眼部肿瘤，可能单侧或双侧发生。很少发生眼外延伸。球后肿瘤影像学表现见图7-37。

1. CT检查 黑色素瘤在玻璃体呈高衰减均一信号。圆形细胞瘤如淋巴瘤主要侵袭眼球，其他肿瘤也可能发生转移性疾病。患犬可能眼睛出血，也可见视网膜脱落。

2. MRI检查 葡萄膜黑色素瘤MRI影像已有报道，瘤块造影后存在T1高信号、T2低信号。T1高强度信号是黑色素的一种特征。产生于脉络膜和视神经周围组织的黑色素瘤病例，T1、T2呈低信号。在MRI图像上呈清晰的液-液界面时应考虑肿瘤。

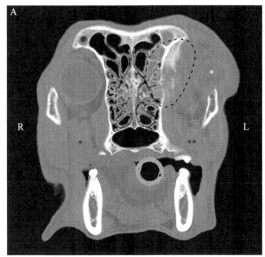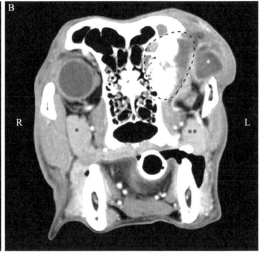

图 7-37　球后肿瘤影像学表现（Gutierrez et al.，2018）

9 岁雌性绝育猎犬，被诊断患有左侧球后骨肉瘤并延伸至左侧额窦。A. 静脉注射造影剂前横向 CT 图像；B. 造影横向 CT 图像。这些图像显示了与肿瘤性球后疾病相关的 CT 征象：眼眶的骨质溶解和骨膜反应（虚线内可见）、肿块（虚线）的扫描影像还显示眼球畸形（白色星号所示）及颧骨唾液腺受压和移位（** 对比健侧 *）

（陈凯文，李秋明，陈　武）

第四节　口 腔 疾 病

一、口腔肿瘤

　　有研究表明 6% 的犬和 3% 的猫的肿瘤发生在口腔中。口腔肿瘤中最常见的是鳞状细胞癌、黑色素瘤、纤维肉瘤和牙周韧带肿瘤。罕见的肿瘤，如脂肪肉瘤，可能出现在舌脂肪组织中。鳞状细胞癌是一种侵袭性肿瘤。在猫，它可能在软腭、舌下或舌下区域、嘴唇、颊黏膜、上颌骨或下颌骨引起占位效应。当鳞状细胞癌与骨相邻时，通常会导致骨溶解，主要表现为溶骨性外观，矿化组织周边扩张，并伴有不均匀的造影增强，但转移性不强。当猫的软腭增厚时，相邻的中耳炎或鼓室泡积液可能同时发生。肿瘤转移到下颌骨和咽后淋巴结比较常见。肿瘤转移会导致淋巴结肿大，造影后伴有不均匀强化或实质填充缺陷。口腔黑色素瘤也可能影响口腔软组织，并可导致邻近骨的骨溶解。纤维肉瘤是犬中常见的口腔肿瘤，通常具有局部破坏性，伴有溶骨性病变，组织学检查通常是低级，但生物学上是高级的侵袭性肿瘤。鳞状细胞癌的 CT 影像呈现软组织衰减，并伴有强烈的造影增强。

　　CT 检查可以帮助制订手术计划，明确肿瘤切除的边界以改善预后。原发性骨肿瘤如骨肉瘤会造成骨溶解，通常影响单一骨且伴发不同程度的骨膜反应，并以该骨为中心，形成破坏性和增生性损伤向周围扩展。软腭最常见的肿瘤是淋巴瘤，见于犬和猫。犬最常见的扁桃体和舌部肿瘤是鳞状细胞癌。舌根可能是异位甲状腺肿瘤发生的部位。多数口腔肿瘤对其他软组织和骨骼具有局部侵袭性，并且具有很高的区域转移率。CT检查非常适合精确的病灶定位、边缘分析和转移扩散的评估（图7-38）。张口CT检查可以减少肿瘤与邻近软组织边界不清的情况。

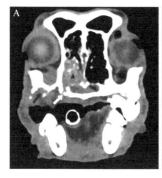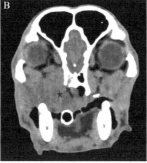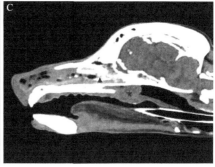

图7-38　上颌纤维肉瘤的犬CT影像表现（南京农业大学教学动物医院供图）

14岁雄性西高地白梗精神沉郁，食欲下降，流涎，呼吸困难。A，B．CT平扫，软组织窗横断面影像，可见右侧硬腭（白色箭号所示）、第2上白齿齿槽骨和翼骨（黑色箭号所示）被破坏，右侧鼻腔内鼻黏膜密度增高，有散在的高密度点状影像（黑色三角形所示）。右侧鼻后孔附近有一软组织密度肿块（黑色五角星所示）。C．CT平扫，软组织窗矢状面影像，可见硬腭软腭交界处的软组织肿块（黑色五角星所示）和右侧鼻腔内的高密度影像（黑色三角形所示）。通过细针穿刺诊断为黑色素瘤

二、口腔外伤

犬、猫口腔外伤临床常见。口腔受伤之后，下颌骨、上颌骨和牙齿等结构有可能会发生骨折或者移位、牙外伤、牙齿脱位/撕脱。犬和猫牙齿受伤最常见的原因是与其他动物打架、车祸、从高处坠落或咀嚼坚硬物体，如骨头或岩石。牙齿断裂是最常见的创伤性损伤，但也可能发生变色、脱位和撕脱。脱位和撕脱伤是牙科急症，因为它们与牙槽窝骨折同时发生。脱位类型有震荡性损伤、半脱位、挤压性脱位、侧脱位和侵入性脱位。脱位类型的诊断基于临床和影像学检查。变色可以观察到粉红色、棕褐色、棕色、灰色、紫色或黑色。受伤后牙齿变色，导致牙髓出血。出血在封闭系统中压迫牙髓，导致牙髓无凹陷。撕脱是牙齿完全脱离牙槽和口腔。一旦牙齿被撕脱，附着于牙根和骨骼的牙周膜与牙骨质层就会受损，牙齿顶端的血管也会被切断，导致牙髓坏死。与X线检查相比，CT检查可以用于提高诊断率（图7-39）。

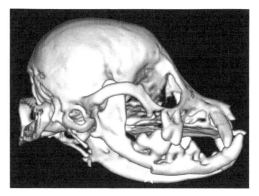

图7-39　犬头骨的三维MIP重建影像（南京农业大学教学动物医院供图）

右下颌骨有涉及409牙齿（即右下颌第1白齿）的骨折（箭头），同时可见严重的牙周疾病

三、牙周疾病

牙周疾病是成年犬和猫最常见的临床牙齿异常。牙龈炎是牙周疾病的最早症状，由

牙齿表面的牙菌斑积聚引起。尽管牙周疾病的病变部位在口腔，但必须认识到牙周疾病的系统性影响，如肾、心肌（乳头肌）和肝的微观变化。

1. X线检查　牙科X线检查应与细致的口腔检查相结合以诊断牙周疾病。牙周组织将牙齿附着在颌骨上，包括牙龈、牙周膜、牙骨质和牙槽骨。牙科X线片不能提供有关软组织的信息。牙周疾病的影像学表现因牙齿周围骨吸收的类型、位置和程度而异。牙周炎影像征可能是局限性或全身性的，骨缺损可能是轻度、中度或重度的。牙周炎影像征包括牙槽边缘骨缺损、水平骨缺损、垂直骨缺损、水平和垂直骨缺损、分叉暴露、分叉受累和牙周间隙增宽。在30%～40%的骨丢失之前，牙根分叉骨缺损在牙科X线片上不明显。牙周疾病起初表现是牙周膜发炎，这可能无法通过影像学观察到。评估早期牙周炎时，可使用牙科探针检测分叉处的早期牙槽骨丢失。分叉受累是指牙周疾病导致的多根牙牙根之间的骨缺损。完全穿过牙根的分叉称为贯穿和贯穿分叉，这在牙科X线片上很容易观察到。在拥挤或错位牙齿的牙科X线片上诊断骨缺损较为困难。严重牙周疾病的常见后遗症包括牙髓病、外部牙根吸收和下颌骨骨折。如果上颌骨广泛骨质流失，可能导致口鼻瘘。口鼻瘘管通常较难在临床上诊断，因为它们在牙科X线片上并不总是很明显。X线片仅可观察已经发生的骨丢失，不提供软组织状况的信息。

2. 高级影像检查　CT检查有出色的对比度和空间分辨率。少数病例的MRI比CT成像更能显示病变的侵袭范围。薄准直CT图像是评估骨组织致密结构和软组织的理想选择（图7-40）。当怀疑软组织异常时可使用造影剂。牙齿的正常结构在薄准直CT图像上显示为不同程度的衰减（图7-41）。

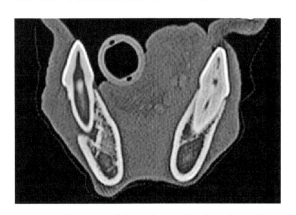

图7-40　慢性牙根感染和无生命牙髓的犬的CT影像
（Wisner and Zwingenberger，2015）

患有慢性牙根感染和无生命牙髓的犬的近中根408（右侧下颌第1臼齿）。与308牙齿（即左下颌最后一颗前白齿）相比，齿壁变薄

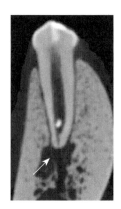

图7-41　类似根尖周脓肿的CT影像
（Alenazy et al.，2021）

根尖（箭号所示）周牙槽骨有局灶性破坏，影像学表现类似根尖周脓肿的特征

（陈凯文，李秋明，陈　武）

第五节　鼻　疾　病

一、鼻与鼻旁窦疾病

异物性鼻炎是继发于细菌感染的鼻炎，或伴有淋巴浆细胞浸润的皮质类固醇反应性鼻炎，在犬和猫身上可能有不同的影像学表现。

1. X线检查　根据鼻炎的慢性和严重程度，可能有鼻甲破坏和骨质侵蚀。猫慢性鼻炎和鼻窦炎是病毒性上呼吸道疾病的常见后遗症。影像征从轻度感染无明显变化到严重感染的鼻腔和额窦混浊增加，伴有鼻甲和犁骨破坏。

2. 高级影像检查　对41只患有炎症性鼻腔疾病（曲霉菌病与淋巴浆细胞性鼻炎）的犬进行MRI检查，曲霉菌病常见于鼻甲破坏和T1加权图像上的高信号。约半数患有淋巴浆细胞性鼻炎的犬会出现鼻甲溶解，也有动物出现T1低信号鼻甲。在5只患有淋巴浆细胞性鼻炎的犬中，影像学表现从不透明增加、无骨质破坏到鼻甲和犁骨溶解。鼻甲破坏在继发于曲霉菌病或肿瘤的破坏性鼻炎中更常见，但也可发生在其他形式的鼻炎中。CT和MRI成像可以更好地诊断疾病，并有助于区分肿瘤和鼻炎。

（一）非特异性鼻炎

非特异性鼻炎通常是由细菌、病毒、寄生虫、过敏原或严重的牙周病导致，进而造成鼻黏膜纤毛自净功能障碍，因此分泌物长期滞留引发黏膜充血水肿增生，继发细菌感染。鼻甲骨正常结构通常不受影响。但在慢性咽炎存在的情况下，边缘的细微结构可能会受到破坏。正常的鼻甲骨结构可以通过造影与周围的分泌物进行区分。CT检查通常会在双侧观察到弥散性的病理变化，单侧变化较为少见。鼻腔通道和额窦的不透明度增大提示黏膜水肿和浸润。有时可见轻到中度的骨溶解，但严重程度会比真菌性感染和肿瘤轻。

（二）真菌性鼻炎

犬真菌性鼻炎通常由霉菌感染引起，猫的真菌性鼻炎由隐球菌导致。若真菌性鼻炎被发现得早，可能会发现鼻黏膜扩张、增生和分泌物增加。随着疾病发展，可能会出现鼻甲骨破坏和萎缩甚至在吻侧或鼻中间位置出现空腔。额窦上皮通常会增厚，受影响的额窦内可能含有液体。某些严重的病例可能会出现筛板溶解。猫若出现曲霉菌感染，其影像症状（鼻甲骨破坏）可能比犬更严重，但真菌团块在CT中不常见。猫的隐球菌感染通常不会破坏鼻甲骨结构，但可能会有黏液，严重的会出现真菌肉芽肿，形成占位性肿块，侵蚀相邻骨骼，并可通过筛板向尾部延伸。CT可以检查出细小的筛板破坏。犬的真菌性鼻炎可能出现中度至重度的鼻甲空洞破坏，在鼻道中存在数量不等的异常软组织结构。额窦、上颌隐窝和鼻腔骨内表面附近的黏膜非特异性增厚，出现反应性骨增厚和（或）薄骨结构（额嵴、筛板、上颌骨隐窝内侧缘）被破坏（图7-42）。

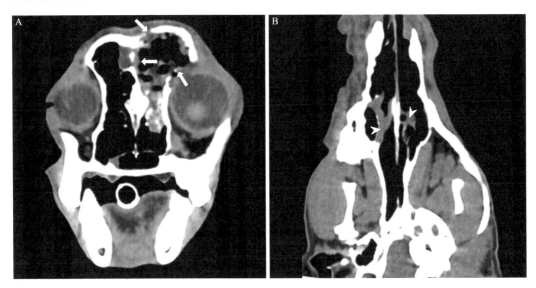

图7-42　真菌性鼻炎的CT影像表现（南京农业大学教学动物医院供图）

CT平扫，A图为软组织窗横断面，B图为冠状面影像，左侧鼻腔中后段有不规则片状软组织密度影像，其内有点状、线状高密度影像；鼻甲骨黏膜增厚（白色箭头所示）；左侧额窦内外侧、中隔骨板大面积骨质被破坏（白色箭号所示），病灶侵入左侧额窦和部分右侧额窦

（三）细菌性鼻炎

细菌性鼻炎通常继发于其他病因，CT影像表现如图7-43所示。

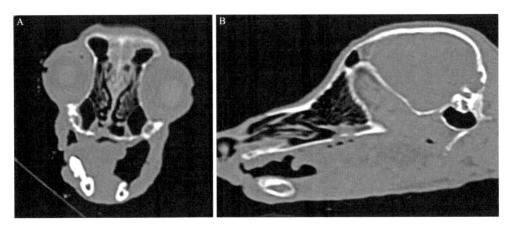

图7-43　细菌性鼻炎的CT影像表现（南京农业大学教学动物医院供图）

10岁雌性绝育的田园犬有鼻腔大量分泌物病史。A图为软组织窗横断面，B图为矢状面影像，可见右侧颚骨有一个局灶性的缺口。在B图的重建后CT图中可以看到鼻腔和鼻咽腔、口腔之间相互连接

二、鼻内异物

患病犬表现为急性打喷嚏和用爪子挠鼻，经常有单侧鼻涕，可能是化脓性的。

1. X线检查　　不透射线异物呈现高密度阴影。透射线异物不可见。由于存在炎症和黏液脓性物质，可见软组织密度增加。

2. CT检查　　CT对异物的识别比X线敏感，但并非所有异物在CT图像中都会表现出高衰减。CT中可能发现的改变有局部的鼻甲骨破坏，鼻黏膜增生或局部的液体/黏液分泌物增加（图7-44）。通常情况下病变仅局限于鼻咽而不会侵袭鼻旁窦，且为单侧损伤。

三、鼻与鼻旁窦肿瘤

犬和猫的鼻腔肿瘤占所有肿瘤的1%～2%，常发生于年龄较大的犬和猫。大约2/3的鼻肿瘤是上皮性肿瘤（腺癌、鳞状细胞癌、未分化癌），另外1/3为间质性肿瘤（纤维肉瘤、软骨肉瘤、骨肉瘤、未分化肉瘤）。鼻内淋巴瘤也有发生，猫的患病率较高。鼻腔肿瘤具有局部侵袭性，但转移潜能相对较低。放射治疗是目前首选的治疗方法，采用先进的放射治疗技术，如调强放射治疗、图像引导和立体定向放射治疗等，药物递送得到改善，避免累及关键的邻近组织，从而减少了副作用。

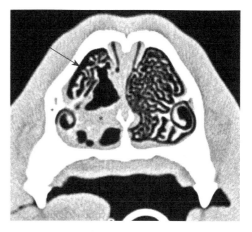

图7-44　鼻内异物的CT影像表现

（Vansteenkiste et al., 2014）

单侧区域性鼻甲被破坏（箭号所示）。液体衰减"肿块"提示为剩余的鼻甲、黏膜和积聚的渗出液的混合（星号所示）。碎片化的气体表明这不是固体的肿块。鼻镜检查时移除了植物芒（一种植物狐尾异物）。尽管局部或局部炎症反应是特征性的，但CT或MRI通常无法观察到植物芒本身

鼻腔肿瘤经常具有侵袭性的影像学表现，常见的影像学特征是骨质侵犯和鼻甲细节缺失。肿瘤通常起始于单侧但可能侵袭骨或发展到对侧，导致鼻腔软组织密度增加，并伴有下鼻甲破坏。邻近鼻腔的骨质破坏在晚期肿瘤中也很常见。鼻腔肿瘤可导致额窦内密度增加。通常无法通过X线片确定额窦密度是由肿瘤扩展引起的，还是由鼻窦内黏液积聚阻塞鼻额窦的正常流通所致。做出这种区分对于治疗计划可能很重要。MRI基于组织的化学成分而非电子密度，有助于区分额窦肿瘤和黏液，造影增强CT可提供类似的信息。侵袭性鼻腔肿瘤和持续时间较长的鼻腔肿瘤在影像学中破坏征更强，通常表现为外部软组织肿块，鼻甲破坏、鼻中隔偏曲和骨质破坏。这在X线片上可明显观察到。骨破坏的影像学证据是一个重要的预后标志，因为它与不良预后相关。侵袭性较小的肿瘤和早期发现的肿瘤很难在X线片上与鼻炎鉴别。筛板和鼻眶壁骨质溶解的诊断在影像学上很困难，更适合CT或MRI成像。因治疗方式不同，临床上还需区分肿瘤是面部肿瘤转移到鼻腔中还是鼻腔的原发瘤。

1. X线检查　　用于评估鼻部疾病最有用的影像学摆位包括用于详细评估鼻腔而不重叠下颌骨的口内背侧和（或）开口腹侧视图。张口腹侧视图更适合于筛板评估，因为X线成像板不能充分插入口腔尾侧以将筛板纳入口内视图。筛状板在X线片上表现为"V"形至"C"形的骨密度，根据头骨形状不同而有所不同（长吻型、中吻型和短吻型）。筛板的评估很重要，因为鼻肿瘤通常起源于筛窦甲和筛板，并且在X线片上检测到的骨质溶解表明肿瘤可能延伸至颅腔，这意味着预后较差。吻侧额窦投影用于评估单个额窦。全身麻醉是实现精确影

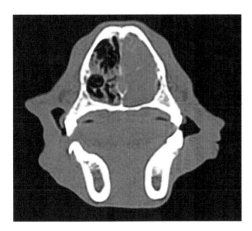

图7-45　鼻腔肿瘤CT平扫（南京农业
大学教学动物医院供图）

14岁雄性柯基犬左侧额窦、筛骨迷路、蝶窦内可见软组织密度影，平均CT值约为58Hu，内有不同程度溶解的鼻甲骨及筛骨；左侧颚骨、额骨可见多处骨皮质不连续

像学定位的基本要求，它有助于评估复杂的鼻道结构。

2. CT检查　　鼻腔内存在占位性病变（图7-45）。疾病的发展过程可能是单侧或双侧。肉瘤通常是从鼻腔中部或尾部开始发展，而淋巴瘤通常首先出现在鼻咽部或腹侧鼻道。起源于鼻腔的神经内分泌肿瘤通常出现在筛骨的筛状板上或附近，既向头侧延伸到鼻腔，又向尾侧延伸到颅内。

筛骨和鼻腔周围骨头被破坏。有时可能会观察到骨溶解或者病理性钙化。鼻甲破坏主要取决于疾病过程的阶段和肿瘤的侵袭性。临床诊断通常不需要造影，但造影后可能有助于将肿块与其周围的液体区分开，通常可见中度至重度强化。

（陈凯文，李秋明，陈　武）

第六节　耳 部 炎 症

小动物耳部成像方式有多种，耳镜能观察到的视野十分有限，并且对狭窄或阻塞的耳道患者进行评估更加困难。普通X线检查被认为是诊断中耳炎有价值的工具，但现在灵敏度更高的CT和MRI成为临床的首选。有报道称X线片阴性不能排除中耳疾病的存在，有25%的中耳炎患犬或猫在普通X线检查中没有阳性改变。CT可以对外耳、中耳和内耳进行断面成像，使中耳和内耳结构的解剖细节可视化，并能提供出色的骨结构图像。在检测影响骨结构的内耳和（或）中耳的疾病时，CT均优于普通X线检查和MRI。CT图像可用于评估：鼓大泡轮廓的改变；有无骨质增生和（或）骨溶解；大泡内的液体或组织增多。MRI可以识别软组织成分，能更好地评估内耳和其液体含量。

一、外耳炎

单纯性外耳炎通常是由感染、过敏和超敏反应，以及寄生虫或异物对耳道的机械刺激引起的。过多的液体积聚和肿胀会限制耳道的目视检查。在慢性病例中，软组织肿胀、过多的耵聍产生和渗出液聚集会导致外耳道增生性增厚和耳道狭窄。

1. X线检查　　急性病例X线检查通常无异常。若出现临床症状，可能存在软组织肿胀（外耳道渗出、气体影像消失）；慢性病例耳道可能出现钙化；严重病例可见软组织占据耳道而造成耳道狭窄或闭塞。

2. 高级影像检查　　在CT上，渗出物相对邻近的耳道上皮呈低衰减图像。根据渗出液的细胞和大分子含量不同，渗出液在MRI T2图像上通常为高信号，在T1图像上为可变强度。由于管壁炎症继发的高血管密度，管壁增生在CT和MRI图像上造影后信号强烈增强（图7-46）。

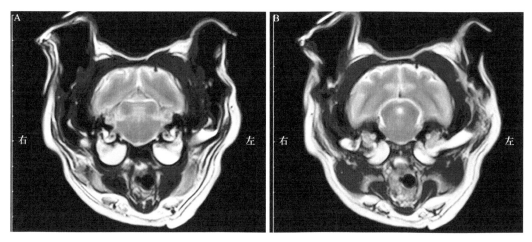

图7-46　外耳道异常的MRI影像表现（派特堡宠物医院供图）

一患慢性外耳道炎合并中耳炎的成年猫，其MRI影像可见耳道、鼓室内T2WI高信号。A. 可清晰地看到鼓室内积液；B. 可清晰地看到耳道内积液

二、中耳炎

中耳炎常继发于慢性外耳炎，或通过血源传播，或通过耳咽管吸入的异物等导致。耳咽管功能异常被认为是猫鼻窦疾病合并中耳炎的病因。中耳炎可能是单侧的，可以通过比较两侧的鼓室泡来简单地诊断。在疾病晚期，高度的骨质增生可能会累及颞骨或颞下颌关节。

1. X线检查　　对鼓室泡进行X线摄影时，摆位极为重要。全身麻醉有利于正确地摆位。X线检查是评估中耳炎的重要方法。内耳炎的诊断基于临床体征，不能完全依赖影像学改变进行诊断。评估鼓室泡是否出现以代表中耳炎的不透明度或骨性鼓室泡增厚时，最好是以侧向斜照和张口的X线片投射来观察。在侧位片中，常观察到外耳道狭窄和（或）矿化。据报道，查尔斯王猎犬患原发性分泌性中耳炎（PSOM）的临床症状包括局限于头颈部的疼痛和神经系统症状，类似于炎症性中枢神经系统（CNS）和颈椎间盘疾病，因此很难将该病与该品种常见的神经系统疾病相区分。临床上可能看不到外耳道异常和鼓膜鼓胀，诊断需要通过CT或MRI检查。治疗包括鼓膜切开术和冲洗黏液、黏液塞。PSOM可能与中耳分泌物分泌增加或引流减少有关。

X线检查中常见影像征包括鼓泡内出现液体密度的影像，且通常是单侧。鼓泡壁增厚、不规则、硬化、相重叠的颞骨密度增大。鼓泡壁破坏，有时可见骨膜反应，但鼓泡扩大不常见。外耳炎累及中耳炎所导致的长期慢性病例可能会导致耳道内气体密度影像消失，同时外耳道壁发生钙化。

2. CT检查　　CT是评估中耳炎更敏感的检查方法，鼓室泡壁可能硬化、增厚或出现骨溶解。鼓室泡内可见液体、凝结的甚至矿物质密度的分泌物。造影后鼓室泡内可能会造影增强。中耳病变在患有神经系统疾病或亚临床中耳炎的犬的MRI和CT图像中常见，但与中耳内信号强度和最终诊断无关。研究表明，310只接受头颅CT成像的猫中，有178只患有中耳疾病，其中34%没有耳部疾病的临床症状，大多数病例同时患有鼻部疾病。中耳CT图像的改变与临床或亚临床中耳疾病没有特殊的相关性。虽然不常见，但据报道犬和猫曲霉菌性中耳炎通常为单侧。CT和MRI检查可诊断犬的耳石和鼓室的骨质增生（图7-47）。

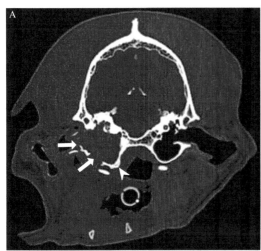
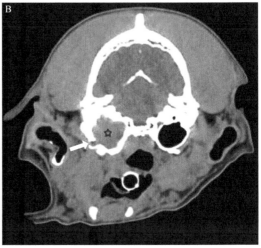

图7-47　鼓室异常的CT影像表现（南京农业大学教学动物医院供图）

CT平扫，骨窗和软组织窗横断面影像，可见右侧鼓泡骨质大量破坏（白色箭号所示），鼓泡壁增厚（白色箭头所示），鼓泡内充满液体到软组织样密度物质（黑色空心五角星所示），右侧外耳道少量钙化

三、炎性息肉

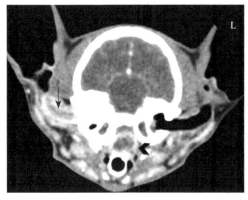

图7-48　猫耳道炎性息肉的CT影像表现
（Oliveira et al.，2012）

注意外耳道息肉（箭号所示）与鼻咽息肉（箭头所示）具有相似的边缘增强特征

1. X线检查　　咽部背侧可见软组织团块且与软腭相连。鼻咽内存在的气体可能会作为阴性对照显示出软组织团块。若疾病严重，鼻咽内气体可能会减少或消失，且可能会累及耳道发生中耳炎。有时可见一侧或双侧鼓泡增厚。

2. 高级影像检查　　炎性息肉通常源于外耳道上皮细胞增生或者鼓室泡增生。息肉通常有着丰富的血管，因此CT和MRI信号造影后会中等程度增强（图7-48）。炎性息肉可在猫的单侧或双侧耳咽管中观察到，可能会延伸到鼻咽内。息肉可能是天生的，也可能是后天感染造成的，常在年轻猫中观察到，有时会伴发外耳或中耳炎。

（陈凯文，李秋明，陈　武）

第七节　颞、颌疾病

一、颞、颌关节外伤

外伤后可能发生颞下颌关节脱位。颞下颌关节脱位通常发生在猫从高处坠下后，以及犬和猫车祸后。颞下颌关节具有相当大的侧向滑动运动范围，而下颌联合软骨的融合允许下颌支独立运动，因此颞下颌关节能在不骨折的情况下脱位。颞下颌关节脱位倾向于吻背方向，因为颞骨关节后突可防止腹侧耳廓脱位。患有颞下颌关节脱位的犬和猫不能完全闭合口腔，牙齿错合，下颌骨移位至一侧，并有过多的唾液分泌。通常是单侧脱位；它可能单独发生，也可伴发关节后突、下颌窝、颞鳞状骨颧突骨折，或下颌骨髁突骨折。

1. X线检查　由于骨骼影像重叠，很难发现骨折。评估颞下颌关节所需的影像学投照包括腹鼻侧视图和20°侧斜视图。在犬，使用矢状斜位X线检查，用泡沫楔子将鼻子抬高，使头部从侧面位置与成像板成20°，进行摄影检查。

从高处坠下的猫下颌联合常出现分离性损伤。颅骨、额骨或鼻骨的骨折常为凹陷性骨折，需要拍摄损伤部位的切线位才能显示。骨折断端重叠会使射线透过下降，位移的骨折端会出现射线透过增强，以及软组织肿胀甚至局部神经功能障碍。鼻骨或额骨骨折可能会伴发鼻腔或额窦出血，表现为空气充盈的鼻腔内出现软组织密度影像。

2. CT检查　CT成像可以更准确地评估颞下颌关节，并且有助于诊断骨关节炎、发育不良和其他疾病。犬和猫在车祸后可能发生颅骨损伤。CT三维重建功能最常被用于这些患病动物手术计划的制订。

不完全或无移位的骨裂或骨折常伴有外侧髁的位移或下颌窝骨碎片；下颌窝经常出现粉碎性骨折；关节后突骨折通常为横断面方向延伸，因此最好通过矢状面图像进行评估。

二、颞下颌关节发育不良

颞下颌关节发育不良可导致张口闭锁，这种先天性疾病并不常见。该病最常见于巴塞特猎犬，也见于爱尔兰塞特犬。下颌过度伸展、髁突过度侧向移动及随后颧弓外侧的卡压后，会出现颞下颌关节张口闭锁。物理性卡压通常发生在具有严重的发育异常变化的一侧。打哈欠通常会导致下巴紧闭，因为哈欠会导致嘴的极度张开。在猎犬、北京犬和腊肠犬中，颞下颌关节发育不良是一种无症状的解剖结构异常。猫也会发生开放性颌骨闭锁。CT检查通常用于诊断颞下颌关节发育不良，三维重建有助于制订手术计划。

颞颌关节脱臼可能是全脱臼或半脱臼，通常是由外伤或开放性闭锁所致。多数情况下下颌骨髁状突会向吻侧脱臼。半脱臼通常与发育不良或退行性变化导致的关节松弛有关。

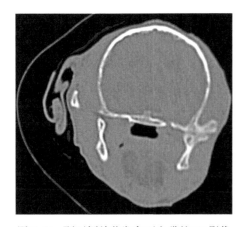

图7-49 颞下颌关节发育不良猫的CT影像
（南京农业大学教学动物医院供图）

3岁雌性本地杂种猫，诊断为下颌骨发育不良和先天性颞下颌关节强直。可见下颌骨骨体缩短，上下颌闭合不全；下颌切齿、白齿不同程度缺损（未呈现）。下颌骨冠突变长，向后背侧弯曲。颞下颌关节间隙消失，关节形态改变，皮质骨缺损

X线检查通常无法准确观察复杂的下颌关节结构。CT检查可观察到髁突或下颌窝弯曲甚至S形。下颌关节可能内翻，下颌髁状突可能出现半脱位（图7-49）。

（陈凯文，李秋明，陈　武）

第八节　淋巴结疾病

下颌淋巴结：通常有两或三个下颌淋巴结（最多5个）浅表地分布于两个下颌骨角突的尾腹侧，沿面静脉两侧且位于下颌唾液腺的吻端。它们在犬中的长度为1~2cm。流入淋巴来自除了舌、咽、喉和耳朵的整个头部。流出淋巴通向内侧咽后淋巴结。

腮腺淋巴结：单个腮腺淋巴结位于颞下颌关节的尾腹侧，犬约1cm，猫约5mm。它的尾部被腮腺唾液腺覆盖，因此在正常情况下几乎无法辨认。其流入淋巴管起源于腮腺和耳下颌淋巴结，流入淋巴管区域广泛。流出淋巴管通向内侧咽后淋巴结。

内侧和外侧咽后淋巴结：犬的长度为3~4cm。它位于咽的背外侧，尾部位于二腹肌和头长肌腹外侧。其颅外侧缘与下颌唾液腺相接。流入淋巴管源自腮腺和下颌淋巴结的引流区、食道和气管（包括甲状腺）的颅面及几乎整个颈部肌肉组织。流出淋巴管汇入气管干。

外侧咽后淋巴结：大约30%的犬有该淋巴结，通常非常小，几乎所有的猫都有该淋巴结，其大小与内侧咽后淋巴结相似。它位于耳基和C1的翼之间的表层。它的流入淋巴来自腮腺唾液腺和外耳，流出到内侧咽后淋巴结。

颈浅淋巴结和颈深淋巴结：颈浅淋巴结又称为肩胛前淋巴结，它们通常成对地位于冈上肌头侧的颈部肌肉组织之间，在犬中长度可达4cm。在猫中通常是由两个背侧和一个较小的腹侧淋巴结组成，它们的位置更深。传入淋巴管源自头部、颈部和耳朵、整个前腿和胸部头侧的皮肤组织。传出淋巴管通向气管干、胸导管或颈外静脉。

中部深颈淋巴结：很少出现在犬和猫。它位于气管的中部，大小与颈深淋巴结相似。

尾侧颈深淋巴结，存在于30%的犬中。它比头侧和中部淋巴结大，位于气管腹侧，在胸廓入口处的胸骨甲状肌和胸骨舌骨肌下方。猫中部淋巴结通常由多个较小的淋巴结组成。

一、淋巴结炎

淋巴结受局部疾病的影响，如脓肿、肌炎、外耳炎和其他炎性疾病，作为免疫应答

的一部分会出现淋巴结增生。在CT和MRI影像上，淋巴结呈轻度至中度增大。

1. CT检查 增生的淋巴结通常在平扫的图像上呈等衰减至低衰减，在其中心呈中等至强烈的造影增强（图7-50）。

2. MRI检查 淋巴结轻度至中度增大，具有均匀至不均匀的造影增强。肿大后可见腮腺和外侧咽后淋巴结。严重的情况下，淋巴结可能形成脓肿，伴有中心低密度区和边缘造影增强。淋巴结反应性变化也可能导致边缘不清晰和软组织滞留在周围脂肪中。

二、淋巴结转移瘤

头部和口腔的肿瘤可能转移到局部淋巴结。为了评估肿瘤的淋巴结转移，应评估下颌骨和内侧咽后淋巴结肿大、异质性和形状的改变。转移性沉积物倾向于存留在淋巴结和淋巴窦中，当转移情况严重时，可以在造影后的图像上识别充盈缺损。

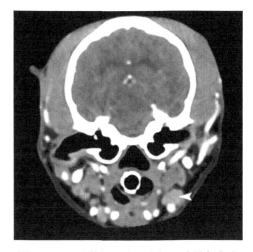

图7-50 14岁雄性西高地白梗口腔黑色素瘤
（南京农业大学教学动物医院供图）
CT增强扫描的软组织窗横断面影像显示左侧
下颌淋巴结肿大（白色箭头所示）

（陈凯文，李秋明，陈　武）

第九节　唾液腺疾病

一、唾液腺炎症

涎腺炎/涎腺囊肿是颧骨唾液腺的一种炎症状态。黏蛋白可能会渗出到周围的结缔组织当中，进而造成腹侧局部的有波动性的囊肿。眼眶腹外侧腺的位置在增大和发炎时会引起继发性眼球突出。该疾病通常是单侧的，但也可能是双侧的。

1. 超声检查 液体充盈、无絮状物的无回声区可以区分唾液腺囊肿与脓肿/血肿。

2. CT检查 唾液腺扩张增大，出现低衰减且造影后不增强的信号，腺体边缘可见造影增强。耳道外侧和腹侧的唾液腺腺体也增大。尽管有炎症，但通常可见腺体和导管结构，但其外侧的肌肉和脂肪组织结构可能会被破坏（图7-51）。有时在造影之前可能会在同侧或者另一侧的腺体/导管内观察到涎石。

3. MRI检查 显示一个增大的低衰减T1低信号、T2和FLAIR序列高信号腺体，周围因炎症而失去细节。涎腺常见液体衰减或T2高信号（图7-52）。下颌和腮腺唾液腺偶尔会受到涎腺炎的影响。该结构可能因涎腺囊肿或脓肿形成而被破坏。

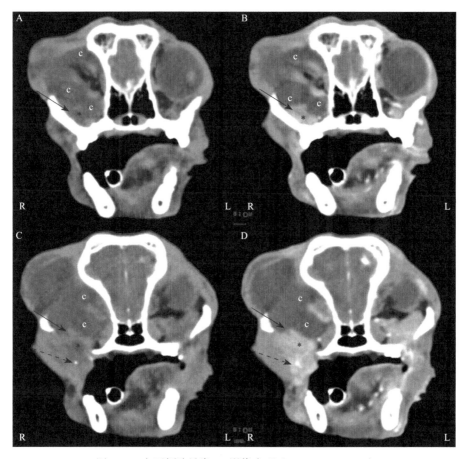

图7-51 犬下颌腺异常CT影像表现（Lee et al., 2014）

造影之前（A、C）和之后（B、D）的横向CT图像显示右眼球和颧腺（星号所示）周围的囊性物质（c）。右颧骨有小囊性病变（箭号所示）和局灶性高信号（虚线箭号所示）。团块中存在局部的矿质不透明度的物体。该团块被认为是黏液囊肿合并多个涎石

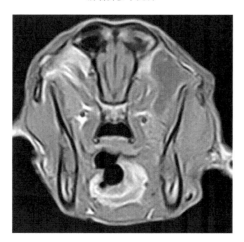

图7-52 黏液囊肿（Lee et al., 2014）

3岁雄性短腿猎犬，左眼球突出，横向T1加权MRI提示左颧骨唾液腺肿大，呈低信号，
手术摘除后病例切片确诊黏液囊肿

二、腮腺肿瘤

腮腺良性肿瘤常见于青年犬，表现为面颊部无痛性肿物，圆形或卵圆形，边缘规则，质地较软或中等硬度，生长缓慢。腮腺恶性肿瘤的好发年龄较大，表现为不规则肿块，质硬，生长较快。

超声检查对于腮腺肿瘤有一定的诊断价值，超声对囊实性的鉴别有很高的敏感性，尤其是超声导引下的穿刺活检细胞学检查极有临床价值。CT扫描是腮腺肿瘤的基本检查方法，能明确显示肿瘤的部位、形态、大小、密度变化，确定肿瘤与周围结构的关系，尤其是能提供肿物是否侵犯面神经、破坏颅底骨质、侵犯颈动脉间隙及咽旁间隙的有效信息。正常的唾液腺结构通常不可见，源自唾液腺的肿块造影后结构通常不规则。区别腮腺肿瘤和其他软组织肿瘤有时会很困难。MRI检查同样能显示肿瘤的部位、形态、大小、密度变化及与周围结构的关系，可作为CT检查的必要补充。从图7-53造影后的CT图像可见，右侧咬肌附近的囊性肉瘤侵入了右侧腮腺。

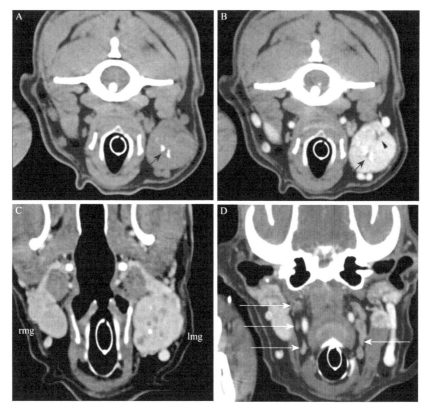

图7-53　腮腺肿瘤CT影像（Lenoci and Ricciardi，2015）

犬未增强（A）和造影增强（B）左下颌腺处横断面计算机断层扫描图像，以及斜背面下颌腺CT图像（C）和内侧咽后淋巴结图像（D）。受影响的腺体与对侧相比（C）体积增大且存在实质钙化（黑色箭号所示）和坏死的低衰减区域（箭头所示）。左侧内侧咽后淋巴结（D图中单个箭号所示）比其对侧（D图中三重箭号所示）增大。rmg. 右下颌腺；lmg. 左下颌骨腺

（陈凯文，李秋明，陈　武）

第十节　甲状腺疾病

一、甲状腺功能减退

约50%功能性甲状腺功能减退症的犬患有淋巴细胞性甲状腺炎，其余的犬多数有特发性甲状腺萎缩。甲状腺的超声检查只能提供解剖学上的信息而不是功能方面的信息。

1. 超声检查　　猫甲状腺亢进可观察到腺体增大、低回声、回声结构均匀混杂，可见弥散性结节浸润或整个腺体增大。有时可观察到甲状腺囊肿。

2. 高级影像检查　　甲状腺因碘富集，CT扫描为高密度。甲状腺炎动物甲状腺肿大，而特发性甲状腺萎缩会导致甲状腺体积缩小，滤泡细胞破坏，甲状腺碘浓度降低，甲状腺CT图像上密度降低。

二、甲状腺功能亢进

功能性甲状腺结节增生和腺瘤常见于老年猫。甲状腺单侧或双侧增大，可能包括离散性肿块病变或弥漫性肺叶增大。受影响的甲状腺可能有不规则边缘和囊性成分，在CT图像上表现为低衰减，在T1和T2 MRI图像上分别表现为低信号和高信号。受影响猫的甲状腺中度至显著增强，外观可能不均匀。

三、甲状腺癌

犬甲状腺癌最常见于单侧，通常包裹性差，侵犯邻近组织和血管。恶性肿瘤通常血管丰富，其实质常表现为异质性，可能有囊性和矿化成分。区域淋巴结转移也很常见。犬的甲状腺瘤通常是非功能性的，因此通常是因其体积增大而开始压迫周围组织，才会在临床中被检查出来。猫的甲状腺瘤绝大多数都是腺瘤或增生，通常是双侧增生且为功能性增生。进行CT或MRI成像对于确认甲状腺起源，确定手术的可操作性及制订具体的手术计划非常重要。CT和MRI成像中，甲状腺癌通常较大，可能移位或侵犯邻近的颈部肌肉组织、血管、气管、喉和食道。有些肿瘤包裹良好，另一些肿瘤则对邻近组织具有高度侵袭性。

1. 超声检查　　犬和猫常见甲状腺癌或腺瘤。异位的甲状腺组织在超声上很难与淋巴结区分，功能性甲状腺瘤偶尔累及两侧腺体。甲状腺癌通常单侧发生，低回声，边界不清，回声结构混杂。局部组织侵蚀通常会累及重要的解剖结构如颈静脉或颈动脉。超声引导下的细针穿刺检查对诊断非常重要。

2. CT影像检查　　在平扫CT的图像上，甲状腺癌通常与邻近的颈部腹侧肌肉组织呈等衰减，实质内的低衰减区和高衰减区分别对应于空洞性坏死性或出血病变及退行性钙化（图7-54）。恶性肿瘤明显不均质，在有血管侵犯的肿瘤中，造影增强和肿瘤血栓可能很明显。若甲状腺瘤已经扩散，其通常会扩散到肺部，因此推荐同时扫查肺部。

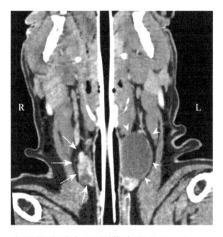

图7-54 犬甲状腺异常CT影像表现（Maurin et al.，2019）

10岁雌性绝育拳狮犬，右侧颈部腹侧有团块，图中箭号所示右侧团块提示甲状腺异质肿块，箭头所示为左侧
甲状腺内存在的液性低衰减区且外侧边缘存在造影信号增强。通过细针穿刺检查确诊肿块为甲状腺瘤

3. MRI检查 在MRI图像上，肿瘤在未增强图像上通常为T1高信号，在T2图像上为混合高信号（图7-55）。MRI图像的造影增强与CT相似，肿瘤实质呈明显的不均匀增强，异位甲状腺瘤偶尔会出现在颈部腹侧区域或前纵隔。异位甲状腺癌的CT和MRI表现与原位肿块相同。其他与甲状腺癌影像学表现相似的颈部腹侧肿块包括颈动脉体瘤、血管肉瘤、未分化癌、肉芽肿性淋巴结炎和食道旁脓肿。

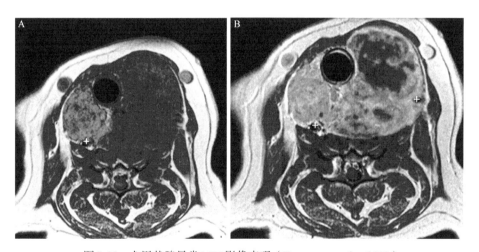

图7-55 犬甲状腺异常MRI影像表现（Taeymans et al.，2013）

13岁的标准贵宾犬，双侧甲状腺癌的横断面T1WI（A）、对比增强后T1WI（B）显示甲状腺癌显著的造影增强和不均匀
的实质。注意两条颈总动脉（"＋"所示）的位移

（陈凯文，李秋明，陈　武）

第八章　骨和关节疾病

骨骼、关节及邻近软组织在临床上经常发生疾病，常见的有外伤、炎症和肿瘤。另外，有些全身性疾病如营养代谢障碍和内分泌失调等疾病也可引起骨骼与肌肉的改变。在兽医临床研究与实践中，犬、猫等宠物及马的骨关节疾病常用X线诊断，如果X线诊断对于细微病变检查有困难，再应用CT和（或）MRI做进一步检查。

第一节　检　查　方　法

一、X线检查

骨骼中含有大量的钙盐，是动物体中密度最高的组织，与其周围的软组织有鲜明的天然对比。而在骨骼本身的结构中，周围的骨皮质密度高，内部的松质骨和骨髓比骨皮质密度低，存在鲜明的对比。由于骨与软组织具有良好的天然对比，因此一般摄影检查即可使骨关节清楚显影，经观察、分析可对疾病做出诊断。需要指出的是，某些疾病在病变的早期，X线检查可能表现为阴性，随着病情的发展会逐渐表现出X线征象，故应定期复查，以免发生遗漏而造成误诊。

（一）透视和平片检查

透视主要用于异物定位及监视手术摘除异物、矫形手术、外伤性骨折与脱位进行复位时，其他时候很少使用。普通摄片是骨与关节X线检查中最常用的技术。摄片时要注意：

1）任何部位包括四肢长骨、关节和脊柱都要拍摄正、侧两个部位的X线片，某些部位需加摄斜位、切线位、轴位及关节的伸展和屈曲位。

2）摄影范围需包括骨骼及其周围的软组织如肌肉等。除拍摄病变部位外，还应包括邻近的一个关节。

3）进行脊柱摄片时，如腰椎拍摄应包括下部胸椎以便计数。

4）拍摄关节时，应设法使X线束的中心平行通过关节间隙。检查关节稳定性及关节间隙的宽窄时，应在关节负重的情况下进行拍摄。

5）两侧对称的骨关节，病变在一侧而症状不明显或经X线检查有疑虑时需拍摄对侧相同部位的X线片进行比较。

（二）体层与放大摄影

体层摄影：在骨关节本身结构复杂或同其他结构重叠的部位体层摄影可使结构显示清楚。对骨病也可更清晰地显示病灶。

放大摄影：使用微焦点X线管通过X线影像的直接放大可观察骨骼细微结构和轻微变化。多用于检查局部骨小梁结构和小的骨关节。

（三）造影检查

关节内的软骨盘、关节囊、滑膜及韧带等均为软组织，彼此间密度一致，在平片上缺乏对比，这些软组织的损伤和病理改变需向关节腔内注入造影剂形成人工对比才能观察到，即关节造影。关节造影一般用气体作为造影剂或用有机碘水剂注入关节腔内。也可同时注入有机碘水剂和气体进行双重造影。

血管造影多用于肢体动脉，主要用于血管疾病的诊断和良、恶性肿瘤的鉴别。后者根据肿瘤的血管形态改变、肿瘤血流情况和邻近血管的移位等进行诊断。

二、CT检查

通常是在普通X线检查的基础上对有疑问的病变做进一步检查，可以显示X线难以发现的淡薄骨化和钙化影及区分不同性质的软组织。CT不仅能够显示组织结构横断解剖的空间关系，而且其密度分辨力高，可区分密度较小的脂肪、肌肉、软骨组织等，能显示细微的钙化和骨化，易于查出病灶，还能确定病变部位、范围、形态与结构。另外，可以通过对比增强CT检查进一步了解病变的血供情况和病变组织，为诊断提供更多信息。适用于患有骨关节和软组织疾病如骨关节及软组织肿块、肿瘤、损伤等的动物。

（一）扫描参数

（1）扫描范围及位置　　扫描范围及位置需根据病变部位或范围而确定，若需要，还常同时扫描双侧，以利于对照观察。由于CT具有强大的后处理功能，因此多采用轴位扫描，然后根据需要进行冠状、矢状及其他各种斜位图像重建，以最大限度地显示解剖结构和病变及空间位置关系。

（2）窗宽与窗位　　骨骼窗宽一般采用1000～2000Hu，窗位采用200～250Hu；软组织窗宽多采用400～600Hu，窗位采用0～100Hu。

（3）扫描技术与方法　　长骨、四肢或脊柱区域常规扫描层厚为3～5mm，螺距为1.2～1.5。

细小病变或细微解剖结构区域，一般采用1～2mm层厚，螺距≤1。需要二维或三维图像重建的病例，可根据实际情况采用更薄的层厚和较小的螺距进行扫描，重建间隔采用50%～60%有效层厚，以达到满意的图像质量。采用高分辨率CT及骨算法扫描，重建图像可更好地观察骨结构。

（二）平扫

CT平扫已成为骨关节系统最常用的检查方法之一，尤其是螺旋CT扫描及其图像后处理技术，如多平面重建、最大强度投影、表面遮盖显示和容积显示等技术，显示解剖复杂、结构重叠较多的部位，了解三维空间关系，也可用于显示骨松质、骨皮质、骨髓腔及周围软组织结构，如皮肤、皮下脂肪、肌肉、肌间隙及较大的神经、血管结构，但对韧带、滑膜、半月板及关节软骨的显示不够理想。

（三）增强扫描

（1）CT常规增强扫描　　注射对比剂后，分别进行动脉期、静脉期或延迟扫描，动脉期扫描一般延迟时间为25～30s，静脉期扫描延迟时间为60～70s，CT常规增强扫描主要用于显示病变部位的血供情况，确定病变范围，发现病变有无坏死等，以利于定性诊断。

（2）动态CT增强扫描　　主要用于了解组织、器官或病变的血液供应状况。

（四）关节造影

可更清晰地观察关节的解剖结构，如关节骨端、关节软骨、关节内结构及关节囊等（图8-1）。

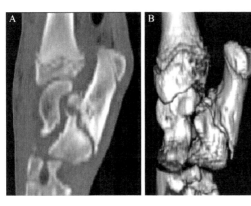

图8-1　CT重建的跗关节（Holloway and McConnell，2013）

A. CT片；B. 三维重建片

三、MRI检查

MRI具有软组织密度分辨率高、多方位、多参数成像等优势，对于显示骨与骨髓、关节与关节软骨、关节内结构和软组织病变等优于CT，但对钙化、细小骨化及骨皮质等的显像不如X线和CT。所以对多数骨骼和软组织病变的MRI检查应在X线片的基础上进行。

（一）平扫

平扫的扫描范围同CT，扫描方位除轴位外，还可直接进行冠状位、矢状位或其他任意方位扫描。常用以下扫描序列。

1）自旋回波序列：是肌肉骨骼系统MRI检查的基本序列。T1WI加权成像可显示肌肉、骨骼的解剖结构；T2WI加权成像常与预饱和脂肪抑制技术合用，利于显示病变形态和范围；PWI加权成像常与预饱和脂肪抑制技术合用，对显示骨髓、软骨及软组织病变有价值。

2）梯度回波序列：扫描速度快，可获得准T1和准T2图像，还可进行三维扫描，利于显示软骨结构，但信噪比差，磁敏感伪影明显。梯度回波序列在肌肉骨骼系统中的应用价值不如自旋回波序列，应用较少。

3）脂肪抑制序列：常用技术包括翻转恢复脂肪抑制序列和预饱和脂肪抑制技术，后者常与T1WI、PdWI或T2WI联用，对骨髓、软组织病变的显示有价值。

（二）增强扫描

1）常规增强扫描：常将SE T1WI与预饱和脂肪抑制技术联合使用，主要用于检查肌肉骨骼病变血供情况，确定病变与水肿的界限，区分肿瘤活性成分和坏死成分，也可用于早期发现肿瘤术后复发，是肿瘤治疗前后疗效观察的常用方法。

2）动态增强扫描：主要用于了解组织、器官或病变的血液供应情况。

（三）血管造影

常将3D-TOF技术与对比剂快速注射联合应用进行成像，可用于体部及四肢血管成像。本方法的成像速度快、对比分辨力高，为目前肢体血管的主要MRI成像技术。

（四）穿刺活检

MRI软组织分辨力高，可相对选择肿瘤活性成分进行取材，以得到更准确的病理结果。

（五）关节造影

关节腔内注射Gd-DTPA稀释液或生理盐水后进行磁共振成像，利于观察关节内结构。

（胡延春）

第二节　正常影像解剖

骨骼按其形态的不同分为长管状骨、短管状骨、扁骨和不规则骨，按骨结构不同又分为骨密质和骨松质。骨密质构成骨的外层，即骨皮质。骨松质间隙大而多，骨小梁呈网格状，其中充以骨髓组织。除了关节端，骨皮质表面都覆盖有骨膜，骨膜分内外两层，内层为富含血管的结缔组织，内含成骨细胞；外层为致密纤维组织，内含血管、淋巴管和神经。骨的中央为骨髓腔，腔内充满骨髓。

幼龄动物的骨处在生长发育阶段，解剖上与成年动物有所不同。四肢管状骨来自软骨内化骨，出生时骨干已完全骨化，而两端仍为软骨，称为骺软骨。随着年龄增长，两端骺软骨内出现继发骨化中心（或称二次骨化中心），X线下呈小点状骨性致密影。骨的骨干两端膨大的部分称为干骺端。继发骨化中心与干骺端之间的软骨板称为骺板，骺板内具有可以不断增殖的软骨细胞，是骨的长度得以增加的基础。骺软骨与干骺端不断骨化，二者间软骨变薄呈板状，表现为半透明线状影，即骺线。最后与骨干结合，骺线消失。

一、X线影像

（一）骨骼

幼龄和成年动物有一定区别。成年动物的长骨分为骨干和骨端两部分；幼龄动物的长骨分为骺、干骺端及骨干3部分。

骨膜：正常骨膜和骨周围的软组织密度相同，在X线片上不能辨认。

骨皮质：骨皮质为密质骨，密度均匀致密，在骨干中段最厚，向两端逐渐变薄。骨皮质外缘光滑整齐，仅在肌肉及肌腱韧带附着处隆起或凹凸不平。

骨松质：其影像由骨小梁和其间的骨髓所构成，表现为致密的网格状骨纹理结构。

骨髓腔：常因骨皮质和骨松质遮盖而显示不清，骨干中断时可显示为边界不清、较为透亮的带状区。

骨端：骨端的骨皮质多较菲薄且光滑锐利。但韧带附着处可不规则。其内可见较清晰的网格状骨纹理，为骨小梁和小梁间隙构成的骨松质影像。

（二）关节

X线片上滑膜关节由骨性关节面、关节间隙及关节囊构成，部分大关节可以辨识韧带、关节内外脂肪层等关节附属结构。

1）骨性关节面：表现为边缘光滑锐利的线样致密影，通常凹侧关节面较凸侧厚。

2）关节间隙：X线片上为两个骨端骨性关节面间的透亮间隙，是关节软骨、关节间纤维软骨和真正的关节腔的投影。幼龄动物关节间隙由于骺软骨未完全骨化，间隙更宽。

3）关节囊：由于其密度与周围软组织相同，一般平片上不能显示，有时在关节囊外脂肪层的衬托下可见其边缘。关节积液时，其内层滑膜肿胀也可显影。

4）关节附属结构：大关节的韧带在脂肪的衬托下有时可显影。

（三）软组织

骨骼肌肉系统中的肌肉、肌腱、韧带、关节囊、关节软骨、血管和神经等组织之间的密度差别不大，缺乏明显的天然对比，在X线片上无法显示各自的形态和结构，仅可观察某些肌肉、肌腱和韧带的轮廓，观察受到较大限制。

二、CT影像

（一）骨骼

在CT轴位骨窗图像上，骨皮质呈致密的线状、带状影，骨小梁表现为细密的网状影，骨髓腔内因含脂肪而呈低密度。

（二）关节

CT能很好地显示关节骨端和骨性关节面，后者表现为线样高密度影。关节软骨常不能显示。在适当的窗宽和窗位时，可见关节囊、周围肌肉和囊内外韧带的断面，这些结构均呈中等密度影。正常关节腔内的少量液体在CT上难以辨认。关节间隙为关节骨端之间的低密度影。

（三）软组织

CT不仅能显示软组织结构横断面解剖，而且可分辨密度差别较小的脂肪、肌肉和血管等组织和器官。在CT图像上，躯干和四肢的最外层是线样中等密度的皮肤，其深部为厚薄不一、低密度的皮下脂肪层，其内侧和骨的四周是中等密度的肌肉。由于肌肉之间有脂肪性低密度的间隔存在，因此据各肌肉的解剖位置和相互关系，不难将它们辨认。血管和神经多走行于肌间，在周围脂肪组织的衬托下呈中等密度的小类圆形或条索影，增强扫描血管呈高密度影，显示得更清楚且易于与并行的神经区别。关节囊可因囊壁内外层间的或囊外的脂肪而辨认其轮廓；关节附近的肌腱和韧带也易被其周围的脂肪所衬托而得以显示，上述结构也均呈中等密度影。

三、MRI影像

骨骼肌肉系统的各种组织有不同的弛豫时间和质子密度，因而MRI图像具有良好的组织对比，能很好地显示骨、关节和软组织的解剖形态，加之能获得各种方向的断层图像，故能显示X线片甚至CT等检查不能显示或显示不佳的一些组织和结构，如关节软骨、关节囊内外韧带、椎间盘和骨髓等，以及软组织水肿、骨髓病变、肌腱和韧带的变性等。对比增强MRI检查、磁共振血管造影和灌注成像等可以提供组织血供、血管化程度和血管等方面的信息，因此MRI在骨骼肌肉系统得到越来越广泛的应用。

（一）骨骼

1）骨皮质、骨松质：骨组织因缺乏氢质子，在所有序列中，骨皮质和骨松质均为极低信号。

2）骨髓：骨髓由造血细胞及脂肪组织构成，骨松质的骨小梁构成骨髓中细胞成分的骨架。依据骨髓各成分比例不同，可以分为红骨髓和黄骨髓两类，红骨髓所含脂肪、水及蛋白质的比例约为40：40：20，而黄骨髓则为50：15：5。由于黄骨髓所含脂肪比例明显高于红骨髓，故其T1较短。正常情况下，T1WI黄骨髓表现为与皮下脂肪相似的高信号，红骨髓信号介于皮下脂肪和肌肉之间；在T2WI上，红、黄骨髓信号相似，其信号高于肌肉而低于水。在高分辨率MRI上，骨骺瘢痕和较大的骨小梁可呈髓内条状低信号影而被识别。

新生动物的大部分骨髓为红骨髓，随着生长发育的进行，四肢骨骨髓自远端向近端顺序转化为黄骨髓。幼年动物骨髓中的脂肪与造血细胞混合分布，T1WI信号可不均匀，呈斑片状高低混杂信号。成年动物上述部位的红骨髓可转换为黄骨髓。椎管内红骨髓成分中可含脂肪团，表现为T1WI类圆形高信号区，类似于椎体内血管瘤。

（二）关节

1）关节软骨：在T1WI和T2WI上均呈弧形中等或略高信号，信号均匀，表面光滑。

半月板由纤维软骨构成，在T1WI和T2WI上均呈均匀的低信号。

2）骨性关节面：位于关节软骨下方，在T1WI与T2WI上均呈清晰锐利的低信号。

3）骨髓腔：位于骨性关节面下方及骨中央区，在T1WI和T2WI上均呈高信号。

4）关节内其他结构：韧带、关节囊等在T1WI和T2WI上均呈低信号。关节腔内液体（滑液）在T1WI上呈薄层低信号，在T2WI上呈高信号。

（三）软组织

1）肌肉在T1WI上呈等或略低信号，在T2WI上为低信号。

2）脂肪在T1WI与T2WI上均为高信号。

3）纤维组织、肌腱、韧带在各种序列上均为低信号。

4）血管因其内血液流动，在MRI上呈流空现象而表现为无信号的圆形或条状结构。

5）神经结构呈中等软组织信号。

（胡延春）

第三节　骨　骼　疾　病

一、骨质疏松

骨质疏松是指单位体积内骨组织的含量减少。骨组织的有机成分和无机成分同时按比例减少，骨细微结构变得脆弱，骨折危险性增加。组织学变化主要是皮质变薄，哈弗斯管和伏克曼管扩大，骨小梁减少、变细甚至消失，小梁间隙加大。

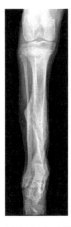

图8-2　骨折愈合（堪萨斯州
立大学教学动物医院供图）

可见软组织肿胀已大量减少，骨折
线已不可见。原有的骨折线处有环
形骨痂。骨折愈合良好，但存在失
用性骨质减少

1. 骨质疏松的分类

1）局限性骨质疏松：多见于肢体失用、炎症、血管神经功能障碍、肿瘤等。

2）全身性骨质疏松：又分为原发性及继发性骨质疏松。原发性骨质疏松的病因尚不清楚。继发性骨质疏松常见于甲状旁腺功能亢进、老年及绝经后、维生素C缺乏病（坏血病）、酒精中毒等。

2. 影像学表现

1）X线检查：①骨密度降低，骨皮质变薄，皮质内部出现条状或隧道状透亮影，称为皮质条纹征。骨小梁变细、减少，但边缘清晰，骨髓腔和小梁间隙增宽。严重者骨密度与软组织密度相仿，骨小梁几乎完全消失，骨皮质细如线状，可合并病理性骨折及肢体或躯干畸形（图8-2）。②脊椎椎体骨质疏松主要表现为横行骨小梁减少或消失，纵行骨小梁相对明显；严重时，椎体变扁呈双凹状，椎间隙增宽，常可由轻微外伤导致椎体楔状压缩骨折。

2）CT检查：与X线表现基本相同。

3）MRI检查：①老年性骨质疏松，骨松质由于骨小梁变细、减少和黄骨髓增多，在T1WI和T2WI上信号均增高。骨皮质变薄，皮质内部可出现条状高信号。②炎症、肿瘤、骨折等引起的骨质疏松，因局部充血、水肿可表现为长T1和长T2信号。

二、骨质软化

骨质软化是指单位体积内骨质钙化不足，骨的有机成分正常，无机成分减少，钙盐含量降低，导致骨质变软。组织学变化主要是未钙化的骨样组织增多，骨骼失去硬度而变软、变形，尤以负重部位为主。多见于钙磷代谢障碍和维生素D缺乏时。

1. X线检查

1）与骨质疏松相似处：骨质密度降低，骨皮质变薄，骨小梁变细、减少。

2）与骨质疏松不同之处：骨质软化的骨小梁和骨皮质因含有大量未钙化的骨样组织而边缘模糊；由于骨质变软，承重骨常发生各种变形，并可出现骨折线，又称洛塞带（Looser zone）。

3）干骺端和骨骺的改变：在骨骺未愈合前可见骺板增宽、先期钙化带不规则或消失，干骺端呈杯口状，边缘呈毛刷状（图8-3）。

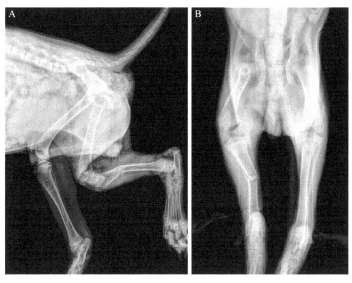

图8-3　病理性骨折（华南农业大学教学动物医院供图）

断奶后一直喂鱼，后肢跛行，X线片可见右侧胫腓骨骨折，骨密度低，骨皮质变薄

2. CT检查　　与X线表现基本相同，以冠状位或矢状位MPR图像显示更清楚。

3. MRI检查　　MRI很少被用于诊断骨质软化。

三、骨质破坏

骨质破坏是指局部骨质为病理组织所取代而造成的骨组织缺失。它是由病理组织本身直接使骨组织溶解吸收，或由病理组织引起的破骨细胞生成及活动亢进所致。骨皮质和骨松质均可发生破坏，多见于炎症、肉芽组织、肿瘤或肿瘤样病变、神经营养性障碍等疾病。

1. X线检查

1）局部骨质密度减小、骨小梁稀疏、正常骨结构消失。骨松质破坏，在早期表现为局限性骨小梁缺损。骨皮质破坏，在早期发生于哈弗斯管，造成管腔扩大，呈筛孔状，骨皮质内外表层均破坏时则呈虫蚀状。骨破坏严重时往往有骨皮质和骨松质的大片缺失。

2）不同原因引起的骨质破坏各具特点：①急性炎症或恶性肿瘤常引起活动性或进行性骨质破坏，骨质破坏进展较迅速，形状不规则，边界模糊，常呈大片状，称为溶骨性骨质破坏；②慢性炎症或良性骨肿瘤引起的骨质破坏进展较缓慢，边界清楚，有时在骨破坏边缘可见致密的反应性骨质增生硬化带。骨质破坏靠近骨外膜时，骨质破坏区不断向周围扩大，伴有骨膜下新骨不断生成，造成骨轮廓的膨胀，称为膨胀性骨质破坏；③神经营养性障碍时，因局部麻痹，不自觉地屡次受到外伤，而出现骨质破坏，骨、关节结构严重紊乱，骨端的碎骨片散布于关节周围，骨关节严重破坏，而自觉症状轻微为其特点（图8-4）。

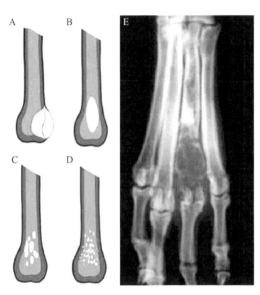

图8-4　不同程度骨破坏的示意图（A～D）和第4掌骨的骨溶解（E）（Holloway and McConnell，2013）

A. 恶性程度低的局灶型骨质溶解；B. 恶性程度高的局灶型骨质溶解；C. 虫蚀型骨质溶解；D. 侵蚀型（弥漫型）骨质溶解

2. CT检查　　比X线片更早、更易显示骨质破坏，MPR图像还可以从多方位观察病变。

1）骨皮质破坏：CT表现为骨皮质内出现小透亮区，或骨皮质内外表面呈不规则虫蚀状改变，骨皮质变薄或出现缺损。

2）骨松质破坏：早期骨质破坏的CT表现为骨小梁稀疏，局限性骨小梁缺损多呈软组织密度，逐渐发展为斑片状甚至大片状缺损。

3. MRI检查

1）骨皮质破坏的表现与CT相似，破坏区周围的骨髓因水肿呈模糊的长T1、长T2信号。

2）骨松质破坏的表现为高信号的骨髓被较低信号或混杂信号的病理组织取代。

四、骨质硬化与增生

骨质硬化与增生是指单位体积内骨质数量增多。其在组织学上可见骨皮质增厚，骨小梁增多、增粗，为成骨活动增多或破骨减少或二者同时作用的结果，可分为全身性骨质硬化和局限性骨质硬化：①全身性骨质硬化，常见于代谢性骨病、金属中毒、遗传性骨发育障碍，如肾性骨硬化、铅中毒、石骨症等。②局限性骨质硬化，常见于慢性炎症、退行性变、外伤后的修复及成骨性肿瘤等。

1. X线检查　　骨质密度增高，骨皮质增厚，骨小梁增多、增粗，小梁间隙变窄、消失，髓腔变窄，严重者难以区分骨皮质与骨松质（图8-5）。

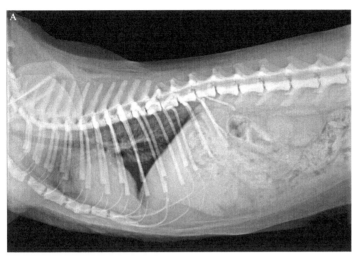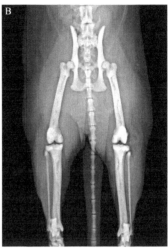

图8-5　猫骨石化症（极信研和兽医影像诊断中心供图）

A. 胸腹部侧位片，脊椎骨、胸骨和肋骨不透明度增加；B. 双侧股骨肱骨皮质增厚

2. CT检查　　与X线表现基本相似。CT显示重叠部位及细小的骨质硬化较佳，MPR图像还可从多方位观察病变。

3. MRI检查　　增生硬化的骨质在T1WI和T2WI上均呈低信号。

五、骨膜增生

骨膜增生又称骨膜反应，是指在病理情况下骨膜内层的成骨细胞活动增加所产生的骨膜新生骨。骨膜反应一般意味着骨质有破坏或损伤。其在组织学上可见骨膜内层成骨细胞增多，形成新生骨小梁，多见于炎症、肿瘤、外伤等。

1. X线检查

1）早期表现为与骨皮质平行的、长短不一的细线样致密影，与骨皮质间有较窄的透明间隙；随之，骨膜新生骨逐渐增厚，由于骨小梁排列形式不同而表现各异，可呈线状、层状、花边状。

2）骨膜增生的厚度、范围及形态与病变的性质、部位和发展阶段有关：①一般炎症所致的骨膜反应较广泛，肿瘤引起的较局限；②边缘光滑、致密的骨膜反应多见于良性病变，骨膜增生的厚度超过1mm者，良性机会更大；③针状或日光状骨膜反应常提示病变进展迅速、侵蚀性较强；④层状、葱皮样骨膜反应，可见于良性或恶性病变；⑤浅淡的骨膜增生常见于急性炎症或高度恶性肿瘤；⑥骨膜三角，骨膜新生骨可重新被破坏，破坏区两端残留的骨膜呈三角形或袖口状，常为恶性肿瘤的征象。

2. CT检查　　与X线表现基本相似。CT显示重叠部位的骨骼及扁平骨、不规则骨的骨膜增生较佳，MPR图像还可从多方位观察病变。

3. MRI检查　　MRI对骨膜增生的显示要早于CT和X线片。

1）在矿物质沉积前，表现为骨膜增厚，在T1WI上呈等信号，在T2WI上呈高信号的连续线样影。

2）矿物质沉积后，在T1WI和T2WI上一般均呈低信号。

六、骨质坏死

骨质坏死是指骨组织的局部代谢停止，细胞成分死亡，坏死的骨质称为死骨。其在组织学上可见骨细胞死亡、消失。早期骨的骨质结构和无机盐含量尚无变化，骨无明显的形态学变化；修复阶段周围新生肉芽组织向死骨生长，出现破骨细胞吸收死骨、成骨细胞形成新骨。常见于炎症、外伤、梗死、某些药物、放射性损伤等。

1. X线检查

1）早期无阳性表现。

2）1～2个月后在死骨周围骨质被吸收导致密度降低，或在周围肉芽组织及脓液的衬托下，坏死骨呈相对密度增高影。随后坏死骨组织压缩，新生肉芽组织侵入并清除死骨，死骨内部出现骨质疏松区和囊变区。

3）晚期死骨被清除，新骨形成，出现真正的骨质密度增高。

2. CT检查　　与X线表现基本相似，但更早发现骨坏死（骨小梁排列异常），更易发现细小的死骨。

3. MRI检查　　MRI对骨质坏死的显示要早于CT和X线。

1）早期在骨密度和形态尚无变化前，即可出现骨髓信号的改变，坏死区形态多不规则，在T1WI上均呈均匀或不均匀的等或低信号，在T2WI上呈中到高信号。死骨外周为T1WI呈低信号、T2WI呈高信号的肉芽组织和软骨化生组织带；最外侧为T1WI和T2WI均呈低信号的新生骨质硬化带，二者构成双线征。

2）在晚期，坏死区出现纤维化和骨质增生硬化，在T1WI和T2WI上一般均呈低信号。

七、软骨钙化

软骨钙化是指软骨基质钙化，标志着骨内或骨外有软骨组织或瘤软骨的存在。软骨钙化分为生理性（如肋软骨钙化）和病理性（如瘤软骨的钙化）。

1. X线检查　　软骨钙化表现为大小不同的环形或半环形高密度影，中心部密度可减小，或呈磨玻璃状。

1）良性病变的软骨钙化密度较高，环形影清楚、完整。

2）恶性病变的软骨钙化密度减小、边缘模糊，环形影多不完整，钙化量也较少。

2. CT检查　　与X线表现基本相似，但由于避免了组织重叠，能更好地显示钙化的位置和特点，MPR图像及多层螺旋CT三维重建技术（VRT）图像显示软骨钙化范围、部位及与周围骨和其他组织的关系更佳。

3. MRI检查　瘤软骨钙化在T1WI和T2WI上一般均呈低信号。

八、骨内矿物质沉积

矿物质进入机体后，可部分沉积于骨内或引起骨代谢变化。

铅、磷、铋等进入人体后，大部分沉积于肾内。生长期主要沉积于生长较快的干骺端，X线表现为干骺端多条横行的厚薄不一的致密带；在成年期则一般不易显示。

氟进入人体过多可引起成骨活跃，产生骨增生、骨硬化；也可引起破骨活动增加，骨样组织增多，发生骨质疏松或软化。氟与骨基质中的钙质结合后导致的骨质变化称为氟骨症，骨质结构变化以躯干骨明显，X线表现为骨小梁粗糙、紊乱而骨密度增高。

九、骨骼变形

骨骼变形多与骨骼的大小改变并存，可累及一骨、多骨或全身骨骼。局部病变和全身性疾病均可引起，如骨的先天性发育异常、创伤、炎症、代谢性、营养性、遗传性、地方流行性和肿瘤性病变均可导致骨骼变形。局部骨骼增大可见于血供增加和发育畸形等病变，如软组织和骨的血管瘤、巨肢症和骨纤维异常增殖症等。全身性骨骼短小可见于内分泌障碍，如垂体性侏儒等。骨骺和骺软骨板的损伤可使肢体骨缩短。骨肿瘤可导致骨局部膨大凸出。脊椎的先天畸形如半椎体、蝴蝶椎可引起脊柱侧弯、后弯。骨软化症和成骨不全可引起全身骨骼变形（图8-6）。

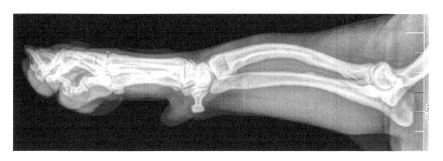

图8-6　骨骺板提前闭合而导致的骨变形（华南农业大学教学动物医院供图）

（胡延春）

第四节　关 节 病 变

一、关节肿胀

关节肿胀多由关节腔积液或关节囊及其周围软组织急、慢性炎症（充血、水肿）、出

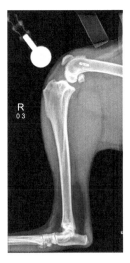

图8-7　关节肿胀（堪萨斯州立大学
教学动物医院供图）

5岁雄性绝育拳师犬，右侧前十字韧带断裂，
可见膝关节内存在渗出，髌骨下脂肪前移，
关节囊向后侧扩张，结合临床抽屉检查阳性
诊断为前十字韧带断裂

血所致。

1. X线检查

①关节周围软组织肿胀，结构层次不清，脂肪间隙模糊，关节区密度增高。②关节间隙增宽：在关节腔积液量增多时可见（图8-7）。

2. CT检查　　显示关节周围软组织肿胀优于X线片，CT可直接显示关节腔内的液体和关节囊的增厚。

3. MRI检查　　显示关节周围软组织肿胀、关节腔内的液体、关节囊的增厚优于CT。关节积液及软组织水肿呈长T1、长T2信号。

二、关节间隙异常

关节间隙异常可表现为增宽、变窄或宽窄不均。关节间隙增宽常见于关节积液、关节软骨增厚、滑膜肿瘤。关节间隙变窄常见于退行性骨关节病（关节软骨广泛磨损、破坏）。若局部关节软骨细胞增殖与坏死同时存在则可引起关节间隙宽窄不均。

X线片可发现病变关节间隙和局部骨质的改变，而CT和MRI不仅可发现间隙的改变，还能发现造成改变的某些原因，如CT和MRI均可直接显示导致关节间隙增宽的关节积液，MRI可较早地显示关节软骨的变薄、缺损，还可显示滑膜的厚度（图8-8）。

三、关节破坏

关节破坏是指关节软骨及其下方的骨质被病理组织侵犯、代替，常见于急慢性关节感染、肿瘤、类风湿关节炎、痛风等。

1. X线检查　　早期仅累及关节软骨时，表现为关节间隙变窄。累及骨质时据病因表现为不同形态的骨破坏和缺损。根据关节破坏的开始部位和进程，可以诊断某些关节疾病。

2. CT检查　　与X线表现基本相似，但能较早地发现细小的骨质破坏。

3. MRI检查　　能早期发现关节软骨及软组织改变。

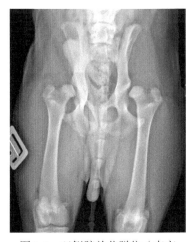

图8-8　双侧髋关节脱位（南京
农业大学教学动物医院供图）

四、关节退行性变

关节退行性变是指关节软骨变性坏死，逐渐被纤维组织取代，病变可累及软骨下骨

质，引起骨质增生硬化，致使关节面凹凸不平、关节边缘骨赘形成，关节囊增厚、韧带骨化等改变，多见于老年动物、关节长期过度负重、慢性创伤、化脓性关节炎等。

1. X线检查 ①早期：骨性关节面模糊、中断和部分消失。②中晚期：关节间隙变窄（尤其是在关节负重部位），关节面骨质增生硬化，关节囊肥厚，韧带骨化，关节负重部位可形成明显的骨赘。关节面下出现大小不等的透亮区，表明有软骨下骨囊肿形成。重者可发生关节变形（图8-9）。

2. CT检查 与X线表现基本相似，CT显示软骨下骨囊肿、关节囊肥厚、韧带增生、钙化与骨化优于X线片。

3. MRI检查 能早期发现关节软骨的改变，在显示软骨下骨囊肿、滑膜增生、关节囊肥厚方面有优势。

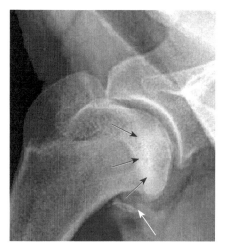

图8-9 关节退行性变（南京农业大学
教学动物医院供图）

黑色箭号提示骨硬化，白色箭号提示关节游离
体，肱骨头尾侧的关节软骨边界不清

五、关节强直

关节强直是指滑膜关节骨端之间被异常的骨连接或纤维组织连接，可分为骨性和纤维性两种。

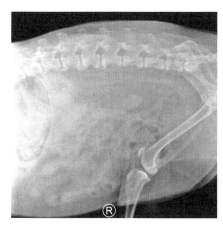

图8-10 关节强直（南京农业大学教学
动物医院供图）

犬T13～L4椎体腹侧可见大量骨质增生，椎间隙
内可见高密度影像

1. X线检查

①骨性强直：关节间隙明显变窄，部分或完全消失，可见骨小梁通过关节间隙连接两侧骨端。②纤维性强直：关节间隙变窄，仍保留关节间隙透亮影，无骨小梁贯穿（图8-10）。

2. CT检查 与X线表现基本相似，可清晰地显示关节间隙改变和有无骨小梁贯穿关节。

3. MRI检查 与CT相似，但因骨或纤维组织在各脉冲序列均为低信号，故显示关节强直不如CT清晰。

六、关节脱位

关节脱位是指构成关节的骨端对应关系发生异常改变，不能回到正常状态，分为全脱位（关节组成骨完全脱开）和半脱位（关节部分性丧失正常位置关系）。

1. X线检查 平片仅能显示骨结构的变化，骨端位置改变或距离增宽。利用关节造影能了解整个关节结构和关节囊的情况。

2．**CT检查**　　可更清晰地显示关节结构和关节囊改变，三维重建图像可以整体显示骨性关节结构，并可进行有关测量。

3．**MRI检查**　　能清晰地显示关节结构，对关节软组织、软骨、关节囊及韧带显示尤佳。

七、关节骨折

关节骨折是指外伤性或病理性骨折累及关节。

1．**X线检查**　　骨折线累及关节组成骨，骨端骨折，关节塌陷，骨折片陷入骨内或撕脱游离于关节腔内。病理性骨折除骨折征象外，还有原发病变引起的骨质改变。

2．**CT检查**　　与X线表现相似，但通过CT发现隐匿骨折、重叠部位的骨折优于X线片，三维重建图像能更精确地显示骨折及移位情况。

3．**MRI检查**　　MRI显示骨折线不如CT，对于显示微骨折或隐匿性骨折优于X线片和CT，还可清晰地显示骨折周围出血、水肿和软组织损伤。

八、关节游离体

关节游离体又称关节鼠，是由骨端撕脱的骨碎片、滑膜面脱离的滑膜性骨软骨瘤、半月板撕裂等进入关节内所形成。游离体可为骨性、软骨性、纤维性或混合性。

1．**X线检查**　　X线片可显示关节内骨性游离体及钙化的软骨性游离体，但有时与韧带和关节囊的钙化或骨化难以区别。通过关节造影可见被对比剂包绕的游离体。

2．**CT检查**　　与X线表现基本相似，CT在区分关节内游离体与韧带和关节囊的钙化或骨化、显示未钙化软骨性及纤维性游离体方面优于X线片，采用MPR图像可观察游离体与关节的关系。

3．**MRI检查**　　关节内骨性游离体及钙化的软骨性游离体在各序列上均为低信号，软骨及滑膜增生也呈相似低信号。在T2WI及梯度回波序列上，滑液呈高信号，易于检出低信号游离体。

九、关节内气体

关节内气体可因直接穿通伤或产气杆菌感染而发生，关节受到异常牵拉时，关节内压下降，体液或血液中气体也可进入关节腔内。

在X线片与CT上的关节腔内可见不同形状的极低密度影，MRI各序列上均呈低信号。CT能准确地显示关节腔内少量的气体（图8-11）。

以上关节中的气体可能因关节中出现负压而导致氮气进入关节。当压力平衡后，氮气可能在几小时后消失。

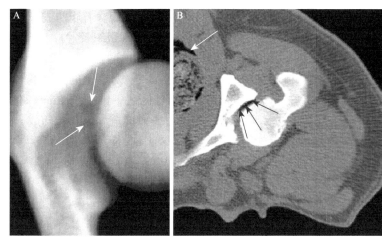

图 8-11　关节内气体（Holloway and McConnell，2013）

A．X线片，箭号所指为气体不透明度；B．CT图像，白色箭号所指为结肠中的气体，黑色箭号所指为关节中的气体

（邱昌伟）

第五节　软组织基本病变

一、软组织肿胀

软组织肿胀主要由炎症、出血、水肿或脓肿引起。

1. X线检查　　病变部位密度略高于邻近正常软组织。皮下脂肪层内可出现网状结构影，皮下组织与肌肉间边界不清，肌间隙模糊，软组织层次不清。肿胀的边界可较清楚，邻近肌束受压移位。结核性脓肿壁可发生钙化。血肿的边界可锐利清晰或模糊不清。

2. CT检查　　与X线表现基本相似，但CT显示软组织肿胀优于X线片。脓肿的边界较清楚，内可见液体密度区；血肿呈边界清晰或模糊的高密度区。

3. MRI检查　　MRI分辨血肿、水肿及脓肿优于CT。水肿及脓肿呈长T1、长T2信号；血肿根据形成时间不同呈现不同信号，亚急性期血肿呈短T1、长T2信号。

二、软组织肿块

软组织肿块多由软组织良、恶性肿瘤和肿瘤样病变引起，骨恶性肿瘤突破骨皮质侵入软组织内也可引起软组织肿块，还可见于某些炎症引起的包块。

1. X线检查　　①良性肿块：多边界清楚，邻近软组织可受压移位，邻近骨表面可出现压迫性骨吸收及反应性骨硬化。②恶性肿块：边缘模糊，邻近骨表面骨皮质受侵袭。③病变组织成分不同，密度有所差别：脂肪瘤密度比一般软组织低；软骨类肿瘤可出现钙化影；骨化性肌炎内可出现成熟的骨组织影。

2. CT检查　　CT显示软组织肿块的边界、密度（是否含有脂肪成分、液化与坏死、钙化或骨化等）优于X线片。增强扫描可区别肿块与邻近组织及肿瘤与瘤周水肿，了解肿瘤血供情况及其内有无液化、坏死，了解肿瘤与周围血管的关系。

3. MRI检查　　MRI对软组织肿块的观察优于CT，对钙化的显示不如CT。①肿块多呈均匀或不均匀的长T1、长T2信号。②液化坏死区呈更长T1、更长T2信号，有时可见液-液平面，上层为液体信号，下层为坏死组织或血液信号。③脂肪成分呈短T1、中等T2信号，其在脂肪抑制序列上的信号可被抑制。增强扫描可提供与CT相似的更详细的信息。

三、软组织钙化和骨化

软组织钙化和骨化可发生在肌肉、肌腱、关节囊、血管和淋巴结等处，由出血、退变、坏死、结核、肿瘤、寄生虫感染和血管病变等引起。

1. X线检查　　①多表现为各种不同形状的钙质样高密度影。②不同病变的钙化和骨化各有特点：软骨组织钙化多为环形、半环形或点状高密度影；骨化性肌炎骨化常呈片状，可见骨小梁甚至骨皮质；成骨性骨肉瘤多呈云絮状或针状。

2. CT检查　　显示软组织内钙化和骨化最佳。

3. MRI检查　　显示软组织内钙化和骨化不如CT，在MRI各序列上为均匀或不均匀低信号。

四、软组织内气体

软组织内气体可由外伤、手术或产气杆菌感染引起。软组织内气体在X线片与CT图像上呈不同形状的极低密度影，在MRI各序列上均呈低信号。CT能准确地显示软组织内少量的气体。

（陈义洲）

第六节　骨与关节的创伤

一、骨折

骨或软骨的连续性发生完全或部分中断称为骨折。干骺端和骨骺之间的连续性中断通常称为骨骺或骺板分离，有时也称为骨骺骨折。骨折时一般会伴有周围软组织不同程度的损伤。各种动物均可发生骨折，常见于犬、猫、牛、马等动物的四肢骨折，也可见于头颅及脊柱的骨折。

（一）病理与临床表现

骨折后骨折断端之间及周围会形成血肿，以便后期的骨折修复。

1. 局部症状　出血与肿胀：骨折时骨膜、骨髓及周围软组织的血管可能会破裂出血，周围软组织会发生水肿，使得骨折周围局部表现为出血及肿胀。

疼痛：由于骨膜和神经受到损伤，动物会感觉到疼痛，特别是在触碰或移动骨折部位时，疼痛会加剧。触诊时，动物会有不安、躲闪等表现。

功能障碍：骨折时由于肌肉失去了支持，并且疼痛，动物可能会表现为一些功能障碍。四肢骨折时，可能出现跛行；脊椎骨折伤及脊髓受损或被压迫时可能会出现瘫痪。

畸形：骨折后骨折段会受到外力、肌肉牵拉力及躯体重力的影响，从而发生局部形态的改变，主要表现为缩短、成角或旋转。

骨摩擦音：完全骨折的两个断端之间的相互摩擦会产生骨摩擦音。

异常活动：骨折会使正常情况下不受力、不活动的部位出现被动运动，出现旋转、屈曲等异常活动。肋骨、椎骨、蹄骨等部位出现骨折时，异常活动不明显。

具有以上特有症状时即可诊断为骨折，但有些骨折如脊柱骨折、裂缝骨折时可能不会出现骨折特有体征，则应该继续进行其他的影像学检查。

2. 全身症状　轻度骨折时，可能不会发生全身症状。重度骨折并伴有内出血、脏器损伤、肢体肿胀时可能会发生急性失血或休克等症状。骨折部位继发细菌感染时，动物会出现体温升高、食欲减退、局部疼痛加剧等状况。

（二）影像学表现

根据患病动物的临床症状结合影像学检查发现骨折线即可确诊骨折。骨折线需要与骨动脉滋养孔影像相区别，滋养孔边界平整且粗细一致并且仅穿过一侧骨皮质。干骺端的骨折线还需要同骺线进行区分，骺线两端有硬化线。X线检查无法显示影像重叠较多部位的骨折时，通过CT和MRI来进行检查，受伤时间较短而无法通过X线显现时，可通过几天后的复查来检查确诊。

1. X线检查　X线摄影是兽医最常用来评估骨折情况的工具，主要通过骨折线和骨折断端移位或成角来进行评估，以帮助了解骨折的类型及骨折断端移位情况，对骨折的治疗提供有价值的指导。骨折断端的移位和成角有以下几种情况：横向移位、断端嵌入、重叠移位、分离移位、成角移位、旋转移位。大多数骨折容易在X线片上观察到，骨折端通常有一定程度的分离，骨段之间的骨折线为低密度线，注意骺板不能被认为是骨折线。小型应力性骨折可能因为移位不明显而无法检测，7～10d后再次拍摄X线片可以看到更明显的骨折线。多数情况下，新鲜骨折一般都伴有软组织肿胀。完全骨折时骨的全部骨质和横径中断，不完全骨折时骨折断端仍保留着不同程度的连续性，复合骨折可见软组织内的空气影像，粉碎性骨折可见3块或更多的骨碎片（图8-12）。

2. CT检查　X线片对于早期、不典型的病例及复杂解剖结构的病变部位和范围的确定有一定的限制

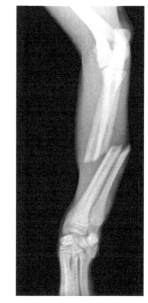

图8-12　桡尺骨开放性骨折（南京农业大学教学动物医院供图）

性，所以CT扫查可以作为X线的补充检查，用于评估结构复杂和有骨性重叠的骨折影像，比如鼻腔、头骨、脊柱及骨盆骨折等。CT可以更精确地显示骨折及其移位情况，也可以通过三维重建来更加全面直观地观察骨折情况。许多X线摄影下看不到的骨折和骨裂，可以在CT下清楚显现。骨折附近的软组织损伤及可能造成病理性骨折的原因也能被观察到。

3. MRI检查 MRI可以获得更清晰的图像、分辨率更高、对比度良好、信息量较大，对于软组织损伤及椎体的检查有更好的显示效果。在骨髓高信号的衬托下，骨折线在MRI上呈现为低信号，骨髓内的水肿表现为骨折线周围边界模糊的T1WI低信号和T2WI高信号。MRI可以用来诊断许多肌肉骨骼疾病，特别是在评估开放生长板骨折的范围、损伤后生长板闭合的程度及骨折后骨髓腔的变化等方面。MRI在显示骨折线方面不如CT，但可以清楚地显现出骨折断端及周围的出血、水肿、软组织损伤及脏器的损伤情况，也可以发现X线片及CT未能发现的隐匿性骨折并确定骨挫伤的范围。

（三）常见骨折

1. 下颌骨及面骨骨折 下颌骨及面骨骨折大多来自物理性创伤。下颌骨骨折较常见，多发生于马、牛、犬、猫等。下颌骨骨折时常常会伤及口腔黏膜、舌、牙龈，导致采食及咀嚼困难，严重时可能会有牙齿脱落、牙龈肿胀撕裂及皮肤穿孔等。下颌骨骨折可以直接通过视诊和触诊进行诊断，并且大多数为开放性骨折。在动物可接受的情况下，打开动物口腔，可以明确地观察到牙龈撕裂及牙弓的不连续，还可通过触诊下颌及齿槽两侧骨的连续性来进行诊断。但如果动物由于疼痛而不便打开口腔及视诊、触诊都不方便操作时则需要借助影像学检查。X线检查可以用来评估骨折及牙齿的状况，拍摄两个方位的X线片，以便于更好地观察骨折部位及骨折程度。还可以借助CT来进行三维重建，以更好地检查下颌支及颜面中间骨处的骨折情况。

鼻骨骨折常见于犬和马。单纯的鼻骨骨折时可见不同程度的软组织损伤，骨折碎片可能会伤及鼻腔黏膜，引起肿胀、出血、疼痛等症状，严重时组织碎片及血凝块可能会堵塞鼻孔，造成呼吸困难。当出现这些症状并且持续较长的时间时，则需要借助影像学来进行检查，鼻骨骨折时由于鼻骨碎片的相对稳定性，所以较难诊断，通常会出现软组织肿胀或皮下气肿。采用CT进行检查可以清晰、明确地观察到鼻骨及鼻腔病变，便于诊断治疗。

2. 脊椎骨折 椎骨骨折与脱位的位置和外观多变，但通常都是由钝性或锐性创伤产生的压缩、轴向旋转、平移、过度屈曲或伸展的外力导致。复杂的脊椎骨折与脱位可在CT横断面、多平面重建或3D重建的影像中显示。发生脊椎创伤的动物，需要确定脊髓是否受到压迫、脊椎是否稳定。采用医学上的"三区间法"有助于评估椎骨骨折和脱位的严重程度，以及脊椎的稳定性。椎骨被分成3个区域：背侧、中部和腹侧。背侧包括椎板、椎弓根、关节突和棘突；中部包括脊髓、背侧纵韧带、纤维环背侧部分和椎体背侧部分；腹侧包括腹侧纵韧带、纤维环外侧和腹侧部分、髓核和其余椎体部分。当2个或3个区域受影响时，则判定脊椎不稳定。

颈椎：与其他部位的椎骨相比，颈椎骨折不常见。出现颈椎骨折时，通常累及寰椎（25%）、枢椎（52%）和多处颈椎。多数颈椎骨折与车祸或咬创有关，患病动物中将近一半有其他的严重外伤。枕骨髁骨折或寰枕关节脱位偶见于高冲击力外伤，同时动物存在严重神经损伤。寰椎创伤通常由压缩力引起，导致椎体和椎弓的多处贯穿性骨折，这类骨折通常被称作"爆裂性"骨折，即骨折碎片向外侧移位。寰椎翼骨折时通常因周围肌肉的牵拉，发生轻度外侧移位。枢椎齿突骨折通常由颈部过度屈曲/伸展引起，也可能是动物本身因发育问题存在寰枢椎不稳定，使骨折容易发生。齿突前部的骨折碎片向头侧移位。犬正常连接枕骨-寰椎-枢椎区域的韧带必须在MRI影像中仔细评估，从而判定该区域的稳定性。枢椎椎体、椎弓和棘突也可能存在骨折，但寰枢区域的稳定性取决于具体骨折类型。当枢椎受压缩作用、发生粉碎性骨折时，也发生"爆裂性"骨折。与C1、C2相比，C3~C7椎骨骨折更少见。如果出现，通常多由咬伤引起，而非车祸。

胸腰椎：犬、猫的胸腰椎骨折或脱位主要见于T3~L3，其中有24%~38%位于L4~L7。此处的大部分骨折都伴有神经功能异常。车祸是犬胸腰段骨折的最常见原因，而坠落是猫的主要原因。犬、猫的骨折和（或）脱位最常见，楔形压缩性骨折、横骨折、半脱位和过度伸展性损伤次之。通常存在多个病灶，终板骨折占1/3，轴向旋转移位和椎间隙改变约占多半数。

荐椎：犬、猫荐椎骨折分类包括荐椎翼骨折、椎间孔骨折、横骨折、撕脱性骨折和粉碎性骨折，其中横骨折占所有荐椎骨折的多半。影像诊断时须区分轴内（axial）和轴外（abaxial）骨折，骨折线在荐椎孔之外的，即轴外骨折。影响椎间孔和椎管的骨折更易引起神经症状。大部分荐椎骨折的动物伴有其他骨性损伤，如荐髂关节脱位和骨盆骨折。

X线检查：椎骨排列不齐；终板关节突不对称；椎管狭窄、脊髓挫伤或压迫。从X线片中很难区分不完全的脊椎骨折，并且常常由于重叠而无法准确定位，拍摄的数量也有一定的限制性。由于患有脊椎骨折的动物不宜做过分的牵引动作，在拍摄X线片时可能无法获得标准的摆位，或在检查过程中有可能会造成更严重的损伤，此时需要进行CT诊断。

CT检查：幼龄动物的生长板滑脱性骨折通常不移位；压缩性（或"爆裂性"）骨折的椎体长度变短；骨折碎片移位、进入椎管；腰荐部、荐髂关节、背侧关节突关节脱位或半脱位；神经根边缘不清晰是出血导致神经根损伤或压迫的征象；3D重建有利于呈现椎骨或荐椎骨折及荐髂关节脱位。

MRI检查：脊柱旁软组织的评估建议获取MRI的T2WI，最好与脂肪饱和技术共同使用。正常韧带结构在所有序列均为低信号强度，当这些结构出现损伤时的影像特征包括：棘间韧带、黄韧带、背侧纵韧带和腹侧纵韧带的T2WI信号强度或影像外观改变（模糊、不规则、中断或完全无法辨识）；椎间盘纤维环背侧或腹侧边界不清晰、T2WI信号强度改变、中断或完全无法辨识；椎间盘T2WI信号增强或不均质，延伸至纤维环部位，且相应椎间隙变窄，椎间盘可能在任意方向形成疝；即使没有发现椎骨骨折/半脱位，但若发现椎间盘纤维环的背侧或腹侧破裂，以及相应背侧或腹侧纵韧带破裂，均提示脊椎不稳定。

3. 肋骨骨折 肋骨骨折是肋骨的骨连续性遭到破坏，多是由外部暴力引起的，如车祸、坠落、打击、冲撞、撕咬等。肋骨骨折可以分为开放性和闭合性，可以单发和多发，犬、马、牛均有发生。

肋骨骨折的常见发病部位为6~11肋骨，根据遭受外力袭击的力度不同，可以分为不完全骨折和粉碎性骨折。不完全骨折时，可见局部肿胀、凹陷变形、疼痛及呼吸浅表。

粉碎性骨折时，若出现胸壁透创、肺部损伤，则会形成气胸、血胸、脓胸、乳糜胸或皮下气肿，引起呼吸困难或休克。

肋骨骨折X线表现为肋骨骨皮质连续性中断，骨折断端移位，伴有周围软组织肿胀。不完全骨折时可见骨长轴扭曲、一侧皮质分离。有时可见气胸、液气胸及纵隔气肿。采用CT进行检查时除了可以显示肋骨骨折，还可以显示肋软骨的骨折及附近软组织、肺部、胸膜腔的损伤情况。CT还可以通过三维重建技术清楚地显示骨折的类型并对骨折进行准确定位。肋骨骨折具有典型的影像学表现，结合动物临床症状及发病史可以进行准确诊断，但在诊断过程中X线检查可能会出现对没有移位的骨折的漏诊，所以必要时借助CT三维重建技术进行诊断。

4. 骨盆骨折　骨盆骨折包括髂骨、坐骨、耻骨及髋臼骨折，大部分骨盆部的骨折都是外伤所引起，包括车祸、从高处坠落、跌倒等。骨盆骨折常见于犬，马和牛也可以发生。

骨盆骨折的临床症状表现与骨折的部位及程度有关。髂骨骨折时可见跛行，两侧臀部不对称并从中轴向髋结节下限，强迫运动时可以听到骨摩擦音。坐骨骨折时患病动物患侧肢外展，拖步行走，伴有骨摩擦音。耻骨骨折时可见高度跛行，严重时可能损伤周围软组织或血管。髋臼骨折可见患侧肢外展，有骨摩擦音，并发圆韧带断裂时髋结节活动异常。此外，还可能发生坐骨和耻骨联合骨折，动物有不同程度的疼痛，临床上常容易被漏诊。骨盆骨折还可能累及骨盆或荐椎周围血管和神经，造成大出血或神经麻痹。

骨盆骨折如发生位移则至少可见3处骨折。X线摄影检查可以显示骨块的位移情况，拍摄时至少需要两个摆位的摄片，在X线片中可以看到不连续的骨及骨折线，骨折周围软组织可见肿胀，骨盆腔可能由于骨块的位移而发生变形（图8-13）。CT检查可以更为直观地显示骨折的位置及类型，并且通过三维重建能够进行立体显影，便于临床治疗及预后判断。

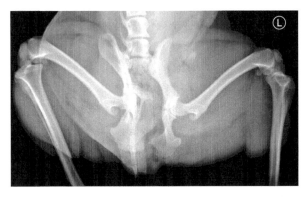

图8-13　骨盆粉碎性骨折（南京农业大学教学动物医院供图）

5. 其他骨折　前后肢骨折：前后肢运动范围广，活动自由度大。外伤导致的长骨骨折比较常见。

肩胛骨骨折：由于肩胛骨周围有许多肌肉群，只有达到一定强度的创伤才能使肩胛骨受损，所以肩胛骨骨折的发病率较低。肩胛骨骨折发生于牛、马及犬。

肱骨骨折：通常由车祸、高空坠落等引起，肱骨骨折可发生于犬、猫、牛、马，在犬的骨折中占8%～10%，在猫的骨折中占5%～13%。在小动物中，多数肱骨骨折位于中段或远端1/3处。

桡骨尺骨骨折：多见于骨干部的斜骨折或螺旋骨折，少见粉碎性骨折，幼龄动物可发生骨骺骨折。尺骨骨折常与桡骨骨折并发，犬、马、牛等动物均可发生。

腕骨骨折：多由奔跑、跌倒或碰撞所引起，常发生于马，犬、猫也会发生。在有些犬（拳狮犬、英国史宾格犬、指示犬）中会出现双侧桡腕骨骨折，且好发于雄性中，多数病例出现慢性跛行且症状时好时坏，此类骨折多为背侧片状骨折或粉碎性"T"字形骨折。

掌骨及跖骨骨折：常发生于牛、马、犬、猫等。牛易发生第3掌骨斜骨折，很少发生横骨折。马易发生第3掌骨的纵骨折或远端斜骨折，有时伴有第2、4掌骨骨折。犬、猫的掌骨及跖骨骨折研究得较少，多由外伤引起。

股骨骨折：包括股骨头、股骨颈、股骨干和股骨远端的骨折，成年动物多发生股骨干骨折，幼年动物多发生股骨颈及骨骺骨折。股骨骨折在动物中的发病率较高，在犬、猫中，股骨骨折占骨折的20%～25%，占长骨骨折的45%，年轻动物中较常见。股骨骨折多由外伤导致，比如车祸、暴力袭击等（图8-14）。

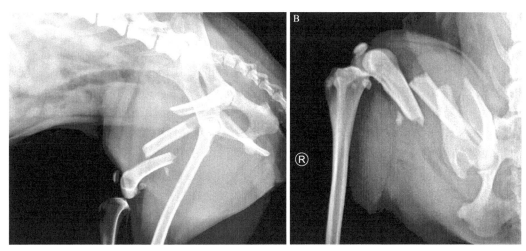

图8-14　股骨粉碎性骨折（南京农业大学教学动物医院供图）
A. 侧位片；B. 正位片。右侧股骨出现的粉碎性骨折，远端骨折线处存在多个骨碎片

胫腓骨骨折：胫骨骨折在动物中较常见，占长骨骨折的20%左右，且多见骨干中部及远端骨折，腓骨骨折常伴随胫骨骨折一起发生。胫骨骨折多由创伤引起且多发于年轻的动物。胫骨骨折中，开放性骨折占10%～20%，且成年动物以远端胫骨开放性骨折最常见。

跗关节部骨折：跗关节部骨折多由创伤引起，通常胫跗关节的脱位会引起跗关节部骨折，多见跟骨和距骨骨折。

（四）骨折愈合

骨折愈合是一个比较复杂的动态过程，这一过程包括"祛瘀、新生、骨合"，是骨折断端间的组织修复反应。骨折发生后，骨折断端发生出血、血栓形成及骨坏死，但是骨的再生能力很强，骨折后经过血肿形成、纤维性和骨性骨痂形成及骨痂改建过程即可发生完全愈合，恢复骨的原有结构和功能。

骨折愈合的速度一般与动物年龄、骨折部位及类型、营养状态、骨折修复方法及骨科固定材料等有关。一般幼年动物、肌肉丰富、营养充足部位的嵌入型骨折愈合较快。而老年动物、关节内骨折、营养状态差、并发感染的骨折愈合较慢。

1. 病理与临床表现　　骨折愈合一般包括4个时期：血肿形成期、纤维性骨痂形成期、骨性骨痂形成期和骨痂改建期。

血肿形成期：骨折后，骨折附近软组织撕裂或损伤，伴有不同程度的出血，填充在骨折断端及周围组织中而形成血肿。血肿形成后，血管舒张、血供增强、组织液pH发生改变、破骨细胞活动增强，引起骨折断端骨的吸收。骨皮质可能发生广泛性缺血性坏死，或被破骨细胞吸收或形成游离的死骨片。

纤维性骨痂形成期：骨折后2～3d，从骨内、外膜增生的纤维母细胞及新生血管侵入血肿，血肿开始机化形成肉芽组织。骨折断端的坏死骨细胞、成骨细胞等释放内源性生长因子，在炎症反应期刺激间充质细胞聚集、增殖。骨形态发生蛋白诱导未分化的间充质细胞分化成骨和软骨。肉芽组织内的成纤维细胞转化为纤维结缔组织，桥接骨折断端，继而发生纤维化形成纤维性骨痂。这一时期的临床表现为局部充血、肿胀、疼痛，伴有发热，骨折断端不稳定，需要控制动物的活动力度。

骨性骨痂形成期：纤维性骨痂被骨母细胞产生的新生骨质逐渐取代，钙盐沉着后形成骨性骨痂。骨外膜和骨内膜分别桥接形成外骨痂和内骨痂，骨折断端的骨膜下发生膜内骨化，纤维性骨痂中的软骨也发生软骨化，骨化形成大而外形不规则的原始骨痂。临床表现为局部炎症消散、疼痛消失、骨折断端基本固定、患肢可稍微负重。

骨痂改建期：原始骨痂由不规则的呈网状编织排列的骨小梁构成，不具有牢固性，原始骨痂为了适应生理需要，在破骨细胞的骨质吸收、骨母细胞形成新生骨及适当应力性作用的协调下，承重部的骨小梁变得致密，不承重部位被吸收，逐渐变成紧密排列的成熟骨板，骨髓腔也变得畅通。新骨形成后，骨折痕迹在组织学及X线片上可完全消失，骨折处逐渐恢复原有的结构和功能。

2. 影像学表现　　X线检查仍然是骨折愈合时间评估的重要方法。X线检查能清晰地显示骨折愈合过程，依据X线片上骨痂的形态和体积可以很好地观察骨折愈合情况。CT有轻微辐射，不能直接显示软组织的损伤，不能显示一些隐性骨折。MRI上可发现X线和CT无法显示的椎体骨挫伤，CT和MRI有助于显示椎管受压情况和周围韧带的损伤，以便对骨折做出全面正确的评价。

骨折愈合的程度可以用X线、CT等方法来量化，一般都是根据测量骨折处的坚硬程度来预测拆除固定后骨折愈合成功与否。最常用的评估骨折愈合的方法仍然是X线检查结合临床症状综合评价。

X线检查：X线片上有骨痂桥接，骨膜增生骨化形成外骨痂；骨折线变得模糊不清或消失；骨痂改造塑形，骨皮质重建和骨髓腔再通；正常骨小梁结构恢复。以下时间可粗略地反映骨折愈合的X线片变化。

新鲜骨折：骨折线清晰，伴有软组织肿胀。

7～10d的骨折：由于骨折断端骨的吸收，骨折线变宽且边缘不再清晰，但骨膜反应开始显现出来且幼年动物更早显现出来，软组织肿胀消退，皮下气肿消退。

2～3周的骨折：骨膜反应更明显，骨痂矿化，可看到骨内膜骨痂及骨膜骨痂，骨折断端之间间隙变窄，骨折末端由于骨吸收作用而出现不透明度下降。

4～8周的骨折：骨折部位被骨痂填充且有新生骨桥接，骨折线消失，骨痂不透明度增加。

8～12周的骨折：骨痂数量减少，骨痂塑形改建长成致密的骨小梁，骨髓腔逐渐重建，皮质边缘变得更加清楚，骨的结构逐渐恢复。

采用X线检查评估骨折愈合时会发现，早期愈合时会出现骨折线轻微扩大并伴有骨痂形成，后期愈合时会出现不透明的、成熟的骨痂组织。如果骨折断端仍然边缘锐利且未与骨痂组织结合，则表示此处骨头已经失去活性，可能逐渐发展为坏死骨。

CT检查：用X线片评价骨折愈合时存在的问题是X线形态学落后于骨折愈合过程。CT可以作为评定骨折愈合程度的首选影像学技术，因为通过高质量的CT二维重建可以精确地判定骨折愈合进程。通过影像学片观察骨痂变化，并结合相应的临床检查，可以更加准确地评估骨折愈合程度。

MRI检查：在评价骨折愈合时间方面，MRI与CT作比较没有优越性，技术上的限制可造成许多错误。

（五）骨折后遗症——异常愈合

骨折后遗症是指骨折治疗后或骨折愈合后遗留的并发症，包括延迟愈合、骨折不愈合、骨折愈合不良、骨折引发的骨髓炎、骨坏死、肢体变形等。

1. 延迟愈合　　延迟愈合为骨折愈合时间的延长，即骨折不在预期的时间内愈合，骨折断端仍未出现骨折连接。骨折愈合的明确时间不好界定，因为影响骨折愈合的因素有很多，包括年龄、性别、品种、营养状态、骨折情况、骨折固定方法等。幼年动物的不完全骨折可能会在数周内愈合，但老年并伴有其他代谢性疾病的动物则需要更长的时间来愈合。延迟愈合的原因归咎于过大的骨折间隙、骨折处过度的运动及骨折处细胞活性不足。当可能会出现延迟愈合的情况时，应尽早介入，评估骨折愈合情况，及早制定促进骨折愈合的方法。如果在没有其他并发症的情况下，延迟愈合最终会愈合。

2. 骨折不愈合　　长期骨折断端都无法连接称为骨折不愈合。骨折不愈合多见于1岁以上的小型犬，好发部位为桡尺骨远端和胫腓骨远端。骨折不愈合的最大可能性因素为骨折断端的活动。骨折不愈合可以分为肥大性骨折不愈合和萎缩性骨折不愈合。

肥大性骨折不愈合大多是由骨折处过度活动、病畜过度活动、骨科固定器材过早松动或拆除引起的，特点是有丰富的骨痂形成。其X线征象表现为：骨折后长时间仍然可见明显的骨折线；未桥接的骨痂大小不一，可见"象脚骨痂"；钝圆的骨折断端平滑、骨质硬化，常伴有骨皮质增厚及骨髓腔内新骨形成；可能形成假关节（图8-15）。

萎缩性骨折不愈合的发生是至少一侧的骨折断端的血管供应较差或没有，阻止骨痂组织桥接对侧骨所致，特点是血管缺损、骨头吸收、骨折断端变圆、骨质疏松等。其X线征象表现为：骨折线清晰可见；骨痂很少形成；骨折断端逐渐变小，边缘硬化；骨髓腔硬化。

一些长期不愈合的骨折由于骨折部位的慢性活动，可能会发展为假关节，形成假关

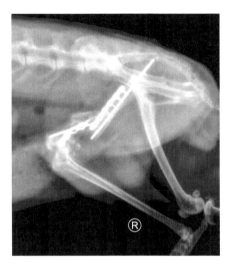

图 8-15　愈合不良（南京农业大学
教学动物医院供图）

家兔手术固定后复诊发现右侧股骨中后段可见髓
内针与接骨板断裂、断裂处背侧骨痂形成但不连
贯，骨折线仍存在，近段远端骨轴线对准不齐。
近膝关节处可见髓内针与接骨板分离，右侧大转
子处可见髓内针突出。骨折线处可见象脚骨痂

节后动物机体可能并没有明显的疼痛，所以一般
情况下都是偶然发现的。

骨折愈合不良为骨折处结构及功能的力学重
建失败，解剖结构排列异常，存在成角、旋转或
重叠畸形，但仍有愈合发生的表现。不恰当的骨
折复位及固定材料、方法的选择、早期愈合阶段
骨折碎片的移动及过早移除骨科固定器材时都会
导致愈合不良。在没有外科手术介入的情况下，
骨折可以发生自然愈合，但是可能发生骨段扭曲、
肢体复位不良的畸形愈合。

骨折愈合不良的临床意义与骨折愈合后畸形
的严重程度及发生部位有关。长骨骨折的愈合不
良可以分为内翻、外翻、前曲、反张、扭转等情
况。X 线检查结果为：骨折看起来已经愈合，但
是骨头异常变短、排列不当、弯曲或旋转；可能
与邻近骨骼异常融合；可能造成近端或远端关节
更加弯曲或伸展。X 线片比较难以观察扭转或转
动角度小于 10° 的骨折愈合不良（图 8-16）。骨折
愈合不良造成的单一骨骼结构上的轻微变化，可
能对动物机体不会带来严重的影响，但是成对的骨骼系统或涉及关节异常时，则会造成
功能障碍。中至重度的骨折愈合不良会使骨折附近的
关节所承受的应力发生异常，进而导致骨折处上下关
节发生继发性病变，严重影响骨骼的结构与功能。通
常情况下是通过患病动物的临床表现来评估是否发生
骨折愈合不良而引起的功能障碍，而不常用放射诊断
学来评估。

骨折所引起的骨髓炎通常是由骨折时造成的感染
导致的，如开放性骨折或长时间手术造成的感染。严
重的软组织损伤给病原体提供了良好的生存环境，所
以骨折处更容易发生感染。骨髓炎发生时，其临床
症状一般会早于 X 线片影像学特征的出现。当发生骨
髓炎时，动物机体可能会有发热、肿胀及疼痛。在
感染后，早期可见的影像学变化仅仅是软组织肿胀。
7～10d 后可能会看到早期的骨膜变化，持续感染时
可能可以看到骨溶解或更活跃的骨膜反应。当在骨钉
或骨螺丝周围发现不规则、边界不清的放射线透明
区域，并伴有骨科固定器材穿刺处有内膜硬化及骨
膜反应时，即可高度怀疑骨钉或骨螺丝周围发生了
骨髓炎。

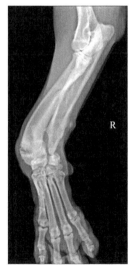

图 8-16　发育不良（极信研和兽医
影像诊断中心供图）

11 月龄雄性京巴犬，间歇性前肢跛行和骨
骼发育异常，X 线片提示桡骨头侧弯曲，
桡骨尾侧皮质增厚，远端尺骨骺闭合，
桡骨骨骺部分闭合，继发性肘关节炎

骨折处失去血液供应时则会发生坏死，形成坏死骨。坏死骨可能存在于骨旁、皮质、髓内或骨折处。早期的缺血会导致骨细胞坏死、骨陷窝空虚，随着疾病发展，周围正常骨内肉芽组织增生并向死骨内伸展，于坏死骨小梁表面形成新骨，并将坏死骨部分吸收。骨坏死在X线片和CT上表现为密度增高，发生分节或碎裂，与母骨交界处可见透明区域且透明区域周围被硬化骨包围。MRI表现主要为坏死区T1WI低信号、T2WI高信号及围绕在坏死区的低信号带。

此外，骨折治疗后可能发生皮下气肿与肿胀，但一般会在7～10d内缓解。皮下气肿初步缓解后，若还有气体残留则可能发生了感染。软组织萎缩是骨折部位停止使用的信号。若在软组织中发现不透明的影像，则表示软组织发生了营养不良性矿化，其可能的原因在于骨折引起的损伤、血肿钙化、游离的骨折碎片或骨折手术固定材料。软组织矿物质化也可能是严重的骨病变，如骨髓炎或骨肿瘤。

二、关节脱位

关节脱位是指关节骨端的关节面正常位置发生改变，失去正常的对应关系，引起功能障碍。其常常突然发生，偶尔间歇性发生，多见于犬、牛、马的髋关节及膝关节脱位，肩关节、肘关节、指（趾）关节也可发生。

（一）病理与临床表现

关节脱位通常是由外力所引起，如冲击、蹬空、关节强烈屈伸、肌肉不协调收缩等，使关节活动处于超出生理范围的状态，关节囊和关节韧带受到损伤，使得关节脱位。关节脱位的临床表现一般包括：关节变形、关节肿胀、异常固定、姿势异常和功能障碍（图8-17）。

关节变形：正常关节部位因骨端位置的改变而出现隆起或凹陷。

关节肿胀：关节的异常使得关节周围组织受到破坏，出现出血、血肿，周围软组织水肿、局部炎症反应，引起关节肿胀。

异常固定：构成关节的骨端位置异常，使相应的肌肉和韧带处于高度紧张状态，关节被固定或活动不便，他动运动后又回复为异常固定状态。

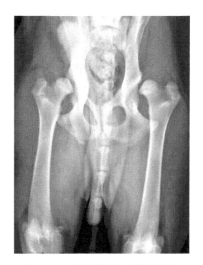

图8-17　犬双侧髋关节发育不良
（南京农业大学教学动物医院供图）

姿势异常：肢体呈现出屈曲、伸张、外收或内展状态。

功能障碍：由于关节骨端的异常位置及疼痛，动物会出现不同程度的运动障碍。

（二）影像学表现

关节脱位的诊断与动物体格、年龄、脱位的部位和类型有关。体格较大的成年动物，关节较大的完全脱位，X线片征象明显，较易诊断；体格较小，解剖结构复杂，X

线片上重叠较多的半脱位，X线征象不明确，较难诊断，必要时需借助CT和MRI检查来进行确诊。

1. X线检查　　　至少需要拍摄两个互成直角的标准摆位的X线片，以合理评估移位的程度和方向。关节脱位在X线片中表现为关节面移位，没有互相对合成关节；邻近筋膜面破裂；可能伴有撕脱性骨折；膝关节脱位中，正常的关节内脂肪垫可能出现破裂。关节不完全脱位时，可见关节间隙宽窄不均匀，关节骨稍稍移位，关节面仍保持部分接触；关节完全脱位时，相对应的关节面完全不接触；先天性脱位时可见骨或关节的发育不良；外伤性关节脱位时，其周围可见软组织损伤、关节内骨折或撕脱性骨折；当发生化脓性关节炎、发育不良关节疾病时会发生病理性关节脱位。常见的关节脱位有以下表现。

（1）肩关节脱位　　　先天性的肩关节脱位可见于小型犬，并且随着动物的生长会逐渐出现姿势异常。其X线片可见：肱骨头向内侧移位；前后位摆位时，肱骨头移位更加明显；肩臼变浅、扁平；侧位片上看不到正常的关节间隙。

（2）肘关节脱位　　　肘关节脱位时可见动物患肢肘关节活动异常，肘关节屈曲不能伸展，触诊时有明显压痛感。先天性的肘关节脱位可见于小型犬，表现为明显跛行及患肢负重。X线片上可见肱尺关节正常，桡骨头外后侧移位，位于肱骨髁的外上方，可触及肱骨内侧髁，周围软组织有轻度肿胀；或肱桡关节正常，近端尺骨发生旋转或二者兼而有之。肘关节脱位可能会继发引起骨折或韧带损伤，也可能并发神经及血管损伤。

（3）髋关节脱位　　　髋关节脱位多由外伤所引起，最常见的症状是后肢跛行，有明显的疼痛感，髋关节不能自主运动，动物患肢缩短，呈现内收、屈曲、内旋等畸形，周围可能发生软组织肿胀。髋关节脱位时股骨头向背侧、前侧移位，也可能直接向腹侧移位，所以需要拍摄两个互成直角的X线片以防漏诊。髋臼内可见股骨头韧带的撕脱性骨折，当发生髋关节发育不良时，常常会继发髋关节脱位。

（4）膝关节脱位　　　膝关节脱位是指动物后肢膝盖骨脱离正常位置的一种疾病，向内侧偏离称为内脱位，向外侧偏离称为外脱位，在小型犬中多为内脱位，大型犬多发生外脱位。发生内脱位时，髋关节的股骨头会发生形变，股骨颈与髂骨体呈90°内翻状态；外脱位时，股骨颈缩短，与髂骨体呈钝角的外翻状态。膝关节脱位根据病因可分为先天性和后天性。先天性是指动物出生时就存在的膝关节周围骨和软组织的发育异常，包括股骨滑车畸形、股骨远端与胫骨近端排列不良、胫骨粗隆内侧移位及韧带损伤等，并且随着年龄增长而逐渐表现出异常。后天性则是由车祸、摔伤、打架等因素引起的膝关节周围组织损伤，继而发生膝关节脱位。膝关节脱位的X线征象表现为：前后位时，膝盖骨位于股骨内侧或外侧；侧卧时，膝盖骨不在滑车沟内，与股骨髁重合；滑车沟变浅，膝盖骨移位，胫骨近端转位，股胫关节成角异常；可能会出现髋关节或近端胫骨畸形；可能存在与变性性关节疾病相关的继发性病变。膝关节脱位不能单纯地根据X线片进行诊断，还应该结合临床症状及检查来综合判断。

（5）跗关节脱位　　　跗关节脱位可能是先天性的，也可能是后天外伤引起的。发生跗关节脱位时，后肢跗关节变形、局部肿胀、呈提举状、有痛感。跗关节脱位可以很容易地在X线片上显现出来，易于诊断。

2. CT检查　　　CT检查可以清晰地显示解剖结构复杂或结构相互重叠较多的关节损伤情况，能更清晰地显示出关节面的对应关系，对脱位的方向及周围软组织的损伤能提供更详细的影像资料。

3. MRI检查　　MRI对关节脱位诊断的准确性较高，特别是对一些小关节如指关节、腕关节的脱位有很高的诊断价值，并且对于关节脱位的分级敏感性较好，同时还可以对韧带撕裂情况、肌腱损伤情况进行动态评估。MRI可以作为诊断下颌关节脱位的金标准。

三、软骨损伤

关节骨端的骨折常引起关节软骨的损伤和断裂。

1. 病理与临床表现　　骨折等创伤往往会导致关节软骨组织的病理改变，骨折区域的关节软骨中软骨细胞出现严重的凋亡现象，说明软骨细胞容易在关节创伤中发生病变，甚至是死亡。透明软骨受到创伤后，通过修复过程形成纤维软骨，而纤维软骨的多种特性与透明软骨相差大，包括强度、弹性抗压和抗张能力、摩擦系数等，从而会导致关节受力异常，最终引发软骨的退变、坏死。关节创伤会导致软骨细胞中活性氧的含量上升，引起软骨细胞的凋亡。

2. 影像学表现　　X线检查与CT检查：这两种检查不能直接显示关节软骨的损伤，但是当发现有波及骨性关节面的骨折线或骨性关节面发生错位时，则应该怀疑同时伴有关节软骨的损伤。

MRI检查：可以直接、清楚地显示断裂的关节软骨，关节软骨内出现较高信号区，关节软骨与骨性关节面呈现阶梯状，软骨损伤时附近骨髓腔内会发生出血和水肿。MRI是诊断早期关节软骨损伤的有效方法，不仅可以清楚地显示病变，较好地反映损伤特点与严重程度，为临床诊治提供依据，也能用于评价关节软骨损伤修复情况。关节软骨信号正常，形态流畅，分层结构清晰，或弥漫性均匀变薄但表面光整，视为正常——0级；关节软骨内有局灶性异常低信号区，形态凹凸不平，分层结构欠清晰——Ⅰ级；关节软骨缺损，但未及全层厚度的50%，形态异常，分层不清，关节表面欠平整——Ⅱ级；关节软骨缺损累及全层但未完全脱落，分层模糊，关节表面严重不规则——Ⅲ级；关节软骨全层缺损伴脱落，信号中断，分层消失，骨质暴露——Ⅳ级。

四、软组织损伤

软组织损伤是指由各种活动，或长期自身机体的慢性劳损累积，或自身某些疾病等原因造成的肌肉、肌腱、血管、神经、筋膜、韧带和关节囊等组织的病理性损害。这些组织发生损伤时一般表现为软组织肿胀、肿块、钙化、骨化及软组织内出现气体。

1. 病理与临床表现　　软组织损伤一般表现为软组织肿胀、软组织肿块、软组织钙化和骨化及软组织内出现气体等。发生软组织损伤时，一方面，由于毛细血管扩张、血管壁通透性增加，血液中的液体、蛋白质、血细胞等渗出血管壁，会出现水肿或血肿情况；另一方面，局部损伤可能导致淋巴管出现损伤性堵塞，淋巴循环发生障碍，渗出液无法由淋巴运出，会进一步加重水肿，并且由于肿胀对神经产生的压迫性或牵扯性刺激及炎性因子的释放，会出现疼痛反应。严重软组织损伤处理不及时，后期可能会出现一系列的慢性问题，比如肌肉痉挛、肌肉粘连、肌腱粘连、肌肉缺血性萎缩、出现关节周围炎症等，更严重者甚至还会引起关节僵直，出现功能障碍。

2. 影像学表现

（1）软组织肿胀　　X线检查：发生肿胀时病变区密度略高于正常软组织，皮下脂肪层内可见网状结构影，皮下组织与肌肉界限不清。发生脓肿时，边界较清楚；血肿时可能出现清晰边界或模糊不清的边界。

CT检查：显示软组织肿胀略优于X线检查，脓肿边界清晰，可见液体密度区；血肿呈现边界清晰或模糊的高密度区。

MRI检查：水肿及脓肿呈T1WI低信号、T2WI高信号；血肿不同时期会有不同的信号表现。

（2）软组织肿块　　X线检查：软组织肿块多由软组织肿瘤或炎症引起。一般良性肿块边界较清楚，会压迫邻近组织引起移位。恶性肿块一般边界不清，不同组织病变的密度也不相同。

CT检查：对软组织肿块的大小、边界、密度的显示均优于X线片，可以更好地显示肿块与周围组织的关系及血供情况。

MRI检查：对软组织的显示优于CT与MRI检查，可以更好地区分肿块成分，液化坏死区一般呈现T1WI低信号、T2WI高信号，含脂肪的肿块呈现T1WI高信号、T2WI高信号，MRI检查同样可以很好地测量肿块形态及血供情况。

（3）软组织钙化和骨化　　X线检查：表现为高密度阴影，根据病变的不同而呈现出不同的形状，如点状、片状或云絮状。

CT检查：对软组织钙化和骨化的显示效果最佳，可以更精确地对病变区域进行定位，显现其大小、形态、密度等。

MRI检查：MRI检查效果不如CT，在MRI各系序列上均显示出低信号。

（4）软组织内气体　　X线和CT检查：X线和CT影像中气体呈现出暗影，分布情况随病变部位及病变程度而异，CT相较于X线检查来说能更好地显现出气体分布情况，也更加敏感。

MRI检查：气体在MRI各系序列上均显示出低信号。

3. 鉴别诊断　　软组织肿胀需要与风湿性关节炎、骨软骨瘤及滑膜细胞肉瘤进行鉴别诊断，肿瘤在连续的X线片上会出现明显变化。

软组织钙化和骨化需要与骨折或撕裂的骨碎片、异物及肿瘤进行鉴别诊断。

（陈义洲）

第七节　关节病变

一、化脓性关节炎

化脓性关节炎是一种由化脓性细菌直接感染，并引起关节破坏及功能丧失的关节炎，又称细菌性关节炎或败血症性关节炎。任何年龄均可发病，但好发于幼年、老年体弱和慢性关节病患者，雄性居多。最常受累的部位为髋关节和膝关节，其次为肩、肘、踝关节，长期迁延不愈，可影响关节的活动功能。受累的多为单一的肢体大关节，如髋关节、膝关节及肘关节等。如为火器损伤，则根据受伤部位而定，一般膝、肘关节的发生率较高。

1. X线检查　可见骨溶解，关节面不规则，关节间隙增宽。后期关节软骨破坏则关节间隙变窄或消失，骨面毛糙，可有骨质破坏和增生（图8-18）。

2. CT检查　可显示关节的肿胀、积液及关节骨端的破坏，根据CT可以判断病变的范围（图8-19）。

3. MRI检查　可在一定程度上显示出化脓性关节炎的滑膜炎症、关节积液和关节周围软组织受累的范围，均优于X线和CT检查，并可显示关节软骨的破坏情况（图8-20）。

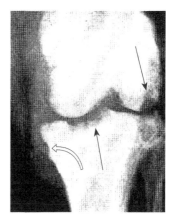

图8-18　化脓性关节炎X线片
（谢富强，2009）

实线箭号所指为骨质破坏；空心箭
号所指为骨质增生

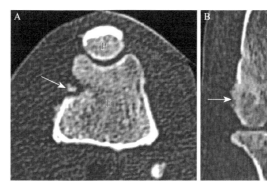

图8-19　成年犬的化脓性关节炎CT影像（Schwarz and Saunders，2011）

A. 横断面；B. 冠状面。P. 髌骨；F. 股骨；T. 胫骨；箭号所示为损坏部位

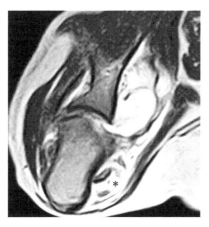

图8-20　化脓性关节炎的MRI表现（Santifort，2023）

肩关节T2WI，右肩关节内侧的大范围液体信号强度病变（白色星号所示），在肌腱内部和周围还有软组织肿胀的
信号表现（黑色星号所示）

二、退行性骨关节病

退行性骨关节病又称为骨关节炎，有时候也用退变或退行性改变来称呼。其分为原发性和继发性两种。前者是临床最常见的情况，由关节软骨退变引起，但何种原因导致关节软骨退变并不明确；后者常由外伤、炎症等造成。两者X线表现类似。

原发性以承重部位或活动多的关节为主，如膝关节、髋关节、指间关节、脊柱。脊柱以颈椎和腰椎最常见。膝关节退行性骨关节病主要表现为关节面变平，关节边缘骨质硬化及骨质增生变锐利或骨赘形成，关节面下囊变或有不规则透亮区，关节间隙变窄，严重者可伴脱位。无骨质疏松、周围软组织无肿胀或萎缩、无关节强直。指间关节多累及远侧指间关节。

X线检查表现为关节间隙不等宽或变窄，关节处的骨质疏松，骨质增生或关节膨大乃至关节变形，软骨下骨板硬化和骨赘形成等（图8-21，图8-22）。

CT检查可以清晰地显示不同程度的关节骨质增生、关节内的钙化和游离体，有时也可以显示半月板的情况（图8-23）。

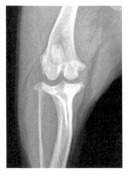 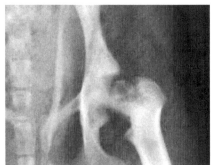 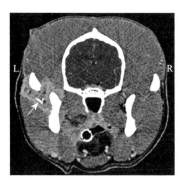

图8-21　退行性关节病
X线片（极信研和兽医
影像诊断中心供图）
关节间隙变窄，关节软骨下
骨质增生硬化

图8-22　关节退行性疾病表现
（Arzi et al.，2021）
11月龄雄性约克夏犬，慢性期的股骨头缺血性坏死的影像改变，完全变形的左股骨头是由股骨头溶骨性病变造成的骨塌陷

图8-23　化脓性关节炎（Arzi
et al.，2021）
5岁犬患有左侧TMJ化脓性关节炎，增强CT提示软组织发炎及TMJ周围的异物（箭号所示）

（王金明）

第八节　骨肿瘤及肿瘤样病变

一、良性肿瘤

良性肿瘤可分为骨软骨瘤、软骨母细胞瘤、软骨黏液纤维瘤、骨样骨瘤、母细胞瘤、纤维源性良性肿瘤、巨细胞瘤、骨血管瘤等。X线、CT或MRI均可提示病例变化。然而，

仅通过影像检查难以获得准确的诊断，通常还需要结合病理学检查确诊。

1. X线检查 当软骨钙化时，基底顶缘外出现点状或环形钙化影。肿瘤骨性基底在非切线位上可呈环形致密影。发生于扁骨或不规则骨的肿瘤多有较大的软骨帽，瘤体内常有多量钙化而骨性基底相对较小的阴影。肿瘤可压迫邻近骨产生移位或畸形。病变若位于骨髓腔内，可观测到发生于骨干者多为中心性生长，而位于干骺端者则以偏心性生长为主，表现为边界清楚的类圆形骨质破坏区，多有硬化边与正常骨质相隔，其周围骨皮质变薄或偏心性膨出，其内缘因骨嵴而出现凹凸不平或呈多弧状（图8-24）。

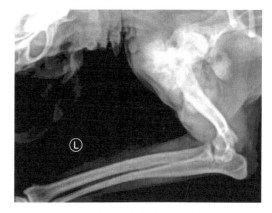

图8-24 骨肿瘤（南京农业大学教学动物医院供图）

10岁雄性博美犬左侧肱骨头周密度升高，可见大面积放射型骨膜反应，密度欠均一，可见低密度区，且与健康组织边界不清；肱骨骨密度整体升高，肱骨骨皮质密度欠均一

2. CT检查 CT能清楚地显示病变的特征，可见骨质破坏区、瘤软骨的钙化、周围硬化区，病变与关节面及骺板的关系，还可以显示周围软组织受损伤情况。内生软骨瘤表现为髓腔内的软组织肿块，可见瘤内高密度钙化影，邻近的骨皮质膨胀、变薄，一般无中断；增强扫描可有轻度强化。

二、恶性肿瘤

常见的恶性肿瘤包括软骨性、骨源性、纤维源性、纤维组织细胞性、原始神经外胚层、造血组织、脉管、平滑肌和脂肪源性等原发性恶性肿瘤，还有可能发生转移性骨瘤。其影像改变通常与良性肿瘤类似，但可能会观察到骨组织边缘模糊，病灶入侵骨髓腔、软骨组织等现象。

三、转移性骨瘤

转移性骨瘤较任何一种原发骨肿瘤多见，任何一种恶性肿瘤均可转移至骨内。转移性骨瘤可以单发或多发，以多发多见；组织学骨转移瘤以癌常见，肉瘤少见。恶性肿瘤骨内转移主要通过3种途径：直接侵入、血行转移和淋巴转移。

1. 病理与临床表现 转移性骨瘤多经血行转移，多发部位与骨髓造血功能有关，易发生在富含红骨髓的部位，常见脊椎骨、盆骨、肩胛骨、胸骨、股骨、颅骨、肱骨近端及肋骨等，肘、膝关节以下少见。临床除原发肿瘤的症状、体征外，骨转移瘤的主要症状为疼痛并进行性加重，转移到脊柱的肿瘤可引起神经压迫症状。

转移性骨瘤引起的骨质破坏分为溶骨型、成骨型和混合型。溶骨型转移性骨瘤多见于肺癌、乳腺癌，成骨型转移性骨瘤多见于前列腺癌、结肠癌、鼻咽癌、肺癌等，混合型转移性骨瘤常见于乳腺癌、前列腺癌等。

2. 影像学表现

（1）X线检查　　主要表现为骨松质中多发或单发小的虫蚀状骨破坏区，边缘不规则，无硬化边，随病变发展，破坏融合扩大，形成大片溶骨性骨质破坏区，骨皮质也被破坏，或者囊状膨胀性骨破坏，边界清楚，皮质膨出，可薄厚不均。

（2）CT检查　　按病变的密度和形态分为溶骨型、成骨型、混合型和囊状扩张型。溶骨型最多见，表现为骨松质中多发或单发小的虫蚀状骨破坏区，边缘不规则，无硬化边，病变发展，破坏融合扩大，形成大片溶骨性骨质破坏区，骨皮质也被破坏，但一般无骨膜增生。可形成局限软组织肿块。增强扫描可有不同程度的强化。常并发病理性骨折。脊椎广泛受侵常易并发病理性压缩骨折，椎旁多可见局限性对称性软组织肿块。椎间隙正常。椎弓根多受侵蚀、破坏。成骨型少见，见于前列腺癌、乳腺癌、肺癌、膀胱癌等的转移。表现为松质骨中斑片状或结节状高密度影，密度均匀一致，常多发，边界清楚或模糊。骨皮质多完整。常发生在腰椎与骨盆。骨外形大多不变。混合型兼有溶骨型和成骨型的骨质改变。囊状扩张型很少见，转移灶呈囊状膨胀性骨破坏。边界清楚，皮质膨出，可薄厚不均（图8-25，图8-26）。

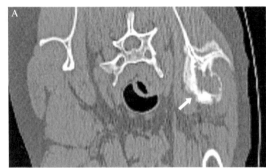

图8-25　胸腔CT和肩关节大体解剖（Charney et al.，2017）

A. 左侧肩胛骨出现了骨溶解和骨膜反应（箭号指示病变部位）；B. 左侧肩胛骨的纵向切面，盂上结节头侧可发现骨溶解（星号所示），经过组织学检查确认其为转移后的尿道上皮癌

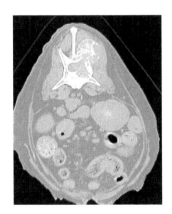

图8-26　椎骨骨肉瘤CT检查

（南京农业大学教学动物医院供图）

犬椎体椎板出现骨溶解，周围软组织出现退行性钙化灶，该犬同时出现了肺占位性病变，经细针穿刺确诊为肉瘤

（3）MRI检查　　转移性骨肿瘤可单发或多发，以多发常见，多见于躯干骨，尤其是脊柱，长骨通常以膝、肘以上好发，其远侧少见。最好发于红骨髓区或松质骨内，表现为形态多样的异常信号影。溶骨型病灶表现为T1WI呈低信号，T2WI、抑脂序列为高信号，增强后有强化。成骨型病灶在T1WI和T2WI上均为低信号，增强后可为轻度强化或无强化。转移性骨瘤可伴有软组织肿块，极少有骨膜反应，如合并病理性骨折则可能会有骨膜反应，呈T1WI、T2WI骨皮质外均匀或不均匀低信号长条状影。少数扁骨、骨干囊状膨胀性转移性骨肿瘤，在T1WI上呈等信号或不均匀信号，在T2WI上为高信号，周边可见低信号环绕，增强后有强化。脊椎广泛受侵常易并发病理性压缩性骨折，椎

旁多可见局限性对称性软组织肿块。椎间隙正常。椎弓根多受侵蚀、破坏。

（刘建柱）

第九节　骨　髓　炎

骨髓炎是一种骨的炎症反应，通常是由细菌或真菌等病原引起的感染性疾病或由发育不良导致的自身免疫疾病。一般情况下，正常的骨对病原有很强的抵抗能力，骨髓炎的发生率并不高，但在有创伤或异物植入并有病原感染时则可能会发展成为骨髓炎。骨髓炎在临床上可分为细菌性骨髓炎、真菌性骨髓炎和非感染性骨髓炎，常见细菌化脓性骨髓炎。

化脓性骨髓炎是由化脓性细菌（多为金黄色葡萄球菌）进入骨内繁殖而造成的骨感染炎症。主要的感染途径包括细菌直接接种，如开放性骨折、腰伤或手术创伤；邻近软组织或关节感染直接蔓延；经血液循环而感染。细菌直接接种或软组织创伤感染无好发的骨骼位置，病灶通常发生在创伤的位置，血行造成的感染则主要侵犯长骨，以胫骨、股骨、肱骨和桡骨多见。

一、全骨炎

全骨炎会造成骨内膜增生和骨膜增生。常见于5～12月龄的幼年犬，然而文献报道成年的德国牧羊犬也可发生。全骨炎病因不明，患病动物可能会出现发热、跛行的症状。体格检查时按压长骨可引起疼痛反应。全骨炎是一种自限性疾病，主要影响年幼的大型犬的长骨。全骨炎病变可能是孤立的，也可能发生于多处骨骼。虽然病变可以影响长骨骨干的任何部分，但它们通常起源于长骨的近端，并且在营养孔附近最为明显。放射影像学病变的严重程度和位置不一定与临床体征的严重程度相关，临床上受影响最严重的肢体可能没有最明显的放射影像学病变。

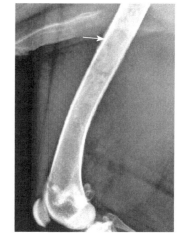

图8-27　股骨近端头侧有局灶性的髓质密度增强（箭号所示）
（Thrall，2018）

该病常用X线检查，其影像特征为长骨骨干的髓腔内形成与皮质骨相似的不透明结节状密度，通常靠近营养孔。随着病变的进展，髓质密度变得更加弥散和均匀。1/3～1/2的犬会在受影响的骨骼骨干中形成平滑、连续的骨膜新骨。在疾病晚期，混浊消失，留下粗糙、增厚的骨小梁，最终呈现正常外观。随着骨膜新骨重塑，皮质增厚可能会持续存在（图8-27）。

二、肥大性骨营养不良

肥大性骨营养不良是一种全身性疾病，通常影响2～7月龄的大型犬和巨型犬。肥大性骨营养不良风险最大的品种包括拳师犬、大丹犬、爱尔兰塞特犬和威玛犬。病因尚不清楚，但矿物质和维生素的过度补充、维生素C缺乏和没有分离传染源的化脓性炎症是可能的病因。临床症状包括精神沉郁、食欲不振，甚至持续性的高热，部分患犬会出现皮肤（足垫角化过度）、胃肠道（腹泻）、呼吸道（肺炎）及神经性症状，白细胞增多偶尔可见于肥厚性骨病，这为全身感染的可能性提供了证据。这种疾病导致的骨损伤通常是双侧对称的，并且涉及长骨的干骺端，特别是桡骨、尺骨和胫骨远端。颅下颌骨病可能是肥大性骨营养不良的不同临床表现。肥大性骨营养不良通常是自限性的，并在几周后消退。

图8-28 肥大性骨营养不良的X线片（谢富强，2009）

该病常用X线检查。早期的征象包括干骺端与骨骺平行且相邻的横向透明区形成。这些通常在桡骨和尺骨远端看到，这种外观有时被称为双骨骺征，但第二个射线可透区实际上不是骨骺。软骨下的薄层骨硬化可能平行于透亮区，是由坏死的小梁骨塌陷引起的。在干骺端周围形成不规则的骨膜新骨，在疾病的早期阶段应与其下方的皮质区分开。干骺端新骨形成的程度取决于疾病的严重程度和持续时间，这种新骨形成可能会延伸到骨干（图8-28）。

三、缺血性坏死

缺血性坏死的特征性病理学改变是由血液供应受阻而导致的骨细胞死亡，缺血性坏死的严重程度取决于循环系统的受损程度。股骨头（髋部）是最常见的受损部位；其次为股骨膝关节端和肱骨头（肩部）；较少累及踝骨、腕舟骨和足舟骨。股骨头缺血性坏死是不同病因破坏了股骨头的血液供应，造成股骨头坏死，从而出现髋部疼痛、活动受限等一系列临床表现的一种疾病，可发生于各个年龄段群体，是临床上常见的一种疾病。

1. X线检查　　X线检查结果是确诊的主要依据，有时甚至不需要其他的影像学手段即可做出明确的诊断。股骨头的X线检查对发现早期病变，特别是对新月征的检查有重要价值，因此对早期股骨头缺血坏死者，可做X线检查（图8-29）。

2. CT检查　　CT较X线检查可以在早期发现微小的病灶和鉴别是否有骨塌陷存在及其延伸的范围，从而为手术或治疗方案的选择提供信息。骨坏死早期，在股骨头内，初级压力骨小梁和初级张力骨小梁的内侧部分相结合形成一个明显的骨密度增强区，在轴位像上呈现为放射状的影像，称为星状征，是早期骨坏死的诊断依据。晚期轴位CT扫描中可见中间或边缘局限的环形密度减低区（图8-30）。CT扫描所显示的三维图像，可为评价股骨头缺血性坏死的程度提供较准确的资料。

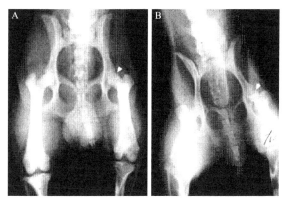

图8-29　缺血性坏死早期X线片（A）和缺血性坏死后期X线片（B）（谢富强，2009）

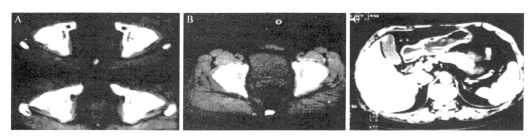

图8-30　缺血性坏死（关建中等，2000）

A、B、C. 缺血性坏死的前期、中期、后期CT表现

3. MRI检查　　磁共振成像是一种有效的非创伤性的早期诊断方法，它对骨坏死有明显的敏感性和特异性，较CT更能早期发现病变，能区分正常的、坏死的骨质和骨髓，以及修复区带，T1和T2加权成像中坏死的骨质与骨髓都有高信号强度，而关节软骨下骨质表现为黑暗的条纹，形成有波状或锯齿状图形（图8-31）。

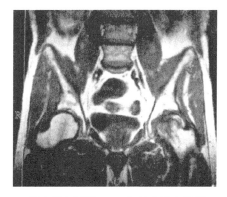

图8-31　缺血性坏死的MRI表现（邹立秋等，2006）

（邱昌伟，陈凯文）

第十节　软组织病变

一、软组织炎症

软组织炎症是指各种急性外伤或慢性劳损及风寒湿邪侵袭等原因造成机体的皮肤、皮下浅深筋膜、肌肉、肌腱、腱鞘、周围神经血管等组织的病理损害。临床主要表现疼痛、肿胀、畸形、功能障碍。

1. X线检查　　可见局部软组织弥漫性肿胀，皮下脂肪与肌肉之间的界限模糊不清，皮下脂肪层增厚，内部密度升高或见粗而模糊的条纹状影或网状影，为淋巴水肿所致。例如，软组织炎症由产气杆菌感染引起，可引起软组织内积气。

2. CT检查　　患侧肢体增粗，皮下脂肪层增厚，密度增高见粗大条网状结构；皮下脂肪与肌肉界面模糊，肌束间脂肪层移位、模糊或消失，肌肉组织肿胀，密度均匀减小。可形成脓肿，增强扫描显示脓肿壁环形强化。

3. MRI检查　　表现为受侵害肌肉肿胀，T1WI为低信号，T2WI为高信号，病变边界模糊不清，皮下脂肪的高信号内出现条状纹或网状低信号，肌间隙模糊，增强后炎症性病灶强化。当炎症性病灶进一步发展形成脓肿时，脓腔内脓液呈长T1、长T2信号，增强后脓肿壁强化，脓腔不强化，其周围可有处于不同阶段的软组织炎症性病灶。

二、软组织肿瘤

大多数软组织肿瘤的密度和其周围组织密度差别不大，X线检查有一定的局限性，可用于观察肿瘤引起的软组织轮廓及软组织间隙的变化，提供有无钙化、脂肪成分及邻近骨皮质改变的信息。

（一）脂肪瘤

脂肪瘤是最常见的良性间叶组织肿瘤，由成熟的脂肪组织构成。

1. 病理与临床表现　　脂肪瘤可发生于任何年龄。可发生在任何部位，以前肢、后肢、腹膜后间隙、胸壁及腰背部常见。临床无症状，常以动物触诊发现体表肿块前来就诊。

2. 影像学表现　　CT检查：平扫即可确定肿瘤的性质、范围。肿瘤呈特异的脂肪低密度。

MRI检查：脂肪瘤MRI成像具有特异性改变，在T1WI及T2WI上均呈与皮下脂肪组织类似的高、稍高信号。脂肪组织被抑制呈低信号。肿瘤内可见其他的间叶组织成分，常见的是纤维结缔组织，形成纤维分隔，在MRI所有的脉冲序列均呈低信号。含有大量纤维组织的脂肪瘤称为纤维脂肪瘤，瘤内有时见钙化或软骨样成分，邻近骨质可见增厚或畸形改变。

（二）脂肪肉瘤

脂肪肉瘤是常见的恶性软组织肿瘤之一，其发病率仅次于恶性纤维组织细胞瘤。肿瘤来源于胚胎间叶组织，而非脂肪组织。

1. 病理与临床表现　　多发部位为四肢、腹膜后、颈肩部、背部及胸壁等。临床症状隐匿，常因肿瘤增大触及肿块或出现功能障碍、触痛、疼痛就诊。

肿瘤呈结节状或分叶状，边界清楚，可有菲薄的包膜，直径通常较大。切面因组织学类型的不同而不同。分化良好的脂肪肉瘤类似脂肪组织，呈黄色，黏液脂肪肉瘤呈黏液样或胶冻样；分化差的脂肪肉瘤和多形性脂肪肉瘤呈鱼肉样，并常伴坏死、出血。镜下可见不同分化阶段的脂肪母细胞及成熟的脂肪细胞等，这些肿瘤性细胞由于分化阶段不同，细胞形态也不同，其共同的特点是各种脂肪肉瘤细胞不论分化高低都有不同程度的异型。

2. 影像学表现　　CT检查：分化好的脂肪肉瘤平扫呈低密度，瘤内可见较多的脂肪组织，并可见不规则增厚的间隔，增强扫描呈轻微强化或仅间隔强化；分化差的脂肪肉瘤瘤内含少量脂肪组织或不含脂肪，平扫呈稍低密度或等密度，病灶内可见坏死、出血、囊变，增强扫描因血供不同而呈不同程度强化。

MRI检查：表现为类圆形边界清楚的异常信号区，在T1WI上呈高信号，信号强度和皮下组织脂肪信号相同，其内可见等或稍低信号的纤细分隔，在T2WI上信号略有下降，分隔呈高信号或等信号，增强后肿瘤本身无强化，而肿瘤内的分隔可轻度强化。应用抑脂序列后，肿瘤的高信号可被抑制，而其内部的纤细分隔更显突出，此点与血肿相鉴别。脂肪瘤通常对邻近的骨无侵蚀，但可压迫周围的骨，尤其位置深在的脂肪瘤（图8-32）。

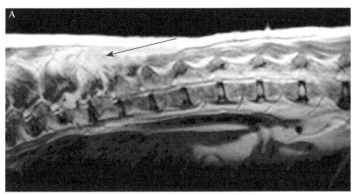
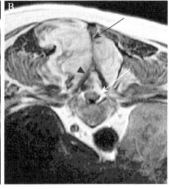

图8-32　脂肪瘤（Wisner and Zwingcnberger，2015）

A. 矢状面；B. 横断面。牧羊犬，有3周的进行性后肢共济失调和麻痹的病史，可见一个边缘不规则的T2高信号肿块位于胸椎背侧。黑色箭号所示为椎板和椎弓根的骨质溶解，白色箭号所示为脊髓受到了压迫，黑色箭头所示为脂肪瘤

其他常见的软组织肉瘤包括纤维组织肿瘤、韧带样纤维瘤、平滑肌肿瘤、血管瘤和淋巴管瘤等。

（刘建柱）

主要参考文献

关建中，张荣泽，谢立旗，等. 2000. 股骨头缺血性坏死的CT表现［J］. 中国临床医学影像杂志，11（2）：115-117.

邹立秋，刘鹏程，杜端明，等. 2006. 股骨头缺血性坏死的磁共振诊断［J］. 放射学实践，21（6）：596-599.

Adrian A M, Twedt D C, Kraft S L, et al. 2015. Computed tomographic angiography under sedation in the diagnosis of suspected canine pancreatitis: a pilot study[J]. Journal of Veterinary Internal Medicine, 29(1): 97-103.

Agut A, Talavera J, Buendia A, et al. 2015. Imaging diagnosis-spontaneous pneumomediastinum secondary to primary pulmonary pathology in a Dalmatian dog[J]. Veterinary Radiology and Ultrasound, 56(5): E54-E57.

Alenazy M S, Al-Nazhan S, Mosadomi H A. 2021. Histologic, radiographic, and micro-computed tomography evaluation of experimentally enlarged root apices in dog teeth with apical periodontitis after regenerative treatment[J]. Current Therapeutic Research, 94: 100620.

Arzi B, Vapniarsky N, Fulton A, et al. 2021. Management of septic arthritis of the temporomandibular joint in dogs [J]. Frontiers in Veterinary Science, 8: 648766.

Bannon K M. 2013. Clinical canine dental radiography[J]. Veterinary Clinics: Small Animal Practice, 43(3): 507-532.

Boon J A. 2016. Two-dimensional and M-mode echocardiography for the small animal practitioner[M]. New York: John Wiley & Sons.

Charney V A, Miller M A, Heng H G, et al. 2017. Skeletal metastasis of canine urothelial carcinoma: Pathologic and computed tomographic features[J]. Veterinary Pathology, 54(3): 380-386.

Costa R C, Parent J, Dobson H, et al. 2006. Comparison of magnetic resonance imaging and myelography in 18 Doberman pinscher dogs with cervical spondylomyelopathy[J]. Veterinary Radiology and Ultrasound, 47(6): 523-531.

Daniel G B. 2009. Scintigraphic diagnosis of portosystemic shunts[J]. Veterinary Clinics of North America: Small Animal Practice, 39(4): 793-810.

Feeney D A, Anderson K L. 2007. Nuclear imaging and radiation therapy in canine and feline thyroid disease[J]. Vet Clin North Am Small Anim Pract, 37(4): 799-821.

Fukushima K, Fujiwara R, Yamamoto K, et al. 2015. Characterization of triple-phase computed tomography in dogs with pancreatic insulinoma[J]. The Journal of Veterinary Medical Science, 7(12): 1549-1553.

Gutierrez J C, Holladay S D, Arzi B, et al. 2018. Clinical features and computed tomography findings are utilized to characterize retrobulbar disease in dogs [J]. Frontiers in Veterinary Science, 5: 186.

Hanot E M, WilliamsD L, Caine A. 2020. Traumatic orbital ligament avulsion diagnosed with cross-sectional imaging in three dogs[J]. Veterinary Record Case Reports, 8(3): e001143.

Holloway A, McConnell J F. 2013. BSAVA Manual of Canine and Feline Radiography and Radiology: A Foundation Manual[M]. Cheltenham: British Small Animal Veterinary Association.

Jonathan D D. 2014. Bacterial pneumonia in dogs and cats[J]. Veterinary Clinics of North America: Small Animal Practice, 44(1): 143-159.

Kintzer P P, Peterson M E. 1994. Nuclear medicine of the thyroid glanD. Scintigraphy and radioiodine therapy[J]. Veterinary Clinics of North America: Small Animal Practice, 24(3): 587-605.

Krzemiński M, Lass P, Teodorczyk J, et al. 2004. Veterinary nuclear medicine. Nuclear medicine review[J]. Central and Eastern Europe, 7(2): 177-182.

Lawrence J, Rohren E, Provenzale J. 2010. PET/CT today and tomorrow in veterinary cancer diagnosis and monitoring: fundamentals, early results and future perspectives[J]. Veterinary and Comparative Oncology, 8(3): 163-187.

LeBlanc A K, Peremans K. 2014. PET and SPECT imaging in veterinary medicine[J]. Seminars in Nuclear Medicine, 44(1): 47-56.

Lee N, Choi M, Keh S, et al. 2014. Zygomatic sialolithiasis diagnosed with computed tomography in a dog [J]. Journal of Veterinary Medical Science, 76 (10): 1389-1391.

Lenoci D, Ricciardi M. 2015. Ultrasound and multidetector computed tomography of mandibular salivary gland adenocarcinoma in two dogs[J]. Open Veterinary Journal, 5(2):173-178.

Madron E D, Chetboul V, Bussadori C. 2015. Clinical Echocardiography of the Dog and Cat[M]. St Louis: Elsevier.

Maurin M P, Davies D, Jahns H, et al. 2019. Non-functional thyroid cystadenoma in three boxer dogs [J]. BMC Veterinary Research, 15 (1): 1-9.

Meler E, Pressler B M, Heng H G, et al. 2010. Diffuse cylindrical bronchiectasis due to eosinophilic bronchopneumopathy in a dog[J].The Canadian Veterinary Journal, 51(7): 753-756.

Miller A D, Miller C R, Rossmeisl J H. 2019. Canine primary intracranial cancer: a clinicopathologic and comparative review of glioma, meningioma, and choroid plexus tumors[J]. Frontiers in Oncology, 9: 1151.

Natsuhori M. 2003. Color Atlas of Veterinary Diagnostic Radiology, Veterinary Radiology[M]. 2nd ed. Tokyo: Kitasato University.

Nautrup C P, Tobias R. 2009. 犬猫超声诊断技术图谱与教程［M］. 谢富强，主译. 北京：中国农业大学出版社.

OliveiraC R, O'Brien R T, MathesonJ S, et al. 2012. Computed tomographic features of feline nasopharyngeal polyps[J]. Veterinary Radiology and Ultrasound, 53(4): 406-411.

Penninck D, Anjou M A. 2014. 小动物B超诊断彩色图谱［M］. 北京：中国农业出版社.

Randall E K. 2016. PET-computed tomography in veterinary medicine[J]. Veterinary Clinics of North America: Small Animal Practice, 46(3): 515-533.

Ricciardi M. 2016. Splenophrenic portosystemic shunt in dogs with and without portal hypertension: can acquired and congenital portocaval connections coexist[J]. Open Veterinary Journal, 6(3): 182-191.

Santifort K M. 2023. High-field magnetic resonance imaging findings in a young dog with septic arthritis of the shoulder joint view article page[J]. Veterinary Record Case Reports: e611.

Schwarz T, Saunders J. 2011. Veterinary Computed Tomography[M]. New York: John Wiley & Sons.

Stromberg S J, Yan J, Wisner T G, et al. 2021. Clinical features and MRI characteristics of retinal detachment in dogs and cats[J]. Veterinary Radiology and Ultrasound, 62(6): 666-673.

Sureshkumar A, Hansen B, Ersahin D. 2020. Role of nuclear medicine in imaging[J]. Semin Ultrasound CT MR, 41(1): 10-19.

Taeymans O, PenninckD G, Peters R M. 2013. Comparison between clinical, ultrasound, CT, MRI, and pathology findings in dogs presented for suspected thyroid carcinoma[J]. Veterinary Radiology and Ultrasound, 54(1): 61-70.

Thrall D E. 2018. Textbook of Veterinary Diagnostic Radiology[M]. 7th ed. Amsterdam: Elesevier, Inc.

Tudor N. 2022. A rare case of paraesophageal hiatal hernia in an eight-month-old dog [J]. Rev Rom Med Vet, 1: 31-34.

Vansteenkiste D P, Lee K C L, Lamb C R. 2014. Computed tomographic findings in 44 dogs and 10 cats with grass seed foreign bodies[J]. Journal of Small Animal Practice, 55(11): 579-584.

Weisse C, Allyson B. 2015. Veterinary Image-Guided Interventions[M]. New York: John Wiley & Sons.

Wisner E, Zwingenberger A. 2015. Atlas of Small Animal CT and MRI[M]. Hoboken: Wiley Blackwell.